大数据技术
原理与应用

余 明 吴文波 禹谢华 编著

清华大学出版社

北京

内 容 简 介

本书系统介绍了大数据的相关知识及应用,重视理论与实验的结合。全书共 14 章,理论部分包含大数据概述、大数据平台 Hadoop、分布式文件系统、分布式并行编程模型 MapReduce、数据仓库 Hive、分布式数据库 HBase、基于内存的编程模型 Spark、流计算与 Storm、大数据采集与预处理、大数据存储与管理、大数据分析与挖掘、大数据可视化、大数据安全与治理、大数据应用案例。实验部分 12 个入门级项目排于各章中,包括:CentOS 7 虚拟机的安装、搭建 Hadoop 伪分布式系统、HDFS 命令行操作基础与搭建 Eclipse 开发环境、MapReduce 编程基础、Hive 的安装与使用、HBase 的安装与使用、Spark 的安装与编程基础、Storm 的安装与编程基础、Kettle 操作基础、Redis 的安装与操作基础、BP 神经网络应用案例、数据可视化编程基础。为了方便读者尽快掌握大数据相关技术,可通过扫描二维码获取实验视频实操指导。

本书可作为高等院校大数据、计算机、信息管理、GIS 等相关专业的大数据基础课程教材,也可供相关技术人员参考使用。

图书在版编目(CIP)数据

大数据技术原理与应用 / 余明,吴文波,禹谢华编著. -- 北京 :清华大学出版社,2025. 8. -- ISBN 978-7-302-69878-4

Ⅰ. TP274

中国国家版本馆 CIP 数据核字第 2025CW2797 号

责任编辑:王向珍　王　华
封面设计:谢晓翠
责任校对:欧　洋
责任印制:丛怀宇

出版发行:清华大学出版社
　　　　网　　　　址:https://www.tup.com.cn,https://www.wqxuetang.com
　　　　地　　　　址:北京清华大学学研大厦 A 座　　　　邮　　编:100084
　　　　社 总 机:010-83470000　　　　邮　　购:010-62786544
　　　　投稿与读者服务:010-62776969,c-service@tup.tsinghua.edu.cn
　　　　质量反馈:010-62772015,zhiliang@tup.tsinghua.edu.cn
印 装 者:涿州汇美亿浓印刷有限公司
经　　销:全国新华书店
开　　本:185mm×260mm　　印　张:21.25　　　　字　　数:516 千字
版　　次:2025 年 8 月第 1 版　　　　印　　次:2025 年 8 月第 1 次印刷
定　　价:65.00 元

产品编号:103690-01

前 言

当今是一个高速发展的社会,科技发达,信息流通,人们之间的交流越来越密切,生活越来越方便,大数据就是这个高科技时代的产物。大数据时代的来临,带来了信息技术发展的巨大变革,并深刻影响着社会生产和人民生活的方方面面。一个国家能否抓住大数据发展机遇,快速形成核心技术和应用,参与新一轮的全球化竞争,将直接决定未来若干年世界范围内各国科技力量博弈的格局。大数据专业人才的培养是新一轮科技较量的基础,高等院校承担着数据人才培养的重任,因此,我国各高等院校非常重视大数据课程的开设,"大数据技术原理与应用"已经成为计算机科学与技术专业的重要核心课程。

本书是在三位作者近年来给计算机专业学生讲授"大数据技术原理与应用"课程的基础上整理的讲义编著而成。全书约 50 万字,每位作者供稿均在 15 万字以上,最后由余明教授完成统稿。全书详细介绍了大数据的相关知识、技术原理及应用,授课的理念重视理论与实验相结合。全书共 14 章,第 1 章为大数据概述,主要内容包括大数据的基本概念、关键技术简介和应用领域等;第 2 章介绍大数据平台 Hadoop,即大数据处理架构;第 3 章介绍分布式文件系统 HDFS,包括特点、体系架构、工作机制及工作流程;第 4 章介绍分布式并行编程模型MapReduce,包括概念、特征、用途和使用要求以及工作流程;第 5 章介绍数据仓库 Hive,包括特点、功能、工作原理及架构组成;第 6 章介绍分布式数据库HBase,包括特点、适用场景、结构及数据模型;第 7 章介绍基于内存的编程模型Spark,包括特点、架构、四大组件等;第 8 章介绍流计算与 Storm,包括概述、处理流程、应用场景、计算架构等;第 9 章介绍大数据采集与预处理,包括大数据采集类型和方式、ETL 技术及主要工具、数据预处理内容和步骤等;第 10 章介绍大数据存储与管理,包括数据库的演变、数据管理理论以及 NoSQL 数据库等;第 11 章介绍大数据分析与挖掘,包括概念、分析方法、挖掘算法等;第 12 章介绍大数据可视化,包括概述、方法及工具等;第 13 章介绍大数据安全与治理,包括概述、数据安全与治理;第 14 章介绍大数据应用案例,特别介绍天文大数据、地理大数据的应用。

本书共有实验项目 12 个,安排于各章中,包括:实验项目 1 CentOS 7 虚拟机的安装;实验项目 2 搭建 Hadoop 伪分布式系统;实验项目 3 HDFS 命令行操作基础与搭建 Eclipse 开发环境;实验项目 4 MapReduce 编程基础;实验项目 5 Hive 的安装与使用;实验项目 6 HBase 的安装与使用;实验项目 7 Spark 的安装与编程基础;实验项目 8 Storm 的安装与编程基础;实验项目 9 Kettle 操作基础;实验项目 10 Redis 的安装与操作基础;实验项目 11 BP 神经网络应用案例;

实验项目 12　数据可视化编程基础。每个实验都提供了详细的操作指导,并可通过扫描二维码获取实操视频。

　　本书既可以作为高等院校大数据、计算机、信息管理、GIS 等专业的大数据基础课程教材,也可以供相关技术人员参考使用。

　　本书的顺利出版,应感谢大数据与人工智能福建省高校重点实验室;感谢闽南科技学院提供的帮助;同时感谢清华大学出版社编校老师的辛勤付出。

　　由于作者水平所限,书中不足之处在所难免,敬请读者批评指正。

作　者
2025 年 1 月

目录

第**1**章

大数据概述

当今是一个信息化、数字化的社会,互联网、物联网、人工智能(AI)和云计算等技术的迅猛发展,海量数据也成为一种新的自然资源,亟待人们对其合理、高效、充分地利用,使之能够给人们的生活和工作带来更大的效益和价值。总之,大数据时代的来临,带来了信息技术发展的巨大变革,并深刻影响着社会生产和人们生活的各个方面。大数据是国家基础性战略资源,也是经济社会发展的重要基础。本章主要介绍大数据的基本概念,关键技术简介和应用领域等。

1.1 数据和大数据

1.1.1 数据定义

数据(data)是对客观事物的符号表示。数据是指某一目标定性、定量描述的原始资料,包括数字、文字、符号、图形、图像以及它们能转换成的各种形式。数据是用以承载信息的物理符号,其本身并没有意义。数据在计算机科学中是指所有能输入计算机中并被计算机程序处理的符号总称。它可以是文字、图形、图像或声音。数据的基本单元称为数据项,可以按目的来组织数据结构。数据的格式往往与计算机系统有关,并随承载它的物理设备的形式而改变。

1.1.2 数据与信息/知识/智慧的关系

数据是现实世界的记录。信息源自数据,信息是有意义的数据,是数据的内涵。知识则是在信息的基础上,通过人类实践后得到的对客观世界的总结。智慧是基于知识和智能的总结,其中知识是一切智能行为的基础,而智能是获取知识并运用知识求解问题的能力,是头脑中思维活动的具体体现。智能是指个体对客观事物进行合理分析和判断后自适应地对变化的环境进行响应的一种能力。从图1-1所示的DIKW金字塔(data information knowledge wisdom pyramid)可以看出,从“数据”到“智慧”的认识转变过程,也是“从部分到整体,并描述过去、认识现在、预测未来”的过程。

1.1.3 大数据的定义

“大数据”的概念起源于2008年9月《自然》(*Nature*)杂志刊登的名为“Big Data”的专

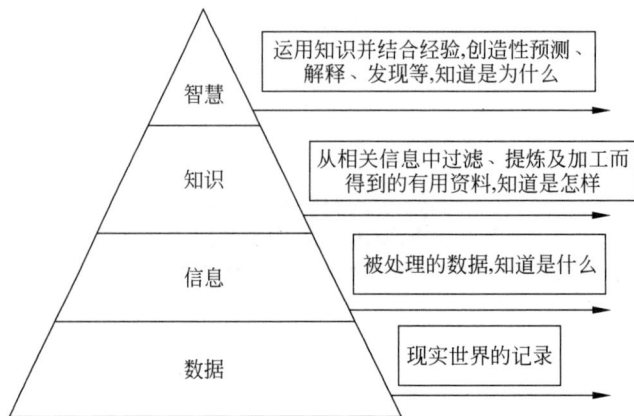

图 1-1　DIKW 金字塔

题,继而迅速得到科学、计算机、经济等不同领域专家的响应。不同于传统数据,大数据结构复杂,并已在 21 世纪成为一个热门的话题,现在大数据的重要性已得到普遍认可,但不同领域对大数据的解读却不相同,目前对大数据还没有公认的定义。下面主要从三个不同角度对大数据进行解读。

定义 1:强调处理能力。认为大数据是指所涉及的数据量规模巨大,无法通过人工在合理时间内截取、管理、处理并整理成为人类所能解读的信息。

定义 2:强调应用方法。认为利用先进技术可以从大数据中获取信息。把大数据看成一种方法,即不用随机分析法(抽样调查)的捷径,而采用所有数据的方法。

定义 3:侧重应用价值。认为大数据是需要新处理模式才能具有更强的决策力、洞察发现力和流程优化能力来适应海量、高增长率和多样化的信息资产。

综上所述,大数据相对传统数据是一个新概念,也是一种新技术,一种针对企业问题的解决方案,一种对数据形态的诠释;大数据时代对人类的数据驾驭能力提出了新的挑战,也为人们获得更为深刻、全面的洞察能力提供了前所未有的空间与潜力。

1.2　数据科学

1.2.1　关于数据科学

数据科学是一门以"数据时代",尤其是以"大数据时代"面临的新挑战、新机会、新思维和新方法为核心内容的,包括新的理论、方法、模型、技术、平台、工具、应用和最佳实践在内的一整套知识体系。数据科学是一门以实现"从数据到信息""从数据到知识"和"从数据到智慧"的转化为主要研究目的,以"数据驱动""数据业务化""数据洞见""数据产品研发"和"数据生态系统的建设"为主要研究任务的独立学科。它是一门将"现实世界"映射到"数据世界"之后,在"数据层次"上研究"现实世界"的问题,并根据"数据世界"的分析结果,对"现实世界"进行预测、洞见、解释或决策的新兴科学。数据科学是以"数据"尤其是"大数据"为研究对象,并以数据统计、机器学习、数据可视化等为理论基础,主要研究数据预处理、数据管理、数据计算等内容的交叉学科。

1.2.2 数据科学的基本流程

从整体来看,数据科学所涉及的基本流程如图 1-2 所示,主要包括数字化、数据处理、探索性分析、数据分析与洞见、结果展现和提供数据产品。

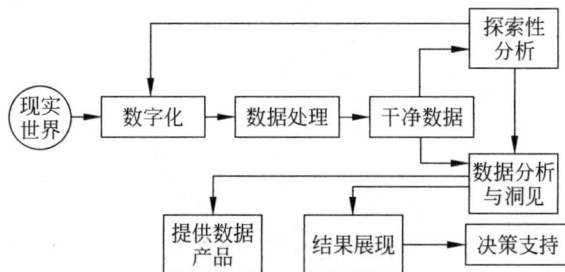

图 1-2 数据科学的基本流程

(1) 数字化：从现实世界中收集原始数据。

(2) 数据处理：将原始数据转换为"干净数据"。

(3) 探索性分析：在无(或较少)先验假设的前提下,采用作图、制表、方程拟合、比较特征量等手段,初步探索数据的结构和规律,为数据分析提供依据和参考。

(4) 数据分析与洞见：根据"干净数据"本身的特点和"探索性分析"的结合,设计/选择/应用具体的机器学习算法/统计模型进行数据分析。

(5) 结果展现：在机器学习算法/统计模型的设计与应用的基础上,采用数据可视化、故事描述等方法将数据分析的结果展示给最终用户,提供"决策支持"。

(6) 提供数据产品：在机器学习算法/统计模型的设计与应用的基础上,还可以进一步将"干净数据"转换成各种"数据产品",并提供给"现实世界"进行交易与消费。

1.2.3 数据科学家常用的工具

由于大数据具有体量巨大、价值密度低的特点,大数据计算的核心问题就是如何从海量数据中挖掘出更有价值的信息。根据流数据和存档数据的特点,研发适合各自特点的大数据计算能力来支持各种业务需求。其中最突出的需求包括针对存档数据的统计分析、模式分析和可视化；针对流数据的连续分析与连续响应(相关计算、分析将在后续章节介绍)。

从国内外数据科学家岗位的招聘要求及著名数据科学家的访谈结果,可归纳整理出数据科学家常用的工具,见表 1-1。

表 1-1 数据科学家常用的工具

分 类	具体软件/工具
数据科学语言工具	R、Python、Clojure、Haskell、Scala
非关系数据库工具	NoSQL、MongoDB、Couchbase、Cassandra
传统数据库和数据仓库工具	SQL、RDMS、DW、OLAP
支持大数据计算的工具	Hadoop、HDFS、MapReduce、Spark、Storm
支持大数据管理、存储和查询的工具	HBase、Pig、Hive、Impala、Casecalog

续表

分　　类	具体软件/工具
支持数据采集、聚合或传递的工具	Webscraper、Flume Avro、Sqoop、Hume
支持数据挖掘的工具	Weka、Knime、RapidMiner、SciPy、Pandas
支持数据可视化的工具	Ggplot2、D3、JS、Tableu、Shiny、Flare、Gephi
数据统计分析工具	SAS、SPSS、Matlab
⋮	⋮

1.3　数据结构

在计算机科学中,数据结构是一种数据组织、管理和存储的格式,它们相互之间存在一种或多种特定关系的数据元素的集合。通常情况下,精心选择的数据结构可以给计算机带来更高的运行或存储效率。数据结构往往与高效的检索算法和索引技术相关。数据结构研究的是数据的逻辑结构和数据的物理结构,以及它们之间的相互关系,主要包含三个方面的内容,即数据的逻辑结构、数据的存储结构和数据的操作,只有这三个方面的内容完全相同,才能成为完全相同的数据结构。依据数据结构特点,常见的有结构化数据、半结构化数据和非结构化数据,大数据以非结构化数据为主。

1.3.1　结构化数据

结构化数据通常存储在数据库中,是可以用二维表结构来表现的数据,是指任何一列数据不可以再细分,并且任何一列数据都具有相同的数据类型。所有关系数据库(如Access、SQL Server、MySQL、Oracle、DB2 等)中的数据/信息全部为结构化数据。目前对结构化数据进行分析已是一种成熟的技术。

1.3.2　半结构化数据

半结构化数据类型的格式一般较为规范,都是纯文本数据,可以通过某种特定的方式解析得到每项数据。最常见的半结构化数据是日志数据、采用 XML 与 JSON 等格式的数据,每条记录可能都会有预先定义的规范,但是每条记录包含的信息可能不尽相同;也可能会有不同的字段数,包含不同的字段名、字段类型或者嵌套格式等。这类数据一般都是以纯文本的格式输出,管理维护相对而言较为方便。但是,在需要使用这些数据(如进行采集、查询、分析数据)时,应对它们的格式进行相应的转换或解码。

1.3.3　非结构化数据

非结构化数据是指不能用二维表结构来表现的数据,这类数据没有固定的标准格式,无法直接解析出其相应的值,如各种格式的办公文档、图片、图像、音频和视频等,也就是说非结构化数据不容易收集和管理,甚至无法直接查询和分析,所以对这类数据需要使用一些不同的处理方式。非结构化数据分析是一项还在不断发展的新技术。

结构化数据和非结构化数据的区别如表 1-2 所示。

表 1-2 结构化数据和非结构化数据的区别

比 较 内 容	结构化数据	非结构化数据
是否在关系数据库中显示	可以显示在行、列以及关系数据库中	不可以显示在行、列以及关系数据库中
数据格式	数字、日期和字符串	图片、音频、视频、文字处理文档、邮件、数据表
数据量	约占 20% 的企业数据	约占 80% 的企业数据
存储空间	需要更少存储空间	需要更多存储空间
数据管理	使用遗留解决方案保护和管理数据更方便	难以用遗留解决方案保护和管理数据
分析工具	针对结构化数据的分析工具已处于发展成熟阶段	用于挖掘非结构化数据的分析工具正处于萌芽和发展阶段

1.4 大数据特征及对科学研究的影响

自 21 世纪初至今,已有众多学者对大数据的概念和特点做过总结。认为大数据特征从 3V[体量(volume)、速度(velocity)、多样性(variety)],到 4V[大量(great volume)、高速(rapid generation velocity)、多变(various modalities)、等价值低密度(huge value but very low density)],再到 5V[4V+准确性(veracity)],大数据给人们带来了发现新价值的新机会,尤其为人们提供了巨大的潜在价值,对科学研究产生了较大影响。

1.4.1 大数据的数据特征

对大数据的理解应包含三个方面,即数据特征、技术特征与应用特征。虽然大数据的定义不统一,但大数据特征可以概括为多样化、高速性、体量大、价值密度低等。

(1) **数据类型复杂,也叫多样化**。大数据的数据种类多,复杂度高,包括网络日志、音频、视频、图片、地理位置信息等。大数据有不同的格式,有结构化的关系数据,有半结构化的网页数据,还有非结构化的视频、音频等数据。这些非结构化数据广泛存在于社交网络、物联网、电子商务中,其增长速度比结构化数据快得多。多类型的异构数据对数据的处理能力提出了更高要求。

(2) **数据产生速度快,也叫高速性**。大数据时代获得数据的速度迅速提高,需要频繁采集、处理并输出数据。数据存在时效性,需要快速处理,实时分析并得到结果。

(3) **数据体量巨大**。大数据时代需要采集、处理、传输的数据量大,数据的大小决定所考虑的数据价值和潜在的信息价值。大数据时代处理 PB 级的数据是比较常见的情况。

(4) **数据价值密度低**。从海量价值密度低的数据中挖掘出具有高价值的数据。大数据由于体量不断增大,单位数据的价值密度在不断降低,然而数据的整体价值在提高。根据互联网数据中心(IDC)调研报告预测,大数据技术与服务市场需求年增长率达 40% 以上,并且是整个 IT 与通信产业增长率的数倍。通过对大数据进行分析,找出其中潜在的商业价值,探讨其发展趋势和主要驱动因素将会产生巨大的商业利润。

1.4.2 大数据对科学研究的影响

1. 促进了科学研究第四范式的产生

大数据的产生和信息技术领域提出的面向数据的概念同时改变了科学研究的模式。2007年,图灵奖得主吉姆·格雷提出了数据密集型科学"第四范式"。他将大数据科研从第三范式中分离出来单独作为一种科研范式。他认为利用海量的数据可以为科学研究和知识发现提供除实验、理论研究、计算之外的第四种重要方法,即大数据的研究从计算机模拟中分离出来,独立作为一种科研范式。单独分离出来的原因是大数据的研究方式不同于基于数字模型的传统研究方式。科学研究的四种范式的发展历程(图1-3)同样也反映了从面向计算走向面向数据,即"数据思维"。

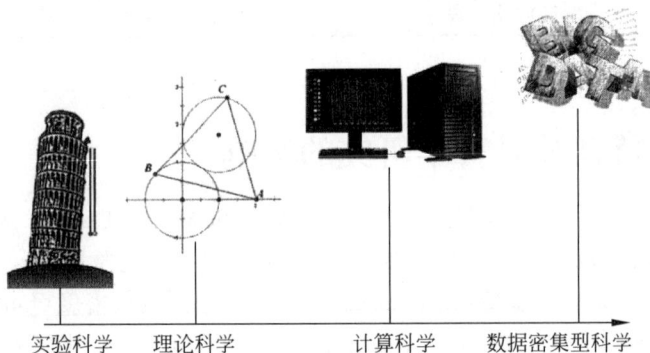

| 实验科学 | 理论科学 | 计算科学 | 数据密集型科学 |

图1-3 科学研究的四种范式

科学研究的四种范式如图1-3所示。第一范式是实验科学,人类早期知识的发现主要依赖于经验、观察和实验,需要的计算和产生的数据很少。人类在这一时期对宇宙的认识都是这样形成的,例如,伽利略通过在比萨斜塔扔下两个大小不一的铁球来证明自由落体定律,人类在那个时代获取知识的方式是原始而朴素的。

当人类知识积累到一定程度后,知识逐渐形成了理论体系,这时人类的科学研究进入第二范式——理论科学,通过理论研究发现知识。例如,牛顿的力学体系、麦克斯韦的电磁场理论等,人类可以利用这些理论体系去预测自然并获取新的知识。这时对计算和数据的需求已经萌生,人类已可以依赖这些理论发现新的行星,如海王星的发现不是通过观测,而是通过计算实现的,即所谓笔尖上发现的行星。

计算机的出现为人类发现新的知识提供了重要的工具,这时人类的科学研究进入第三范式——计算科学,通过计算发现知识。这个时代正好对应于面向计算的时代,可以在某些具有完善理论体系的领域利用计算机仿真计算来进行研究。这时计算机的作用主要是计算,如人类利用仿真计算可以实现模拟核爆炸这样的复杂研究。

随着庞大数据的出现,人类逐步进入面向数据的时代,这时人类的科学研究进入第四范式——数据密集型科学,通过数据研究发现知识。利用海量数据加上高速计算发现新的知识,是数据密集型的科学发现。PB级的数据使人们在没有模型和假设的前提下也能分析数据,只有将有相互关系的数据丢进巨大计算机集群中,统计分析算法才可能发现过去的科学方法发现不了的新模式、新知识,甚至新规律。此时,计算和数据的关系在面向数据时代变得十分紧密,也使计算和数据的协作问题成为巨大的技术挑战。例如,谷歌(Google)的广告优化配置及 2016 年李世石在围棋挑战中输给机器人 AlphaGo,都是依据第四范式实现的。人类从依靠自身判断作决定到依靠数据作决定的转变,也是大数据作出的巨大贡献之一。

2. 促进了交叉学科发展

目前,社会科学、自然科学和人文科学只是学术建制意义上的区分,它们之间已经有了密切的联系,不再像以前那样孤立。20 世纪 50 年代之前,社会科学与自然科学相对独立,基本没有跨学科交叉研究。70 年代,随着计算科学的发展,人们开始注意到经济与社会系统中的复杂现象。以圣菲研究所为代表的研究机构,开创了复杂性科学这一全新的领域。为了研究复杂性现象,他们提出了"复杂自适应系统"理论,该理论将计算机作为从事复杂性研究的最基本工具,用计算机模拟相互关联的繁杂网络,观察复杂性事物自适应系统的涌现行为。进入 21 世纪之后,涌现出用户参与的万维网(Web)应用程序,包括微博、论坛、社交网络等,它们被统称为社会媒体,导致大数据的产生。由于大量用户提供了海量的社会行为数据,人们在数据获取方式及理念上发生了重大的变化。早期人们对事物的认知受限于获取、分析数据的能力,较多地使用采样方式,以少量的数据来近似描述事物的全貌,通过采样方式获取的部分样本,可能分析得到的数据与实际的数据存在相反的结论。因此,为了让分析的结果具有更高的准确性,必须获取大量的数据,从接近事物本身的数据开始着手,从更多的细节来解释事物本身所具有的特征。所以,使用计算机模拟测试和验证社会经济政策的效果,成为公共政策领域的迫切需求。各种迹象表明,继物理计算和生物计算之后,社会计算已成为科学计算研发的新焦点,并产生新的方向和领域。

1.4.3 大数据时代的新理念

大数据是信息技术发展的必然产物,更是信息化进程的新阶段,其发展推动了数字经济的形成与繁荣。根据 IBM 前首席执行官郭士纳的观点,IT 领域每隔 15 年就会迎来一次重大变革,从 20 世纪 80 年代以来的三次信息化浪潮中可以看到上述观点(表 1-3)。我们可以认为第三次信息化浪潮涌动,是大数据时代的全面到来。人类社会信息科技的发展为大数据时代的到来提供了技术支撑,而数据产生方式的变革是促进大数据时代到来至关重要的因素。

表 1-3 三次信息化浪潮

信息化浪潮	发 生 时 间	标　志	解决的问题	代表的企业
第一次信息化浪潮	1980 年前后	个人计算机	信息处理	英特尔、ADM、IBM、苹果、微软、联想、戴尔、惠普等
第二次信息化浪潮	1995 年前后	互联网	信息传输	雅虎、谷歌、阿里巴巴、百度、腾讯等
第三次信息化浪潮	2010 年前后	大数据、云计算和物联网	信息爆炸	亚马逊、谷歌、IBM、VMware、Palantir、Hortonworks、Cloudera、阿里云等

大数据时代的到来改变了人们的生活方式、思维模式和研究范式。从传统数据到大数据的重大变化归纳为表 1-4。

表 1-4　传统数据与大数据比较

比 较 项 目	传 统 数 据	大 数 据
研究范式	第三范式	第四范式
数据产生方式	被动采集数据	主动生成数据
数据源	数据源获取较为孤立,不同数据之间添加的数据整合难度较大	利用大数据技术,通过分布式技术、分布式文件系统、分布式数据库等对多个数据源获取的数据进行整合处理
数据重要性	数据资源	数据资产
方法论	基于知识	基于数据
数据分析	统计学	数据科学
智能计算	简单算法	复杂算法
管理目标	业务数据化	数据业务化
决策方式	目标驱动	数据驱动
产业竞合关系	以战略为中心	以数据为中心
数据复杂性	不接受复杂性	接受复杂性
数据处理模式	小众参与	大众参与
思维方式	抽样、精确、因果	全样而非抽样,效率而非精确,相关而非因果

在大数据时代,各行各业的数据都在迅速增长,"大数据"正改变着人们所处的时代,对社会发展产生了方方面面的影响。例如,在大数据时代,用户会越来越多地依赖网络和各种"云端"工具提供的信息做出行为选择。这有利于提升人们的生活质量,降低个人在群体中所面临的风险。再如,一些网络公司可以通过对大量游客飞行数据的搜索和运算,预测各大航空公司每张机票的平均价格走势,从而为游客出行提供选择。

此外,大数据激发内需的剧增,引发产业的巨变。生产者具有自身的价值,而消费者则是价值的意义所在。有意义的东西才会有价值,消费者如果不认同,商品就卖不出去,价值就实现不了;消费者如果认同,商品能够卖出去,价值就得以实现。大数据可以帮助生产者从消费者角度分析意义所在,从而帮助生产者实现更多的价值。例如,大数据帮助航空公司节省运营成本;帮助电信企业实现售后服务质量提升,帮助保险企业识别欺诈骗保行为,帮助快递公司监测分析运输车辆的故障险情以提前预警维修,帮助电力公司有效识别预警,掌握即将发生故障的设备等。

1.5　大数据产生方式及来源

1.5.1　大数据的发展历程

大数据的发展历程总体上可以划分为三个重要阶段,即萌芽期、成熟期和大规模应用期。每个阶段的大致时间及内容归纳见表 1-5。

表 1-5　大数据发展的三个重要阶段

阶　段	时　期	内　容
第一阶段：萌芽期	20 世纪 90 年代—21 世纪初	随着数据挖掘理论和数据库技术的逐步成熟，一批商业智能工具和知识管理技术开始被应用，如数据仓库、专家系统、知识管理系统等
第二阶段：成熟期	21 世纪最初 10 年	Web 2.0 应用迅猛发展，非结构化数据大量产生，传统处理方法难以应付，带动了大数据技术的快速突破，大数据解决方案逐渐走向成熟，形成了并行计算与分布式系统两大核心计算，谷歌的 CFS（colossus file system）和分布式计算框架（MapReduce）等大数据技术受到重视，Hadoop 平台开始盛行
第三阶段：大规模应用期	2010 年之后	大数据应用渗透各行各业，数据驱动决策，信息社会智能化程度大幅度提高

1.5.2　大数据产生方式

第 1.1 节介绍过，数据与信息既有区别又有联系。随着人类社会信息化进程的加快，在日常生产和生活中每天都会产生大量的数据，如商业网站、政务系统、零售系统、办公系统、自动化生产系统等，每时每刻都在产生数据。数据已经渗透到当今每一个行业和业务职能领域，成为重要的生产因素。从创新到所有决策，数据推动着企业的发展，并使得各级组织的运营更为高效。数据产生方式的变革是促进大数据时代来临的重要因素。从大数据的发展历程来看，大数据产生的方式大致经历了三个阶段，即运营式系统阶段、用户原创内容阶段、感知式系统阶段，或称为被动式数据生成、主动式数据生成、感知式数据生成。

（1）被动式数据生成是由于数据库技术的产生。数据库技术使得数据的保存和管理变得简单，业务系统在运行时产生的数据可以直接保存到数据库中，由于数据是随业务系统运行而产生的，该阶段所产生的数据是被动的。

（2）主动式数据生成是由于万维网的发明与发展而兴起的。20 世纪 80 年代末出现万维网，万维网给全球信息的交流和传播带来了革命性的变化，实现人们获取信息的不同方式。万维网不同于互联网，它只是互联网所能提供的服务之一，是靠互联网运行的一项服务。万维网一般使用超文本传输协议。物联网的诞生，使得移动互联网的发展大大加速了数据的产生。例如，人们可以通过手机等移动终端，随时随地产生数据。用户数据不但大量增加，而且用户还主动提交了自己的行为，使之进入了社交、移动时代。大量移动终端设备的出现，使用户不仅主动提交自己的行为，还和自己的社交圈进行了实时互动，因此数据大量地产生出来，且具有极其强烈的传播性。这样生产的数据是主动式的。

（3）感知式数据生成是物联网的飞速发展所致的。随着物联网的发展，数据生成方式得以彻底改变。例如，遍布在城市各个角落的摄像头等数据采集设备源源不断地自动采集并生成数据。

1.5.3　大数据的来源

大数据的产生首先源于互联网企业对日益增长的网络数据分析的需求，例如：20 世纪 80 年代的典型代表是雅虎（Yahoo），它最先使用"分类目录"数据库；90 年代的典型代表是谷歌,它开始运用算法分析用户搜索信息,以满足用户的实际需求;21 世纪初的典型代表是脸书(Facebook),它不仅满足用户的实际需求,而且在用户产生内容的同时,还创造新的需求。2010 年之后,互联网社会化拉开序幕,社交网站出现,海量的视频、图片、文本、短消息及社会间关系信息数据的分析需求出现。大数据快速增长的原因之一是智能设备的普及,使大数据的来源非常多。

(1) 从数据类型来看,大数据有结构化数据、半结构化数据和非结构化数据。

(2) 根据系统来分,大数据来自信息管理系统、网络信息系统、物联网系统、科学实验系统等。

① **信息管理系统**:企业内部使用的信息系统包括办公自动化系统、业务管理系统等。信息管理系统主要通过用户输入和系统二次加工的方式产生数据,其产生的大数据大多数为结构化数据,通常存储在数据库中,一般为关系型数据库。

② **网络信息系统**:基于网络运行的信息系统即网络信息系统是大数据产生的重要方式,如电子商务系统,社交媒体、搜索引擎等都是常见的网络信息系统。网络信息系统产生的大数据多为半结构化或非结构化的数据,在本质上,网络信息系统是信息管理系统的延伸,其专属于某个领域的应用,具备某个特定的目的。因此,网络信息系统有着更独特的应用。

③ **物联网系统**:物联网是新一代信息技术,其核心和基础仍是互联网,是在互联网基础上延伸和扩展的网络,其用户端延伸和扩展到了任何物品与物品之间进行信息交换和通信,而其具体实现是通过传感技术获取外界的物理、化学、生物等数据信息。

④ **科学实验系统**:科学实验系统主要用于科学技术研究,可以由真实的实验产生数据,也可以通过模拟方式获取仿真数据。

(3) 从数据源及获取设备来看,大数据分为以下四类。

① **由科学装置获取的实验探测大数据**。一个著名的例子是位于贵州省平塘县的天眼FAST 传感器产生的数据,这类数据源的特点是由特定领域的探测仪器产生,具有很强的专业性。

② **由传感网络获取的大数据**。在城市空间中随处可见的摄像头将道路的环境信息以图像或者视频的方式记录下来,形成海量的街景数据。此外,物联网技术迅速发展,使得每一种带有电子标签的物体均可以定位于物联网,这些物体产生的电子记录同样构成了大数据集。

③ **由城市移动设备产生的数据源**。在城市,如车载全球定位系统(GPS)导航数据、手机基站位置数据、用户携带手机或驾驶车辆移动产生的带有时空标记记录的数据。

④ **由社交媒体和社交网络上传的大数据**。随着移动互联网的发展,人们通过社交媒体如微博、"X"平台(即 Twitter)等分享自己的生活,表达自己的观点。在这个过程中,人和地的属性信息通过地理标签与地理位置关联起来,形成同时兼备丰富语义信息和位置信息的数据集。

(4) 若从动态情况来考虑,数据又可分为静态数据和动态数据(又称流数据)。

① **静态数据**:不随时间发生变化的数据。例如,许多企业为了支持决策分析而构建数据仓库系统,其中存放的大量历史数据就是静态数据。这些数据来自不同的数据源,利用工具加载到数据仓库中,并且不会发生更新,技术人员可以利用数据挖掘等工具从这些静

态数据中挖掘出对企业有价值的信息。

② **动态数据（流数据）**：在时间分布和数量上呈海量的一系列动态数据集合体，数据记录是流数据的最小组成单元。数据以大量、快速、时变的流形式持续到达。在大数据时代，流数据不适合批量计算，必须采用实时计算。针对流数据的实时计算，"流计算"应运而生（关于流数据、流计算等内容将在第 8 章介绍）。

1.6　大数据技术及架构

1.6.1　大数据技术

大数据是现有数据库管理工具和传统数据处理应用方法都难以处理的大型、复杂的数据集，大数据技术包括大数据的采集、存储、搜索、共享、传输、分析和可视化等技术。从某种程度上说，大数据技术是数据分析的前沿技术，即从各种类型的数据中快速地获取有价值信息的能力（关于大数据关键技术将在后续各章详细介绍）。大数据技术体系如图 1-4 所示。

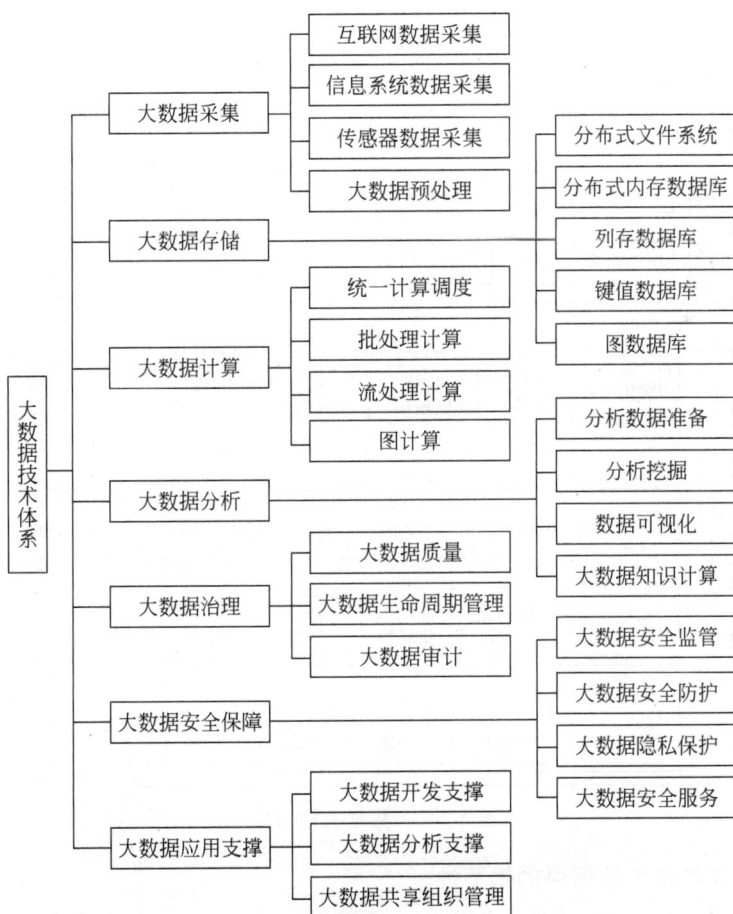

图 1-4　大数据技术体系

大数据技术是许多技术的集合体,这些技术并非全部都是新生事物,诸如关系数据库、数据仓库、数据采集、抽取-转换-加载(extract,trans,load,ETL)、在线分析处理(on-line analytic processing,OLAP)、数据挖掘、数据隐私与安全、数据可视化等技术是已经发展多年的技术,在大数据时代得到不断补充、完善、提高后又有了新的升华,也可以视为大数据技术的一个组成部分。大数据核心技术包括分布式并行编程、分布式文件系统、分布式数据库、NoSQL数据库、云数据库、流计算、图计算等。

1.6.2 大数据架构

1. 大数据基本架构

大数据架构是关于大数据平台系统整体结构与组件的抽象和全局描述,用于指导大数据平台系统各个方面的设计和实施。一个典型的大数据平台系统架构应包括数据平台层(数据采集、数据处理、数据存储、数据分析)、数据服务层(开放接口、开放流程、开放服务)、数据应用层(针对企业业务特点的数据应用)、数据管理层(应用管理、系统管理),如图 1-5 所示。

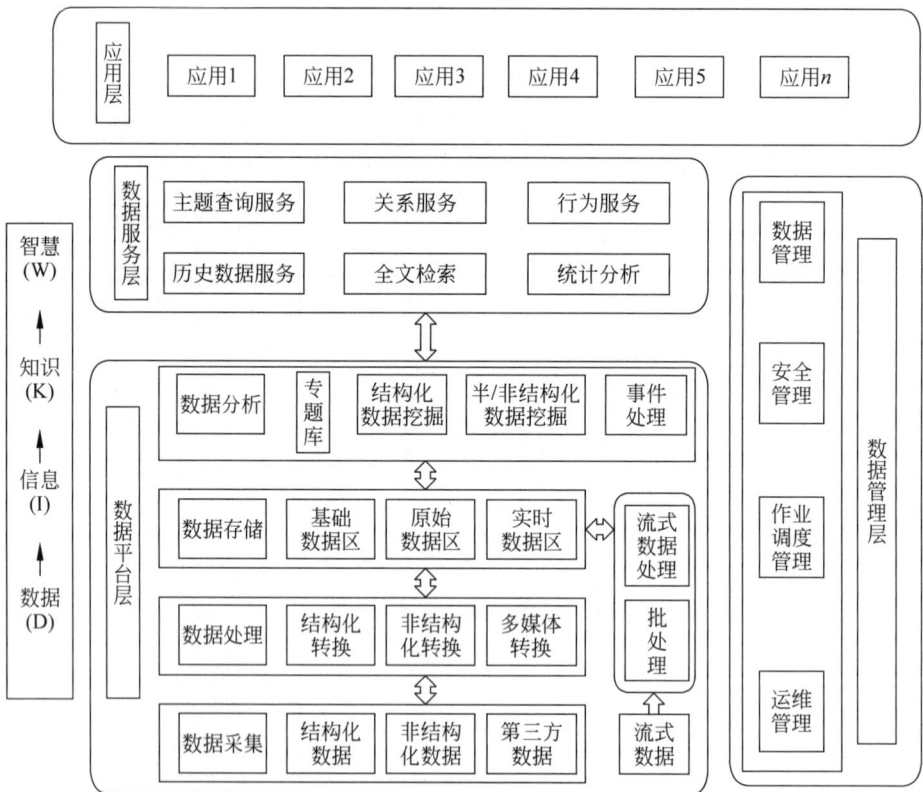

图 1-5 大数据架构图示

2. 大数据架构在大数据中的重要性

(1) 好的大数据架构需要围绕企业的业务进行设计,而不是只围绕着技术架构。业务是核心,而技术是业务的支持,好的大数据架构能满足业务的持续发展。

（2）大数据架构决定了"一个"大数据系统的主体结构、宏观特性和具有的基本功能以及特性。

（3）好的大数据架构可扩展性强，可维护性高，能为企业未来的业务发展提供数据支撑。

（4）在数据处理技术分布式演进趋势中，Hadoop成为开放的事实标准。但其生态圈庞大复杂，使用合适的架构及其组件尤为重要。

（5）大数据架构作为系统协调者角色，提供系统必须满足的整体要求，包括政策、治理、架构、资源和业务需求，以及为确保系统符合这些需求而进行的监控和审计活动。从应用的角度，系统协调者定义和整合所需的数据应用到运行的垂直系统中。从技术的角度，系统协调者的功能是配置和管理大数据架构的其他组件，来执行一个或多个工作负载。从集群管理角度，系统协调者通常会涉及更多具体角色，由一个或多个角色扮演者管理和协调大数据系统的运行。这些角色扮演者可以是人、软件或二者的结合。

（6）大数据架构作为数据提供者角色，为大数据系统提供可用的数据。在一个大数据系统中，数据提供者的活动通常包括采集数据、持久化数据、对敏感信息进行转换和清洗。作为数据提供者创建数据源的元数据及访问策略、访问控制，通过软件的可编程接口实现推/拉式的数据访问，发布数据可用性及访问方法的相关信息等。大数据架构通常需要为各种数据源（原始数据或由其他系统预先转换的数据）创建一个抽象的数据源，通过不同的接口提供发现和访问数据功能。

（7）大数据架构作为大数据应用提供者，在数据的生命周期中执行一系列操作，以满足系统协调者建立的系统要求及安全和隐私要求。大数据应用提供者通过把大数据框架中的一般性资源和服务能力相结合，把业务逻辑和功能封装成架构组件，构造出特定的大数据应用系统。大数据架构作为大数据应用程序提供者，可以是单个实例，也可以是一组更细粒度的大数据应用提供者实例的集合，集合中的每个实例执行数据生命周期中的不同活动。每个大数据应用提供者的活动可能是由系统协调者、数据提供者或数据消费者调用的一般服务，如Web服务器、文件服务器、一个或多个应用程序的集合或组合。

1.7 大数据计算模式

大数据种类多，处理的问题复杂多样，单一的计算模式无法满足不同类型的计算需求。大数据计算模式有批处理计算、流计算、图计算、查询分析计算等。

1.7.1 批处理计算

批处理计算是在一段时间内收集数据，然后对整批数据进行处理和分析，产生结果，适合处理对实时性要求不高，但需要对大量数据进行分析的场景，如数据报表生成、数据挖掘等。批处理计算可以对大规模数据进行深度分析和挖掘，适合处理大规模数据的离线分析。对于需要对历史数据进行深度分析和挖掘的场景，可以选择批处理计算。

批处理计算的特点如下。

(1)非实时性：批处理计算不强调实时响应，通常适用于对实时性要求不高的场景。

(2)高延迟：由于需要处理大量数据，批处理计算的时间延迟较高，通常用于日志数据处理等场景。

(3)大量数据：批处理计算适用于处理海量数据，是处理大规模数据的常用方法。

(4)有界数据：批处理的数据有起始和结束，范围区间明确。

(5)持久化数据源：批处理计算的数据通常来源于持久化的存储系统，如分布式文件系统(HDFS)和 HBase。

MapReduce 是最具有代表性和影响力的大数据批处理技术，可以并行执行大规模数据处理任务，用于大规模数据集(大于 1TB)的并行运算。MapReduce 极大地方便了分布式编程工作，它将复杂的、运行于大规模集群上的并行计算过程高度地抽象为两个函数——Map 和 Reduce，编程人员在不熟悉分布式并行编程的情况下，也会完成海量数据集的计算(MapReduce 的详细介绍见第 4 章)。

1.7.2 流计算

流计算是一种实时处理数据的方式，数据会不断地以流的形式输入系统，系统会实时处理这些数据并产生实时结果。流计算具有低延迟和高吞吐量的特点，能够快速响应数据的变化，适合处理数据流中的迅速变化。对于需要实时监控和快速决策的场景，可以选择流计算。目前业内已涌现出许多的流计算框架(如 Twitter Storm、Spark Streaming 等)、流计算平台(如 IBM InfoSphere Streams 等)以及自身业务开发的流计算框架(如百度开发的"通用实时流数据计算系统 DStream"，淘宝开发的"通用流数据实时计算系统——银河流数据处理平台")，(Spark 的详细介绍见第 7 章)。

流计算与批处理计算不同，区别主要在数据时效性、数据特征以及应用场景方面，如表 1-6 所示。

表 1-6　流计算与批处理计算的区别

比 较 内 容	流　计　算	批处理计算
数据时效性	强调实时性和低延迟	非实时的和高延迟的
数据特征	处理动态、无边界的数据	处理静态、有边界的数据
应用场景	应用于实时场景，如实时推荐和业务监控	应用于离线计算场景，如数据分析

1.7.3 图计算

大数据时代，十分关注数据之间存在的关联关系。由于图是表达事物之间复杂关联关系的组织结构，现实生活中的诸多应用场景都需要用到图，如淘宝用户好友关系图、道路图、电路图、病毒传播网、国家电网、文献网、社交网和知识图谱等。

图是用于表示对象之间关联关系的一种抽象数据结构，使用顶点(vertex)和边(edge)进行描述：顶点表示对象，边表示对象之间的关系。可抽象成用图描述的数据即为图数据。图计算便是以图作为数据模型来表达问题并予以解决的过程。以高效解决图计算问题为目标的系统软件称为图计算系统。目前已有不少相关图计算产品,如 PageRank、GraphX 等。

1.7.4 查询分析计算

针对超大规模数据的存储管理和查询分析,需要提供实时或准实时的响应,才能满足企业经营管理需求。谷歌开发的 Dremel 是一种可扩展的、交互式的实时查询系统,用于只读嵌套数据分析。

1.8 大数据产业

大数据产业是指一切与支撑大数据组织管理和价值发现相关的企业经济活动的集合。大数据产业包括 IT 基础设施层、数据源层、数据管理层、数据分析层、数据平台层和数据应用层。

大数据产业也包括大数据的产业集群、产业园区,涵盖大数据技术产品研发、工业大数据、行业大数据、大数据产业主体、大数据安全保障、大数据产业服务体系等组成的大数据工业园区。

1.8.1 IT 基础设施层

IT 基础设施层包括提供硬件、软件、网络等基础设施以及提供咨询、规划和系统集成服务的企业,如提供数据中心解决方案的 IBM、惠普和戴尔等,提供存储解决方案的 EMC,提供虚拟化管理软件的微软、思杰、Sun、Red Hat 等。

1.8.2 数据源层

大数据生态圈里的数据提供者是生物(生物信息学领域的各类研究机构)大数据、交通(交通主管部门)大数据、医疗(各大医院、体检机构)大数据、政务(政府部门)大数据、电商(淘宝、天猫、苏宁、京东等)大数据、社交网络(微博、微信等)大数据、搜索引擎(百度、谷歌等)大数据等各种数据的来源。

1.8.3 数据管理层

数据管理层包括数据抽取、转换、存储和管理等服务的各类企业或产品,如分布式文件系统(如 Hadoop 的 HDFS 和谷歌的 GFS)、ETL 工具(DataStage、Kettle 等)、数据库和数据仓库(Oracle、MySQL、SQL Server、HBase 等)。

1.8.4 数据分析层

数据分析层包括提供分布式计算、数据挖掘、统计计算等服务的各类企业或产品,如分布式计算框架 MapReduce、统计分析软件 SPSS 和 SAS、数据挖掘工具 Weka、数据可视化工具 Tableau、商业智能(BI)工具(MicroStrategy、Cognos、BO)等。

1.8.5 数据平台层

数据平台层包括提供数据分享平台、数据分析平台、数据租售平台等服务的企业或产品,如阿里巴巴、谷歌、中国电信、百度等。

1.8.6 数据应用层

数据应用层指提供智能交通、智慧医疗、智能电网等行业应用的企业、机构或政府部门,如交通主管部门、各大医疗机构、菜鸟网络、国家电网等。

近些年,我国一些地方政府也在积极尝试以"大数据产业园"为依托,加快发展本地的大数据产业。大数据产业园是大数据产业的聚集区或大数据技术的产业化项目孵化区,是大数据企业的孵化平台以及大数据企业走向产业化道路的集中区域。

福建省泉州市安溪县龙门镇的中国国际信息技术产业园,于 2015 年 5 月建成投入运营,是福建省第一个大数据产业园区,致力于构建以国际最高等级第三方数据中心为核心,以信息技术服务外包为主的绿色生态产业链,打造集数据中心、安全管理、云服务、电子商务、数字金融、信息技术教育、国际交流、投融资环境等功能为一体,覆盖福建、辐射海西的国际一流高科技信息技术产业园区。

1.9 大数据处理的基本流程

大数据的处理流程可以定义为在合适工具的辅助下,对不同结构的数据源进行抽取和集成,结果按照一定的标准统一存储,利用合适的数据分析技术对存储的数据进行分析,从中提取有益的知识并利用恰当的方式将结果展示给终端用户。大数据处理流程一般可分为四步,即数据采集、数据清洗与预处理、数据统计分析与挖掘、结果可视化,如图 1-6 所示。

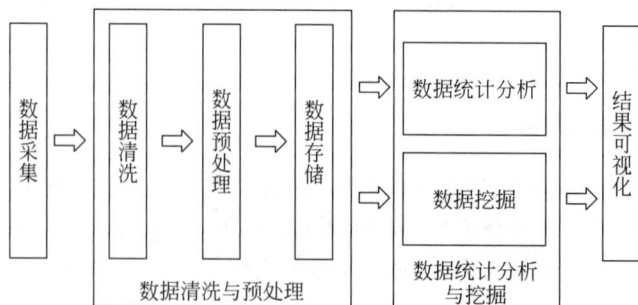

图 1-6 大数据处理的基本流程

1.9.1　数据采集、清洗和预处理

数据的采集一般采用数据仓库技术——ETL将分布的、异构的数据源中的数据抽取到临时文件或数据库中。大数据的采集不是抽样调查,它强调数据尽可能完整和全面,尽量保证每一个数据准确、有用(关于数据采集的具体内容将在第9章介绍)。采集好的数据,可能会有不少是重复的或无用的。此时需要对数据继续进行简单的清洗和预处理,使得不同来源的数据整合成一致的、适合数据分析算法和工具读取的数据,如数据去重、异常处理和归一化等。

1.9.2　数据存储

将处理好的数据存储到数据库中,如存储到大型分布式数据库或者分布式存储集群中(关于大数据存储与管理将在第10章介绍)。

1.9.3　数据分析与挖掘

大数据分析与挖掘是大数据处理流程的核心步骤。通过抽取、集成和预处理环节,从不同结构的数据源中获得用于大数据处理的原始数据,用户根据需求对数据进行分析处理,如数据挖掘、机器学习、数据统计、数据分析可以用于决策支持、商业智能、推荐系统、预测系统等。分析数据需要使用统计产品与服务解决方案工具结构算法模型来进行分类和汇总、数据挖掘、预测分析等(关于大数据分析与挖掘将在第11章介绍)。

1.9.4　结果可视化

数据处理的结果及以何种方式在终端上显示是用户最关心的步骤。就目前来看,可视化和人机交互是数据解释的主要技术。使用可视化技术可以将处理结果通过图形方式直观地呈现给用户,如标签云、历史流、空间信息等;人机交互技术可以引导用户对数据进行逐步分析,参与并理解数据分析结果(关于大数据可视化的内容将在第12章介绍)。

1.10　大数据关键技术简介

1.10.1　分布式计算

分布式计算是相对集中式计算而言的,将需要进行大量计算的项目数据分割成若干个小块,由分布式系统中多台计算机节点分别计算,再将计算结果进行合并,并得到统一的数据结论。

分布式计算的目的是对海量的数据进行分析,例如,人们可以从淘宝"双十一"的数据中实时计算出各地区消费者的消费行为等。

1.10.2　分布式文件系统

相对于传统的本地文件系统而言,分布式文件系统是一种通过网络实现文件在多台主

机上进行分布式存储的文件系统。即将数据分散地存放在多台独立的设备上,采用可扩展的系统结构,用多台存储服务器来分担存储的负荷,利用元数据定位数据在服务器中的存储位置。其特点是具有较高的系统可靠性、可用性、可扩展性和存储效率。分布式文件的系统设计一般采用"客户机/服务器(C/S)"模式,分布式文件系统包括四种关键技术,即元数据管理技术、系统弹性扩展技术、存储层级内的优化技术、针对应用和负载的存储优化技术。目前已得到广泛应用的分布式文件系统主要有 HDFS 等。

1.10.3 分布式数据库

分布式数据库的基本思想是将原来集中式数据中的数据分散地存放至通过网络连接的多个数据存储节点上,从而获取更大的存取空间和更高的并发量。

分布式数据库系统可以通过多个异构、位置分布、跨网络的计算机节点组成。每台计算机节点中都可以包含数据库管理系统(DBMS)的一份完整的或部分的副本,并且具有自己局部的数据库。多台计算机节点利用高速计算机网络,将物理上分散的多个数据存储单元相互连接起来,共同构建一个完整的、全局的、逻辑上集中的和物理上分布的大型数据库系统。

适用于大数据存储的分布式数据库具有高可扩展性、高并发性和高可用性特征,具体特点如表 1-7 所示。

表 1-7 适用于大数据存储的分布式数据库特征

对 比 项 目	特 征
高可扩展性	分布式数据库具有高可扩展性,能够动态地增添存储节点,以实现存储容量的线性扩展
高并发性	分布式数据库能及时响应大规模用户的读/写请求,能够对海量数据进行随机的读/写操作
高可用性	分布式数据库提供容错机制,能够实现数据库数据冗余备份,保证数据和服务的可靠性

1.10.4 数据仓库和 NoSQL 数据库

数据库与数据仓库在概念上有很多相似之处,但也有本质上的区别。数据仓库所在层面比数据库更高,它可以通过不同类型的数据库实现。数据库与数据仓库差异的比较如表 1-8 所示。

表 1-8 数据库与数据仓库差异的比较

比 较 要 素	数 据 库	数 据 仓 库
定义	按照一定数据结构来组织、存储和管理数据的数据集合	一个面向主题的、集成的、相对稳定的、反映历史变化的数据集合,用于支持管理决策
用户	办事员、数据管理员	高级管理者、决策者
结构设计	数据库设计主要面向事务设计	数据仓库设计主要面向主题设计
存储内容	数据库一般存储的是在线数据,对数据的变更历史往往不存储,数据规模为 MB 至 GB 级别	数据仓库一般存储的是历史数据,以支持分析决策,数据规模大于 TB 级别

续表

比较要素	数据库	数据仓库
冗余程度	数据库设计尽量避免冗余以维持高效快速的存取	数据仓库往往有意引入冗余
使用目的	数据库的引入是为了捕获和存取数据、日常事务处理	数据仓库是为了数据分析、决策支持

数据仓库面向主题(可以高效分析关于特定主题或职能领域(如销售)的数据)、集成(数据仓库可在不同来源的不同数据类型之间建立一致性)、相对稳定(进入数据仓库后,数据将保持稳定,不会发生改变)、反映历史变化(数据仓库分析着眼于反映历史变化)。

NoSQL 数据库泛指非关系数据库。随着互联网 Web 2.0 网站的兴起,传统的关系数据库在处理 Web 2.0 网站,特别是超大规模和高并发的社会性网络服务(SNS)类型的 Web 2.0 纯动态网站已经显得力不从心,出现了很多难以克服的问题,非关系数据库则由于其本身的特点得到了非常迅速的发展。NoSQL 数据库的产生就是为了解决大规模数据集合和多重数据种类带来的挑战,特别是大数据应用难题。关于 NoSQL 数据库与关系数据库的比较见表 1-9 所示。

表 1-9　NoSQL 数据库与关系数据库的比较

比较要素	NoSQL 数据库	关系数据库
数据模型	可以使用多种数据模型,如文档型、键值对、列族、图形等,数据模型比较简单,适合存储大量简单数据	采用表格的结构来存储数据,数据以行和列的形式组织,每个数据表都必须对各个字段定义好,数据形式和内容在存入数据之前就已经定义好
数据一致性	在一致性、可用性和分区容忍性之间进行权衡,可能会牺牲一致性以换取更好的可用性和性能	通常强调数据的一致性,即数据在任何时刻都保持一致性,支持 ACID 事务(原子性(atomicity,或称不可分割性)、一致性(consistency)、隔离性(isolation,又称独立性)和持久性(durability))
扩展性	通常设计为水平扩展,通过增加更多的节点来处理大规模的数据,扩展性更好	通常设计为纵向扩展,通过提高单个服务器的处理能力来扩展,扩展性受限于单个服务器的硬件性能
事务支持	支持事务的程度不一。一些事项可能不支持完全的 ACID 事务,或只支持部分事务特性	通常支持 ACID 事务,确保数据的完整性和一致性
数据存储方式	采用动态结构,可以根据数据存储的需要灵活地改变数据库的结构,适合存储大量非结构化的数据	按照结构化的方式存储数据,每个数据表都必须对各个字段定义好,数据形式和内容在存入数据之前就已经定义好
应用场景	适合需要高性能和高可扩展性的应用场景,如大数据处理和实时分析	适合需要高度一致性和事务性的应用场景,如金融交易系统

1.10.5　云计算与虚拟化

云计算(cloud computing)是基于互联网的相关服务的增加、使用和交付模式,通常涉及通过互联网来提供动态、易扩展且虚拟化的资源,其中云只是网络、互联网的一种比喻说法。云计算是一种按使用量付费的模式,这种模式提供可用的、便捷的、按需的网络访问,进入可配置的计算资源(网络、服务器、存储、应用软件、服务等)共享池,只需要投入非常少的管理工作,或者与服务供应商进行很少的交互,这些资源便能够被快速地提供。强调说明:云计算既包含概念层面的内涵,也依托具体技术(如虚拟化、容器化等)实现。

云计算是硬件资源的虚拟化,而大数据是对海量数据的高效处理。虚拟化是将物理的实体通过软件模式,形成若干虚拟存在的系统,其真实运作还是在实体上,只是划分了若干区域或者时域;而云计算的基础是虚拟化,但虚拟化仅仅是云计算的一部分,云计算是在虚拟化出若干资源池以后的应用。虚拟化是指把硬件资源虚拟化,实现隔离性、可扩展性、安全性、资源可充分利用等。云计算和虚拟化关系密切,常见的虚拟化产品有 VMWare、VirtualBox、OpenStack、Docker 等。

1.10.6 物联网与大数据

物联网为大数据提供了重要的数据来源,而大数据则为物联网的发展提供了有力支撑。大数据与物联网的关系密切,相互影响。

(1) **物联网是大数据的重要来源**:物联网通过各种传感器、执行器和通信技术,实时采集各种设备和系统的数据,包括温度、湿度、光照、位置、运动等信息。这些数据不断积累,形成了海量、高增长率和多样化的信息资产,即大数据。因此,物联网是大数据的重要来源之一。

(2) **大数据促进物联网的发展**:大数据技术是新一代的技术和构架,它以成本较低及快速的采集、处理和分析技术,从各种超大规模的数据中提取价值。通过大数据技术,可以对物联网产生的海量数据进行存储、分析和挖掘,发现数据背后的规律和趋势,为决策提供支持。因此,大数据技术的不断涌现和发展,为物联网的发展提供了有力支撑。

(3) **物联网与大数据共同推动智慧城市的建设**:物联网通过各种传感器和设备,采集城市运行的各种数据,包括交通、环境、安全等方面的数据。这些数据通过大数据技术进行处理和分析,可以为城市管理者提供决策支持,推动智慧城市的建设。例如,通过对交通数据的分析,可以优化交通路线和信号灯控制,提高交通效率;通过对环境数据的分析,可以及时发现环境污染和安全隐患,采取措施进行治理和预防。

1.10.7 人工智能与大数据

人工智能(AI)是一种模仿人类智能的技术和方法,旨在使计算机系统能够模拟和执行人类智能的某些任务。人工智能可以通过识别模式、学习和推理等技术来改进决策制定和任务执行的过程。大数据和人工智能虽是两个不同的概念,但它们之间存在紧密的关系。大数据为人工智能提供了大量的数据作为输入,使得人工智能算法和模型能够学习和做出更准确的预测和决策。同时,人工智能技术也可以支持大数据的处理和分析,以便提高数据的可挖掘价值。

值得一提的是,在实际应用中,大数据和人工智能常常结合在一起,以实现更强大的功能。例如,通过分析大数据,人工智能可以自动发现和识别数据中的模式和关联,从而提供更准确和个性化的服务和建议。另外,人工智能算法和模型也可以通过对大数据的学习和训练,不断优化和改进自身的性能和效果。例如 DeepSeek、豆包等 AI 应用。

1.10.8 区块链与大数据

区块链是一种去中心化的分布式账本技术,通过不断增长的数据块链记录交易和信息,确保数据的安全和透明性。区块链具有去中心化、不可篡改、透明、安全和可编程性等特点。大数据和区块链是两种互补的技术,它们具有各自的特点和独特的优势,同时也相互促进,共同推动数据管理和应用的发展。

大数据和区块链之间存在密切的联系。首先,区块链可以用于确保大数据的真实性和安全性。通过区块链的不可篡改性和可追溯性,有效防止数据被篡改,确保数据的真实性和完整性。其次,区块链可以提高大数据的处理效率。通过智能合约等技术,自动化处理大量数据,减少人工干预,提高处理速度。

在实际应用中,大数据和区块链结合在多个领域发挥了重要作用。例如,在知识产权保护、防伪溯源等领域,区块链技术可以确保数据的真实性和不可篡改性,提高数据的安全性和可信度。此外,区块链还可以优化大数据的存储和处理方式,提高数据的利用效率和价值。

1.11 大数据的应用领域

目前大数据已在各个领域得到广泛的应用,如科学计算、金融、社交网络、移动数据、物联网、医疗、网页数据、多媒体、网络日志、射频识别(RFID)传感器、社会数据、互联网文本和文件、互联网搜索索引、呼叫详细记录、天文学、大气科学、基因组学、生物学和其他复杂或跨学科的科研、军事侦察、医疗记录、摄影档案馆视频档案、大规模的电子商务等。不同领域的大数据应用具有不同特点,其响应时间、稳定性、精确性的要求各不相同,解决方案也层出不穷。

1.11.1 大数据在医疗领域中的应用

百度公司结合大数据整合和大数据分析等技术推出了在线的“疾病预测”功能系统,这是大数据的应用案例之一。这项技术通过收集用户数据和位置数据进行统计和分析,从而得出人们搜索“流感”“肝炎”等疾病关键词信息的时间和地点分布。

此外,佩戴健康手表等设备可以监测日常活动和睡眠。大数据与技术相结合可以改变人们的生活方式,以协助人们保持健康的习惯来抵御疾病。

1.11.2 大数据在金融领域中的应用

当不法分子利用 AI 和大数据技术骗取客户钱财时,银行系统也会利用大数据技术保护客户权益或提醒客户注意这些大数据被用来分析从储蓄卡到信用卡购物的消费模式,以发现欺诈行为并在发生之前加以预防。用户刷卡购买高价值的商品时,可能会接到银行的电话或网上确认要求,以确保交易是真实的。

1.11.3　大数据在能源领域中的应用

大数据与智能物联网设备相结合,使智能电表可以自我调节能耗,从而实现有效的能源利用。这些智能电表安装在社区中,从整个城市空间的传感器收集数据。它们可以确定在任何给定时间能量的回流和流动的最高位置,并在整个电网中均匀地重新分配,特别是在最需要的地方,以确保在给定网络中有效地分配能量。

1.11.4　大数据在电子商务平台的应用

大数据与人们的生活密不可分。经常在网上购物的人会发现,在电商平台经常会有其喜欢的类似产品的精准推荐。举个例子,某人最近想购买一双运动鞋,他在某个电商平台上浏览了很多款式,过段时间再次打开该电商平台时会发现,主页上出现了很多他曾经浏览过的运动鞋或者他喜欢的款式和颜色的运动鞋,这时他就可以从中挑选一双最喜欢的下单购买。这里仅简单描述了一下购物场景,但在这背后是电商平台应用了大数据的用户分析技术(即用户画像分析),对曾在该平台上浏览或者购买过产品的每一个用户信息进行详细分析,这也是精准营销策略。

在大数据技术领域,可以分析总结出用户的基本信息购买能力、行为特征、社交网络、心理特征以及兴趣爱好等信息,在绝大多数电商平台中销售额的 20% 来自大数据电商技术的推荐。

1.11.5　大数据在教育领域中的应用

教育行业搭建出与学生、教师、课程、成绩等相关的大数据仓库。对这些数据进行适当的研究和分析,可以有效地提取相关信息,这些信息可用于改进教育机构的工作及其运营效率。对每位学生的记录进行描述性的分析,将有助于了解每位学生的兴趣、优缺点等,从而制订适合其职业目标的个性化学习计划。

1.12　实验项目 1：CentOS 7 虚拟机的安装

实验项目 1

1.12.1　安装 VMware Workstation Pro 16

右击 VMware Workstation Pro 16 的安装程序,选择"以管理员身份运行",如图 1-7 所示。

运行后在安装界面单击"下一步"按钮,如图 1-8 所示。

勾选"我接受许可协议中的条款",并单击"下一步"按钮,如图 1-9 所示。

更改安装路径,建议把 VMware Workstation 安装在 C 盘以外的磁盘,如图 1-10 所示。

进行用户体验设置,如图 1-11 所示。

图 1-7　以管理员身份运行 VMware Workstation Pro 16

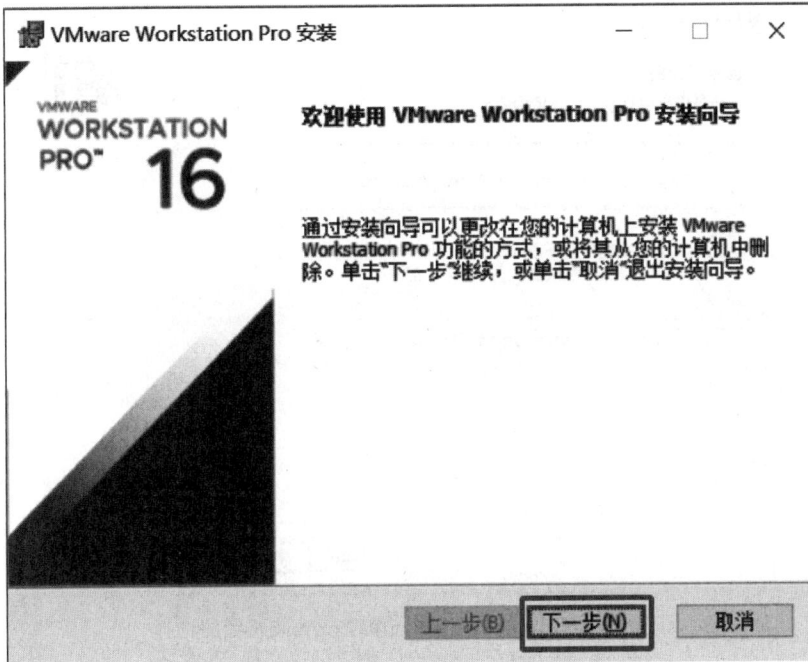

图 1-8 VMware Workstation Pro 16 欢迎界面

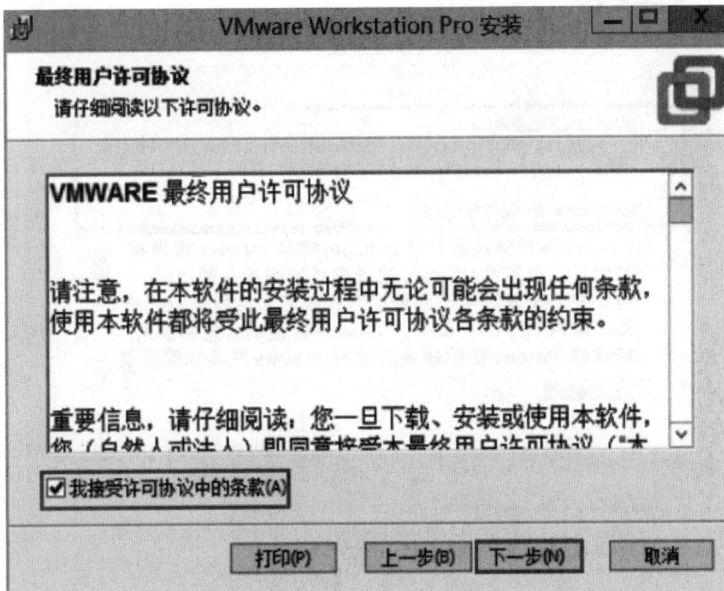

图 1-9 VMware Workstation Pro 16 用户协议界面

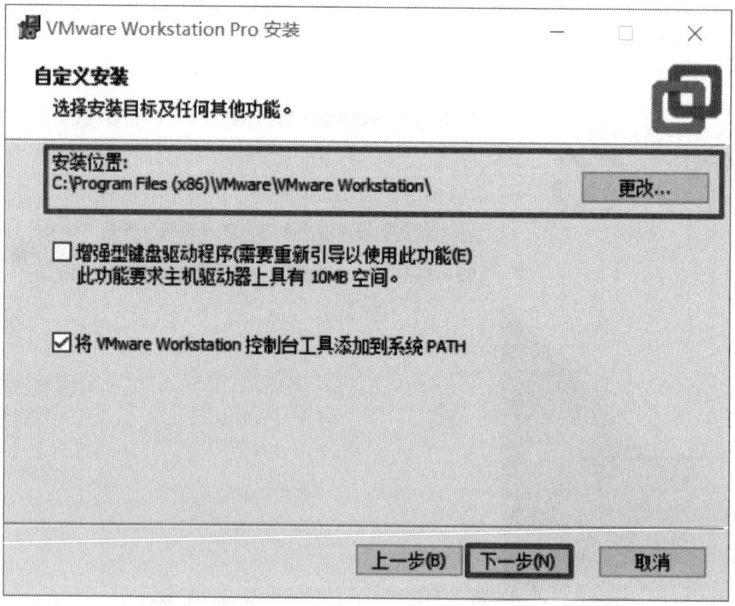

图 1-10　VMware Workstation Pro 安装路径的选择

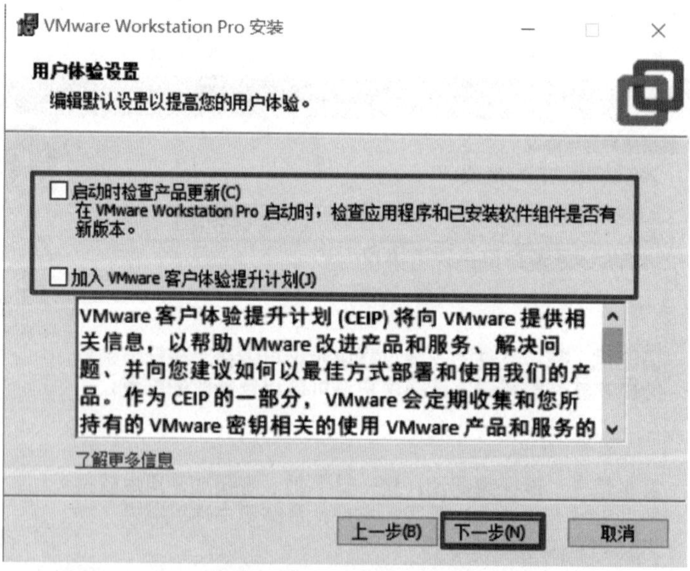

图 1-11　VMware Workstation Pro 的用户体验设置

设置快捷方式并单击"下一步"按钮,如图 1-12 所示。

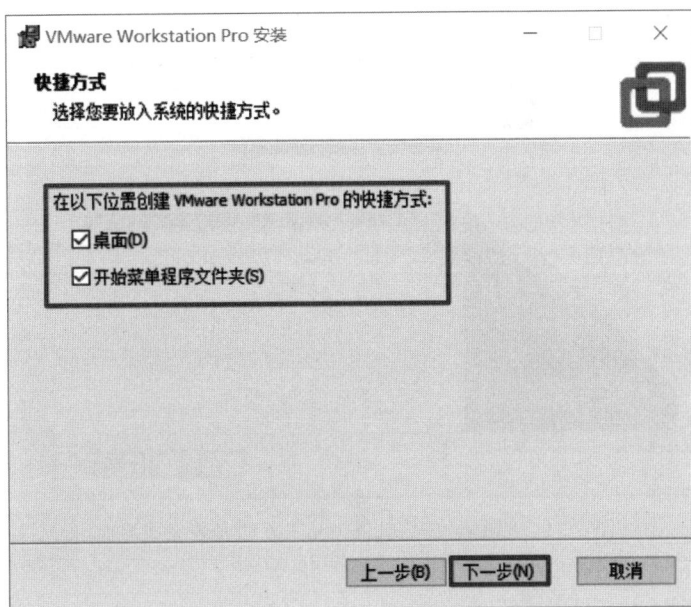

图 1-12　VMware Workstation Pro 的快捷方式设置

单击"安装"按钮,安装过程可能会出现闪烁的情况,如图 1-13 所示。

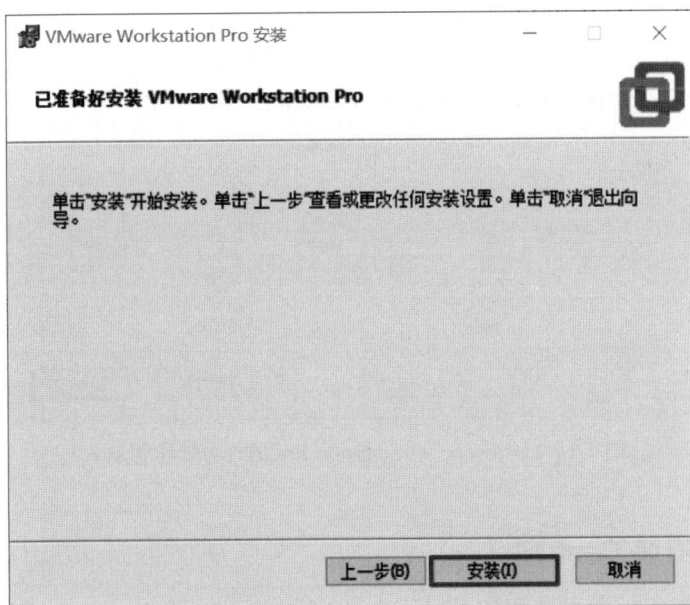

图 1-13　VMware Workstation Pro 开始安装

单击"许可证"按钮可以输入密钥,然后单击"输入"按钮,或者直接单击"完成"按钮即可完成安装,如图 1-14 和图 1-15 所示。

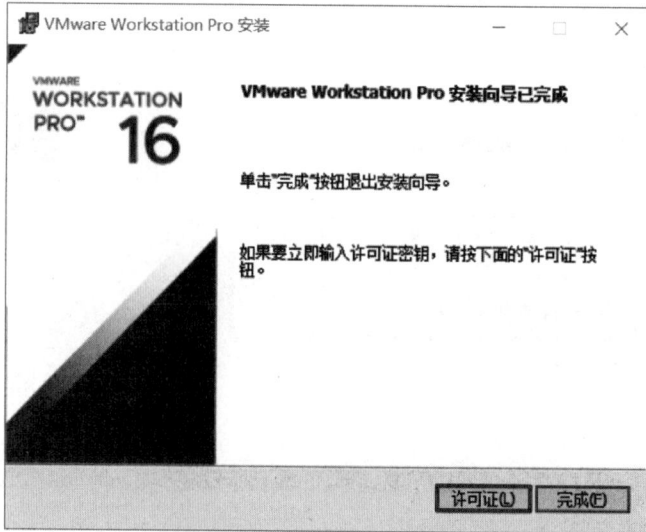

图 1-14 VMware Workstation Pro 的安装完成界面

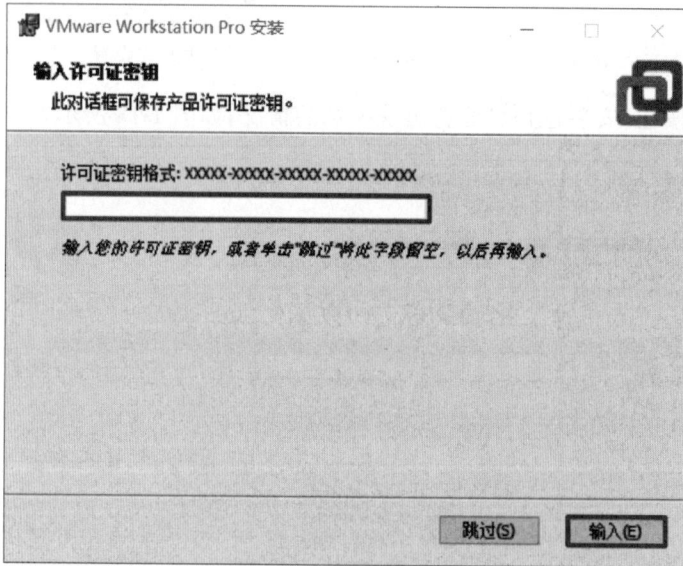

图 1-15 VMware Workstation Pro 的许可证密钥输入

1.12.2 安装 CentOS 7

准备工作：准备好课程配套的 CentOS 7.4 镜像 CentOS-7-x86_64-DVD-1708.iso，运行 VMware Workstation Pro 16，如图 1-16 所示。

图 1-16 VMware Workstation Pro 菜单

单击"创建新的虚拟机",如图 1-17 所示。

图 1-17　创建新的虚拟机

选择"自定义(高级)"选项,单击"下一步"按钮,如图 1-18 所示。

图 1-18　自定义虚拟机

使用默认配置,单击"下一步"按钮,如图 1-19 所示。

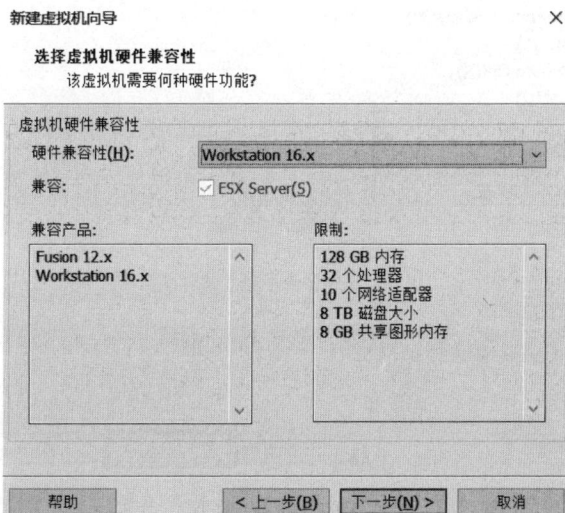

图 1-19　虚拟机硬件兼容性配置

选择"稍后安装操作系统",单击"下一步"按钮,如图 1-20 所示。

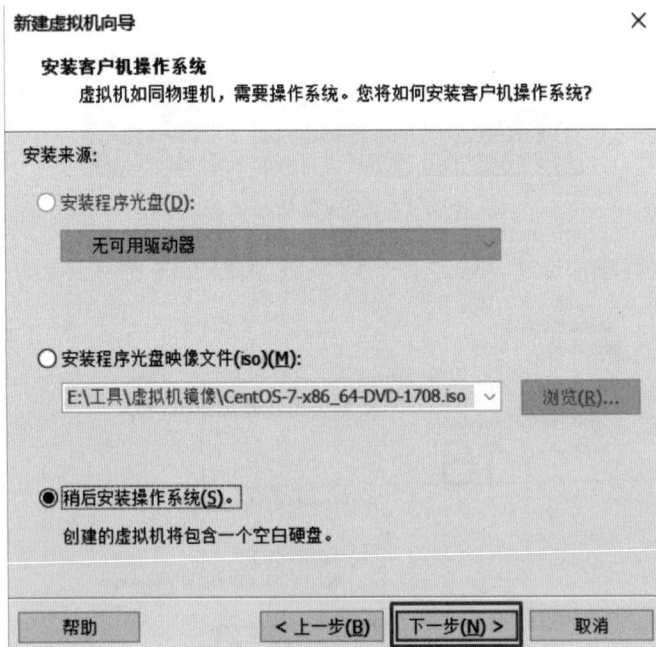

图 1-20 选择"稍后安装操作系统"

默认选择 Linux 操作系统,版本为"CentOS 7 64 位",单击"下一步"按钮,如图 1-21 所示。

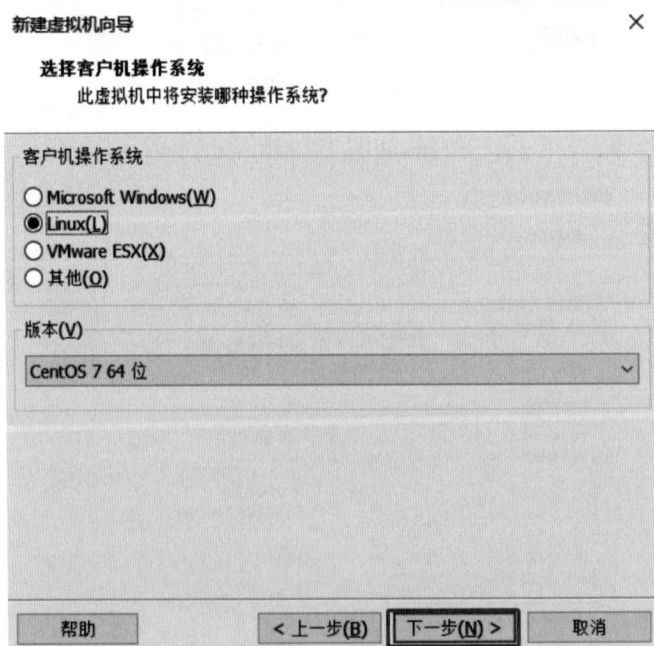

图 1-21 默认选择 Linux 操作系统

设置虚拟机名称,进行位置选择,完成后单击"下一步"按钮,如图 1-22 所示。

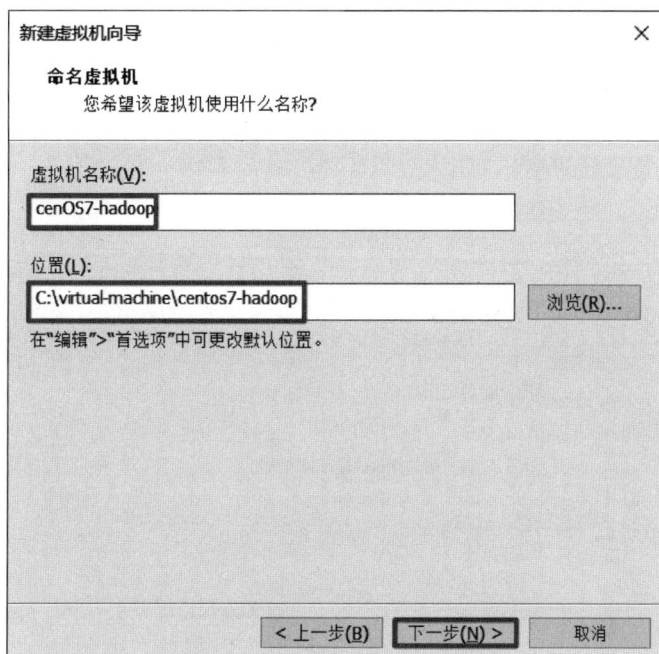

图 1-22 设置虚拟机名称和安装位置

进行处理器配置,完成后单击"下一步"按钮,如图 1-23 所示。

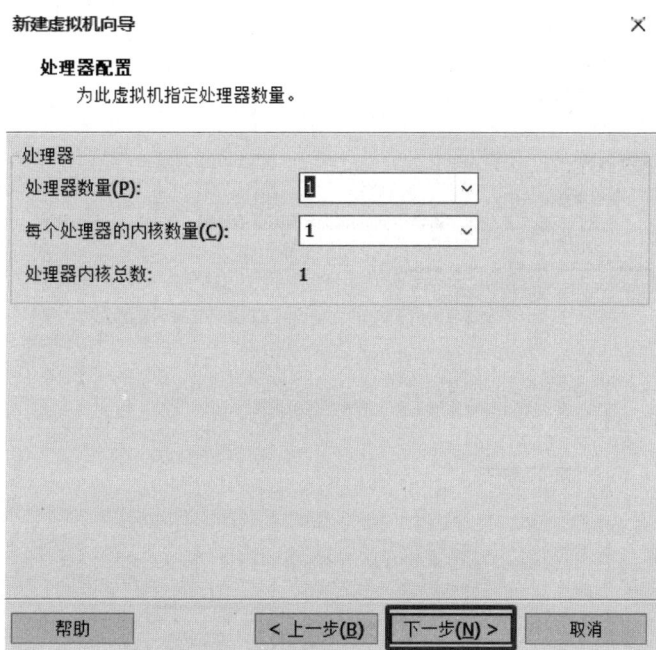

图 1-23 虚拟机处理器配置

进行内存配置,完成后单击"下一步"按钮,如图 1-24 所示。

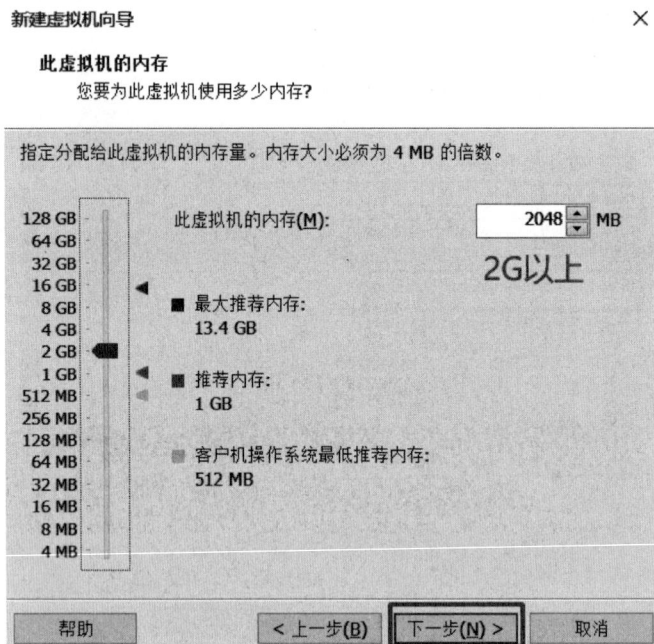

图 1-24　虚拟机内存配置

进行网络配置,选择"使用网络地址转换(NAT)",单击"下一步"按钮,如图 1-25 所示。

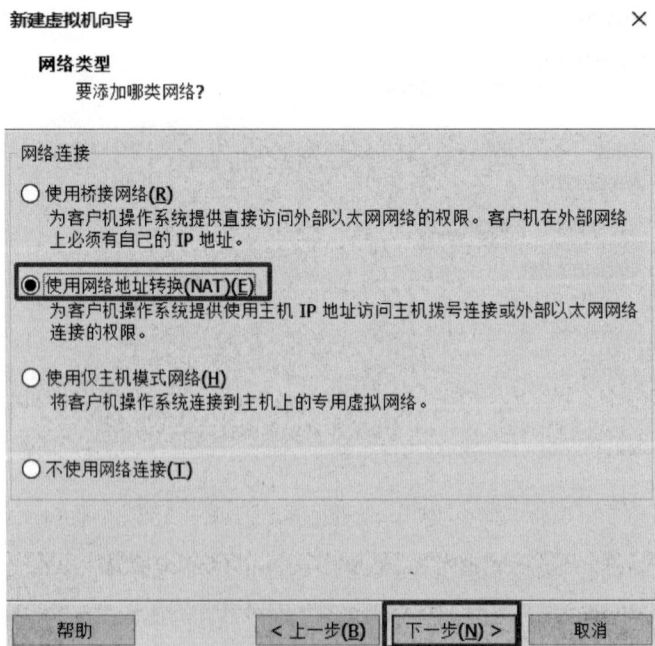

图 1-25　虚拟机网络类型选择

使用默认的 LSI Logic 输入/输出(I/O)控制器,单击"下一步"按钮,如图 1-26 所示。

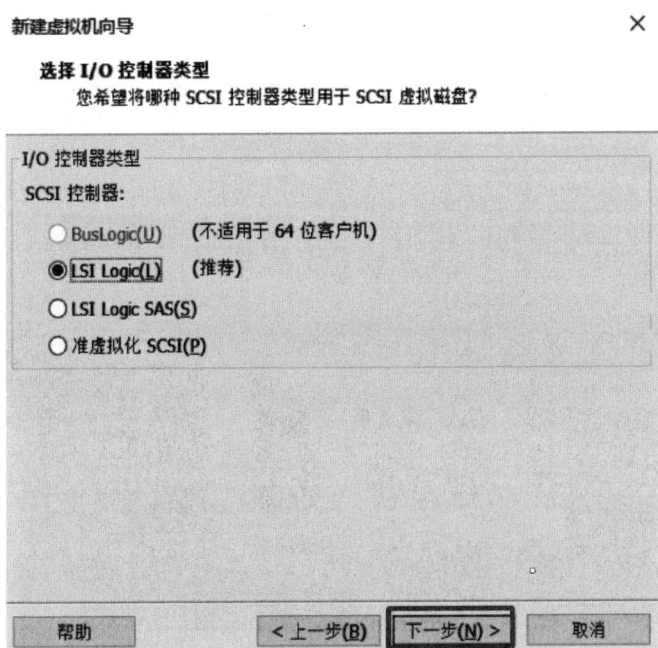

图 1-26 选择虚拟机 I/O 控制器类型

选择默认的 SCSI 类型磁盘,单击"下一步"按钮,如图 1-27 所示。

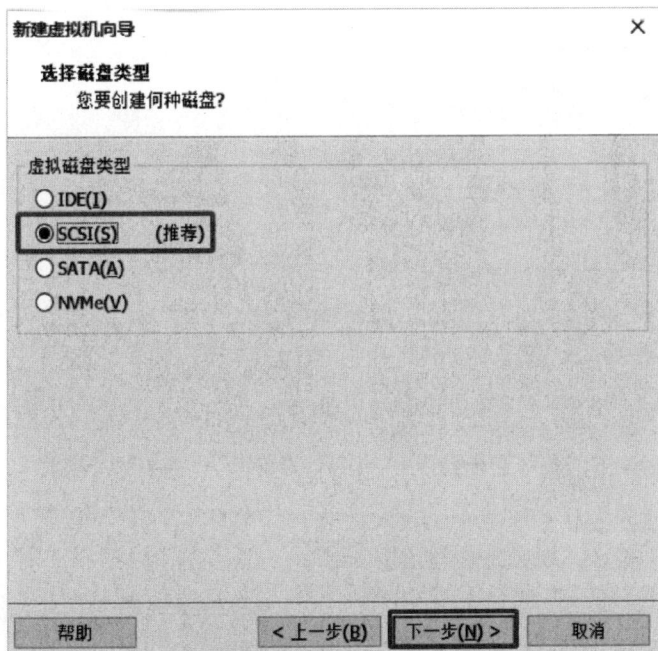

图 1-27 虚拟机磁盘类型选择

选择"创建新虚拟磁盘",单击"下一步"按钮,如图 1-28 所示。

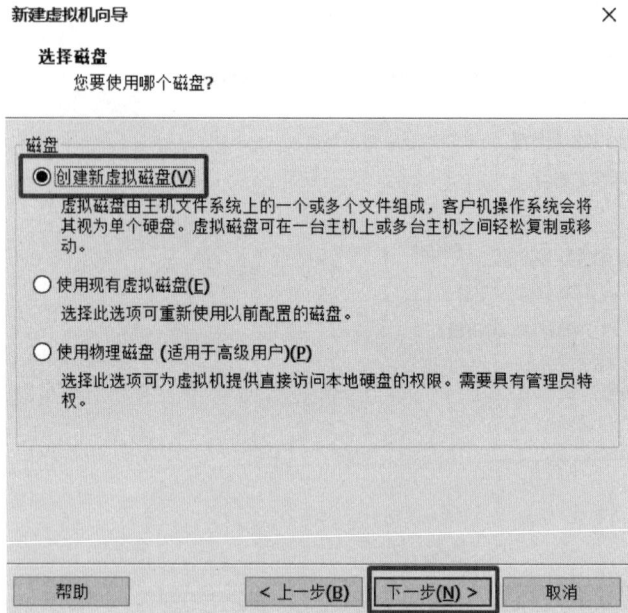

图 1-28　创建新虚拟磁盘

指定磁盘容量,默认为 20.0 GB,将虚拟磁盘拆分成多个文件,单击"下一步"按钮,如图 1-29 所示。

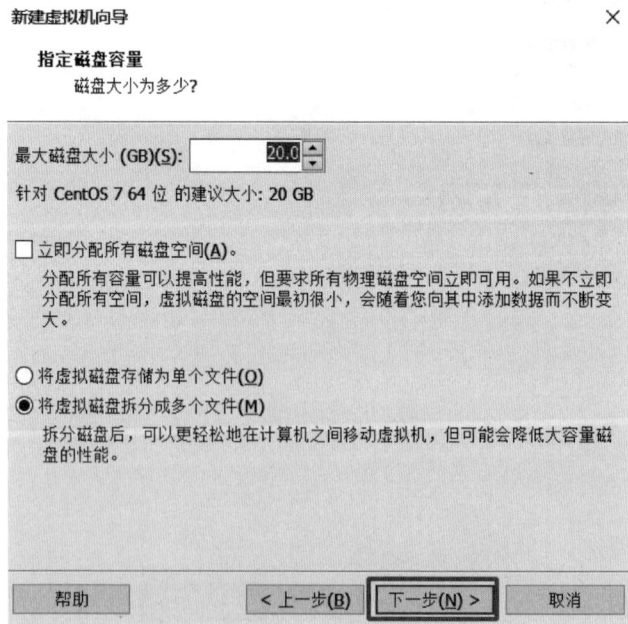

图 1-29　将虚拟磁盘拆分成多个文件

指定磁盘文件名,可以用默认设置,完成后单击"下一步"按钮,如图 1-30 所示。

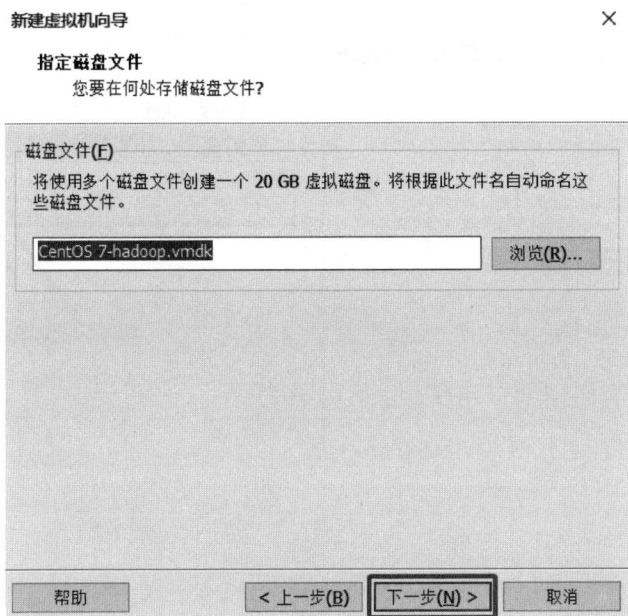

图 1-30 指定磁盘文件名

单击"自定义硬件",如图 1-31 所示。

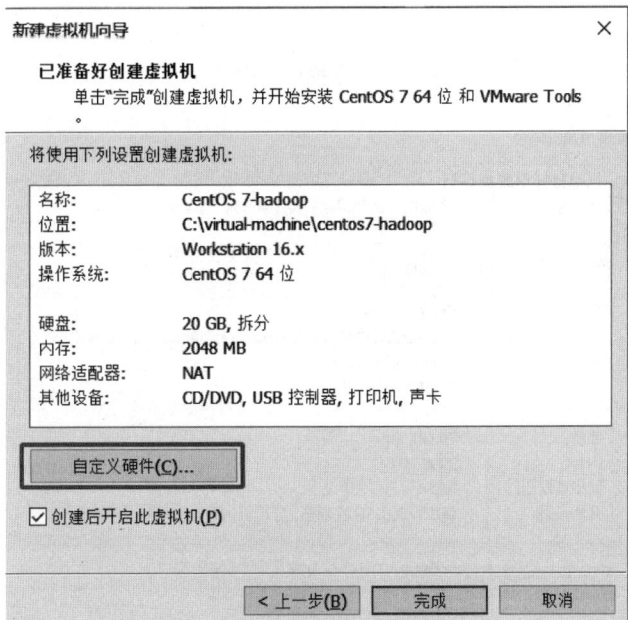

图 1-31 自定义虚拟机硬件

进行光驱配置,状态设置为"启动时连接",并选择虚拟机镜像文件,完成后单击"关闭"按钮,如图 1-32 所示。

完成自定义硬件,单击"完成"按钮,如图 1-33 所示。

图 1-32　虚拟机光驱配置

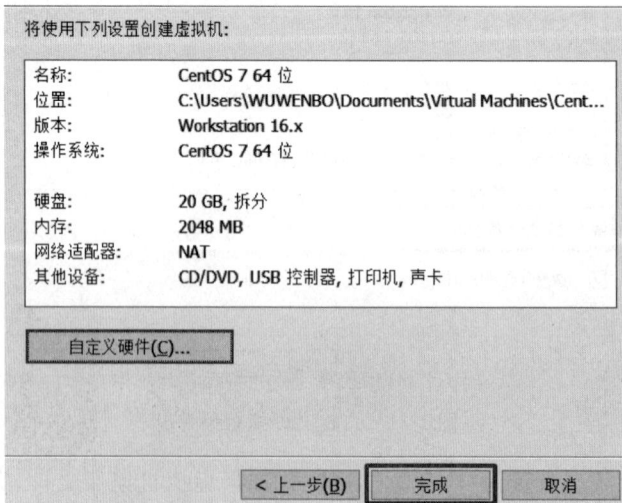

图 1-33　完成虚拟机自定义硬件操作

单击"开启此虚拟机",如图 1-34 所示。

图 1-34　开启虚拟机

选择 Install CentOS 7 并按 Enter 键,如图 1-35 所示。

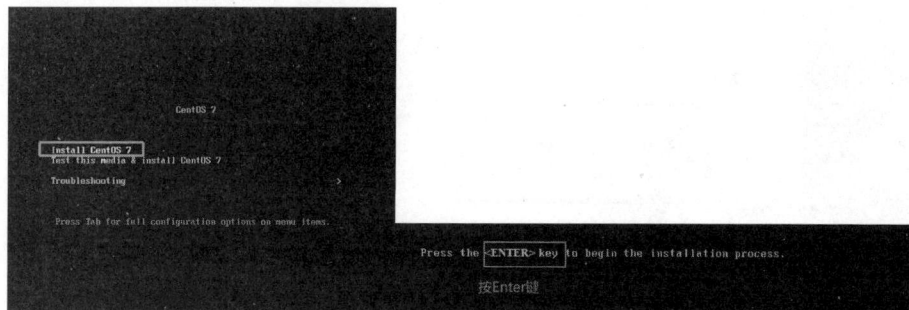

图 1-35　安装 CentOS 7 操作系统

进行语言设置,选择"简体中文(中国)",完成后单击"继续"按钮,如图 1-36 所示。

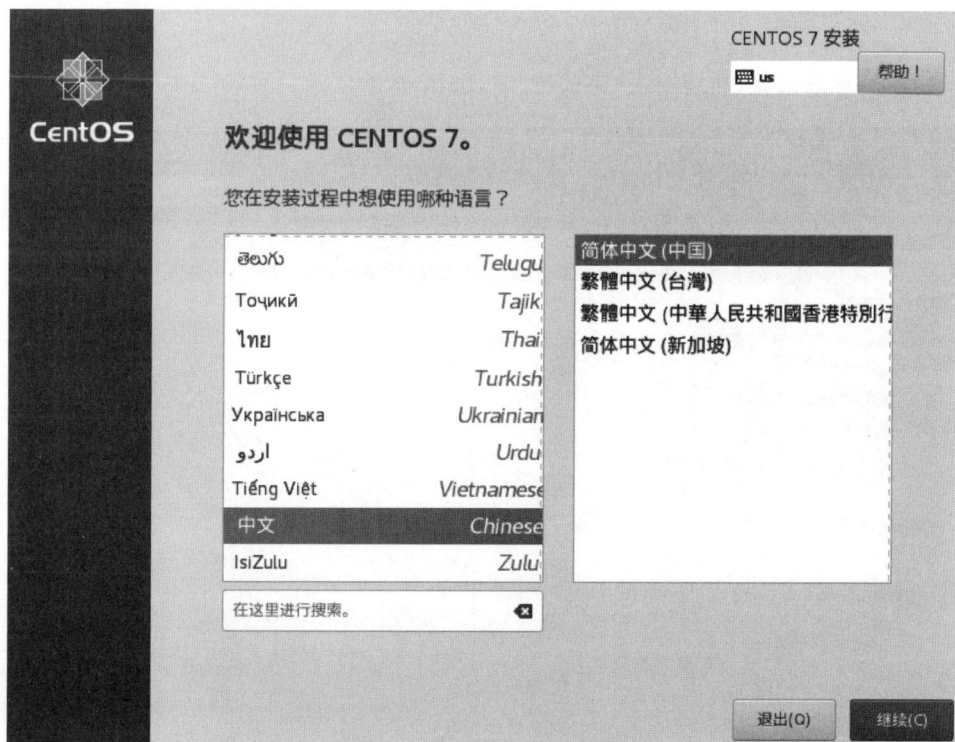

图 1-36　CentOS 7 的语言设置

单击"安装位置"进行设置,如图 1-37 所示。

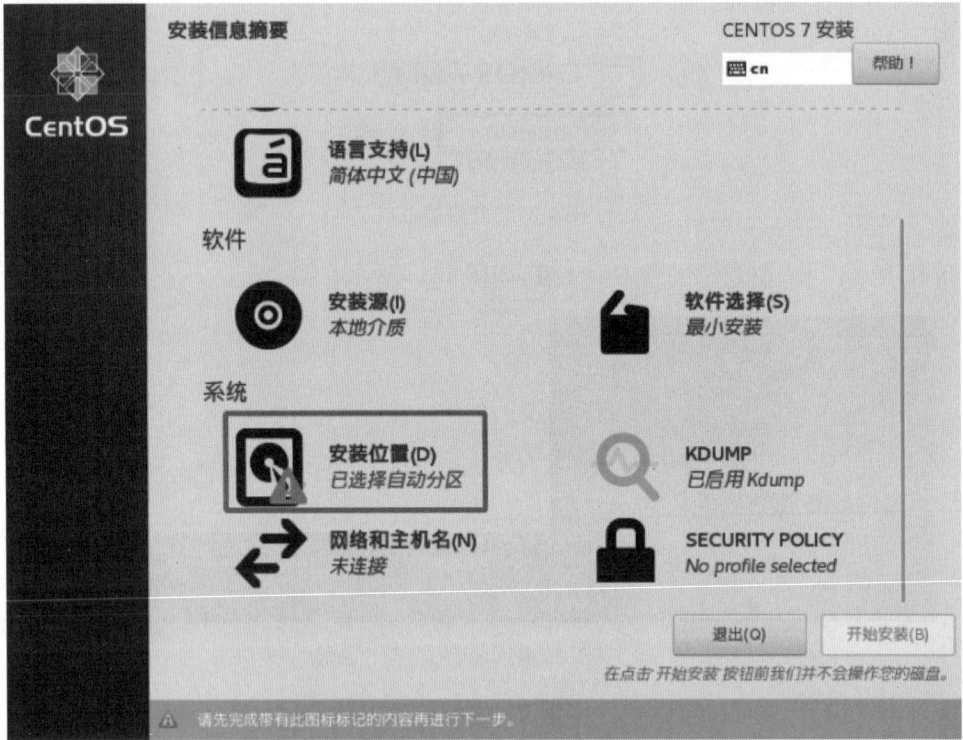

图 1-37　CentOS 7 的"安装位置"选项

选中本地标准磁盘,然后单击"完成"按钮,如图 1-38 所示。

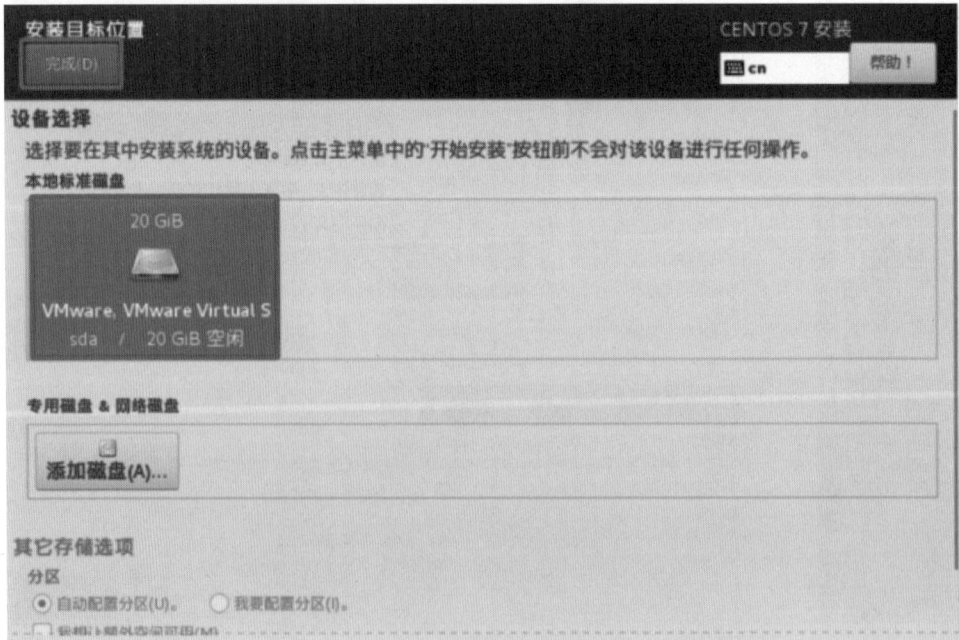

图 1-38　CentOS 7 的安装目标位置设置

单击"网络和主机名"进行设置,如图 1-39 所示。

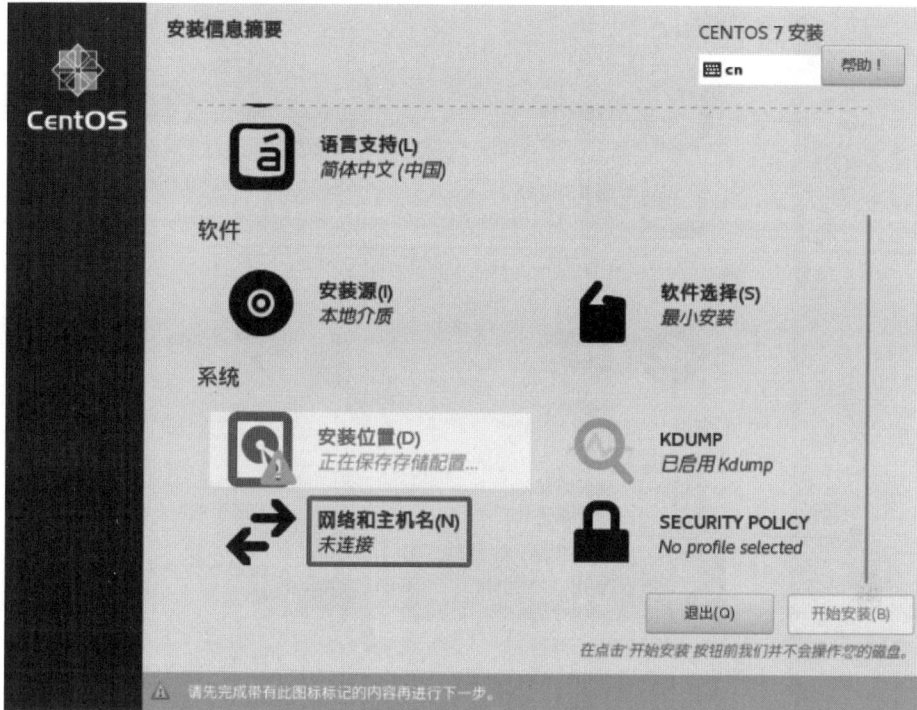

图 1-39 CentOS 7 的"网络和主机名"选项

打开网络开关,设置主机名,然后单击"完成"按钮,如图 1-40 所示。

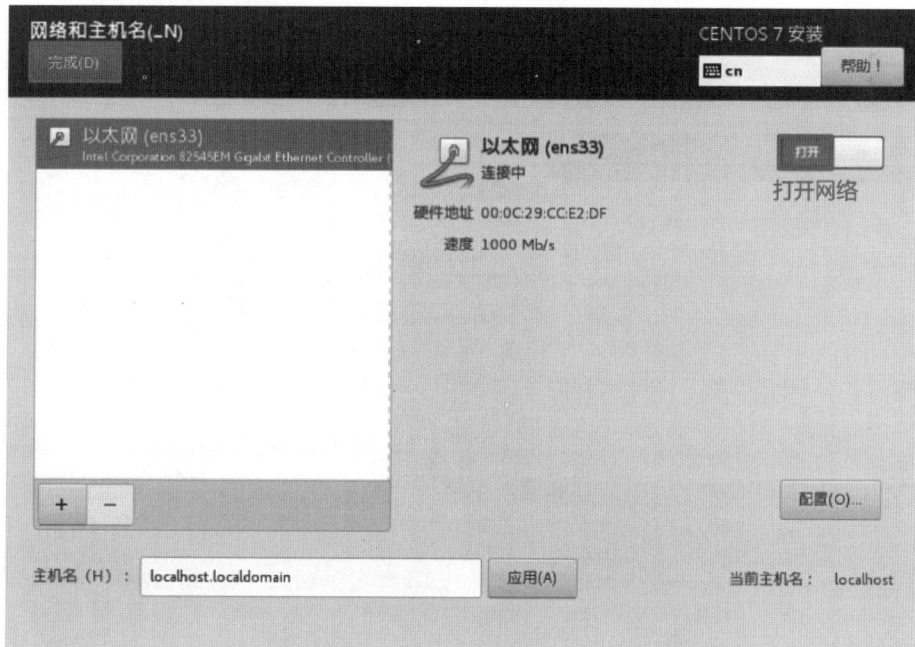

图 1-40 CentOS 7 的网络和主机名设置

重新单击"网络和主机名",查看分配的 IP 地址,记录下来,如图 1-41 所示。

图 1-41 再次单击"网络和主机名"选项

记录 IP 地址,如本案例中的 192.168.184.155,然后单击"完成"按钮,如图 1-42 所示。

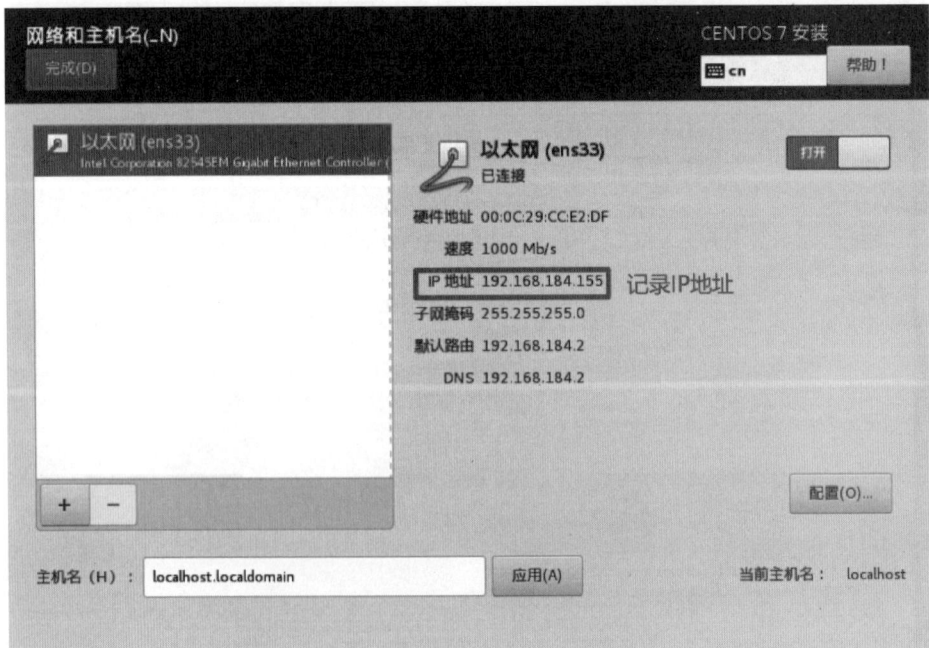

图 1-42 查看和记录 IP 地址

单击"开始安装"按钮,如图 1-43 所示。

图 1-43 开始安装 CentOS 7

单击"ROOT 密码"进行密码设置,如图 1-44 所示。

图 1-44 CentOS 7 "ROOT 密码"设置选项

建议设置成简单密码,便于后续实验,如123456,然后单击"完成"按钮,如图1-45所示。

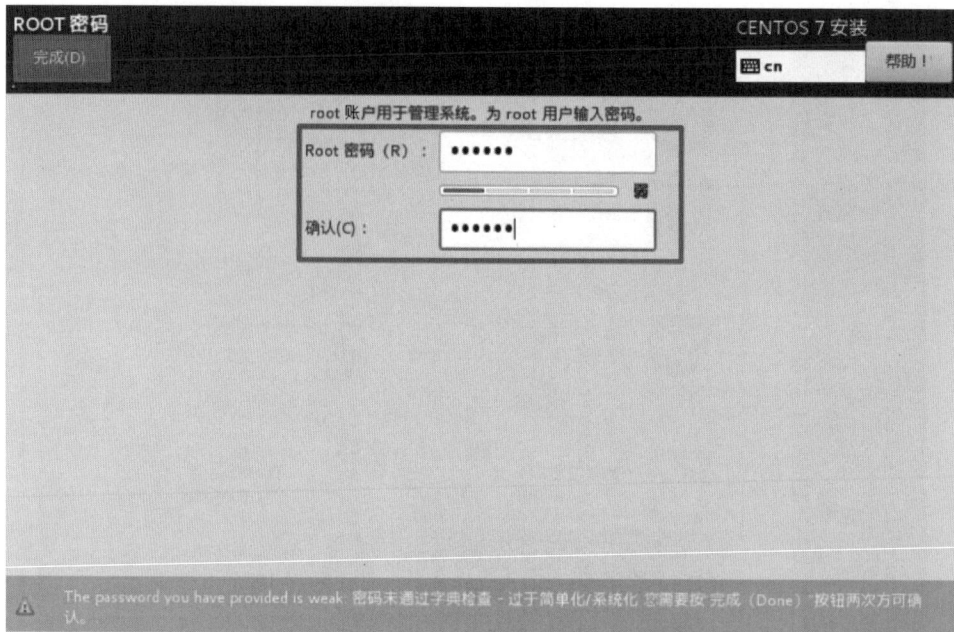

图 1-45 CentOS 7"ROOT 密码"设置页面

单击"创建用户"按钮,创建非 ROOT 用户,如图1-46所示。

图 1-46 CentOS 7"创建用户"选项

设置用户名和密码，然后单击"完成"按钮，如图 1-47 所示。

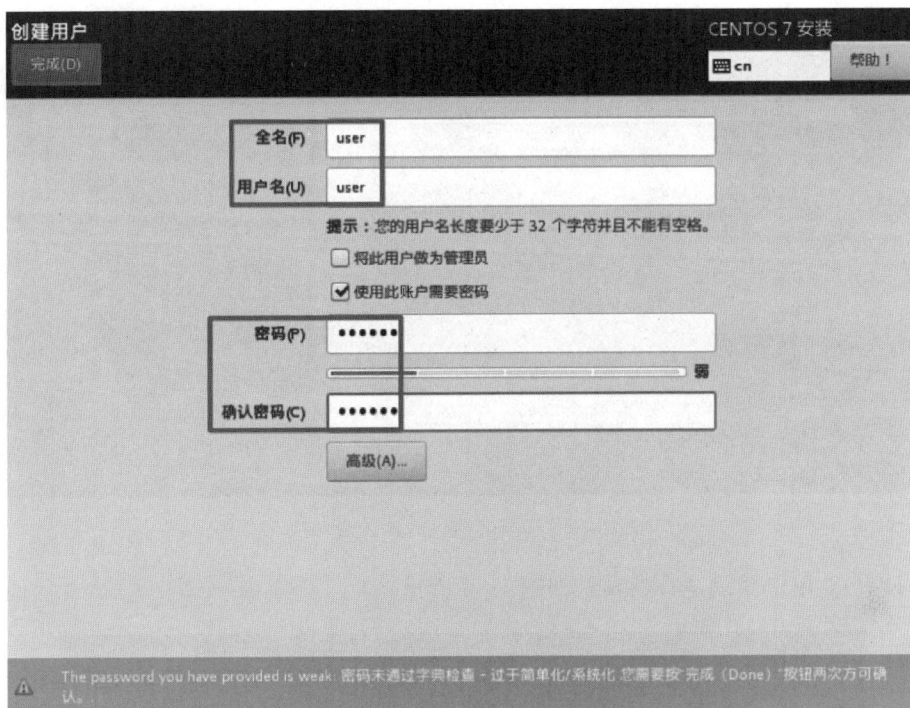

图 1-47　CentOS 7 创建新用户

安装完成后单击"重启"按钮，如图 1-48 所示。

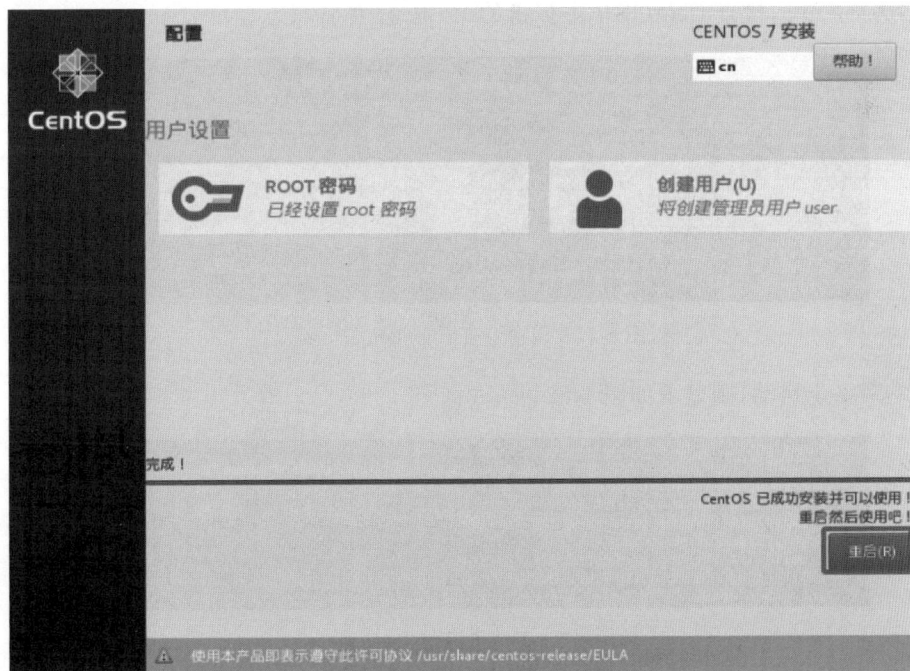

图 1-48　重启 CentOS 7

启动虚拟机,选择默认启动项并按 Enter 键,如图 1-49 所示。

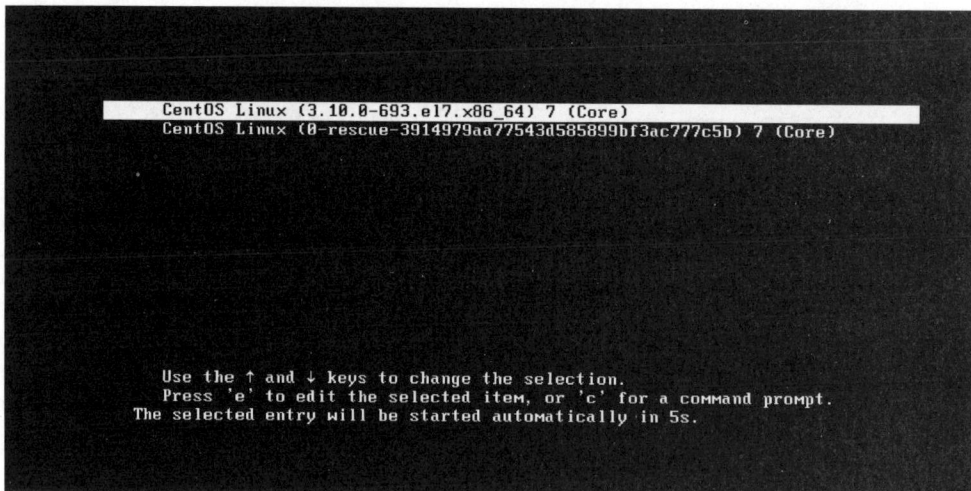

图 1-49　选择虚拟机的默认启动项

用 ROOT 用户登录,输入密码,如图 1-50 所示。

图 1-50　用 ROOT 用户登录虚拟机

输入命令 ip a,检查 CentOS 7 虚拟机的 IP 地址,正常状态显示如图 1-51 所示。

图 1-51　用命令查看虚拟机 IP 地址

如果网络未启动,则显示如图 1-52 所示。

图 1-52　虚拟机网络未启动显示

这种情况下可按以下方式设置。

(1) 检查网卡配置,命令如下:

```
vi /etc/sysconfig/network-scripts/ifcfg-ens33
```

在网卡配置中如果 ONBOOT 选项配置成 no,则改成 yes,如图 1-53 所示。

```
PROXY_METHOD=none
BROWSER_ONLY=no
BOOTPROTO=dhcp
DEFROUTE=yes
IPV4_FAILURE_FATAL=no
IPV6INIT=yes
IPV6_AUTOCONF=yes
IPV6_DEFROUTE=yes
IPV6_FAILURE_FATAL=no
IPV6_ADDR_GEN_MODE=stable-privacy
NAME=ens33
UUID=89a8e7eb-4202-4338-b14b-af46709510af
DEVICE=ens33
ONBOOT=yes
```

图 1-53 网卡配置的 ONBOOT 选项

输入“:wq”,保存配置文件,并重启网络,命令如下:

```
systemctl restart network
```

(2) 如果 ONBOOT 已经配置成 yes,直接重启网络。

上述操作完成后重新检查网络。先使用命令 ip a 或者 ifconfig 检查 IP 地址,再使用命令 ping 测试连接互联网(宿主机须连接互联网),如图 1-54 所示。

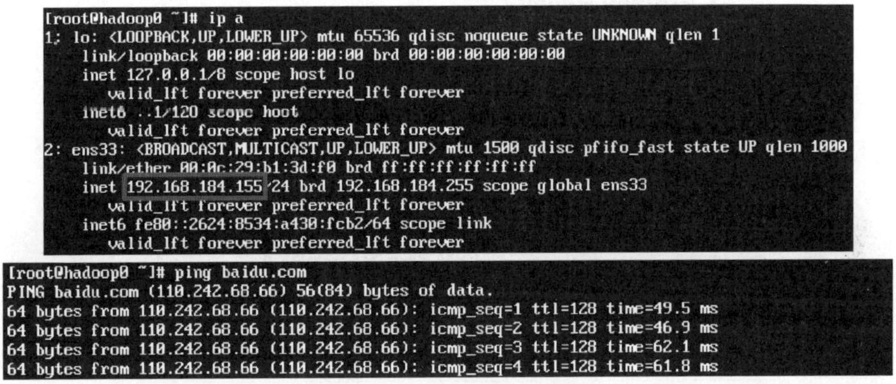

```
[root@hadoop0 ~]# ip a
1: lo: <LOOPBACK,UP,LOWER_UP> mtu 65536 qdisc noqueue state UNKNOWN qlen 1
    link/loopback 00:00:00:00:00:00 brd 00:00:00:00:00:00
    inet 127.0.0.1/8 scope host lo
       valid_lft forever preferred_lft forever
    inet6 ::1/128 scope host
       valid_lft forever preferred_lft forever
2: ens33: <BROADCAST,MULTICAST,UP,LOWER_UP> mtu 1500 qdisc pfifo_fast state UP qlen 1000
    link/ether 00:0c:29:b1:3d:f0 brd ff:ff:ff:ff:ff:ff
    inet 192.168.184.155/24 brd 192.168.184.255 scope global ens33
       valid_lft forever preferred_lft forever
    inet6 fe80::2624:8534:a430:fcb2/64 scope link
       valid_lft forever preferred_lft forever
[root@hadoop0 ~]# ping baidu.com
PING baidu.com (110.242.68.66) 56(84) bytes of data.
64 bytes from 110.242.68.66 (110.242.68.66): icmp_seq=1 ttl=128 time=49.5 ms
64 bytes from 110.242.68.66 (110.242.68.66): icmp_seq=2 ttl=128 time=46.9 ms
64 bytes from 110.242.68.66 (110.242.68.66): icmp_seq=3 ttl=128 time=62.1 ms
64 bytes from 110.242.68.66 (110.242.68.66): icmp_seq=4 ttl=128 time=61.8 ms
```

图 1-54 检查网络连通性

如果 time 有延时表示正常,按 Ctrl+C 组合键退出测试。

1.12.3 安装并使用 Xshell 8

Xshell 是一款非常好用的命令行工具,后续在实验中使用它来连接虚拟机。首先运行安装程序,单击“下一步”按钮,如图 1-55 所示。

选择“我接受许可证协议中的条款”,单击“下一步”按钮,如图 1-56 所示。

选择安装文件夹,可使用默认设置,然后单击“下一步”按钮,如图 1-57 所示。

单击“安装”按钮,如图 1-58 所示。

单击“完成”按钮,如图 1-59 所示。

Xshell 8 Personal 首次运行需要注册免费许可,填写用户名和接受注册链接的邮件地址,如图 1-60 所示。

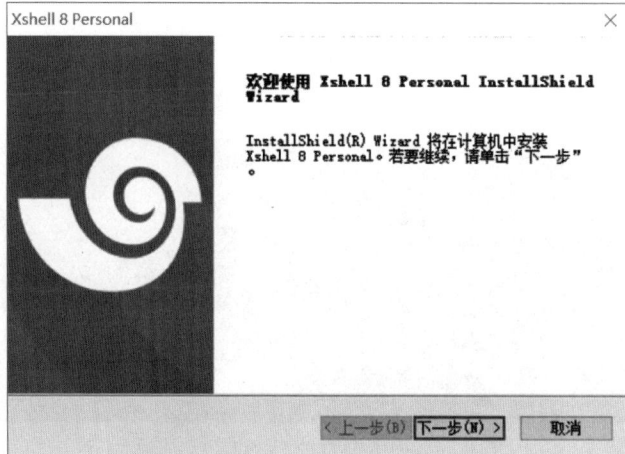

图 1-55　Xshell 8 Personal 安装向导

图 1-56　接受许可证协议

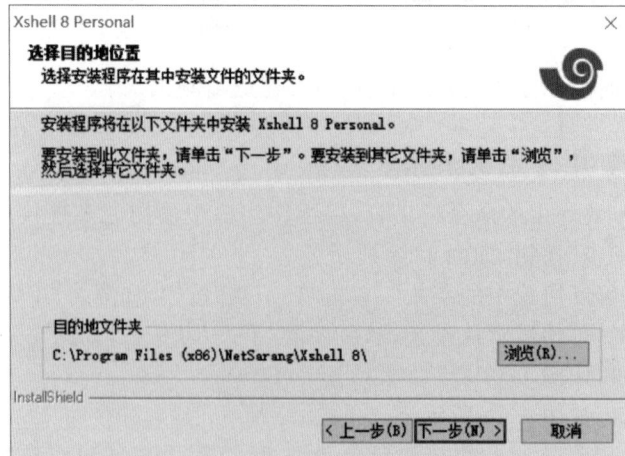

图 1-57　选择 Xshell 8 Personal 的安装路径

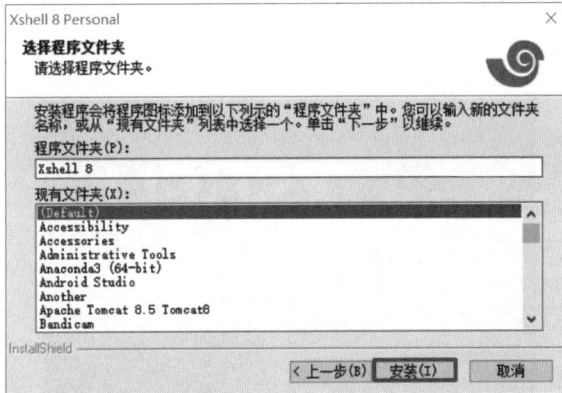

图 1-58 选择 Xshell 8 Personal 的程序文件夹

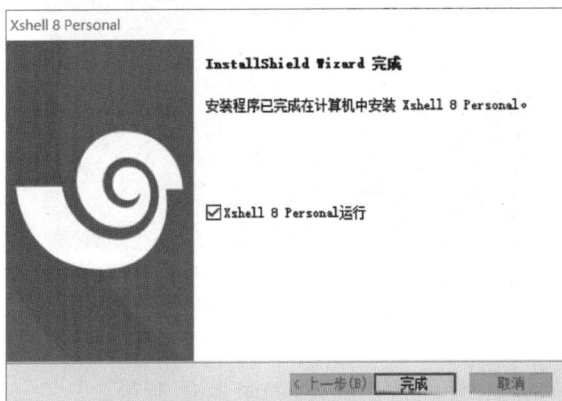

图 1-59 完成 Xshell 8 Personal 的安装

图 1-60 Xshell 8 Personal 的注册界面

完成后将提示注册链接已经发送至邮箱,如图 1-61 所示。

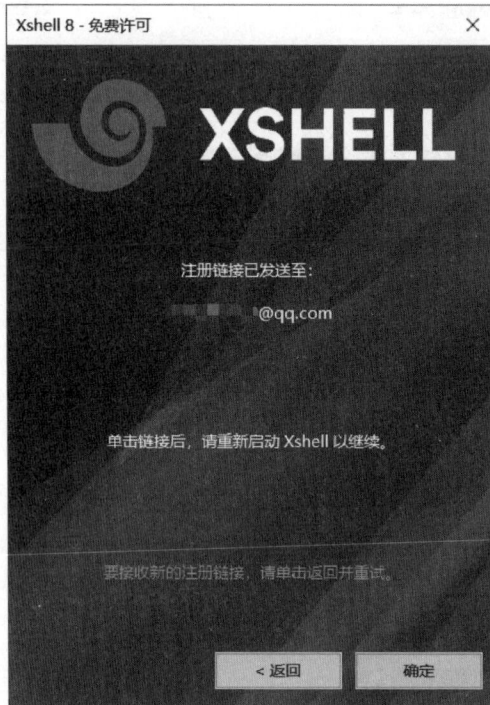

图 1-61　Xshell 8 Personal 注册链接发送至邮件的提示界面

然后到填写的电子邮箱中单击注册链接,如图 1-62 所示。

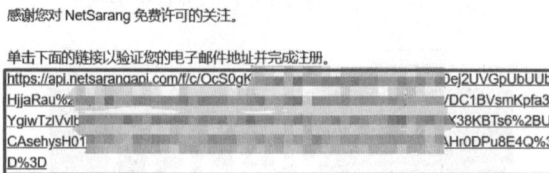

图 1-62　邮件中 Xshell 8 Personal 的注册链接

完成后将跳转到注册成功页面,如图 1-63 所示。

感谢您注册免费许可。

下次重新启动软件时即可完成注册。 您可以关闭此页面。

图 1-63　Xshell 8 Personal 注册免费许可成功提示

再次运行 Xshell 8 Personal 将进入软件主界面,如图 1-64 所示。

图 1-64　Xshell 8 Personal 主界面

连接远程主机,在弹出的"会话"页面单击"新建"按钮,如图 1-65 所示。

图 1-65 新建会话连接

依次填入会话名称(建议和主机 IP 一致)、远程主机 IP(通过命令 ifconfig 或 ip a 查到的局域网地址),最后单击"连接"按钮,如图 1-66 所示。

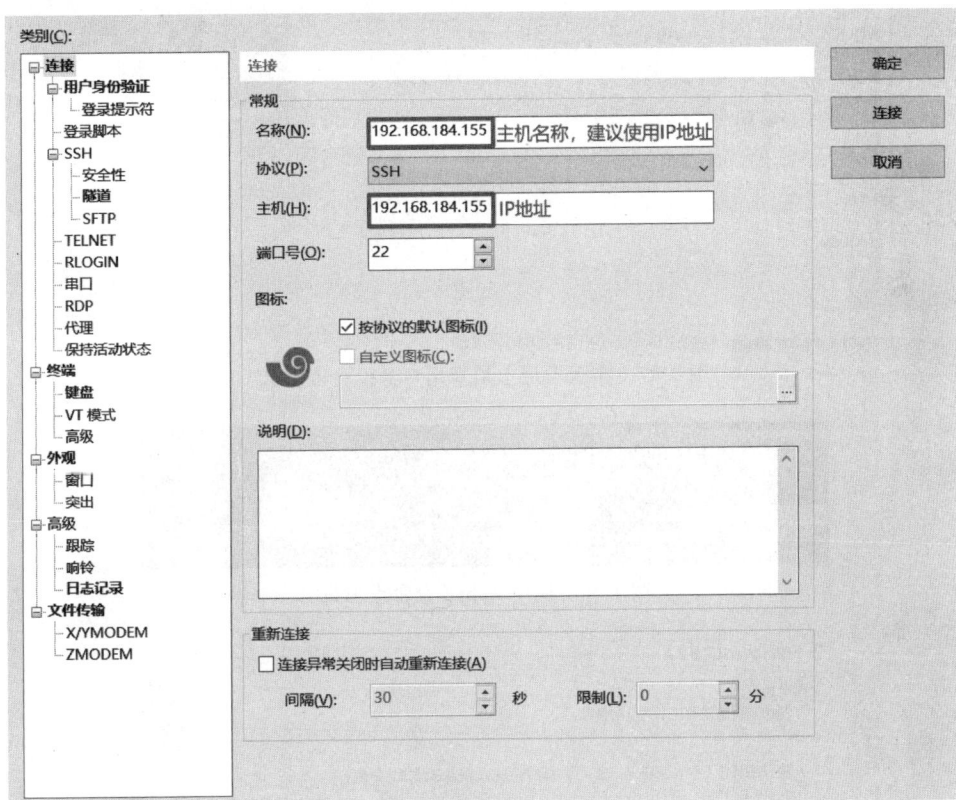

图 1-66 在 Xshell 上新建会话属性

填写 CentOS 系统的用户名(root)和密码,如图 1-67 所示。

出现类似如图 1-68 所示界面则说明登录成功。

1.12.4 安装和使用 WinSCP

WinSCP 是一款非常方便的文件上传下载工具,后续实验中将使用它将文件从本地传输到虚拟机中。

运行安装程序,单击"接受"按钮,如图 1-69 所示。

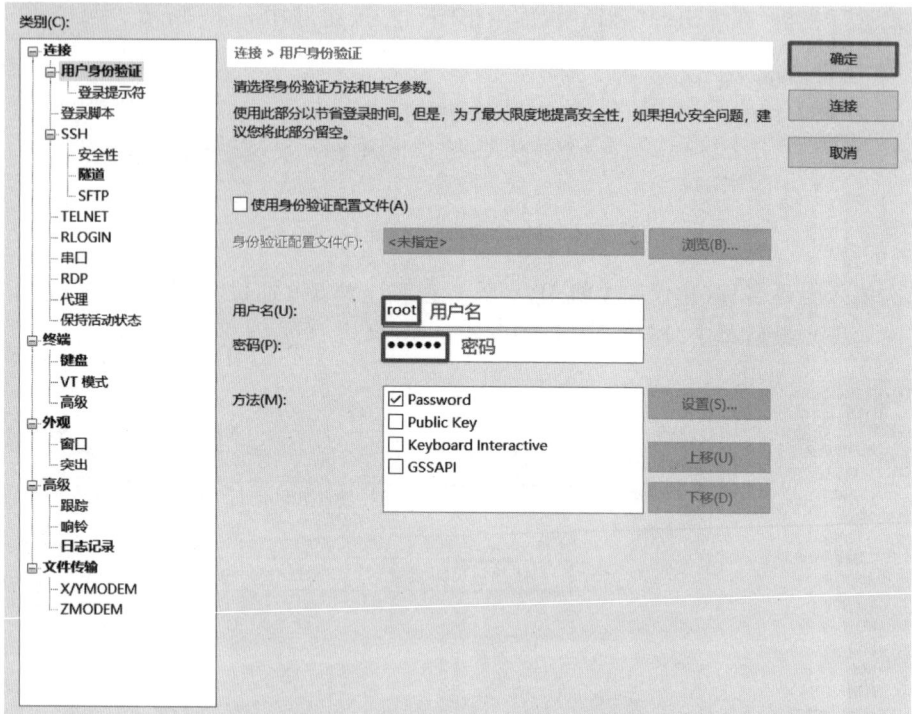

图 1-67　在 Xshell 上填写用户身份验证信息

图 1-68　使用 Xshell 登录虚拟机

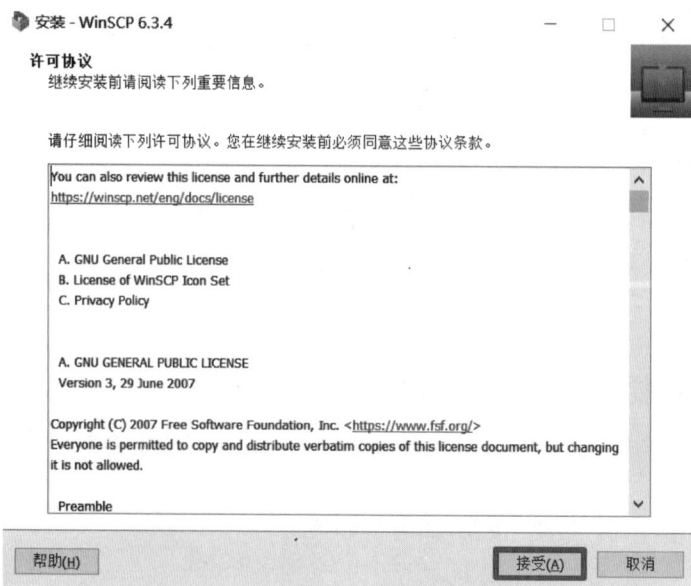

图 1-69　WinSCP 的安装协议

选择"自定义升级或全新安装",然后单击"下一步"按钮,如图 1-70 所示。

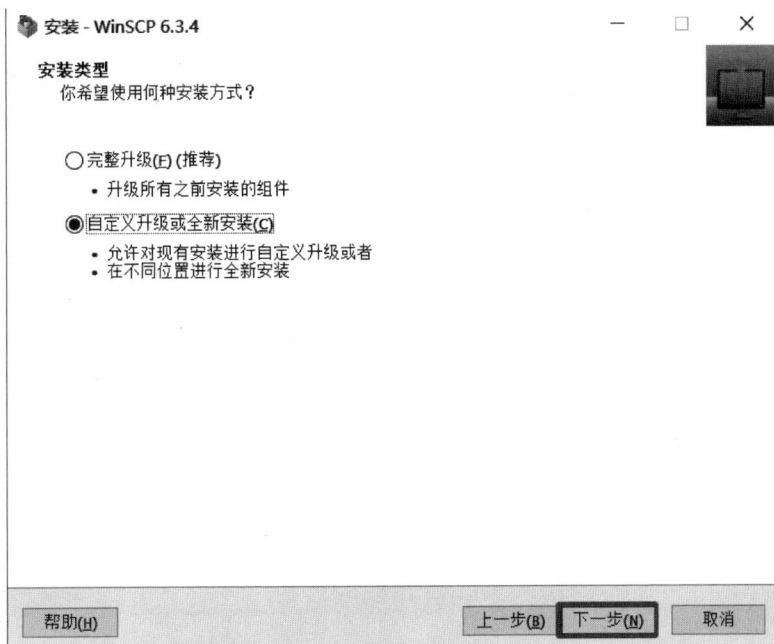

图 1-70 WinSCP 的自定义安装

选择安装路径,然后单击"下一步"按钮,如图 1-71 所示。

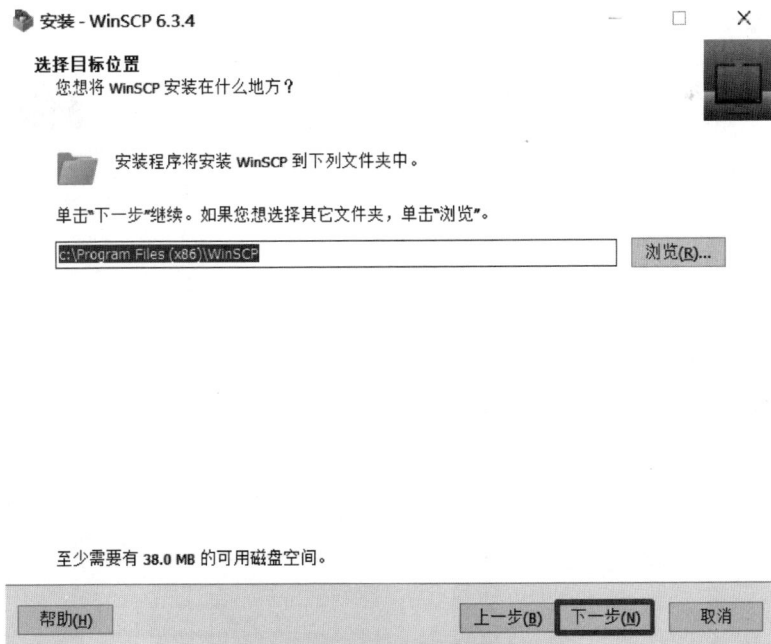

图 1-71 WinSCP 的选择安装路径

使用默认的选择组件,然后单击"下一步"按钮,如图 1-72 所示。

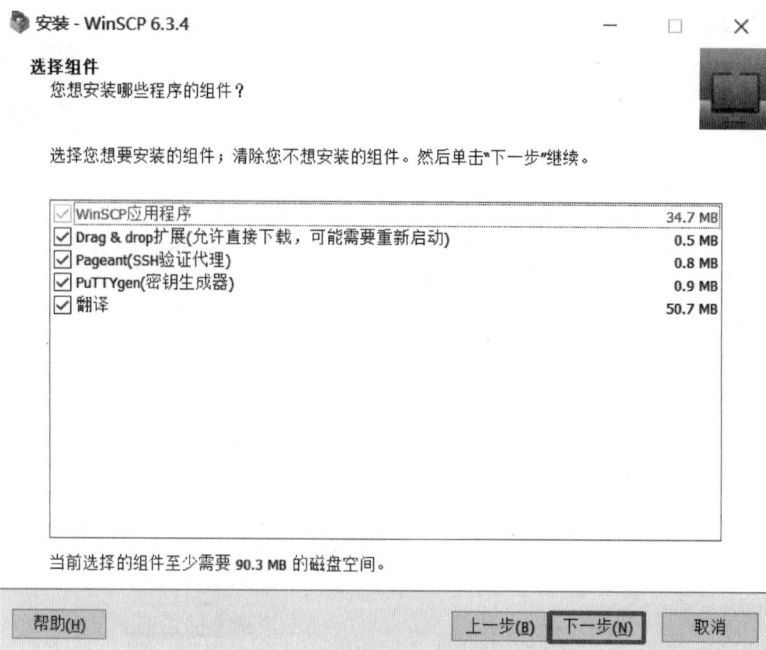

图 1-72　WinSCP 的选择安装组件

勾选"选择附加任务"界面中的几个选项,然后单击"下一步"按钮,如图 1-73 所示。

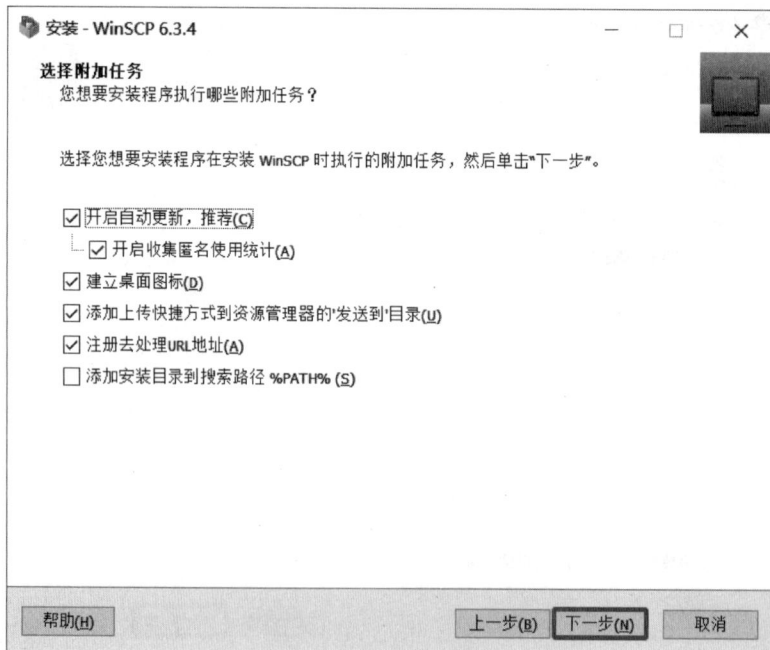

图 1-73　WinSCP 的附加任务设置

选择用户界面风格,单击"下一步"按钮,如图 1-74 所示。

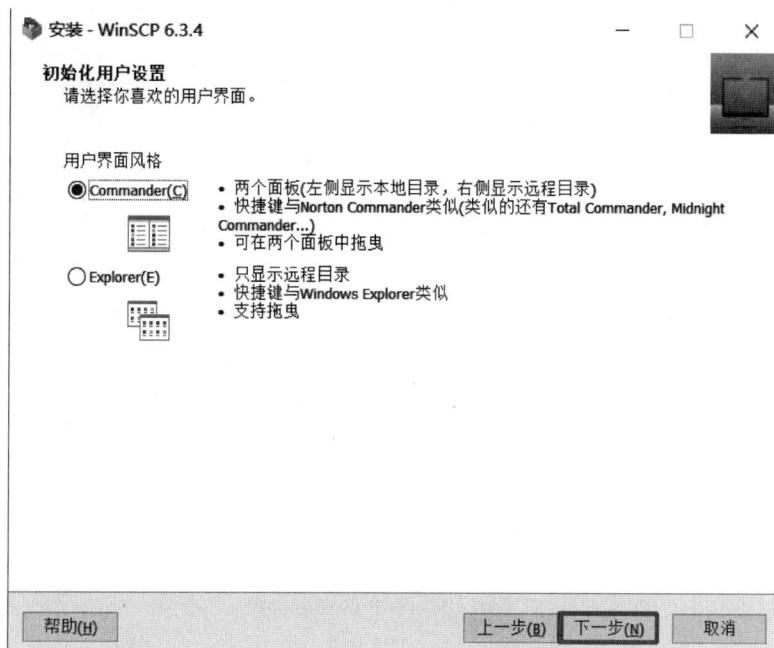

图 1-74　WinSCP 用户界面风格的设置

单击"下一步"按钮进入安装,如图 1-75 所示。

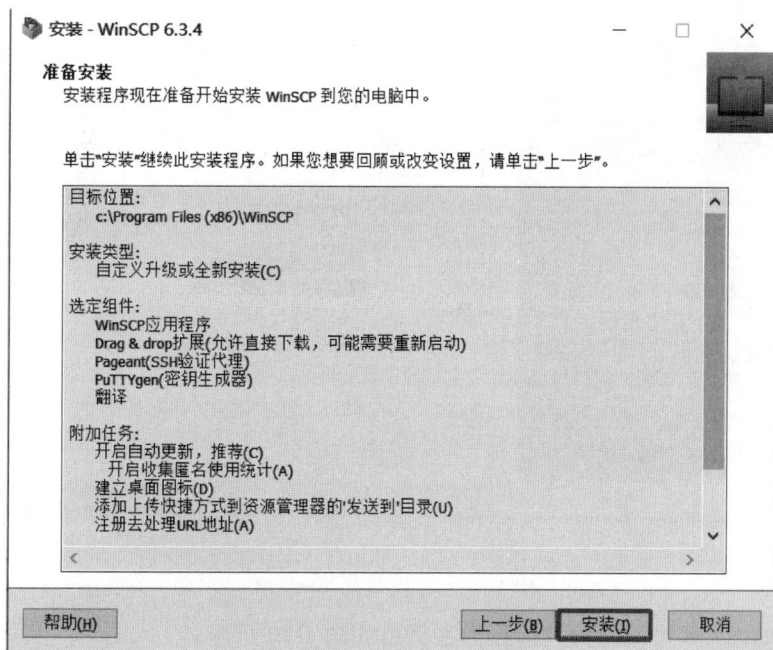

图 1-75　开始安装 WinSCP

单击"安装"按钮开始安装进程,如图 1-76 所示。

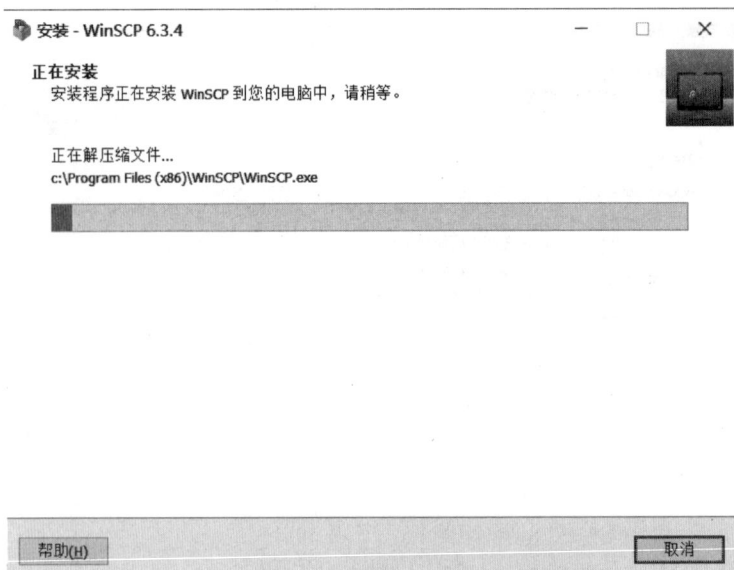

图 1-76 WinSCP 的安装过程

WinSCP 的安装进度结束后,单击"完成"按钮完成安装,如图 1-77 所示。

图 1-77 完成 WinSCP 安装

启动 WinSCP 程序,并打开"远程标签页",如图 1-78 所示。

单击"新建站点",设置"主机名""用户名""密码",单击"保存"按钮,如图 1-79 所示。

"将会话保存为站点"对话框的设置如图 1-80 所示。

在保存的站点上单击"登录"按钮,如图 1-81 所示。

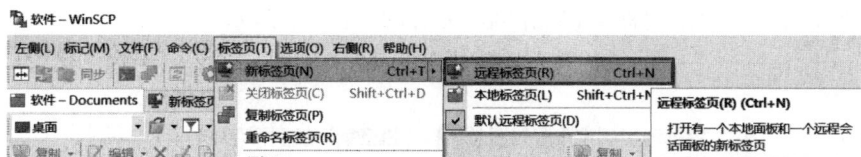

图 1-78 WinSCP 的"远程标签页"

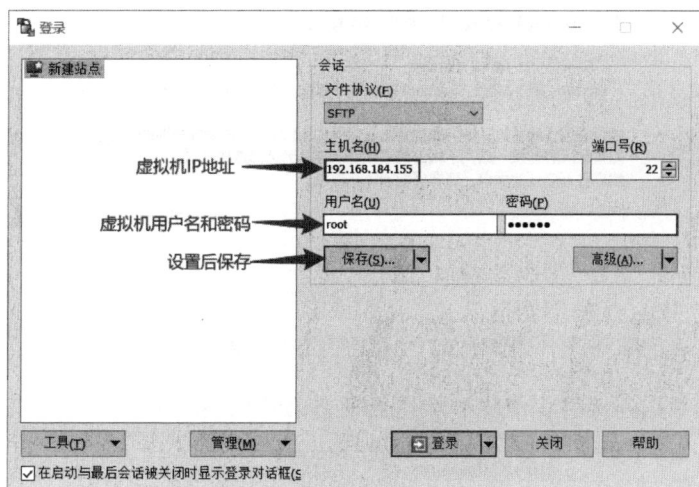

图 1-79 WinSCP 新建站点的配置

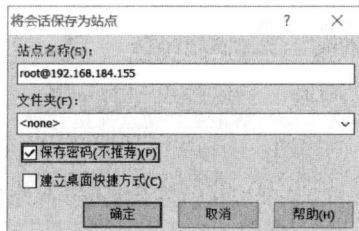

图 1-80 WinSCP 保存站点

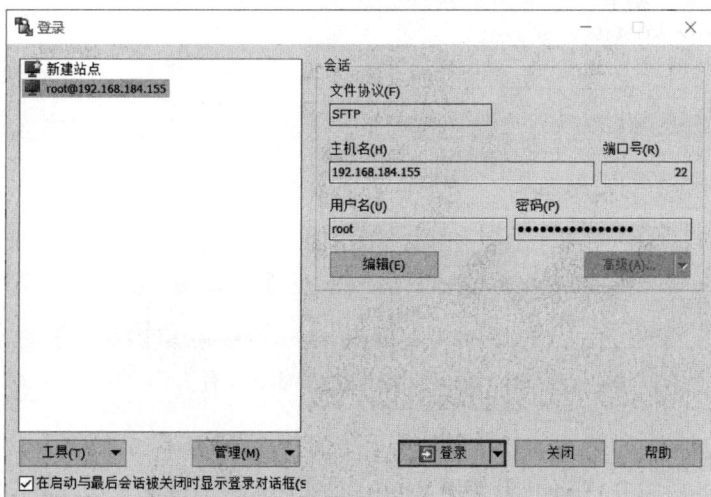

图 1-81 在 WinSCP 上登录站点

如出现主机密钥的添加提示，单击"是"按钮，如图 1-82 所示。

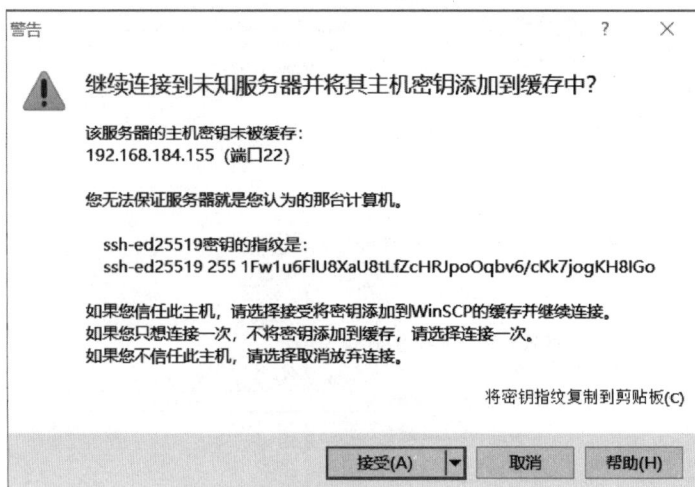

图 1-82　主机密钥的添加提示

在 WinSCP 站点连接过程中将显示连接状态，如图 1-83 所示。

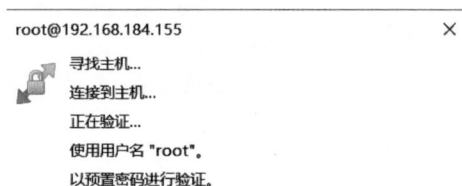

图 1-83　WinSCP 站点连接过程

站点连接成功后，选择一个文件上传到虚拟机，并确认上传，如图 1-84 和图 1-85 所示。

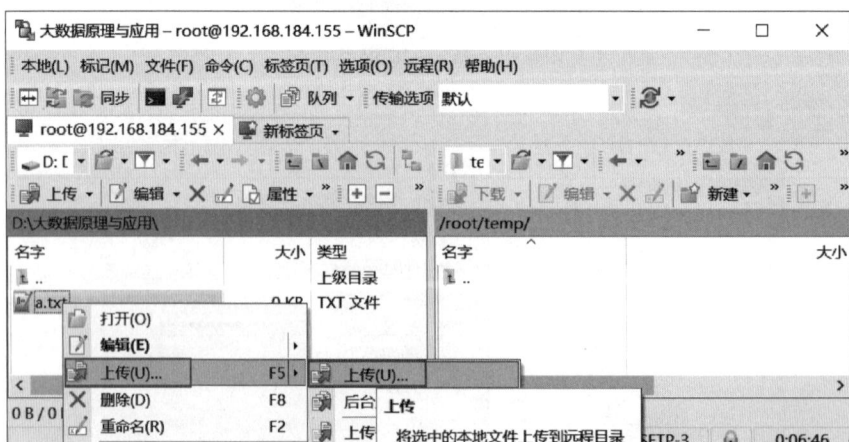

图 1-84　使用 WinSCP 上传文件

如果文件上传完成，将在远程目录显示上传的文件，如图 1-86 所示。

文件上传后，可以在 Xshell 上使用 Linux 命令行查看上传的文件，如图 1-87 所示。

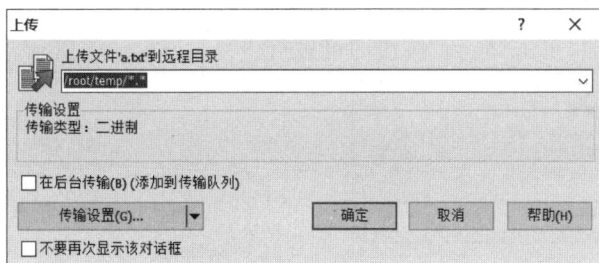

图 1-85 指定 WinSCP 文件上传的远程目录

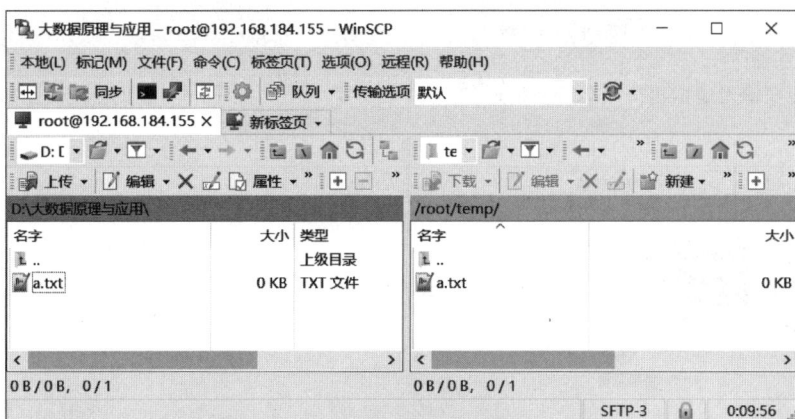

图 1-86 WinSCP 文件上传完成

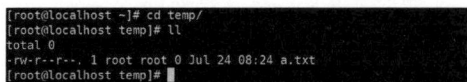

图 1-87 使用 Linux 命令行查看上传文件

1.12.5 拍摄虚拟机快照

拍摄虚拟机快照可以把当前虚拟机的状态保存下来,在将来需要时可以将虚拟机恢复为特定快照的状态。

操作建议:拍摄快照时不要在虚拟机上进行其他操作,先等其进度完成。

在 VMware Workstation 上拍摄虚拟机快照很简单,只需右击虚拟机,选择"快照"→"拍摄快照"即可,如图 1-88 所示。

输入快照名称,单击"拍摄快照"按钮,如图 1-89 所示。

在拍摄快照过程中,虚拟机左下角的进度条会显示当前快照的进度,等进度消失后就表示快照结束,如图 1-90 所示。

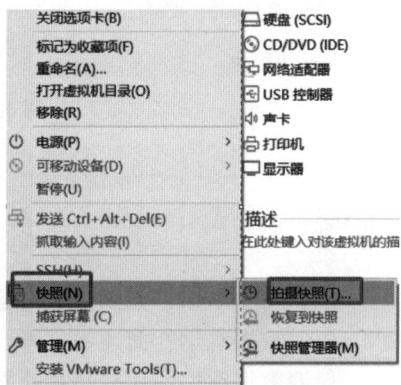

图 1-88 拍摄虚拟机快照

通过快照管理器可以查看所有快照，右击虚拟机，选择快照管理器，将出现快照管理面板，可以选择特定快照，单击"转到"按钮即可进行恢复，如图 1-91 所示。

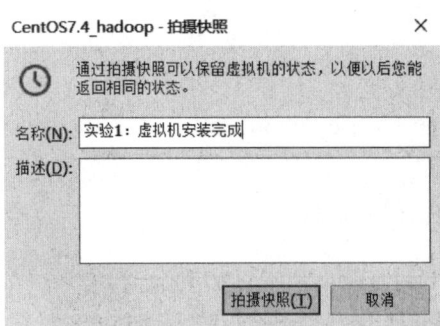

图 1-89　输入虚拟机快照名称和描述

图 1-90　虚拟机快照拍摄进度

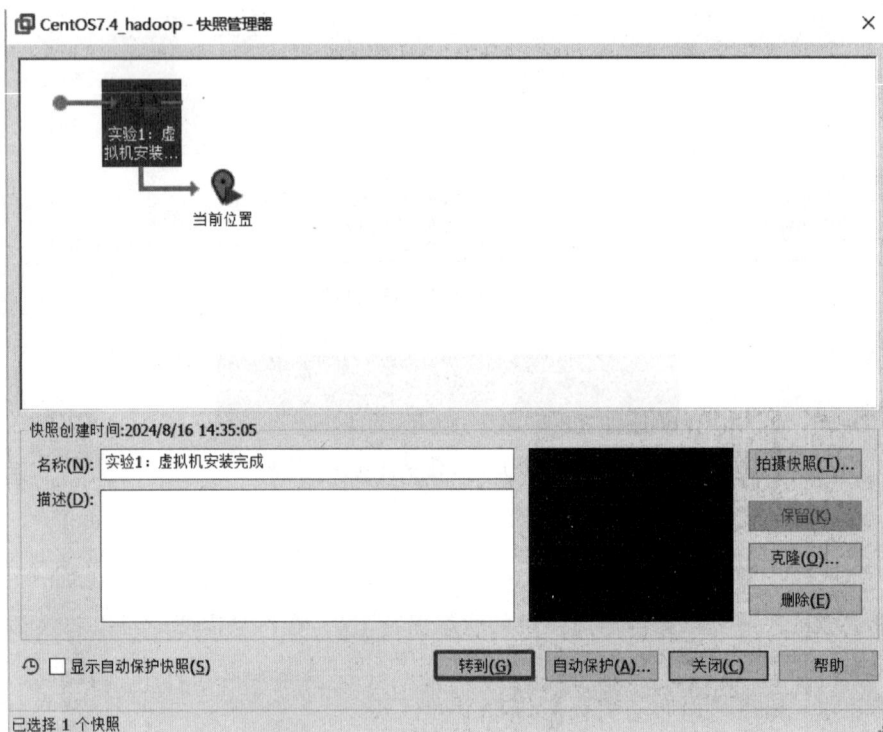

图 1-91　虚拟机快照管理器

思考题

1. 什么是大数据？大数据有哪些明显的特征？
2. 何谓数据科学？简述数据科学的基本流程。
3. 何谓数据结构？比较结构化数据和非结构化数据。
4. 简述大数据对科学研究的影响。

5. 简述大数据发展的历程。

6. 人类社会的数据产生的方式大致经历几个阶段？每个阶段有何特点？

7. 简述大数据的来源。

8. 简述大数据技术体系及关键技术。

9. 何谓大数据架构？说明堆栈技术架构的表达。

10. 简述大数据常见的 4 种计算模式。

11. 何谓大数据产业？调研地区"大数据产业园"的发展状况。

12. 简述大数据处理的基本流程。

13. 大数据的应用有哪些领域？

第**2**章

大数据平台Hadoop

大数据技术在第 1.6 节和第 1.10 节做过简单介绍。目前主流大数据技术分别为架构设计技术(如 Zookeeper、Kafka 等)、采集技术(如 Logstash、Sqoop、Flume 等)、存储技术(如 HDFS、HBase、Hive 等)、计算技术(如 MapReduce、Spark、Storm 等)、数据分析与挖掘技术(如 Mahout、MLlib 等)、海量数据检索和即时查询分析技术(如 Elasticsearch、Presto、Impala、Kylin 等)、可视化技术(如 ECharts、Superset、SmartBI、FineBI、YonghongBI 等)等。大数据处理过程包括采集、存储、计算处理和可视化等,大数据技术贯穿大数据处理的各个阶段,而 Hadoop 则是一个集合了大数据不同阶段技术的生态系统。关于大数据技术及大数据处理过程将在后续各章分别介绍。本章重点对大数据平台 Hadoop 进行介绍。

2.1　Hadoop 简介

Hadoop 是一个开源的大数据分析软件,是一个能够对大量数据进行分布式处理的软件框架,并且是以一种可靠、高效、可伸缩的方式进行处理的。

2.1.1　Hadoop 特性

Hadoop 的主要特性如下:

(1) 高可靠性。采用冗余数据存储方式,即使一个副本发生故障,其他副本也可以保证正常对外提供服务。

(2) 高效性。作为并行分布式计算平台,Hadoop 采用分布式存储和分布式处理两大核心技术,能高效处理 PB 级数据。

(3) 高可扩展性。Hadoop 的设计目标是可以高效稳定地运行在廉价的计算机集群上,可以扩展到数以千计的计算机节点上。

(4) 高容错性。采用冗余数据存储方式,自动保存数据的多个副本,并且能够自动将失败的任务进行重新分配。

(5) 成本低。Hadoop 采用廉价的计算机集群,成本比较低,普通用户也很容易用自己的 PC 搭建 Hadoop 运行环境。

(6) 运行在 Linux 操作系统上。Hadoop 是基于 Java 开发的,可以较好地运行在 Linux 操作系统上。

（7）支持多种编程语言。Hadoop上的应用程序也可以使用其他语言编写，如 C++。

Hadoop 集合了大数据不同阶段技术的生态系统（图 2-1），其核心组件有 HDFS 和 MapReduce，主要技术通过相应大数据应用软件得以实施。

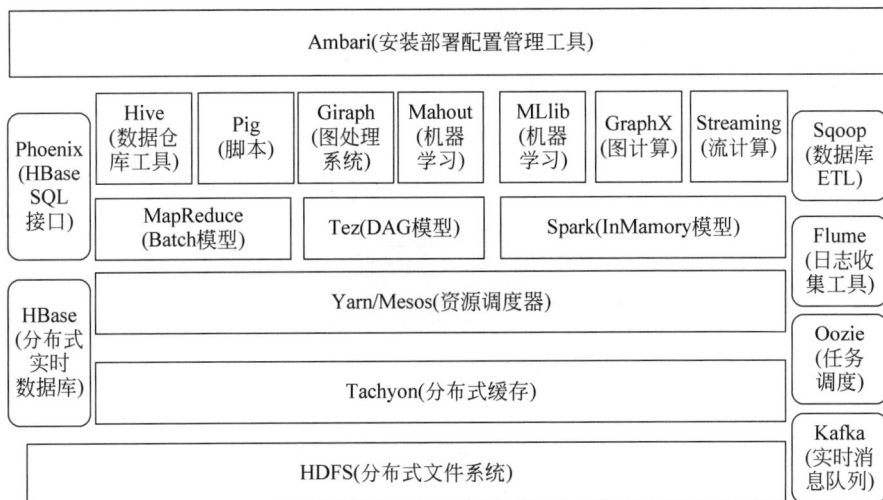

图 2-1 Hadoop 生态系统

2.1.2 Hadoop 应用现状

目前，Hadoop 在各个领域得到了广泛的应用，而互联网领域是其应用的主阵地。

2007 年，雅虎公司在 Sunnyvale 总部建立了 M45：一个包含 4000 个处理器和 1.5PB 容量的 Hadoop 集群系统。此后，包括卡内基-梅隆大学、加州大学伯克利分校、康奈尔大学、马萨诸塞大学阿默斯特分校、斯坦福大学、华盛顿大学、密歇根大学、普渡大学等 12 所大学加入该集群系统研究，推动了开放式平台的开放源码发布。国内外有许多公司或企业采用 Hadoop。

目前我国采用 Hadoop 的公司主要有百度、淘宝、网易、华为、中国移动等。其中，淘宝的 Hadoop 集群比较大。百度对海量数据存储和处理要求高，主要用于日志的存储和统计、网页数据的分析与挖掘、商业分析、在线数据反馈、网页聚类等。华为是 Hadoop 的使用者，也是 Hadoop 技术的重要推动者。

2.1.3 Hadoop 版本

Hadoop 的版本较多，历史版本主要有 Hadoop 1. x 和 Hadoop 2. x 以及较新的 Hadoop 3. x。Hadoop 1. x 主要由 MapReduce 和 HDFS 组成；Hadoop 2. x 基于第 1 代，加入了分布式资源管理器（Yarn）等组件，从而可以提供统一的资源管理和调度。Hadoop 2. x 框架具有更好的扩展性、可用性、可靠性、向后兼容性和更高的资源利用率。Hadoop 2. x 是目前业界主要使用的 Hadoop 版本。经过多年的发展，Hadoop 生态系统不断完善和成熟。目前很多企业都在 Hadoop 框架上提供了大数据解决方案。

2.2 Hadoop 架构

2.2.1 总体架构

基础 Hadoop 架构由 HDFS、MapReduce、Yarn 等组件构成(图 2-2)。

图 2-2　Hadoop 架构

(1) HDFS,是一种将数据存储在集群中多个节点的分布式文件系统,能够提供很高的带宽。

(2) MapReduce,是一种用于大数据处理的分布式并行计算编程模型。

(3) Yarn,是一个负责管理集群中的计算资源并使用它们来调度用户应用程序的平台。

2.2.2 HDFS 概述

HDFS 采用了主从结构模型,是一个分布式文件系统,一个高度容错的系统,适合部署在廉价的机器上。HDFS 有三个服务,分别是主节点(NameNode),辅助节点(Secondary NameNode)和从节点(DataNode)(图 2-3)。

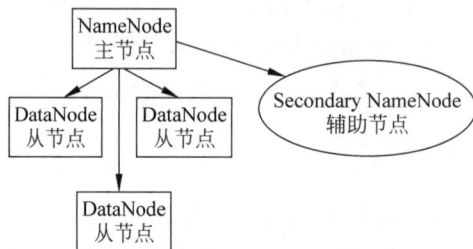

图 2-3　HDFS 服务

(1) NameNode:处理客户端读写请求,存储文件的元数据。如文件名、文件目录结构、生成时间、副本数、文件权限以及每个文件的块列表和块所在的 DataNode 等。

(2) Secondary NameNode:每隔一段时间对 NameNode 做元数据备份。

(3) DataNode:存储实际的数据块并执行数据块的读写操作。

2.2.3 Yarn 概述

Yarn 有四个服务,即资源管理器(Resource Manager)、节点管理器(Node Manager)、任务管理器(App Master)、容器(Container),如图 2-4 所示。

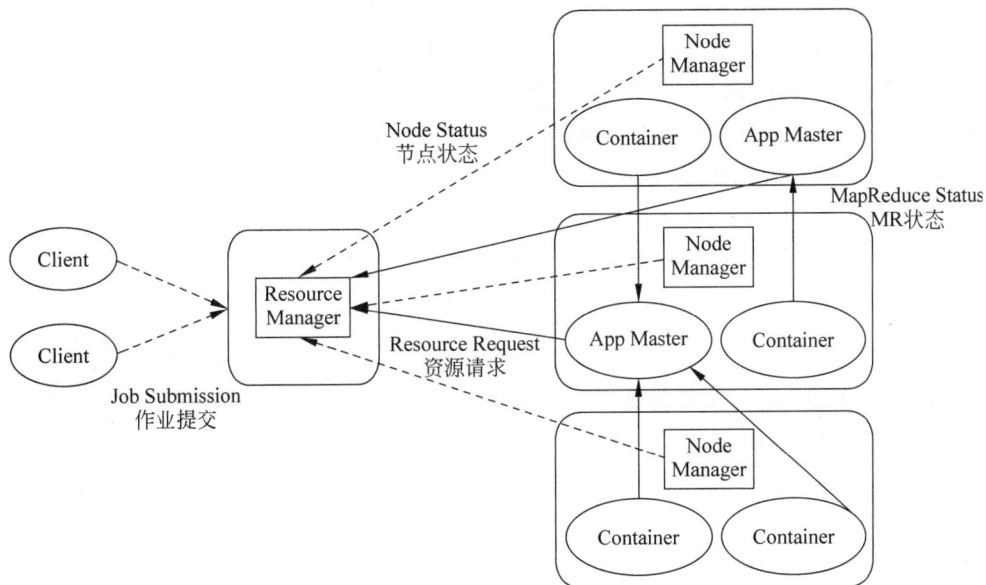

图 2-4　Yarn 服务

（1）Resource Manager：集群资源（CPU、内存等）管理者。

（2）Node Manager：单个节点资源的管理者。

（3）App Master：单个任务运行的管理者。

（4）Container：相当于一台独立的服务器，封装了任务所需的资源，如内存、CPU、磁盘等。

2.2.4　MapReduce 概述

MapReduce 是分布式并行模型，用于大规模数据集（大于 1TB）的并行运算。主要由 MapTask 及 ReduceTask 工作，MapReduce 架构如图 2-5 所示。

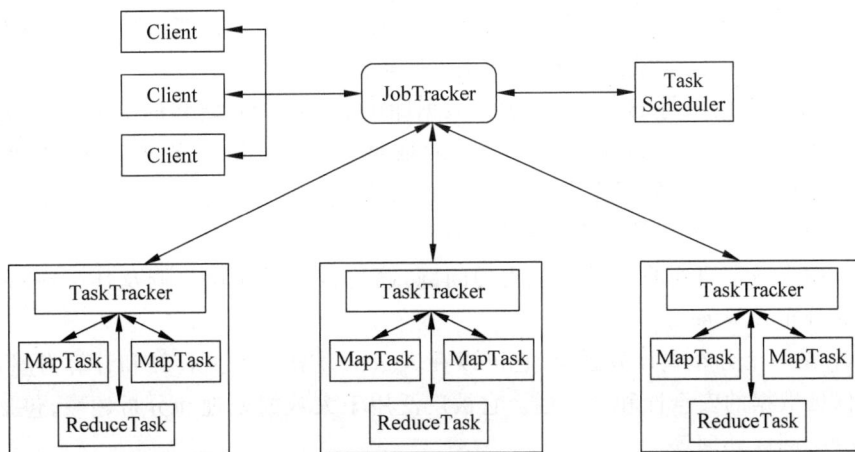

图 2-5　MapReduce 架构

（1）MapTask：负责 Map 阶段的整个数据处理流程。

（2）ReduceTask：负责 Reduce 阶段的整个数据处理流程。

整个程序的过程调度及状态协调是由 MrAppMaster 负责。MrAppMaster 是 MapReduce 的 ApplicationMaster 实现，它使得 MapReduce 可以直接运行在 YARN 上，它主要作用在于管理作业的生命周期。

2.2.5　HDFS、Yarn、MapReduce 三者关系

HDFS、Yarn 和 MapReduce 是 Hadoop 生态系统中的三个核心组件，HDFS 负责存储海量数据，Yarn 负责资源管理和调度，而 MapReduce 则提供了一种分布式计算框架。它们之间虽有分工，但关系密切。这三个组件共同工作，使得 Hadoop 能够高效地处理大规模数据集。

Client 提交任务到 ResourceManager。ResourceManager 接收到任务后去 NodeManager 开启 ApplicationMaster。ApplicationMaster 向 ResourceManager 申请资源。若有资源则 ApplicationMaster 负责开启任务即 MapTask。每个 Map 独立工作，各自负责检索各自对应的 DataNode，将结果记录到 HDFS。

2.2.6　Hadoop 家族

Hadoop 家族又称 Hadoop 生态系统，它是一系列基于 Hadoop 的开源软件工具(图 2-1)，这些工具可以帮助企业进行数据存储、处理、分析以及可视化等任务。除已介绍的 HDFS、MapReduce、Yarn 等基础组件外，其他工具介绍如下。

Hive：是基于 Hadoop 的一个数据仓库工具，可以将结构化的数据文件映射为一张数据库表，通过类 SQL 语句快速实现简单的 MapReduce 统计，不必开发专门的 MapReduce 应用，十分适合数据仓库的统计分析。

Pig：是一个基于 Hadoop 的大规模数据分析工具，它提供的 SQL-LIKE 语言叫 PigLatin，该语言的编译器会把类 SQL 的数据分析请求转换为一系列经过优化处理的 MapReduce 运算。

HBase：是一个高可靠性、高性能、面向列、可伸缩的分布式存储系统，利用 HBase 技术可在廉价 PC 服务器上搭建起大规模结构化存储集群。

Sqoop：是一个用来将 Hadoop 和关系数据库中的数据相互转移的工具，可以将一个关系数据库（MySQL、Oracle、Postgres 等）中的数据导入 Hadoop 的 HDFS 中，也可以将 HDFS 中的数据导入关系数据库中。

ZooKeeper：是一个为分布式应用所设计的分布的、开源的协调服务，它主要是用来解决分布式应用中经常遇到的一些数据管理问题，简化分布式应用协调及其管理的难度，提供高性能的分布式服务。

Spark：是一个分布式计算系统，它可以在大量的计算节点上存储和计算海量的数据，并且能够保证数据的安全性和稳定性。它被广泛用于大数据处理和分析领域，包括机器学习、数据挖掘、图像处理等。

Mahout：是基于 Hadoop 的机器学习和数据挖掘的一个分布式框架。Mahout 用 MapReduce 实现了部分数据挖掘算法，解决了并行挖掘的问题。

Cassandra：是一套开源分布式 NoSQL 数据库系统。它最初由脸书开发，用于存储简单格式数据，集谷歌 BigTable 的数据模型与亚马逊 Dynamo 的完全分布式的架构于一身。

Apache Avro：是一个数据序列化系统，设计用于支持数据密集型、大批量数据交换的应用。Avro 是新的数据序列化格式与传输工具，将逐步取代 Hadoop 原有的进程间通信（IPC）机制。

Apache Ambari：是一种基于 Web 的工具，支持 Hadoop 集群的供应、管理和监控。

Apache Chukwa：是一个开源的用于监控大型分布式系统的数据收集系统，它可以将各种类型的数据收集成适合 Hadoop 处理的文件，保存在 HDFS 中，供 Hadoop 进行各种 MapReduce 操作。

Apache Hama：是一个基于 HDFS 的大同步并行计算模型（bulk synchronous parallel，BSP）框架，它可用于包括图、矩阵和网络算法在内的大规模、大数据计算。

Flume：是一个分布的、可靠的、高可用的海量日志聚合的系统，可用于日志数据收集、日志数据处理、日志数据传输。

Giraph：是一个可伸缩的分布式迭代图处理系统，基于 Hadoop 平台，灵感来自 BSP 和谷歌的 Pregel。

Oozie：是一个工作流引擎服务器，用于管理和协调运行在 Hadoop 平台上（HDFS、Pig 和 MapReduce）的任务。

Crunch：是基于谷歌的 FlumeJava 库编写的 Java 库，用于创建 MapReduce 程序。与 Hive、Pig 类似，Crunch 提供了用于实现如连接数据、执行聚合和排序记录等常见任务的模式库。

Whirr：是一套运行于云服务的类库（包括 Hadoop），可提供高度的互补性。Whirr 支持 AmazonEC2 和 Rackspace 的服务。

Bigtop：是一个对 Hadoop 及其周边生态进行打包、分发和测试的工具。

HCatalog：是一个基于 Hadoop 的数据表和存储管理，实现中央的元数据和模式管理，跨越 Hadoop 和关系数据库管理系统（RDBMS），利用 Pig 和 Hive 提供关系视图。

Hue：是一个基于 Web 的监控和管理系统，实现对 HDFS、MapReduce、Yarn、HBase、Hive、Pig 的 Web 化操作和管理。

2.3　Hadoop 安装与使用

在开始具体操作之前，首先需要选择一个合适的操作系统。尽管 Hadoop 本身可以运行在 Linux、Windows 以及其他一些类 Unix 操作系统上，但是 Hadoop 官方真正支持的操作系统只有 Linux。这就导致其他平台在运行 Hadoop 时，需要安装很多其他的包来提供一些 Linux 操作系统的功能，以配合 Hadoop 的执行。例如，Windows 操作系统在运行 Hadoop 时，需要安装 Cygwin 等虚拟软件，或安装 Linux 虚拟机。

2.4　实验项目 2：搭建 Hadoop 伪分布式系统

2.4.1　准备工作

启动实验项目 1 的 CentOS 7 虚拟机，并用 Xshell 软件连接到虚拟机，如图 2-6 所示。

实验项目 2

图 2-6　启动并连接 CentOS 7 虚拟机

启动 WinSCP 软件并连接到虚拟机,如图 2-7 所示。

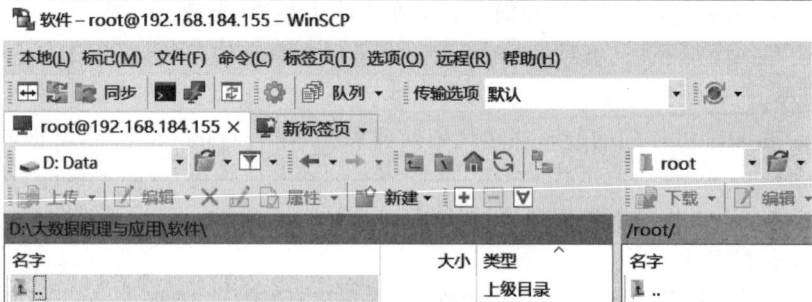

图 2-7　WinSCP 连接到虚拟机站点

2.4.2　基础配置

1. 修改主机名

使用以下 Linux 命令修改虚拟机主机名:

hostnamectl set − hostname hadoop0

使用 hostname 命令检查修改后的主机名,如图 2-8 所示。

图 2-8　查看修改后的虚拟机主机名

2. 设置虚拟机的固态 IP 地址

使用以下 Linux 命令修改虚拟机的网卡配置:

vi /etc/sysconfig/network − scripts/ifcfg − ens33

在网卡配置中修改以下配置:

(1) 将 BOOTPROTO 配置修改为 static。

(2) 添加如下静态 IP 地址设置:

```
IPADDR = 192.168.184.200
PREFIX = 24
GATEWAY = 192.168.184.2
DNS1 = 192.168.184.2
```

如图 2-9 所示。

图 2-9　虚拟机静态 IP 配置

附加说明：

（1）网卡配置中的 IP 地址要配置自己的虚拟机网段，其中虚拟网络编辑器菜单路径为"编辑"→"虚拟网络编辑器"，选中"NAT 模式"配置项，如图 2-10 所示。

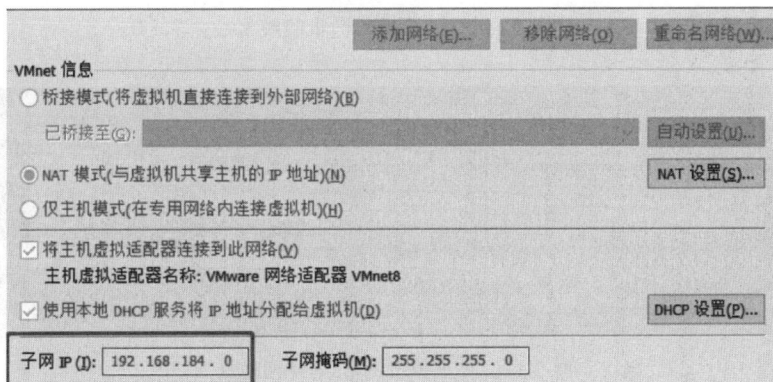

图 2-10　VMware 虚拟网段

（2）GATEWAY 根据 VMware Workstation 的虚拟网络编辑器内网关配置。

（3）DNS1 和 GATEWAY 一致，可以单击"NAT 设置"按钮查看，如图 2-11 所示。

上述静态 IP 配置后须重启网络，Linux 代码如下：

```
# systemctl restart network
```

重启网络后在虚拟机上 ping 外网地址，如 qq.com 或 baidu.com（图 2-12），如果不能 ping 通则要检查网络配置是否正确。

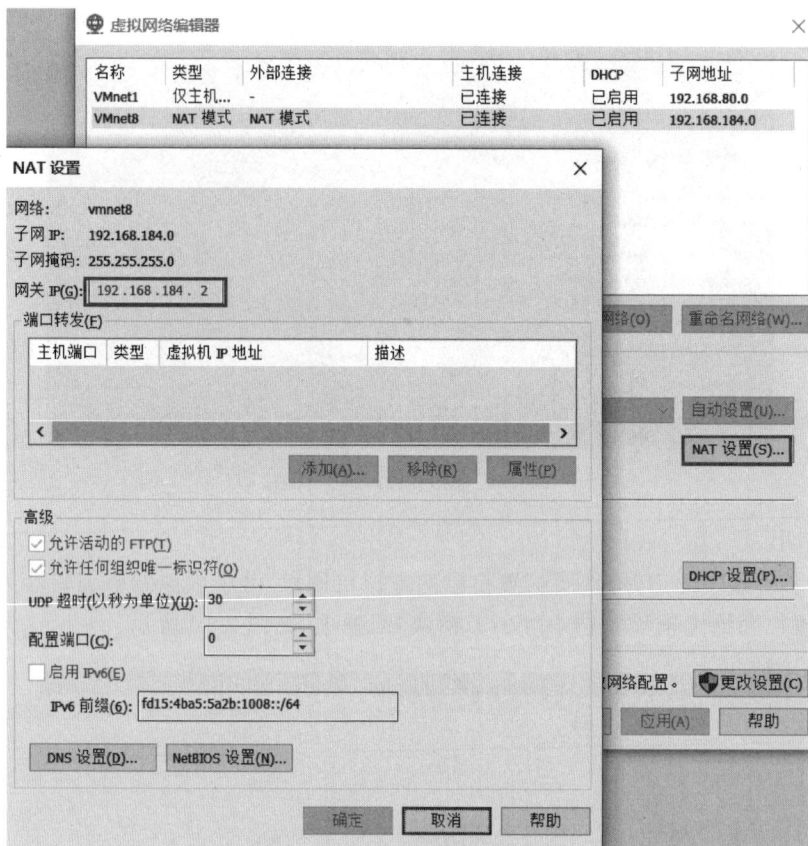

图 2-11　NAT 模式网络的网关

图 2-12　在虚拟机上 ping 外网地址

在 Xshell 上按上述 IP 地址重新配置连接,在"连接"上右击,从弹出的菜单中选择"属性",如图 2-13 所示。

再重新配置连接的 IP 地址,如图 2-14 所示。

最后用 Xshell 重新连接到新的虚拟机 IP 地址,如图 2-15 所示。

3. 修改 hosts 文件,配置主机名称和 IP 的映射

使用的 Linux 命令如下:

```
# vi /etc/hosts
```

在 hosts 文件中添加一项虚拟机 IP 地址和 hadoop0 主机名的映射,如图 2-16 所示。

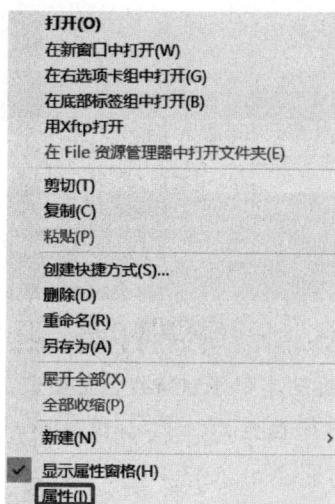

图 2-13 打开 Xshell 连接属性

图 2-14 Xshell 的"连接"配置新的 IP 地址

```
Connecting to 192.168.184.200:22...
Connection established.
To escape to local shell, press 'Ctrl+Alt+]'.

WARNING! The remote SSH server rejected X11 forwarding request.
Last login: Fri Aug 16 12:50:42 2024 from 192.168.184.1
[root@hadoop0 ~]#
```

图 2-15　Xshell 重新连接虚拟机

```
127.0.0.1     localhost localhost.localdomain localhost4 localhost4.localdom
ain4
::1           localhost localhost.localdomain localhost6 localhost6.localdom
ain6
192.168.184.200 hadoop0
```

图 2-16　在 hosts 文件中配置 IP 地址和主机名映射

说明：上述 IP 地址是虚拟机的本机 IP，机器名是虚拟机的机器名。

完成后使用以下 Linux 命令做检查：

＃ ping hadoop0

如果连接正常，结果如图 2-17 所示。

```
[root@hadoop0 logs]# ping hadoop0
PING hadoop0 (192.168.184.200) 56(84) bytes of data.
64 bytes from hadoop0 (192.168.184.200): icmp_seq=1 ttl=64 time=0.102 ms
64 bytes from hadoop0 (192.168.184.200): icmp_seq=2 ttl=64 time=0.028 ms
```

图 2-17　ping 虚拟机主机名

4. 关闭防火墙

为了简化实验操作，确保网络通信不受阻碍以及便于测试 Hadoop，可以关闭防火墙。

首先用以下 Linux 命令查看防火墙状态：

＃ systemctl status firewalld.service

结果将显示状态为 active(running)，如图 2-18 所示。

```
[root@hadoop0 ~]# systemctl status firewalld.service
● firewalld.service - firewalld - dynamic firewall daemon
   Loaded: loaded (/usr/lib/systemd/system/firewalld.service; enabled; ven
dor preset: enabled)
   Active: active (running) since 五 2024-08-16 11:59:24 CST; 6h ago
     Docs: man:firewalld(1)
```

图 2-18　关闭防火墙前的状态

再用以下 Linux 命令关闭防火墙：

＃ systemctl stop firewalld.service

随后再次检查防火墙状态，命令如下：

＃ systemctl status firewalld.service

结果将显示状态为 inactive(dead)，如图 2-19 所示。

```
[root@hadoop0 ~]# systemctl stop firewalld.service
[root@hadoop0 ~]# systemctl status firewalld.service
● firewalld.service - firewalld - dynamic firewall daemon
   Loaded: loaded (/usr/lib/systemd/system/firewalld.service; enabled; ven
dor preset: enabled)
   Active: inactive (dead) since 五 2024-08-16 18:44:21 CST; 7s ago
     Docs: man:firewalld(1)
```

图 2-19　关闭防火墙后再次查看其状态

为了避免虚拟机重启后自动启动防火墙,可以使用以下 Linux 命令禁用防火墙:

```
# systemctl disable firewalld.service
```

命令执行的效果如图 2-20 所示。

图 2-20　禁用防火墙

5. 配置 YUM 源镜像(须连接互联网)

先检查外网连接,如图 2-21 所示。

图 2-21　检查外网连接

为了提高软件下载效率,需要设置镜像 YUM 源,较常用的有阿里云和清华大学镜像源。设置镜像 YUM 源的代码如下:

```
# vi /etc/yum.repos.d/CentOS - Base.repo
```

采用 vi 命令模式,在打开的配置文件中输入"％d"再按 Enter 键,清空所有内容。
然后复制以下镜像源内容并粘贴到该配置文件中。

```
[base]
name = CentOS - $ releasever - Base
baseurl = http://mirrors.aliyun.com/centos/ $ releasever/os/ $ basearch/
gpgcheck = 1
gpgkey = file:///etc/pki/rpm - gpg/RPM - GPG - KEY - CentOS - 7
[updates]
name = CentOS - $ releasever - Updates
baseurl = http://mirrors.aliyun.com/centos/ $ releasever/updates/ $ basearch/
gpgcheck = 1
gpgkey = file:///etc/pki/rpm - gpg/RPM - GPG - KEY - CentOS - 7
[extras]
name = CentOS - $ releasever - Extras
baseurl = http://mirrors.aliyun.com/centos/ $ releasever/extras/ $ basearch/
gpgcheck = 1
gpgkey = file:///etc/pki/rpm - gpg/RPM - GPG - KEY - CentOS - 7
[centosplus]
name = CentOS - $ releasever - Plus
baseurl = http://mirrors.aliyun.com/centos/ $ releasever/centosplus/ $ basearch/
gpgcheck = 1
enabled = 0
gpgkey = file:///etc/pki/rpm - gpg/RPM - GPG - KEY - CentOS - 7
[contrib]
name = CentOS - $ releasever - Contrib
baseurl = http://mirrors.aliyun.com/centos/ $ releasever/contrib/ $ basearch/
gpgcheck = 1
enabled = 0
gpgkey = file:///etc/pki/rpm - gpg/RPM - GPG - KEY - CentOS - 7
```

最后保存并退出。

为了避免复制不完整,最好查看 CentOS-Base. repo,确认已存在上述配置内容。

镜像 YUM 源配置后需要清理 YUM 缓存并重新生成,Linux 命令如下:

```
# yum clean all
```

执行后的效果如图 2-22 所示。

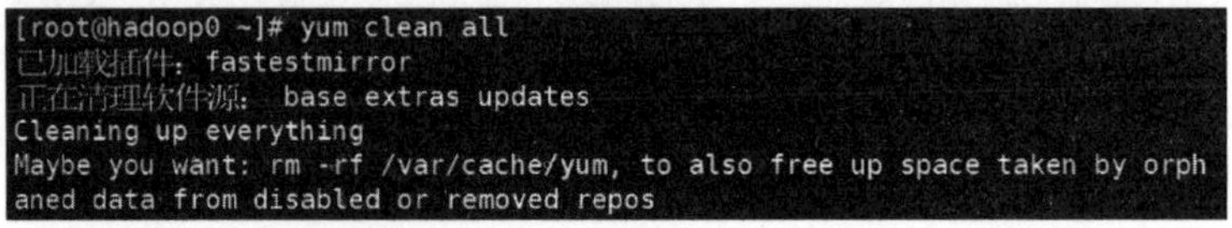

```
[root@hadoop0 ~]# yum clean all
已加载插件: fastestmirror
正在清理软件源:  base extras updates
Cleaning up everything
Maybe you want: rm -rf /var/cache/yum, to also free up space taken by orph
aned data from disabled or removed repos
```

图 2-22   清理 YUM 缓存

清理 YUM 缓存后就可以重新生成缓存了,Linux 命令如下:

```
# yum makecache
```

执行后可以看到生成过程,如图 2-23 所示。

```
[root@hadoop0 ~]# yum makecache
已加载插件: fastestmirror
base                                          | 3.6 kB   00:00
extras                                        | 2.9 kB   00:00
updates                                       | 2.9 kB   00:00
(1/10): base/7/x86_64/group_gz                | 153 kB   00:00
```

图 2-23   重新生成 YUM 缓存

6. 安装和配置 JDK(须连接互联网)

在连接外网的条件下,安装 java-1.8.0-openjdk,Linux 命令如下:

```
# yum install - y java - 1.8.0 - openjdk
```

将显示安装过程,如图 2-24 所示。

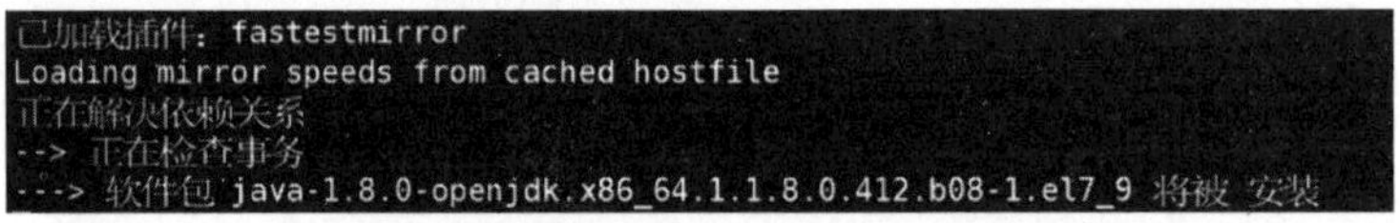

```
已加载插件: fastestmirror
Loading mirror speeds from cached hostfile
正在解决依赖关系
--> 正在检查事务
---> 软件包 java-1.8.0-openjdk.x86_64.1.1.8.0.412.b08-1.el7_9 将被 安装
```

图 2-24   openjdk 安装过程

然后安装 java-1.8.0-openjdk-devel,Linux 命令如下:

```
# yum install - y java - 1.8.0 - openjdk - devel
```

将同样显示安装过程,如图 2-25 所示。

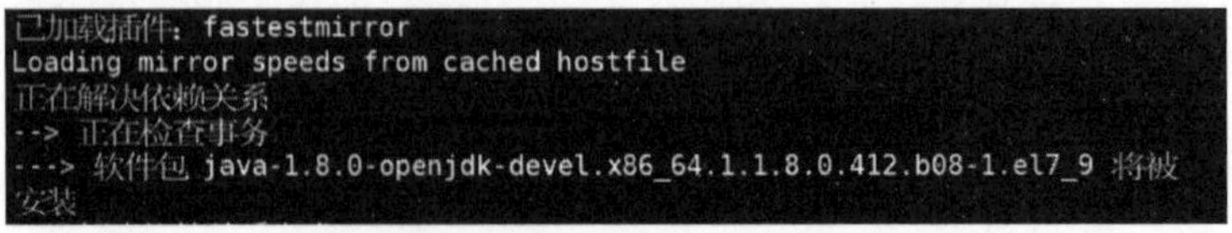

```
已加载插件: fastestmirror
Loading mirror speeds from cached hostfile
正在解决依赖关系
--> 正在检查事务
---> 软件包 java-1.8.0-openjdk-devel.x86_64.1.1.8.0.412.b08-1.el7_9 将被
安装
```

图 2-25   openjdk-devel 的安装过程

openjdk 和 openjdk-devel 安装完成后可以检查 Java 版本,Linux 命令如下:

```
# java - version
```

执行效果如图 2-26 所示。

```
[root@hadoop0 ~]# java -version
openjdk version "1.8.0_412"
OpenJDK Runtime Environment (build 1.8.0_412-b08)
OpenJDK 64-Bit Server VM (build 25.412-b08, mixed mode)
```

图 2-26 查看 Java 版本信息

为了更方便地修改配置文件,建议安装 vim 工具,它是 vi 的升级版,可以更方便地显示和编辑配置文件。使用的 Linux 命令如下:

yum install – y vim

在配置 JAVA_HOME 环境变量前需要先检查虚拟机上 JDK 的具体版本信息,可以使用以下 Linux 命令:

ll /usr/lib/jvm

在显示的目录内容中找到包含 java-1.8.0-openjdk 开头的目录,如图 2-27 所示。其中灰色框部分为安装的 JDK 版本信息,该版本信息需要配置到 JAVA_HOME 环境变量中,可以先复制下来。

```
lrwxrwxrwx. 1 root root  51 8月  16 18:49 jre-1.8.0-openjdk-1.8.0.412.b08-
1.el7_9.x86_64 -> java-1.8.0-openjdk-1.8.0.412.b08-1.el7_9.x86_64/jre
```

图 2-27 JDK 安装目录名称

然后编辑环境变量文件/etc/profile,Linux 命令如下:

vim /etc/profile

在显示的配置文件打开后,按 Shift+G 组合键转到文件最后,按"o"键新启一行进行编辑。首先添加 JAVA_HOME 环境变量,内容如下:

export JAVA_HOME = /usr/lib/jvm/{上述查看到的 JDK 版本信息}

配置界面如图 2-28 所示。

```
export JAVA_HOME=/usr/lib/jvm/java-1.8.0-openjdk-1.8.0.412.b08-1.el7_9.x86
_64
```

图 2-28 JAVA_HOME 环境变量的配置内容

然后在 JAVA_HOME 环境变量的下一行配置 PATH 环境变量,内容如下:

export PATH = $ PATH: $ JAVA_HOME/bin:

配置界面如图 2-29 所示。

```
export PATH=$PATH:$JAVA_HOME/bin
```

图 2-29 PATH 环境变量的配置内容

配置/etc/profile 后需要刷新,Linux 代码如下:

source /etc/profile

再配置 bashrc 文件,Linux 代码如下:

vi ~/.bashrc

在打开的文件中跳到最后，新增一行并添加以下内容：

```
export BASH_ENV = /etc/profile
```

设置如图 2-30 所示。

```
# .bashrc

# User specific aliases and functions

alias rm='rm -i'
alias cp='cp -i'
alias mv='mv -i'

# Source global definitions
if [ -f /etc/bashrc ]; then
        . /etc/bashrc
fi
export BASH_ENV=/etc/profile
```

图 2-30 bashrc 文件的配置内容

然后保存并退出。配置完成后同样需要对其刷新，使用的 Linux 代码如下：

```
# source ~/.bashrc
```

7. 配置免密登录

为了简化和自动化 Hadoop 守护进程(如 NameNode、DataNode、ResourceManager、NodeManager 等)的启动和管理，需要在虚拟机上配置免密登录，具体过程如下。

首先需要生成密钥，Linux 代码如下：

```
# ssh-keygen
```

对于其后面的提示信息，只需要连续按 Enter 键，最后就可以看到密钥，如图 2-31 所示。

```
Generating public/private rsa key pair.
Enter file in which to save the key (/root/.ssh/id_rsa):
Created directory '/root/.ssh'.
Enter passphrase (empty for no passphrase):
Enter same passphrase again:
Your identification has been saved in /root/.ssh/id_rsa.
Your public key has been saved in /root/.ssh/id_rsa.pub.
The key fingerprint is:
SHA256:SJiEYrturXHnYQpfF3zC7X58LUGTTX/dAcE3XnqACZY root@hadoop0
The key's randomart image is:
+---[RSA 2048]----+
|   ..      oo.=o |
|.... o    .E o..=.|
|... o .       *oB|
| .   .o..    +.o*|
|  .   .=So  . ...|
| .      =  .  .  |
|.o.. = . ..   o  |
| o=.* o .  o o . |
|...o . .. . .    |
+----[SHA256]-----+
```

图 2-31 生成密钥

密钥生成后需要复制公钥，Linux 命令如下：

```
ssh-copy-id hadoop0
```

在复制密钥操作过程中会提示输入虚拟机 root 用户的登录密码，如图 2-32 所示。

复制密钥操作完成后可以测试 ssh 免密登录效果，Linux 命令如下：

```
# ssh hadoop0
```

```
root@hadoop0's password: 输入密码
Number of key(s) added: 1
```

图 2-32　输入虚拟机 root 用户的登录密码

其执行效果如图 2-33 所示。

```
[root@hadoop0 ~]# ssh hadoop0
Last login: Fri Aug 16 18:41:44 2024 from 192.168.184.1
```

图 2-33　测试免密登录

最后退出免密登录测试,Linux 命令如下:

```
# exit
```

其执行效果如图 2-34 所示。

```
[root@hadoop0 ~]# exit
登出
Connection to hadoop0 closed.
```

图 2-34　退出免密登录

2.4.3　安装配置 Hadoop

1. 重新配置 WinSCP

因为虚拟机 IP 地址已变更,需要重新配置 WinSCP 的连接,进入菜单"标签页"→"站点"→"站点管理器"(图 2-35),在站点管理器窗口单击"编辑"按钮(图 2-36)。

图 2-35　WinSCP 站点管理器

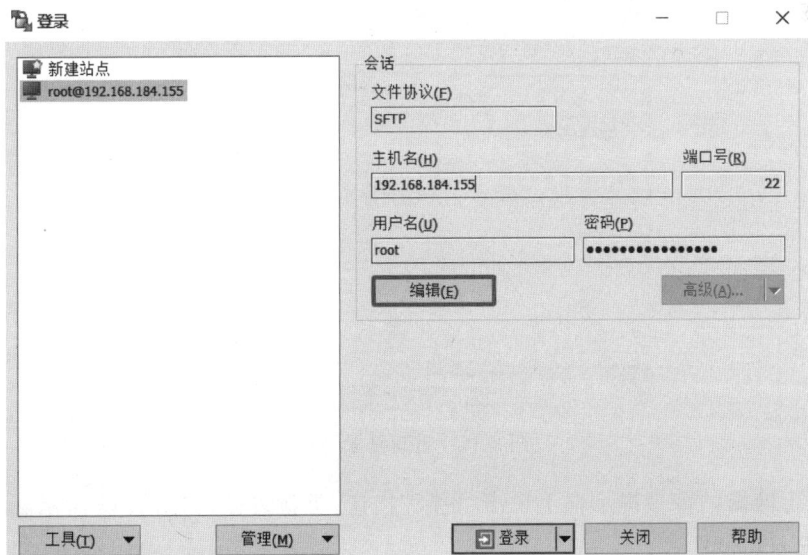

图 2-36　WinSCP 编辑站点

在配置窗口填写新的 IP 地址,并单击"保存"按钮,如图 2-37 所示。

同样,将站点名称也变更成新的 IP 地址。选中"站点"→"重命名",更新 IP 地址,如图 2-38 所示。

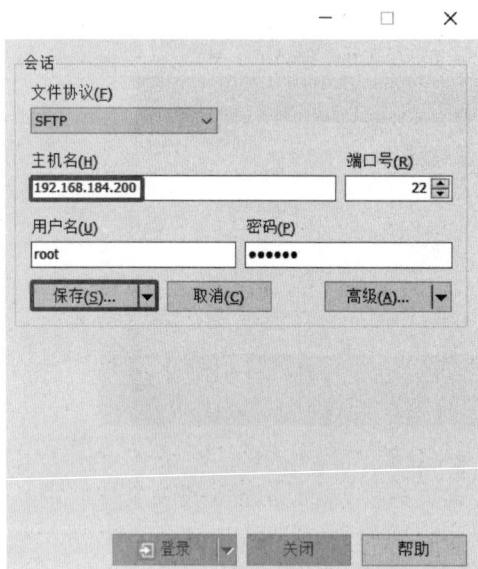

图 2-37　修改站点 IP 地址

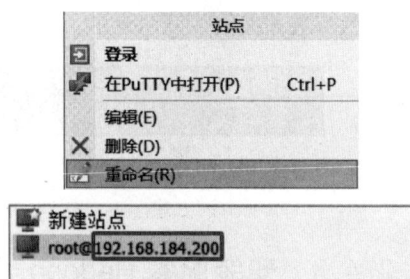

图 2-38　WinSCP 站点重命名

然后单击"登录"按钮,登录到虚拟机,如图 2-39 所示。

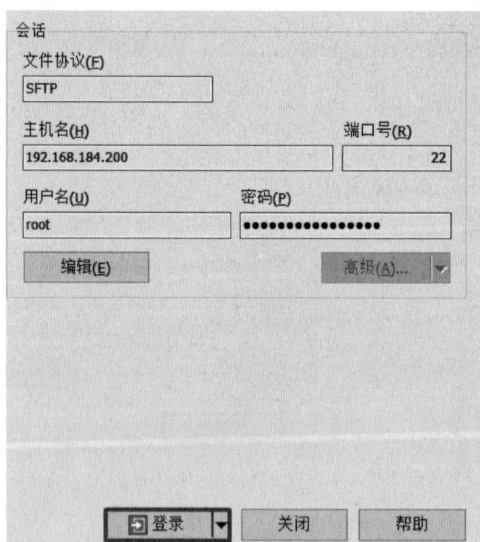

图 2-39　重新登录站点

在密钥不匹配的警报提示框上单击"更新"按钮,更新缓存,如图 2-40 所示。

2. 上传 Hadoop

将 Hadoop 软件包上传到虚拟机的/usr/local/src 目录,过程如图 2-41 所示。

⚠ **警告 - 可能存在安全风险！**

主机密钥与WinSCP为此服务器缓存的密钥不匹配：
192.168.184.200 (端口22)

这意味着要么服务器管理员已更换主机密钥，要么您实际上连接到了一台伪装成目标服务器的计算机上。

　　ssh-ed25519密钥的指纹是：
　　ssh-ed25519 255 ekORkhYz28teBTdM+xrzDEWhKBLrorIhaN6E9+FhcPI

如果您预料到了这种变化，信任新的密钥，并且希望继续连接该服务器，可以选择更新更新缓存，或者选择添加在保留旧密钥的同时，将新密钥添加到缓存。
如果您想继续连接但不更新缓存，请选择连接一次。
如果您想要完全放弃连接，请选择取消来取消。选择取消是唯一安全的选择。

将密钥指纹复制到剪贴板(C)

更新(U) ▼ 　 取消 　 帮助(H)

图 2-40　更新密钥缓存

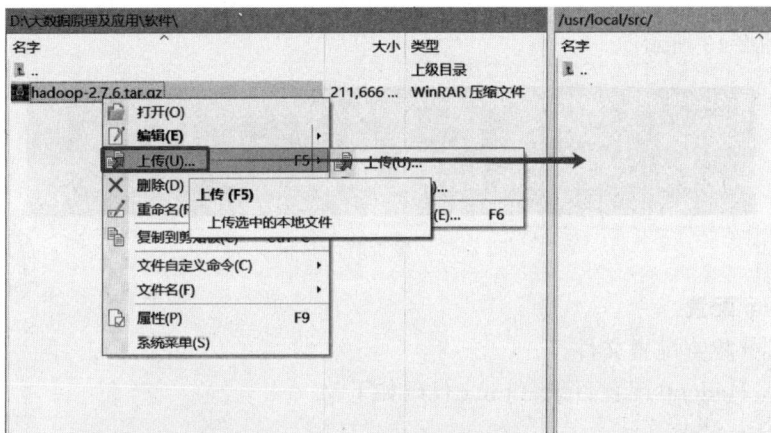

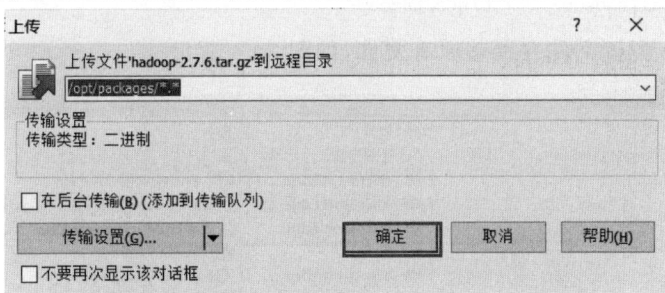

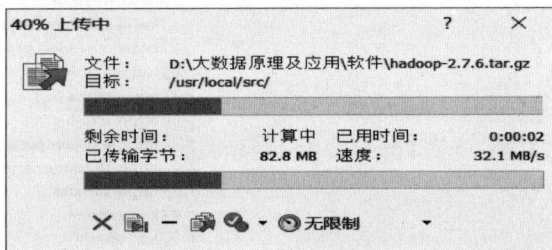

图 2-41　上传 Hadoop 软件包

然后解压 Hadoop 软件包，Linux 代码如下：

```
# cd /usr/local/src/
# tar - zxf hadoop - 2.7.6.tar.gz
```

可以检查解压后的 Hadoop 文件夹，如图 2-42 所示。

```
[root@hadoop0 src]# ll
总用量 211668
drwxr-xr-x. 9.20415  101        149 4月  18 2018 hadoop-2.7.6
-rw-r--r--. 1 root  root 216745683 8月  18 2020 hadoop-2.7.6.tar.gz
```

图 2-42　解压后的 Hadoop 文件夹

最后移动解压后的目录到 /usr/local 目录，Linux 代码如下：

```
# mv hadoop - 2.7.6 /usr/local/
```

同样可以检查/usr/local 目录，Linux 代码如下：

```
# ll /usr/local/
```

结果如图 2-43 所示。

```
[root@hadoop0 logs]# ll /usr/local/
总用量 0
drwxr-xr-x.  2 root  root   6 11月  5 2016 bin
drwxr-xr-x.  2 root  root   6 11月  5 2016 etc
drwxr-xr-x.  2 root  root   6 11月  5 2016 games
drwxr-xr-x. 11 20415 101 172 8月  16 19:43 hadoop-2.7.6
```

图 2-43　检查解压目录

3. Hadoop 配置

（1）上传并检查配置文件

首先进入 Hadoop 配置目录，Linux 代码如下：

```
# cd /usr/local/hadoop - 2.7.6/etc/hadoop/
```

上传 Hadoop 配置文件并覆盖原有文件，如图 2-44 所示。

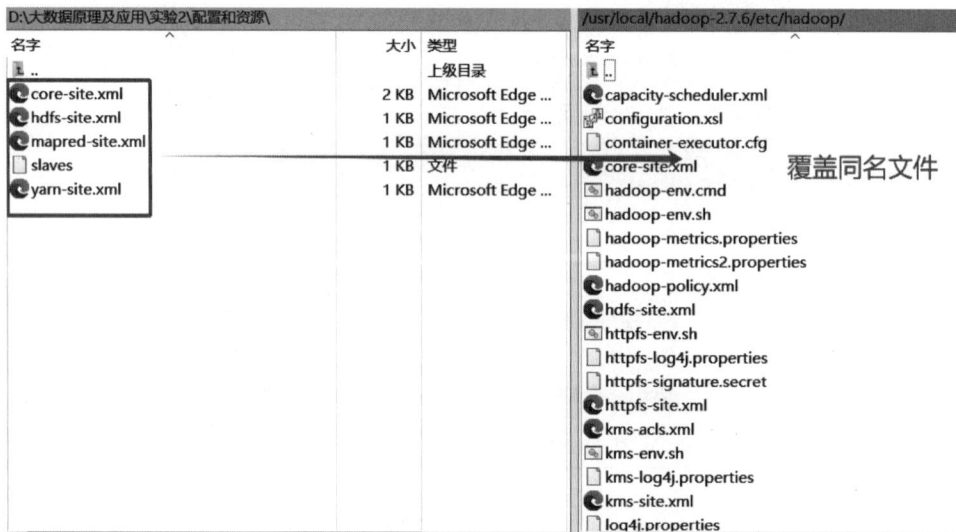

图 2-44　上传 Hadoop 配置文件

上传后检查配置文件内容,以确认是否覆盖。

检查 core-site. xml,Linux 代码如下:

```
# cat core-site.xml
```

更新后的配置如图 2-45 所示。

```
<configuration>
<!--配置Namenode -->
<property>
    <name>fs.defaultFS</name>
    <value>hdfs://hadoop0:9000</value>
</property>
<!--指定hadoop数据的临时存放目录-->
<property>
    <name>hadoop.tmp.dir</name>
    <value>/usr/local/hadoop-2.7.6/tmp</value>
</property>
</configuration>
```

图 2-45 core-site. xml 的配置内容

检查 hdfs-site. xml,Linux 代码如下:

```
# cat hdfs-site.xml
```

更新后的配置如图 2-46 所示。

```
<configuration>
<!--伪分布式只有一台机器, 配置副本数量1 -->
<property>
    <name>dfs.replication</name>
    <value>1</value>
</property>
</configuration>
```

图 2-46 hdfs-site. xml 的配置内容

检查 mapred-site. xml,Linux 代码如下:

```
# cat mapred-site.xml
```

更新后的配置如图 2-47 所示。

```
<configuration>
<!--指定MapReduce在YARN上运行 -->
<property>
    <name>mapreduce.framework.name</name>
    <value>yarn</value>
</property>
<!--配置集群的权限验证 -->
<property>
    <name>dfs.permissions</name>
    <value>false</value>
</property>
</configuration>
```

图 2-47 mapred-site. xml 的配置内容

检查 yarn-site. xml,Linux 代码如下:

```
# cat yarn-site.xml
```

更新后的配置如图 2-48 所示。

检查 slaves,Linux 代码如下:

```
# cat slaves
```

```
<configuration>
<!--指定MapReduce在YARN上运行 -->
<property>
  <name>mapreduce.framework.name</name>
  <value>yarn</value>
</property>
<!--配置集群的权限验证 -->
<property>
  <name>dfs.permissions</name>
  <value>false</value>
</property>
</configuration>
```

图 2-48　yarn-site. xml 的配置内容

更新后的配置如图 2-49 所示。

```
[root@hadoop0 hadoop]# cat slaves
hadoop0
```

图 2-49　slaves 的配置内容

注意：如果虚拟机的名字不是 hadoop0，则需要手动修改 slaves 文件。

(2) 修改 hadoop-env. sh

上述配置文件检查无误后，修改 hadoop-env. sh，Linux 代码如下：

```
# vim hadoop - env. sh
```

在打开的文件中使用 Shift＋G 组合键跳到文件末尾，添加以下内容：

```
export HADOOP_CONF_DIR = /usr/local/hadoop - 2.7.6/etc/Hadoop
```

配置文件显示如图 2-50 所示。

```
export HADOOP_CONF_DIR=/usr/local/hadoop-2.7.6/etc/hadoop
```

图 2-50　hadoop-env. sh 中新增的配置内容

然后保存并退出。

最后刷新配置，Linux 代码如下：

```
source hadoop - env. sh
```

(3) 修改 /etc/profile

和前面类似，修改/etc/profile 使用以下 Linux 命令：

```
# vim /etc/profile
```

在配置文件中 JAVA_HOME 环境变量的下面一行添加 HADOOP_HOME 环境变量，并修改 PATH 环境变量，内容如下：

```
export HADOOP_HOME = /usr/local/hadoop - 2.7.6
export PATH = $ PATH: $ JAVA_HOME/bin: $ HADOOP_HOME/bin: $ HADOOP_HOME/sbin
```

如图 2-51 所示。

```
export HADOOP_HOME=/usr/local/hadoop-2.7.6
export PATH=$PATH:$JAVA_HOME/bin:$HADOOP_HOME/bin:$HADOOP_HOME/sbin
```

图 2-51　添加 HADOOP_HOME 的/etc/profile 文件配置内容

然后保存并退出。

最后刷新环境变量,Linux 代码如下:

```
# source /etc/profile
```

2.4.4 启动 Hadoop

第一次启动 Hadoop 前需要格式化名称节点的元数据存储目录,Linux 命令如下:

```
# hdfs namenode - format
```

如果格式化成功,提示信息中将包含成功格式化的内容,如图 2-52 所示。

图 2-52 格式化名称节点成功的提示

启动 dfs 服务,Linux 命令如下:

```
# start - dfs.sh
```

过程中根据提示输入 yes,如图 2-53 所示。

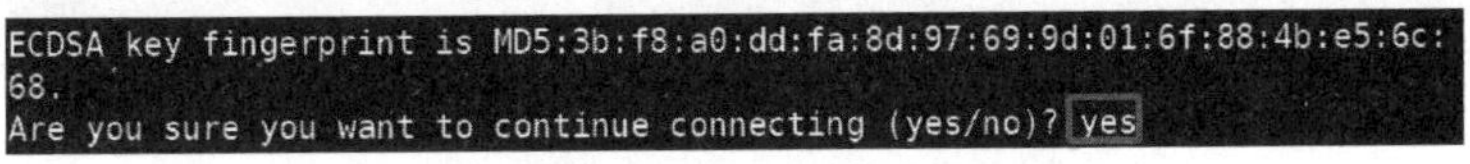

图 2-53 格式化名称节点的过程提示

启动 yarn 服务,Linux 命令如下:

```
# start - yarn.sh
```

启动 dfs 和 yarn 服务后查看进程,Linux 代码如下:

```
# jps
```

如果显示有以下进程,表示 Hadoop 启动完整,如图 2-54 所示。

图 2-54 使用 jps 命令显示进程

也可以通过访问网页检查,网址为 http://192.168.184.200:50070,如图 2-55 所示。
注意:上述地址是 Hadoop 所在虚拟机的 IP 地址。
当启动不正常时,可以查看日志目录下的日志文件,日志路径访问命令如下:

```
# cd /usr/local/hadoop - 2.7.6/logs
```

所列的日志文件如图 2-56 所示。

2.4.5 拍摄虚拟机快照

在 Hadoop 伪分布式系统部署完成后需要拍摄快照。右击,从弹出的菜单中选择虚拟机→"快照"→"拍摄快照",如图 2-57 所示。

图 2-55 Hadoop 网址内容

图 2-56 列出 Hadoop 日志文件

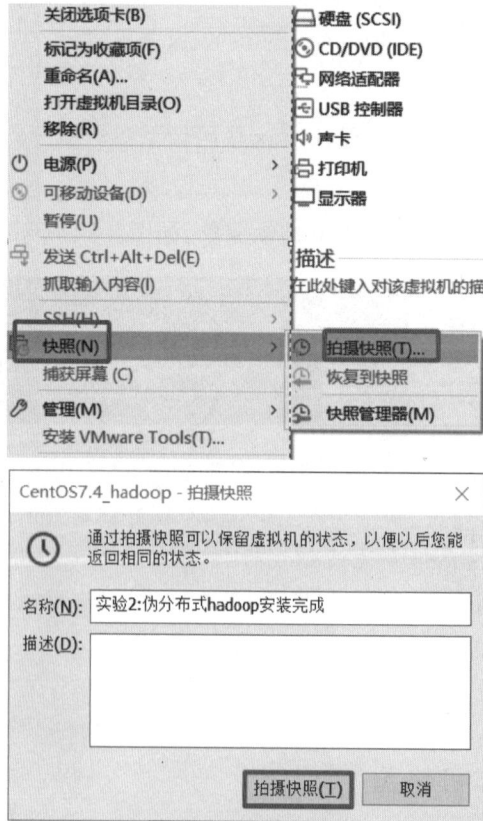

图 2-57 对 Hadoop 伪分布式系统部署实验拍摄快照

思考题

1. 试述 Hadoop 具有的特性。
2. 试述 Hadoop 在各个领域的应用情况。
3. 试述 Hadoop 生态系统以及每个部分的具体功能。

第 3 章

分布式文件系统

在大数据时代,高效、安全地存储与读/写数据是提升大数据处理效率的关键。分布式文件系统是一种存储和组织计算机数据的方法,它使得对数据的访问和查找变得容易。本章重点介绍分布式文件系统的技术及其应用。

3.1 HDFS 及其特点

随着数据量越来越大,在一个操作系统存不下所有的数据时,就需要将数据分配到更多的操作系统管理的磁盘中,但是这样不方便数据的管理和维护,所以人们就提出分布式文件管理系统,即一种通过网络实现文件在多台主机上进行分布式存储的文件系统。

分布式文件系统的设计一般采用 C/S 模式,客户端以特定的通信协议通过网络与服务器建立连接。提出文件访问请求,客户端和服务端可以通过设置访问权来限制请求方对底层数据存储块的访问。HDFS 只是分布式文件管理系统中的一种。HDFS 作为分布式文件系统解决了很多传统文件系统的问题。HDFS 不是单个文件系统而是分布在多个集群节点上的文件系统,文件可以通过节点相互通信,进行信息通信交流;文件也不是存储在单个文件系统内而是存储在多个节点上,还能进行数据备份;数据读取也是从多个节点流式读取。

3.1.1 HDFS 优点

(1) 存储和处理的数据较大。运行在 HDFS 上的应用程序有较高的数据处理要求,通常会存储 GB 级到 TB 级的超大文件。在实际应用中,目前已经利用 HDFS 来存储和处理 PB 级数据。

(2) 支持流式数据访问。HDFS 设计的思路为"一次写入,多次读取",数据集一旦由数据源生成,就会被复制分发到不同的存储节点,然后响应各种数据分析任务请求,一般情况下,每次分析都会涉及数据集的大部分数据甚至是全部数据,因此请求读取整个数据集要比读取一条记录更加高效。应用程序关注的是数据吞吐量而非响应时间,HDFS 放宽了可移植操作系统接口的要求,能以流的形式访问文件系统中的数据。

(3) 支持多硬件平台。Hadoop 可以运行在廉价、异构的商用硬件集群上,并且在设计 HDFS 时充分考虑了数据的可靠性、安全性及高可用性,以应对高发的节点故障问题。

（4）数据一致性高。应用程序采用"一次写入，多次读取"的数据访问策略，支持追加，不支持多次修改，降低了造成数据不一致问题的可能性。

（5）有效预防硬件异常。一般硬件异常比软件异常更加常见。虽然对具有上百台服务器的数据中心而言，硬件异常是常态，但 HDFS 可有效预防硬件异常，并具有自动恢复数据的能力。

（6）支持移动计算。计算与存储采取就近的原则，从而降低网络负载，减少网络拥塞。

3.1.2 HDFS 缺点

（1）不适合低延迟的数据访问。因为 HDFS 是为了处理大型数据集的任务而设计的，小文件存储和频繁的小文件访问在高延迟环境下表现不佳。

（2）无法高效地存储大量小文件。因 HDFS 采用主/从（master/slave）架构来存储数据，需要用到 NameNode 来管理文件系统的元数据，以响应请求，返回文件位置等。为了快速响应文件请求，元数据存储在主节点的内存中，文件系统所能存储的文件总数受限于 NameNode 的内存容量。所以小文件数量过大，容易造成内存不足，导致系统出错。

（3）不支持多用户写入和任意修改文件。在 HDFS 中，一个文件只能被一个用户写入，而且写操作总是将数据添加在文件末尾，并不支持多个用户对同一文件进行写操作，也不支持在文件的任意位置进行修改。

总之，HDFS 可用于多个场景，如网站用户行为数据存储、生态系统数据存储、气象数据存储等。LinkedIn 公司将数据存储在 HDFS 中，并将 HDFS 中存储的用户活动信息、服务器指标、图像以及事务日志用于数据分析，以挖掘有用信息，如发现可能认识的人等。Adobe 公司搭建的 HDFS 节点和 HBase 集群，用于提供结构化数据存储的社会化服务。

3.2 HDFS 体系架构

HDFS 的存储策略是把大数据文件分块并存储在不同的计算机节点中，通过 NameNode 管理文件分块存储信息（即文件的元数据信息），HDFS 的体系结构如图 3-1 所示。

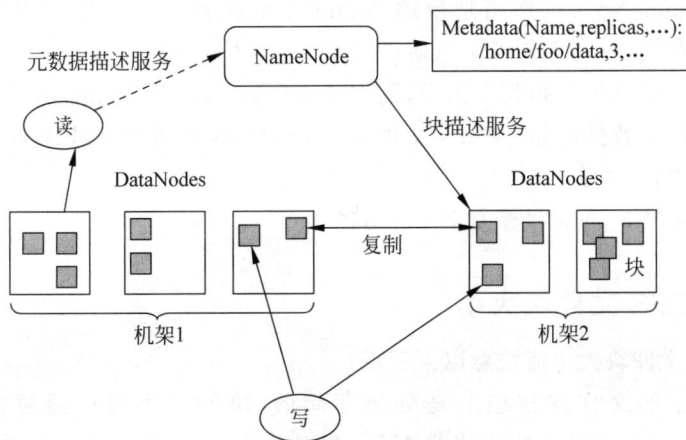

图 3-1 HDFS 体系架构

HDFS 采用了典型的主/从架构,一个 HDFS 集群通常包含一个 NameNode 和若干个 DataNode。一个文件被分成了一个或者多个数据块,并存储在一组 DataNode 上,DataNode 可分布在不同的机架上。

3.2.1 NameNode

NameNode 就是 master,它是一个主管,即管理者。其主要工作包括:

(1) 管理元数据;

(2) 配置副本策略;

(3) 管理数据块(block)的映射信息;

(4) 处理客户端读写请求。

3.2.2 DataNode

DataNode 就是 slave,从属者。NameNode 下达命令,DataNode 执行实际的操作,即:

(1) 存储实际的块数据;

(2) 执行块数据的读/写操作。

3.2.3 Client

Client 就是客户端,包括:

(1) 文件切分,文件上传 HDFS 时,Client 将文件切分成一个一个的 block;

(2) 与 NameNode 交互,获取文件的位置信息;

(3) 与 DataNode 交互,读取或者写入数据;

(4) Client 提供一些命令来管理 HDFS,如 NameNode 格式化;

(5) Client 可以通过一些命令来访问 HDFS,如对 HDFS 的增删查改操作。

3.2.4 Secondary NameNode

Secondary NameNode 的作用是帮助 NameNode 执行一些重要的管理任务,以提高 HDFS 的可靠性和性能,其主要工作包括:

(1) 辅助 NameNode 分担其工作量,例如,Fsimage 文件是 NameNode 的镜像文件,它存储了文件系统的元数据快照。Edits 文件是 NameNode 的编辑日志文件,它存储了文件系统的所有变更操作。

(2) 在紧急情况下,可辅助恢复 NameNode。

3.2.5 HDFS 文件块大小

设置 HDFS 文件块大小需注意以下三点:

(1) HDFS 中的文件在物理上是分块存储的,块的大小可以通过配置参数(dfs. blocksize)来规定,主要取决于磁盘传输速率。默认大小在 Hadoop 2.0 中是 128MB。

(2) 块不能设置得太小,因为这会增加寻址时间,程序一直在找块的开始位置。

（3）块也不能设置得太大，因为从磁盘传输数据的时间会明显大于定位这个块开始位置所需的时间，这将导致程序在处理这个块数据时非常慢。

3.3 HDFS 的工作机制

3.3.1 机制体系

HDFS 是基于流数据访问模式的分布式文件系统。支持存储海量的数据，可以运行在低成本的硬件上。其提供高吞吐量、高容错性的数据访问，非常适合大规模数据集上的应用。

HDFS 的三大机制，即心跳机制、数据块副本机制和数据块均衡机制。

（1）心跳机制：DataNode 会定期向 NameNode 发送心跳信号，以保持连接。如果 NameNode 在一定时间内没有收到心跳信号，它会认为对应的 DataNode 节点已经失效，并启动相应的恢复机制。

（2）数据块副本机制：HDFS 通过数据块副本机制来保证数据的可靠性和可用性。当某个数据块发生故障时，系统会自动从其他副本中恢复该数据块。此外，通过增加副本数量，可以提高系统的容错能力和数据的可用性。

（3）数据块均衡机制：为了实现 HDFS 集群中的负载均衡，HDFS 会定期对数据块进行均衡调度。系统会根据数据块的存储和访问情况，自动调整数据块的位置，以保证集群中的负载均衡。

为了更好地理解它们之间的关系，可以把 HDFS 比作一个巨大的图书馆，那么 NameNode 就是图书馆的目录，而 DataNode 则是存放图书的架子。客户端在 HDFS 中扮演着读者的角色。

这样 HDFS 就像一个高效有序的图书馆系统，通过 NameNode 和 DataNode 的协同工作，实现了大规模数据的可靠存储和高效访问。

3.3.2 安全模式

集群在执行启动过程时不允许外界对其进行操作，此时集群处于安全模式，即集群处于安全模式时加载元数据和获取 DataNode 的心跳报告，如果集群处于维护状态或升级状态也可以手动将集群设置成安全模式，具体命令参考如下：

```
hdfs dfsadmin - safemode enter(进入安全模式)
hdfs dfsadmin - safemode leave(离开安全模式)
hdfs dfsadmin - safemode get(安全模式是否开启,on: 开启; off: 关闭)
```

安全模式下可以进行的操作：

（1）ls 查询。

（2）cat 查看。

（3）get。

安全模式下不可以进行的操作：

（1）创建目录。

（2）上传。

（3）修改文件名。

（4）追加内容。

所以，可以理解为只要是不修改元数据的操作都可以进行。

3.3.3 机架策略

机架策略也就是副本存放机制，需要注意以下几点：

（1）第一个副本一般存储在客户端所在的 DataNode 上（如果在集群内），或者随机选择一个能满足且较为闲置的 DataNode（如果在集群外）。

（2）第二个副本存储在和第一个副本相同机架上的不同节点上。

（3）第三个副本存储在和第一个副本不同机架上的随机节点上。

之所以考虑副本存放机制，是因为在风险机架断电、数据访问不到的情况下，优先选择网络传输少的节点。真实生产中需要手动配置机架策略，可以自定义机架策略，考虑的因素有：①不同节点；②不同机架；③不同数据中心。

3.3.4 负载均衡

负载均衡指机器和机器之间磁盘利用率均衡，每个节点上存储的数据百分比相差不大，在进行文件上传时会优先选择客户端所在节点，如果习惯性地选择同一个客户端，会造成客户端所在节点存储的数据比较多，集群会有一个自动的负载均衡的操作，只是该操作比较慢。

3.4 HDFS 的工作流程

HDFS 的启动流程如图 3-2 所示。

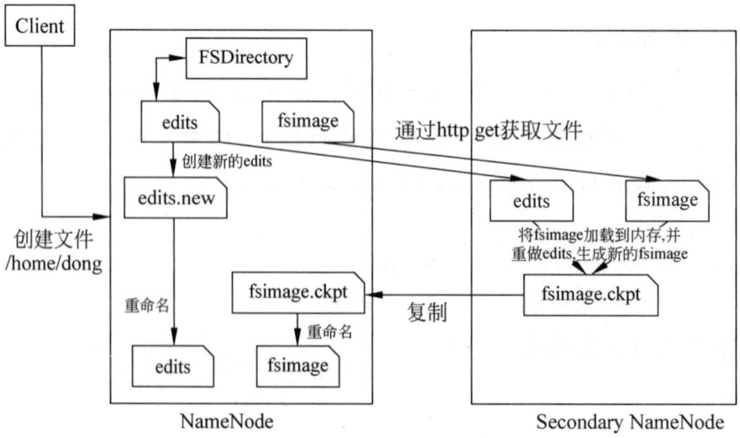

图 3-2　HDFS 的启动流程

3.4.1 NameNode 启动

NameNode 启动步骤如下。

（1）第一次启动 NameNode 格式化后，创建 fsimage 和 edits 文件。如果不是第一次启动，直接加载编辑日志和镜像文件到内存。

（2）客户端对元数据进行增删改的请求。

（3）NameNode 记录操作日志，更新滚动日志。

（4）NameNode 在内存中对元数据进行增删改。

3.4.2 Secondary NameNode 工作

Secondary NameNode 工作包括：

（1）Secondary NameNode 询问 NameNode 是否需要 CheckPoint。直接带回 NameNode 是否检查结果。

（2）Secondary NameNode 请求执行 CheckPoint。

（3）NameNode 滚动正在写的 edits 日志。

（4）将滚动前的编辑日志和镜像文件复制到 Secondary NameNode。

（5）Secondary NameNode 加载编辑日志和镜像文件到内存，并合并。

（6）生成新的镜像文件 fsimage。

（7）复制 fsimage 到 NameNode。

（8）NamcNode 将 fsimage.chkpoint 重新命名为 fsimage。

3.4.3 HDFS 的读流程

HDFS 的读流程如图 3-3 所示，主要步骤如下。

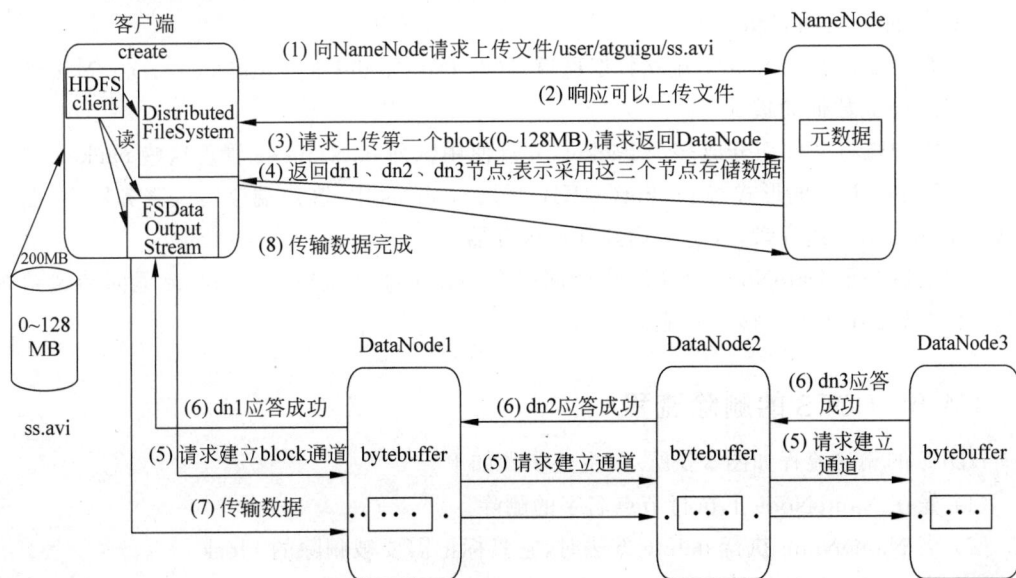

图 3-3 HDFS 的读流程

（1）读取完列表 DateNode 后，文件还没有结束，客户端会继续向 NameNode 返回下一个 block 列表。

（2）读取完一个 block 都会进行 checksum 验证，如果验证不通过，客户端会通知 NameNode，然后再对下一个拥有 block 备份的 DataNode 继续进行读操作。

（3）当文件最后一个 block 也读完，DataNode 会连接 NameNode，并告知关闭文件。

3.4.4　HDFS 的写流程

HDFS 的写流程如图 3-4 所示，主要步骤如下。

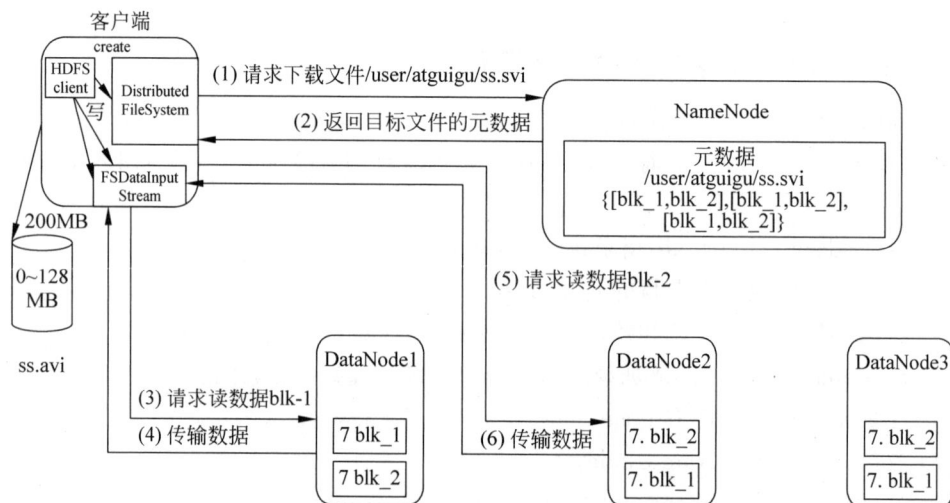

图 3-4　HDFS 的写流程

（1）申请上传文件，判断请求是否合法（上传路径存在与否，有无上传权限）。

（2）返回 DataNode 列表（每一个 block 会重新选出 DataNode），以三个为例（首先是离客户端最近的一个 DataNode）。

（3）客户端与 DataNode1 建立数据通道，同时 DataNode1 向 DataNode2、DataNode2 向 DataNode3 建立数据通道。

（4）客户端将文件切分成多个 packet，并且使用队列 data queue 管理这些 packet。

（5）以 pipeline 的形式将 packet（64KB）写入 replicas 中，客户端会写入服务器中，服务器接到 replicas，一边存盘，一边传输到其他服务器。

（6）最后一个 DateNode 存储后会返回一个 ack packet 响应，在 pipline 里面传递给客户端，客户端会在队列中移除对应的 packet。

3.4.5　HDFS 的删除流程

HDFS 的删除流程如图 3-5 所示，主要步骤如下。

（1）先在 NameNode 上执行节点名字的删除。

（2）当 NameNode 执行 delete 方法时，它只标记需要被删除的 block。

（3）当保存这些数据的 DataNode 向 NameNode 做心跳时，在心跳应答里，NameNode

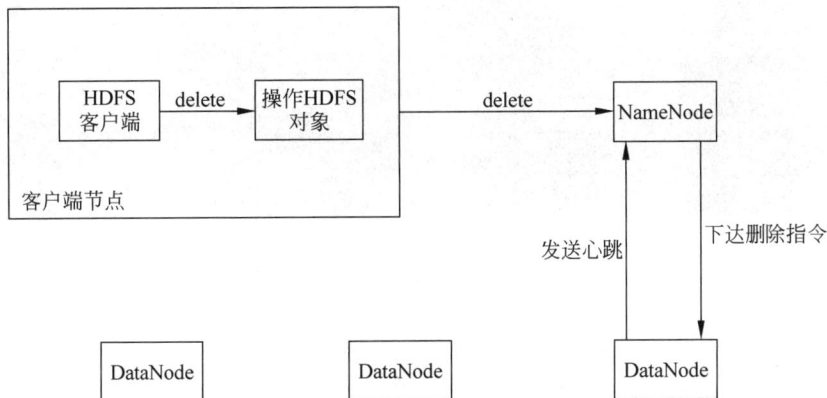

图 3-5　HDFS 的删除流程

会向 DataNode 发出指令，然后进行删除。

（4）在执行 delete 方法一段时间后才进行删除。

3.5　实验项目 3：HDFS 命令行操作基础与搭建 Eclipse 开发环境

实验项目 3

3.5.1　准备工作

（1）启动 CentOS 7 虚拟机。

（2）启动 Hadoop，使用的 Linux 命令如下：

```
# start-dfs.sh
# start-yarn.sh
```

（3）使用 jps 命令检查 Hadoop 相关进程是否启动。执行的效果如图 3-6 所示。

```
[root@hadoop0 ~]# jps
26609 DataNode
22324 NodeManager
22166 ResourceManager
26423 NameNode
29368 Jps
26843 SecondaryNameNode
```

图 3-6　jps 命令显示进程

说明：需要有 NameNode、SecondaryNameNode、DataNode、NodeManager、ResourceManager 5 个进程。

3.5.2　HDFS 命令实操

1. 查看 HDFS 支持的命令

查看 HDFS 相关命令所使用的 Linux 命令如下：

```
# hdfs -help
```

执行的效果如图 3-7 所示。

```
[root@hadoop0 ~]# hdfs -help
Usage: hdfs [--config confdir] [--loglevel loglevel] COMMAND
        where COMMAND is one of:
  dfs                run a filesystem command on the file systems supported in Hadoop.
  classpath          prints the classpath
  namenode -format   format the DFS filesystem
  secondarynamenode  run the DFS secondary namenode
  namenode           run the DFS namenode
  journalnode        run the DFS journalnode
  zkfc               run the ZK Failover Controller daemon
  datanode           run a DFS datanode
```

图 3-7　查看 HDFS 相关命令

2. 创建目录

在 HDFS 上创建目录使用的命令如下：

```
# hdfs dfs - mkdir /new1
```

3. 递归创建目录

在 HDFS 上递归创建目录使用的命令如下：

```
# hdfs dfs - mkdir - p /new2/aa
```

4. 查看 HDFS 文件系统根目录下的目录和文件

查看 HDFS 文件系统根目录内容的命令如下：

```
# hdfs dfs - ls /
```

执行的效果如图 3-8 所示。

```
[root@hadoop0 ~]# hdfs dfs -ls /
Found 2 items
drwxr-xr-x   - root supergroup          0 2024-08-17 11:42 /new1
drwxr-xr-x   - root supergroup          0 2024-08-17 11:43 /new2
```

图 3-8　查看 HDFS 文件系统根目录内容

5. 递归查看子目录内容

递归查看子目录使用的命令如下：

```
# hdfs dfs - ls - R /
```

执行的效果如图 3-9 所示。

```
[root@hadoop0 ~]# hdfs dfs -ls -R /
drwxr-xr-x   - root supergroup          0 2024-08-17 11:42 /new1
drwxr-xr-x   - root supergroup          0 2024-08-17 11:43 /new2
drwxr-xr-x   - root supergroup          0 2024-08-17 11:43 /new2/aa
```

图 3-9　递归查看子目录

6. 上传文件

首先在虚拟机本地创建空文件，使用的命令如下：

```
# touch test1.txt
```

其次上传文件到 HDFS 的指定目录内，使用的命令如下：

```
# hdfs dfs - put test1.txt /new1/
```

最后查看上传的文件，使用的命令如下：

```
# hdfs dfs - ls /new1
```

查看的文件列表如图 3-10 所示。

```
[root@hadoop0 ~]# hdfs dfs -ls /new1
Found 1 items
-rw-r--r--   1 root supergroup          0 2024-08-17 11:44 /new1/test1.txt
```

图 3-10　列出 HDFS 指定目录的内容

再修改本地文件,使用的命令如下:

```
# echo hdfs command > test1.txt
```

再次上传,使用的命令如下:

```
# hdfs dfs – put test1.txt /new1/
```

执行后将提示文件已存在,如图 3-11 所示。

```
[root@hadoop0 ~]# hdfs dfs -put test1.txt /new1/
put: `/new1/test1.txt': File exists
```

图 3-11　再次上传相同文件到指定目录

改为强制上传,使用的命令如下:

```
# hdfs dfs – put – f test1.txt /new1/
```

7.　查看文件内容

查看刚才再次上传的文件可以使用以下命令:

```
# hdfs dfs – cat /new1/test1.txt
```

查看内容如图 3-12 所示。

```
[root@hadoop0 ~]# hdfs dfs -cat /new1/test1.txt
hdfs command
```

图 3-12　查看 HDFS 上指定文件的内容

8.　下载文件

先创建本地目录,Linux 命令如下:

```
# mkdir testa
```

再将 HDFS 上的文件下载到本地目录,Linux 命令如下:

```
# hdfs dfs – get /new1/test1.txt testa/
```

最后查看本地已下载的文件,Linux 命令如下:

```
# cat testa/test1.txt
```

执行效果如图 3-13 所示。

```
[root@hadoop0 ~]# cat testa/test1.txt
hdfs command
```

图 3-13　查看本地下载文件

9.　复制文件

在 HDFS 上复制文件命令如下:

```
# hdfs dfs – cp /new1/test1.txt /new2/
```

复制后检查内容，命令如下：

```
# hdfs dfs – ls /new2
```

执行效果如图 3-14 所示。

```
[root@hadoop0 ~]# hdfs dfs -ls /new2
Found 2 items
drwxr-xr-x   - root supergroup          0 2024-08-17 11:43 /new2/aa
-rw-r--r--   1 root supergroup          13 2024-08-17 11:48 /new2/test1.txt
```

图 3-14　在 HDFS 上查看复制结果

10. 移动文件

在 HDFS 上移动文件命令如下：

```
# hdfs dfs – mv /new2/test1.txt /new2/aa/test2.txt
```

移动后检查内容，命令如下：

```
# hdfs dfs – ls /new2/aa
```

执行效果如图 3-15 所示。

```
[root@hadoop0 ~]# hdfs dfs -ls /new2/aa
Found 1 items
-rw-r--r--   1 root supergroup          13 2024-08-17 11:48 /new2/aa/test2.
txt
```

图 3-15　查看移动文件结果

11. 删除文件和目录

在 HDFS 上删除文件命令如下：

```
# hdfs dfs – rm /new2/aa/test2.txt
```

执行效果如图 3-16 所示。

```
[root@hadoop0 ~]# hdfs dfs -rm /new2/aa/test2.txt
24/08/17 11:59:12 INFO fs.TrashPolicyDefault: Namenode trash configuration
: Deletion interval = 0 minutes, Emptier interval = 0 minutes.
Deleted /new2/aa/test2.txt
```

图 3-16　在 HDFS 上删除文件

在 HDFS 上删除目录命令参考如下：

```
# hdfs dfs – rm – r /new2/aa
```

执行效果如图 3-17 所示。

```
[root@hadoop0 ~]# hdfs dfs -rm -r /new2/aa
24/08/17 11:59:59 INFO fs.TrashPolicyDefault: Namenode trash configuration
: Deletion interval = 0 minutes, Emptier interval = 0 minutes.
Deleted /new2/aa
```

图 3-17　在 HDFS 上删除目录

12. 查看系统可用空间

查看 HDFS 上可用空间命令参考如下：

```
# hdfs dfs – df – h
```

执行效果如图 3-18 所示。

```
[root@hadoop0 ~]# hdfs dfs -df -h
Filesystem              Size    Used  Available  Use%
hdfs://hadoop0:9000   17.0 G  28.0 K    14.8 G    0%
```

图 3-18 查看 HDFS 上可用空间

13. 修改文件权限

先在 HDFS 上查看修改前的权限,命令参考如下:

```
# hdfs dfs - ls /new1
```

执行效果如图 3-19 所示。

```
[root@hadoop0 ~]# hdfs dfs -ls /new1
Found 1 items
-rw-r--r--    1 root supergroup    13 2024-08-17 11:46 /new1/test1.txt
```

图 3-19 查看修改前的文件权限

然后修改文件权限,命令参考如下:

```
# hdfs dfs - chmod 777 /new1/test1.txt
```

最后查看修改后的文件权限,命令参考如下:

```
# hdfs dfs - ls /new1
```

执行效果如图 3-20 所示。

```
[root@hadoop0 ~]# hdfs dfs -ls /new1
Found 1 items
-rwxrwxrwx    1 root supergroup    13 2024-08-17 11:46 /new1/test1.txt
```

图 3-20 查看修改后的文件权限

14. 修改文件所有者

先在 HDFS 上查看修改前的文件所有者信息,命令参考如下:

```
# hdfs dfs - ls /newdir
```

执行效果如图 3-21 所示。

```
[root@hadoop0 ~]# hdfs dfs -ls /newdir
Found 1 items
-rwxr-xr-x    1 root supergroup    14 2024-08-04 05:40 /newdir/test1.txt
```

图 3-21 查看修改前的文件所有者信息

然后再修改所有者信息,命令参考如下:

```
# hdfs dfs - chown hadoop:hadoop /newdir/test1.txt
```

最后查看修改后的信息,命令参考如下:

```
# hdfs dfs - ls /newdir
```

执行效果如图 3-22 所示。

```
[root@hadoop0 ~]# hdfs dfs -ls /newdir
Found 1 items
-rwxr-xr-x    1 hadoop hadoop    14 2024-08-04 05:40 /newdir/test1.txt
```

图 3-22 查看修改后的文件所有者信息

3.5.3 Eclipse 安装及配置

1. 安装 Eclipse

解压 Eclipse 压缩包到指定目录,如图 3-23 所示。

configuration
dropins
features
p2
plugins
readme
.eclipseproduct
artifacts.xml
eclipse.exe
eclipse.ini
eclipsec.exe

图 3-23 Eclipse 的目录结构

2. 运行 Eclipse

双击运行 Eclipse.exe,将显示启动界面,如图 3-24 所示。

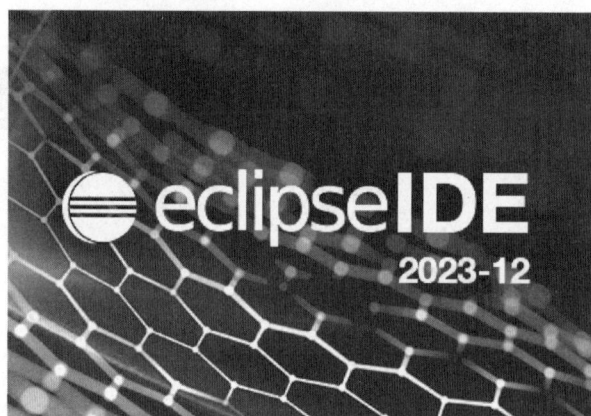

图 3-24 Eclipse 启动界面

首次运行将提示用户选择工作空间,建议设置在空间较大的磁盘,界面如图 3-25 所示。

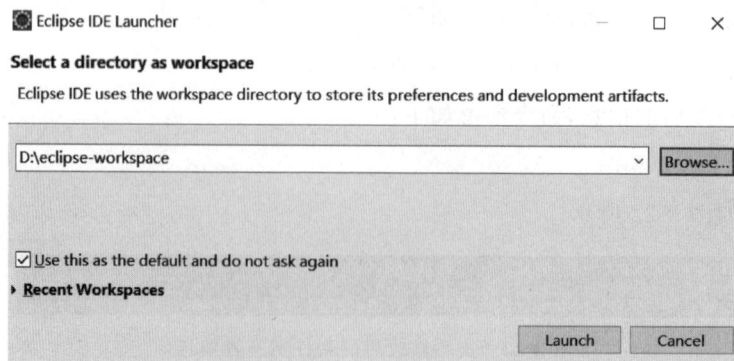

图 3-25 Eclipse 设置工作空间

Eclipse 启动后的主窗口如图 3-26 所示。

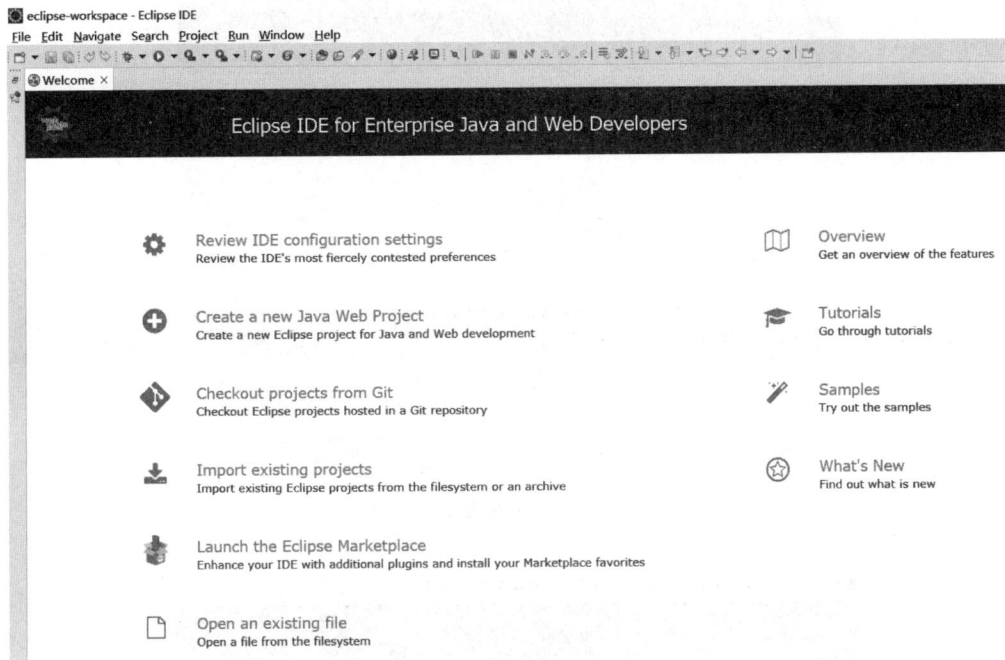

图 3-26 Eclipse 启动后的主窗口

3.5.4 安装配置 JDK

本次实验安装的 JDK 版本是 17,具体操作如下。

1. 安装 JDK

双击运行 JDK 17 安装包,安装过程如图 3-27～图 3.30 所示。

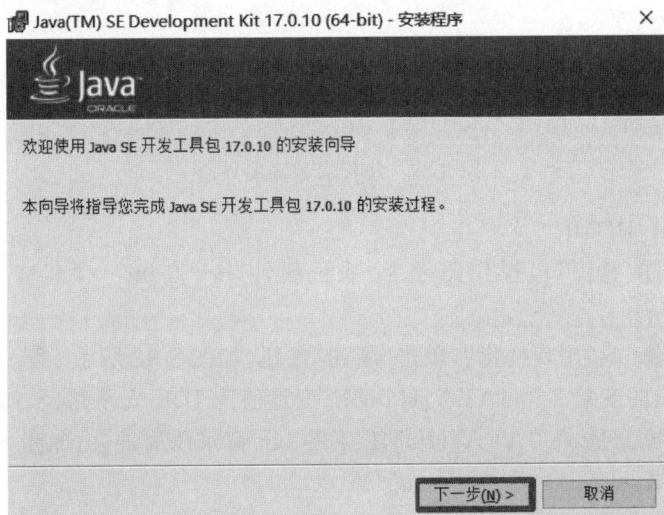

图 3-27 JDK 安装欢迎界面

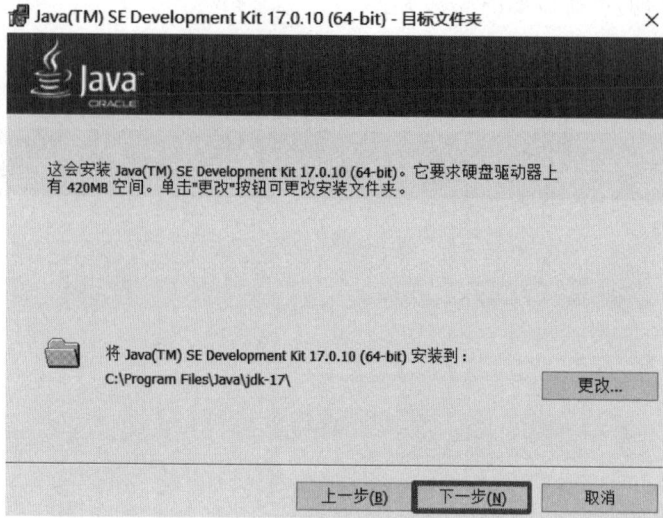

图 3-28 JDK 安装选定目录步骤

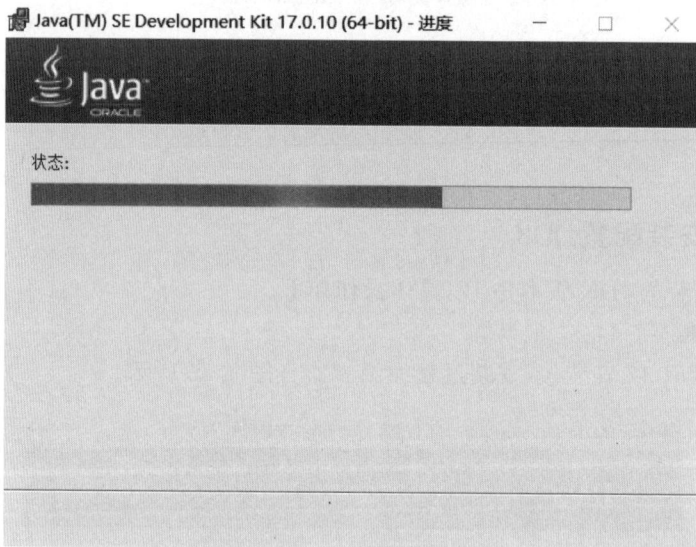

图 3-29 JDK 安装进度界面

2. 配置 JAVA_HOME

打开环境变量配置窗口,操作路径为"系统属性"→"高级"→"环境变量",如图 3-31 所示。

选择"系统变量"或"用户变量",单击"新建"按钮,如图 3-32 所示。

添加环境变量的变量名为 JAVA_HOME,变量值为 JDK 安装路径,如图 3-33 所示。

编辑 Path 环境变量,将 JAVA_HOME 下的 bin 目录添加进去,如图 3-34 所示。

3. 命令行测试

环境变量配置后可运行命令行检查 Java 版本信息,命令如下:

```
> java - version
```

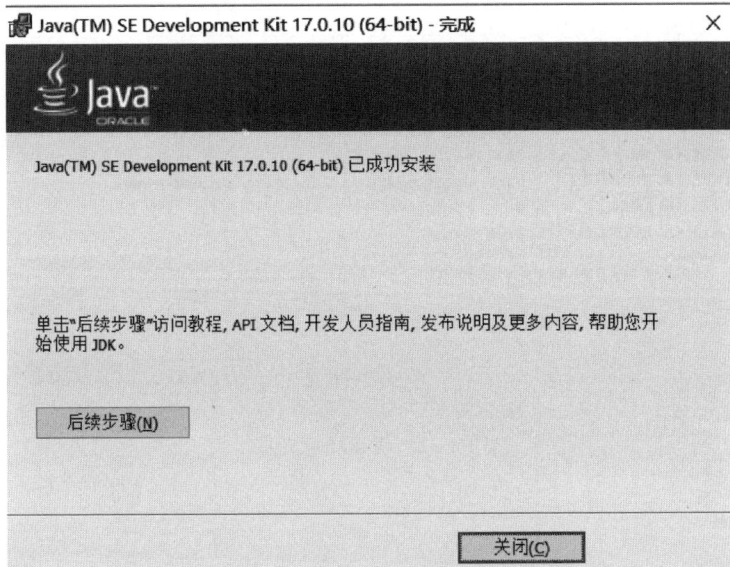

图 3-30　JDK 安装完成

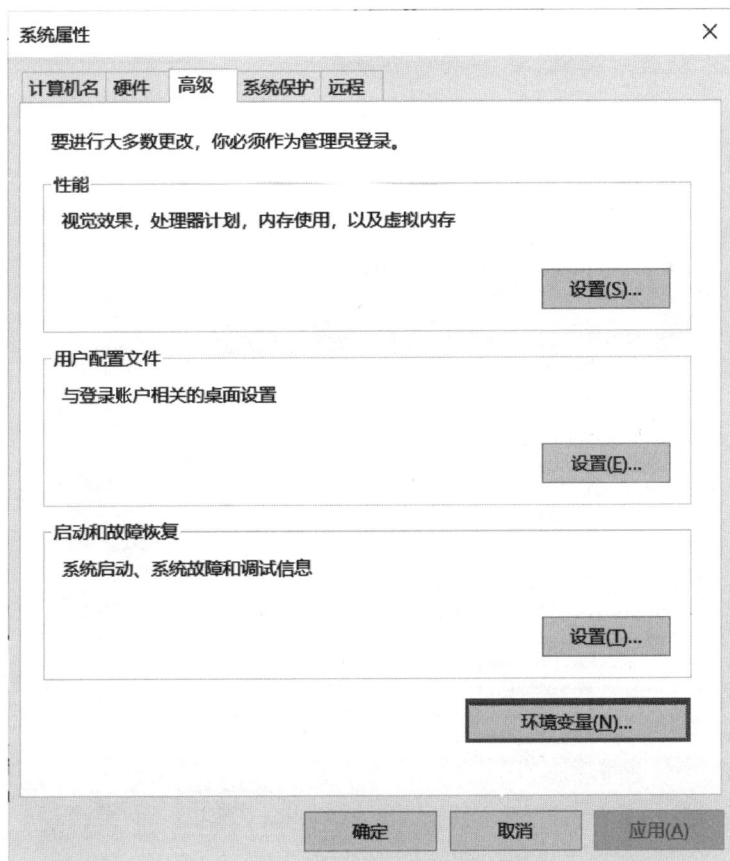

图 3-31　打开"环境变量"设置窗口

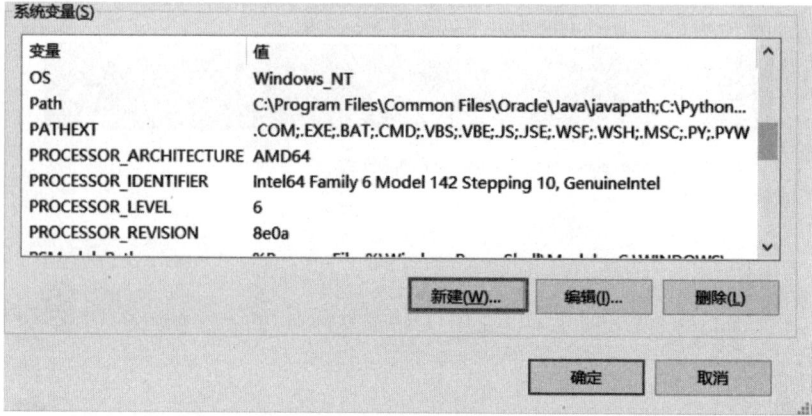

图 3-32　新建环境变量

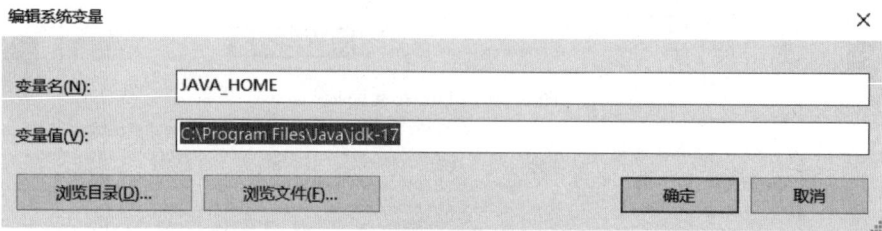

图 3-33　添加 JAVA_HOME 环境变量

图 3-34　编辑 Path 环境变量(1)

执行效果如图 3-35 所示。

```
C:\Users>java -version
java version "17.0.10" 2024-01-16 LTS
Java(TM) SE Runtime Environment (build 17.0.10+11-LTS-240)
Java HotSpot(TM) 64-Bit Server VM (build 17.0.10+11-LTS-240, mixed mo
de, sharing)
```

图 3-35 查看 Java 版本信息

4. 在 Eclipse 上的 JRE 配置

在 Eclipse 上选择 JRE 路径，菜单路径为 Windows→Preferences→Java，单击右侧 Add 按钮，如图 3-36 所示。

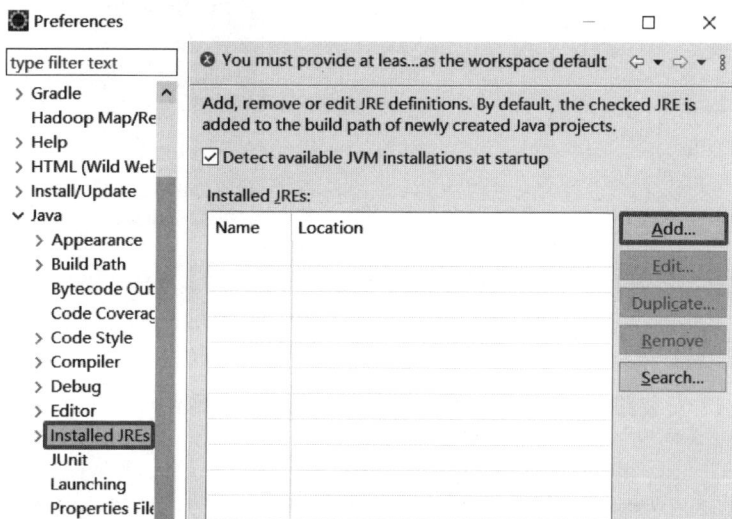

图 3-36 添加 JRE 配置

在 Add JRE 窗口选择 Standard VM，单击 Next 按钮，如图 3-37 所示。

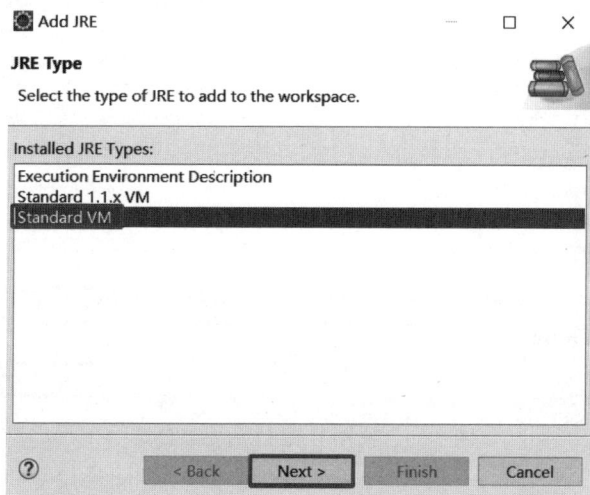

图 3-37 选择 JRE 类型

单击 Directory 按钮,如图 3-38 所示。

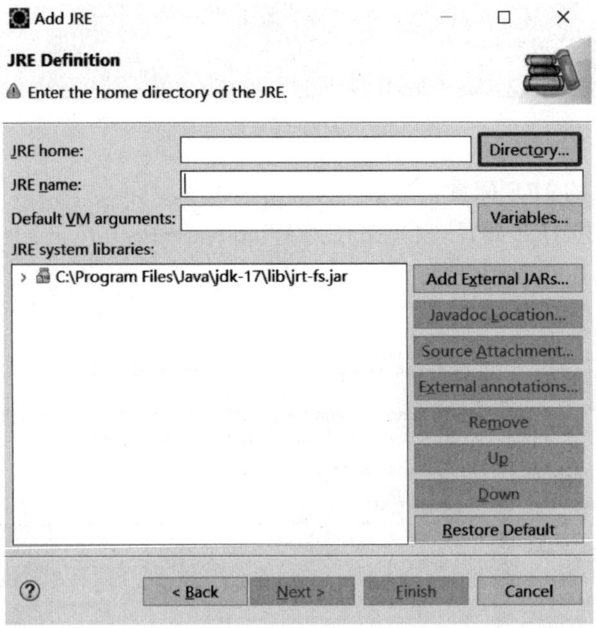

图 3-38　选择 JRE 目录

选择 JDK 17 安装路径,单击"选择文件夹",如图 3-39 所示。

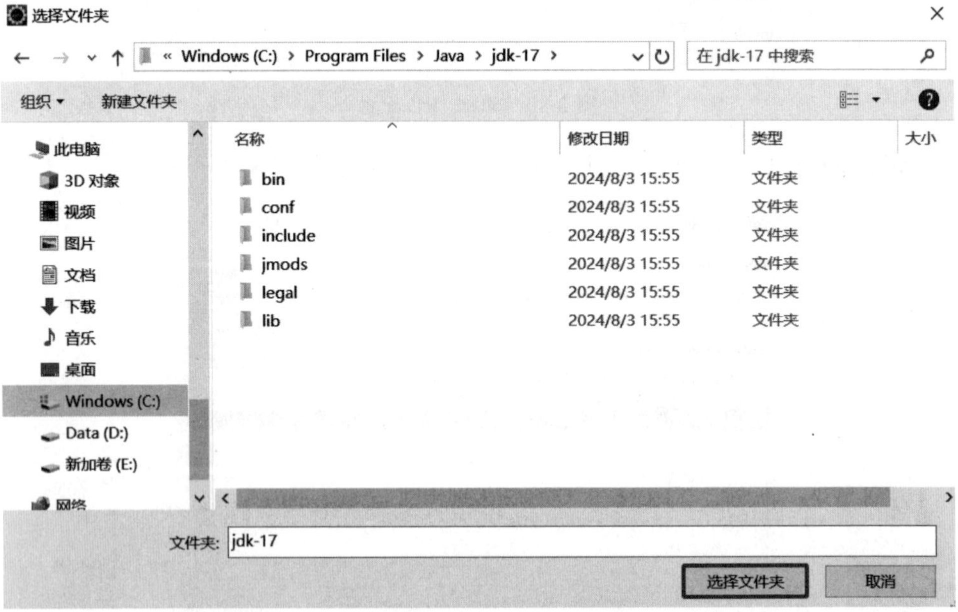

图 3-39　选择 JDK 17 的安装目录

单击 Finish 按钮,如图 3-40 所示。

单击 Apply and Close 按钮,如图 3-41 所示。

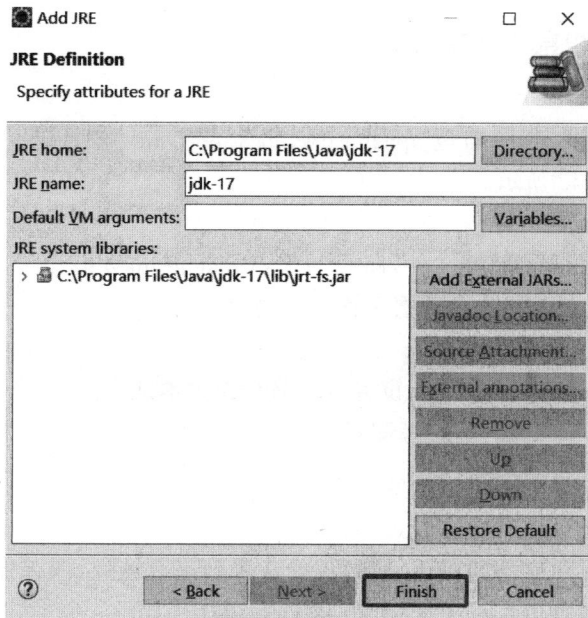

图 3-40 完成 JRE 添加

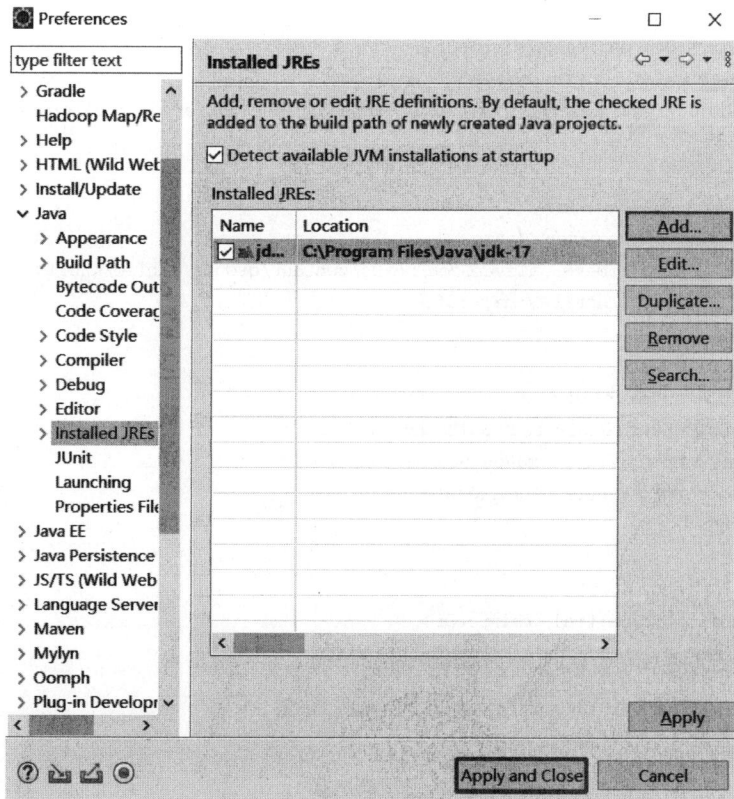

图 3-41 应用 JRE 配置

3.5.5 安装和配置 Maven

1. 解压 Maven

将课程附带的 Maven 压缩包 apache-maven-3.8.4.rar 解压到本地目录 D:\apache-maven-3.8.4,如图 3-42 所示。

2. 修改 Maven 配置文件

用记事本打开 Maven 配置文件,路径为 D:\apache-maven-3.8.4\conf\settings.xml,检查并设置下面两项内容。

(1) Maven 本地仓库路径设置。

找到 < localRepository > 配置项,设置本地路径作为本地仓库路径,尽量设置到空间大的磁盘,参考配置如下:

< localRepository > D:\repository </localRepository >

(2) Maven 镜像设置。

因默认的 Maven 仓库访问较慢,所以一般设置到国内镜像,课程提供的配置文件已进行默认设置,参考配置如下:

图 3-42　Maven 目录结构

```
< mirrors >
  < mirror >
    < id > alimaven </id >
    < mirrorOf > central </mirrorOf >
    < name > aliyun maven </name >
  < url > http://maven.aliyun.com/nexus/content/repositories/central/</url >
  </mirror >
  < mirror >
    < id > alimaven </id >
    < name > aliyun maven </name >
    < url > http://maven.aliyun.com/nexus/content/groups/public/</url >
    < mirrorOf > central </mirrorOf >
  </mirror >
  < mirror >
    < id > central </id >
    < name > Maven Repository Switchboard </name >
    < url > http://repo1.maven.org/maven2/</url >
    < mirrorOf > central </mirrorOf >
  </mirror >
  < mirror >
    < id > repo2 </id >
    < mirrorOf > central </mirrorOf >
    < name > Human Readable Name for this Mirror.</name >
    < url > http://repo2.maven.org/maven2/</url >
  </mirror >
  < mirror >
    < id > ibiblio </id >
    < mirrorOf > central </mirrorOf >
    < name > Human Readable Name for this Mirror.</name >
    < url > http://mirrors.ibiblio.org/pub/mirrors/maven2/</url >
```

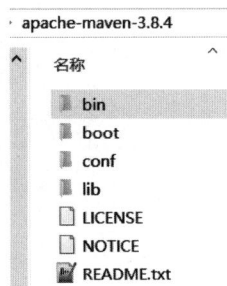

```
        </mirror>
        <mirror>
            <id>jboss-public-repository-group</id>
            <mirrorOf>central</mirrorOf>
            <name>JBoss Public Repository Group</name>
            <url>http://repository.jboss.org/nexus/content/groups/public</url>
        </mirror>
        <mirror>
            <id>google-maven-central</id>
            <name>Google Maven Central</name>
            <url>https://maven-central.storage.googleapis.com
            </url>
            <mirrorOf>central</mirrorOf>
        </mirror>
        <mirror>
            <id>maven.net.cn</id>
            <name>oneof the central mirrors in china</name>
            <url>http://maven.net.cn/content/groups/public/</url>
            <mirrorOf>central</mirrorOf>
        </mirror>
    </mirrors>
```

3. 配置操作系统环境变量

打开"环境变量"设置窗口,如图 3-43 所示。

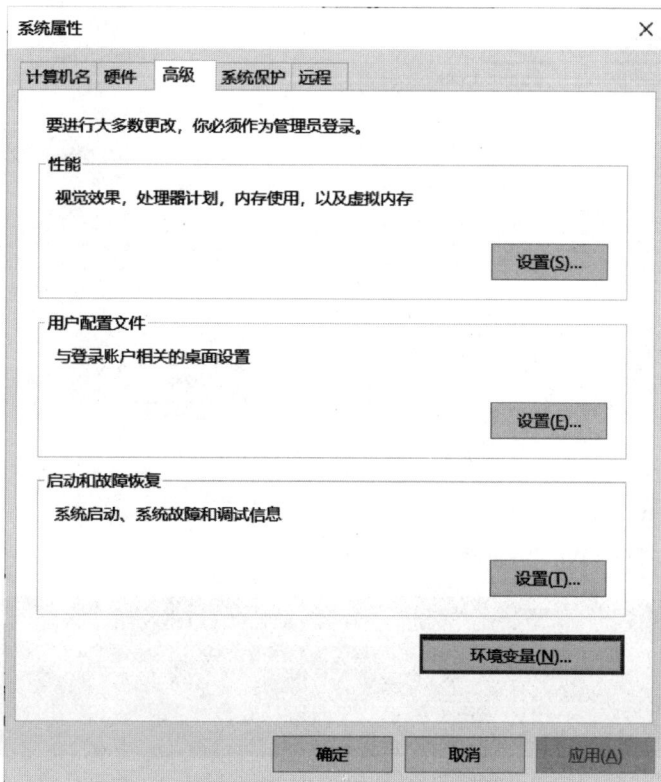

图 3-43　打开"环境变量"设置窗口

先新建 MAVEN_HOME 环境变量,并设置到 Maven 的解压路径,如图 3-44 所示。

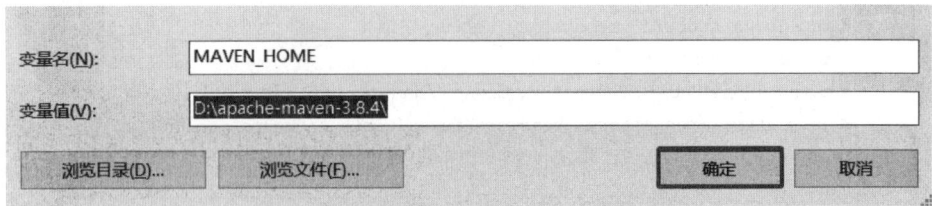

图 3-44   添加 MAVEN_HOME 环境变量

其中,环境变量值为 Maven 的安装路径。

再将 MAVEN_HOME 的 bin 目录添加到 Path 环境变量中,如图 3-45 所示。

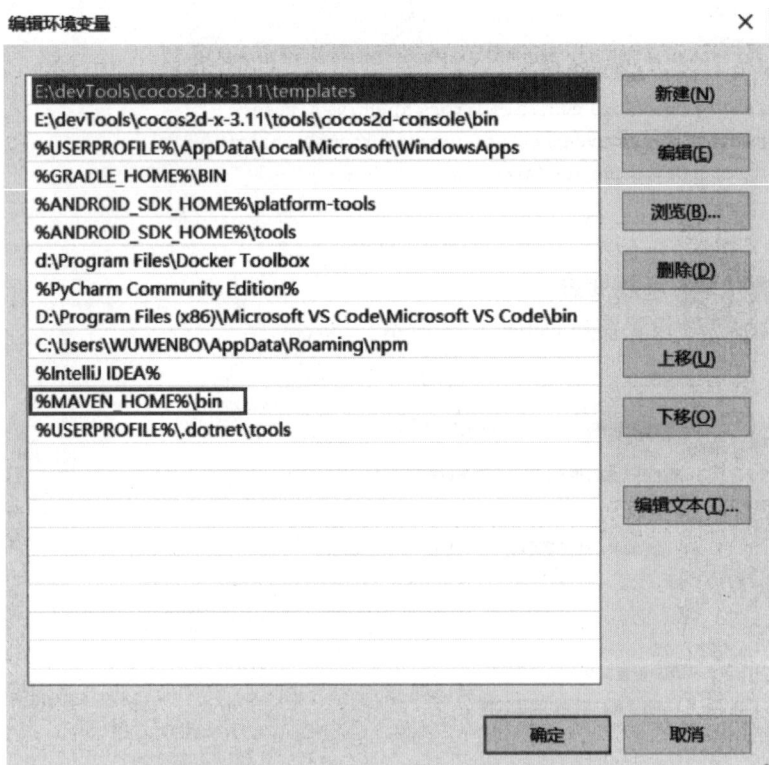

图 3-45   编辑 Path 环境变量(2)

4. 测试 Maven

打开命令行,运行 mvn -v,如图 3-46 所示。

图 3-46   测试 Maven 版本信息

5．Eclipse 上的 Maven 配置

进入 Eclipse 的 Maven 配置项，菜单路径为 Windows→Preferences→Maven→Installation，单击 Add 按钮，如图 3-47 所示。

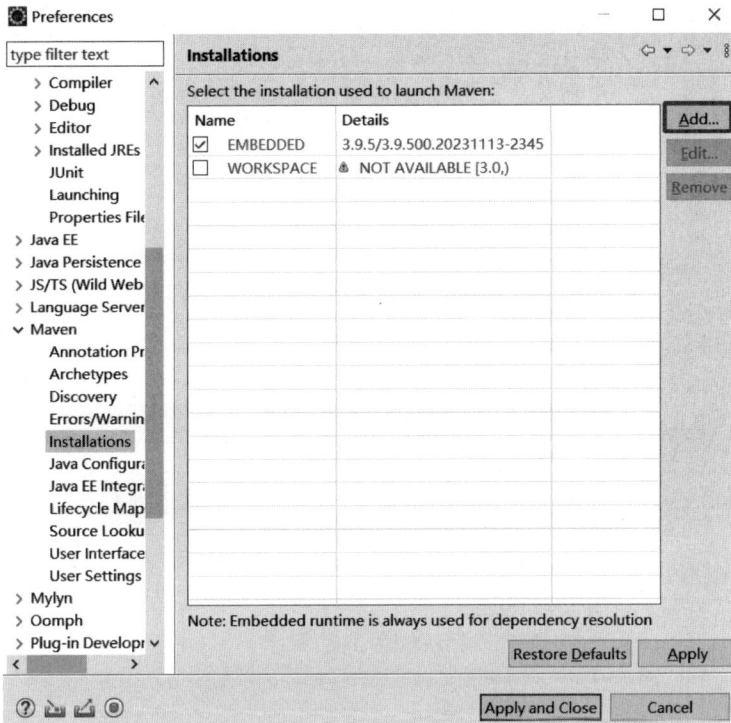

图 3-47　Eclipse 的 Maven 配置界面

单击 Directory 按钮，如图 3-48 所示。

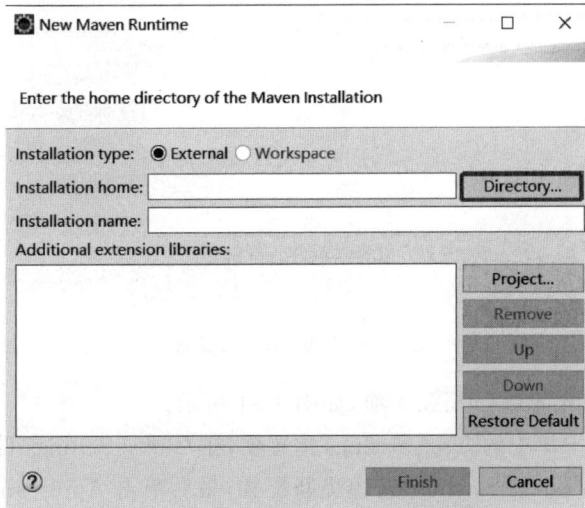

图 3-48　Maven 目录选择

选择 Maven 安装路径,如图 3-49 所示。

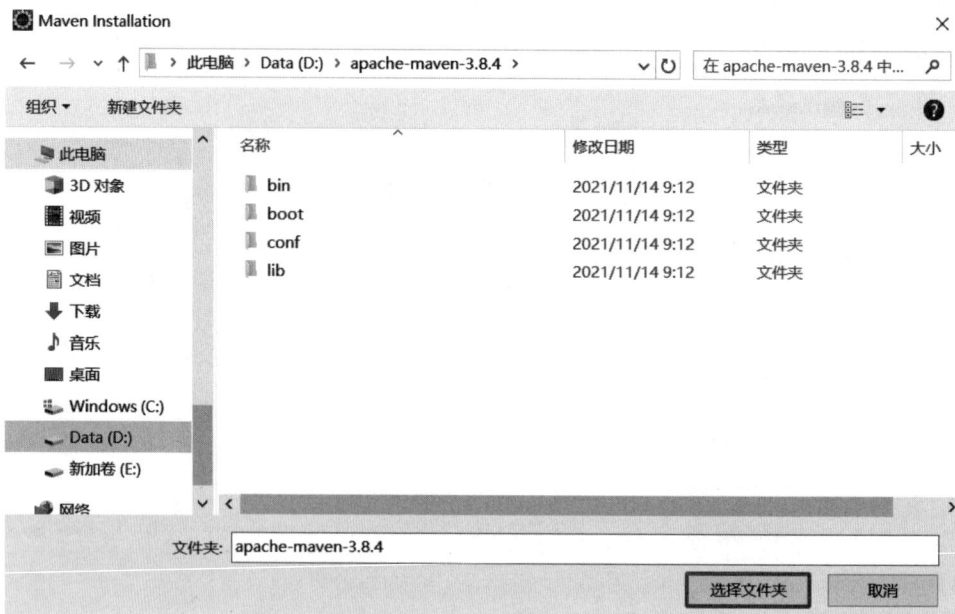

图 3-49　选择 Maven 的安装路径

单击 Finish 按钮,如图 3-50 所示。

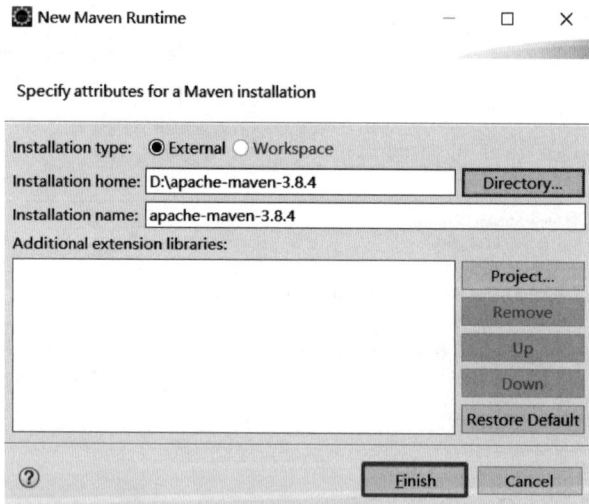

图 3-50　完成 Maven 添加

选中添加的 apache-maven-3.8.4 项,如图 3-51 所示。

单击 Maven 配置菜单中的 User Settings 配置项,在 Global Settings 目录下填入 Maven 配置文件的路径,单击 Update Settings 按钮更新配置,最后单击 Apply and Close 按钮应用配置,如图 3-52 所示。

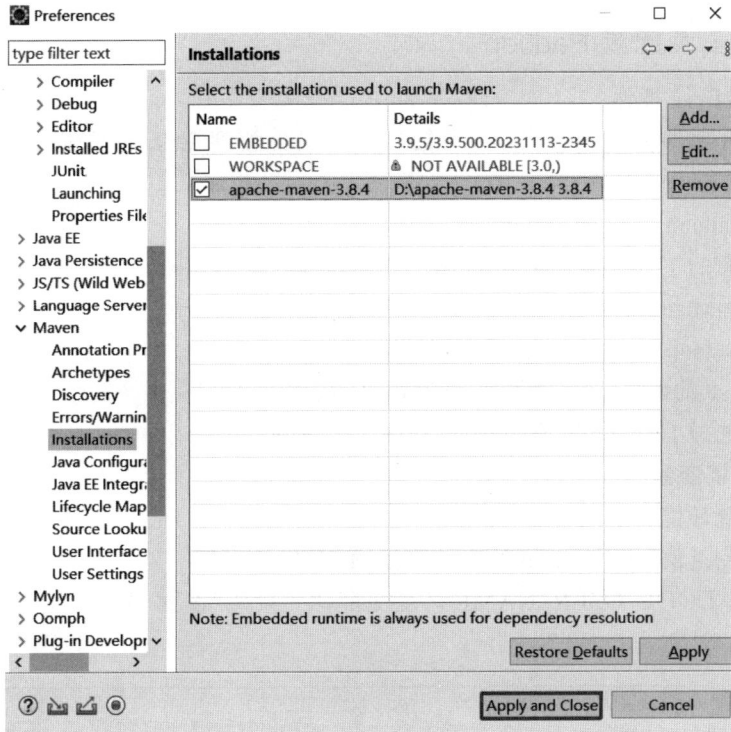

图 3-51　应用 Maven 配置

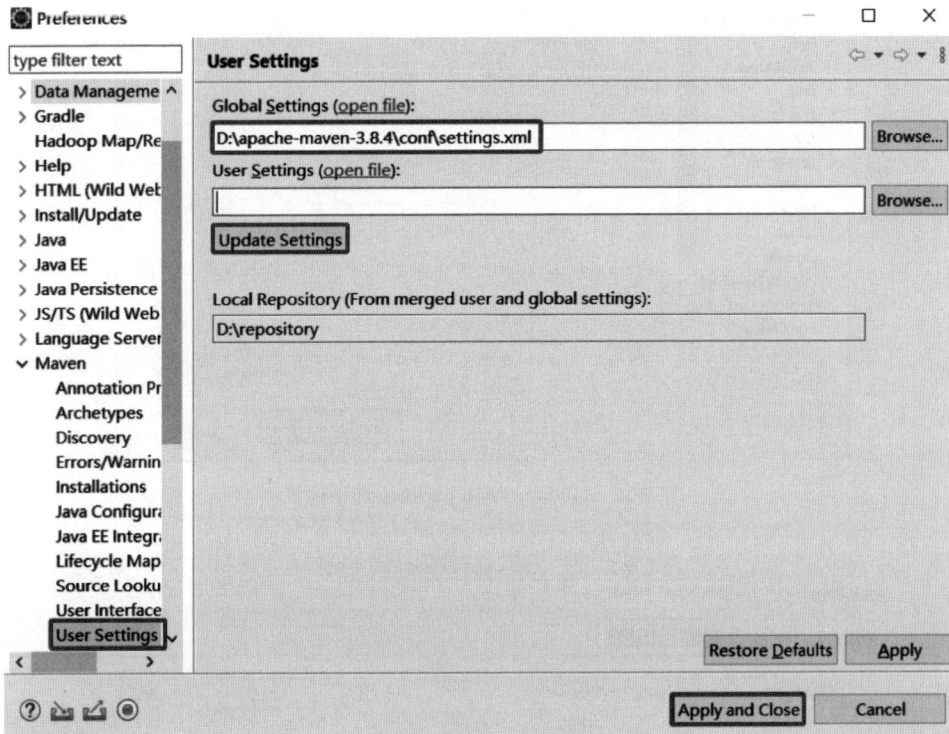

图 3-52　更新 Maven 配置

3.5.6 安装配置 Hadoop

1. 配置 Eclipse 插件

将 Hadoop 插件 hadoop-eclipse-plugin-2.6.0.jar 放到 Eclipse 安装目录下的 plugins 文件夹，并重启 Eclipse。

2. 安装 Hadoop

将课程配套的 Hadoop 软件包 hadoop-2.7.6.tar.gz 解压到本地路径，如 D:\hadoop-2.7.6，如图 3-53 所示。

3. 配置 Hadoop Map/Reduce

进入 Eclipse 的配置选项，菜单路径为 Preferences→Hadoop Map/Reduce，选择 Hadoop 的安装路径，如图 3-54 所示。

4. 配置环境变量

先进入系统环境变量配置界面，新建 HADOOP_HOME 环境变量，其中"变量值"为 Hadoop 的安装路径，如图 3-55 所示。

再新建 HADOOP_USER_NAME 环境变量，"变量值"设置为 root，如图 3-56 所示。

图 3-53　Hadoop 目录结构

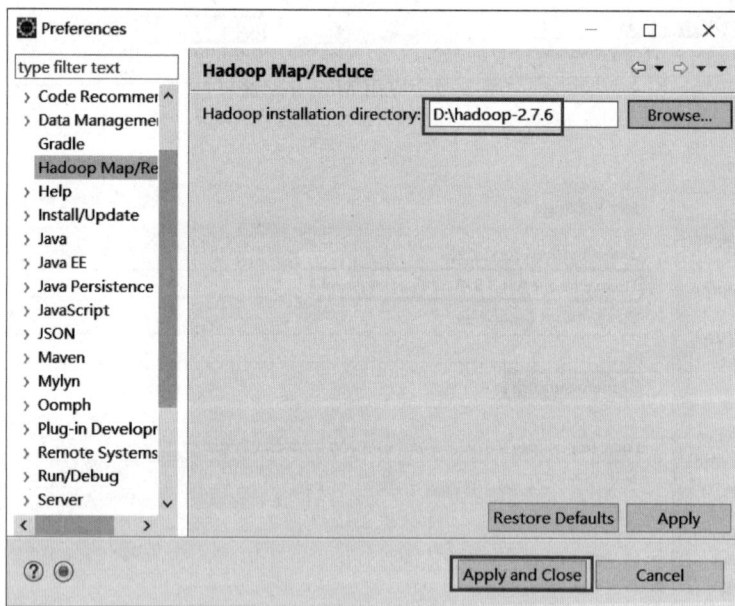

图 3-54　Hadoop Map/Reduce 选项配置

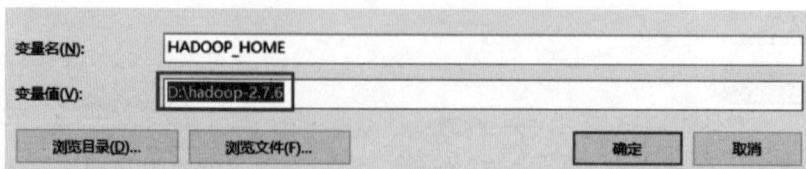

图 3-55　添加 HADOOP_HOME 环境变量

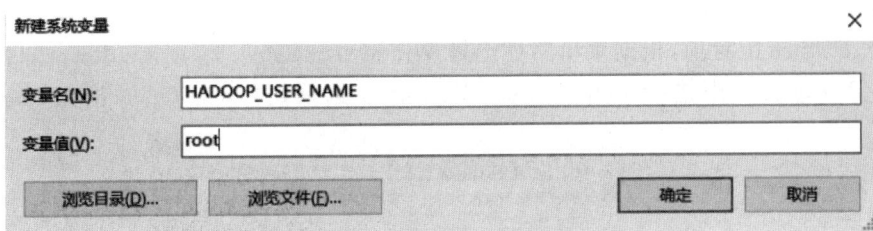

图 3-56 添加 HADOOP_USER_NAME 环境变量

编辑环境变量 PATH,添加 HADOOP_HOME 下的 bin 目录,如图 3-57 所示。

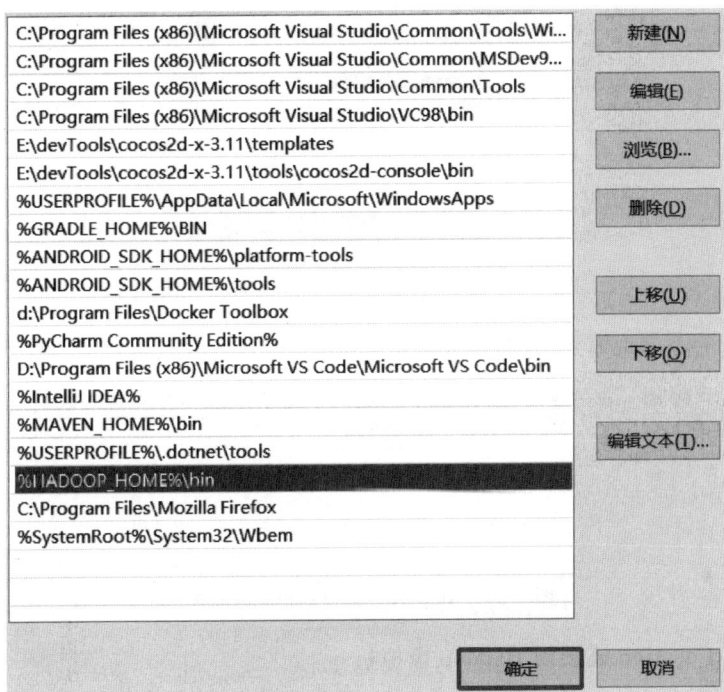

图 3-57 编辑 PATH 环境变量

5. 设置 hosts 文件

编辑 C:\Windows\System32\drivers\etc\hosts 文件,可以使用 Notepad 等工具打开,或者以管理员身份用记事本打开,在 hosts 文件中添加一行命令如下:

```
192.168.184.200 hadoop0
```

注意:上述配置的 IP 地址 192.168.184.200 必须是 Hadoop 虚拟机的 IP 地址。

配置如图 3-58 所示。

图 3-58 hosts 文件配置

6. 设置 MapReduce 工具视图

进入 Eclipse 配置项，根据菜单路径选择 Windows→Show View→Other，然后在弹出的 Show View 窗口中选择 Map/Reduce Locations 选项，再单击 Open 按钮，如图 3-59 所示。

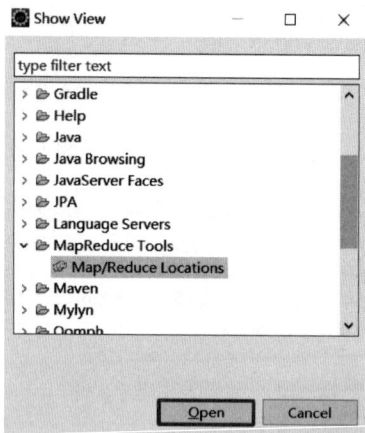

图 3-59　打开 Map/Reduce Locations 视图

在 Eclipse 的下方或右侧将显示 Map/Reduce Locations 面板，如图 3-60 所示。

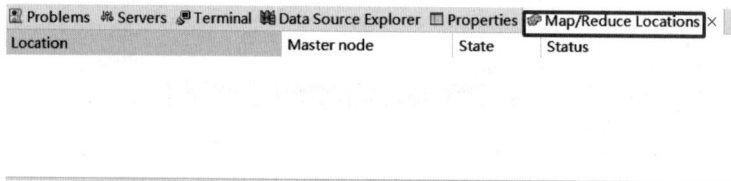

图 3-60　Map/Reduce Locations 面板

7. 将 DFS Location 连接到 Hadoop 虚拟机

在 Map/Reduce Locations 面板上右击，从弹出的菜单中选择 New Hadoop location，如图 3-61 所示。

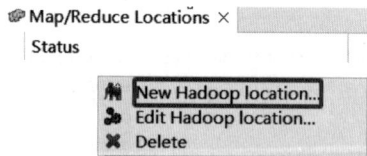

图 3-61　添加 Hadoop location

在 Edit Hadoop location 窗口填写名称和 Hadoop 虚拟机 IP 地址，再单击 Finish 按钮，如图 3-62 所示。

打开 Eclipse 左侧 Project Explorer 面板，如果找不到，可通过菜单路径 Window→Show View→Project Explorer 打开，单击 DFS Locations→hadoop0。如果正确连接，将如图 3-63 所示。

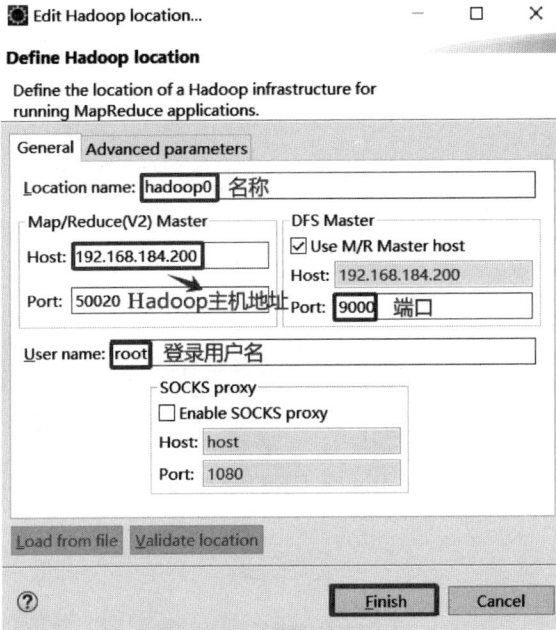

图 3-62　配置 Hadoop location

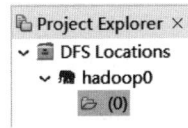

图 3-63　在 Project Explorer 面板
显示 Hadoop location

3.5.7　测试 Hadoop 单词统计程序

1. 创建 input 目录

在 DFS Locations 面板的 hadoop0 节点的(0)目录上右击,从弹出的菜单中选择 Create
new directory,如图 3-64 所示。

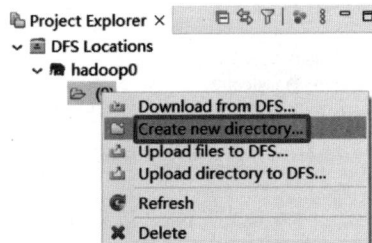

图 3-64　在 Hadoop location 上创建新目录

新建 input 目录,如图 3-65 所示。

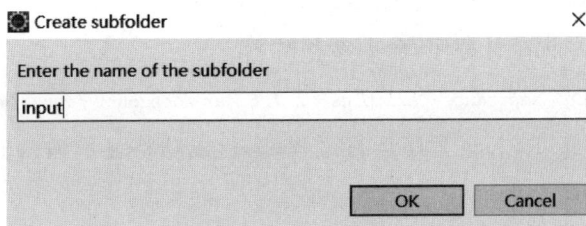

图 3-65　新建 input 目录

右击 hadoop0 节点下的(0)目录,从弹出的菜单中选择"Refresh",如图 3-66 所示。
显示 input 文件夹,如图 3-67 所示。

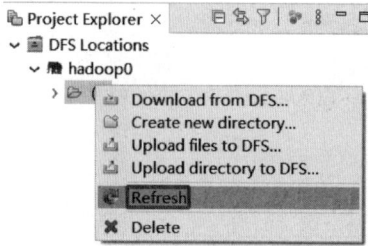

图 3-66　刷新 Hadoop location 节点

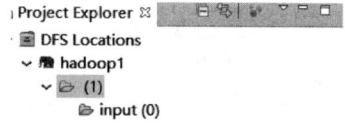

图 3-67　刷新后的 Hadoop location

2. 上传待分析文本

右击 input 文件夹,从弹出的菜单中选择 Upload file to DFS,选择 word.txt,如图 3-68 所示。

完成后重新选择 Refresh,如图 3-69 所示。

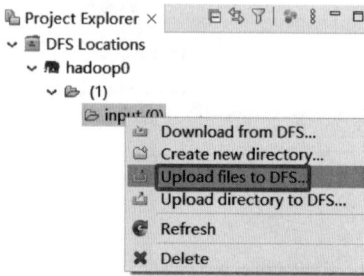

图 3-68　上传文件到 DFS

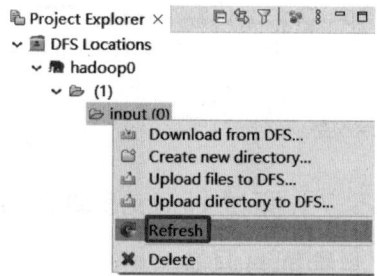

图 3-69　刷新 Hadoop location 节点

显示 input 下的文件,如图 3-70 所示。

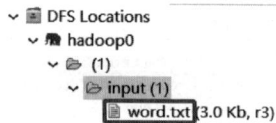

图 3-70　DFS 上显示 input 目录的文本文件

3. 运行单词统计程序

进入虚拟机的 Hadoop 安装目录的/share/hadoop/mapreduce 子目录,命令参考如下:

`# cd /usr/local/hadoop-2.7.6/share/hadoop/mapreduce/`

运行 wordcount 单词统计程序,命令参考如下:

`# hadoop jar hadoop-mapreduce-examples-2.7.6.jar wordcount /input/word.txt /output`

运行后将进入 Map/Reduce 程序运行过程,运行成功将显示输入输出信息,如图 3-71 所示。

```
File Input Format Counters
    Bytes Read=3047
File Output Format Counters
    Bytes Written=2375
```

图 3-71　wordcount 程序运行结果

4. 查看分析结果

到 Eclipse 上查看运行结果，右击 hadoop0 节点下的目录（1），从弹出的菜单中选择 Refresh，如图 3-72 所示。

会发现新增的 output 目录，打开其中的 part-r-00000 文件，如图 3-73 所示。

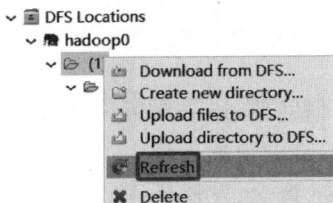

图 3-72　刷新 Hadoop location 节点　　　　图 3-73　打开输出目录下的结果文件

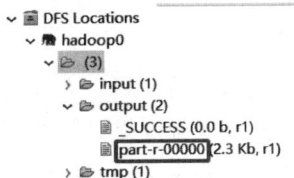

最终可以看到单词统计结果，如图 3-74 所示。

```
percent    4
person     2
plan       2
platform       2
platform.      1
popular 1
portal  3
post-Olympic      1
previous    1
price    1
prices   2
proposed    1
resources   1
room     1
round-trip 1
said      10
```

图 3-74　单词统计结果

思考题

1. 试述分布式文件系统设计的需求。
2. 简述 HDFS 的优缺点。
3. 试述 HDFS 中的名称节点和数据节点的具体功能。
4. 简述 HDFS 的三大机制。
5. 简述 HDFS 的工作流程。

第4章

分布式并行编程模型MapReduce

大数据时代除了需要解决大规模数据的高效存储问题,还需要解决高效处理问题。分布式并行编程可以大幅度提高程序性能,实现高效的批量数据处理。本章主要介绍分布式并行编程模型及主要类型,并且重点介绍 MapReduce 概念、发展历程、主要技术特征、优缺点、工作流程、用途及要求、典型案例等。

4.1　分布式并行编程模型及主要类型

分布式并行编程模型旨在通过多台计算机并行处理大规模数据。主要包括以下几种类型:

MapReduce 模型:由 Google 提出,将计算任务分为 Map 和 Reduce 两个阶段。Map 阶段将原始数据映射为键值对,Reduce 阶段将相同键的数据进行聚合处理。

Bulk Synchronous Parallel(BSP)模型:将计算任务划分为一系列超步,每个超步中的计算节点独立执行计算操作,并在超步结束时进行全局同步。

Actor 模型:将计算节点视为独立的"演员",每个演员有自己的状态和行为,并通过消息传递进行通信和协作。

数据流模型:将计算任务表示为数据流图,节点代表计算操作,边代表数据流动,数据按照流动的方式在节点之间传递和处理。

MPI 编程模型:将实现进程级并行,以进程为单位在不同节点之间同时计算子任务,进程之间不可见其他进程的内存数据。

OpenMP 编程模型:将共享内存式并行,以线程为单位在不同节点之间同时计算子任务,并且在同一个进程空间中共享数据。

上述这些模型提供了不同的抽象和编程接口,用户可以根据具体的应用场景选择合适的模型进行分布式并行编程。

4.2　MapReduce 的简介

MapReduce 最初由 Google 提出,并在 Hadoop 框架中得到了广泛应用。它通过将 PB 级数据分割成更小的块,在 Hadoop 商用服务器上并行处理,促进并发处理,最终聚合来自多台服务器的所有数据,并将合并后的输出返回给应用程序。

　　MapReduce就是一种分布式并行编程模型。尤其是2004年Google发表论文"MapReduce: Simplified Data Processing on Large Clusters",解决搜索引擎的索引计算问题。2006年Apache Hadoop开源实现,集成HDFS分布式存储。后续发展Spark引入内存计算和DAG执行引擎,优化迭代计算效率。

4.3　MapReduce的基本概念

　　MapReduce的核心思想是"分而治之",MapReduce是一种用于大规模数据集并行运算的编程模型,它主要包括两个阶段,即Map阶段和Reduce阶段;隐含三层含义。

4.3.1　两个阶段

　　(1) Map阶段:输入数据被拆分成多个数据块,每个数据块被映射为一个键值对。Map任务通常进行数据过滤、转换等操作,生成中间键值对。

　　(2) Reduce阶段:Map阶段生成的中间数据按键进行分组,Reduce任务对这些键值对进行归约计算,最终得到所需的结果。Reduce阶段通常用于数据聚合、总结等操作。

4.3.2　三层含义

　　(1) MapReduce是一个基于集群的高性能并行计算平台。它允许用市场上普通的商用服务器构成一个包含数十个、数百个至数千个节点的分布和并行计算集群。

　　(2) MapReduce是一个并行计算与运行软件框架。它提供了一个庞大但设计精良的并行计算软件框架,能自动完成计算任务的并行化处理,自动划分计算数据和计算任务,在集群节点上自动分配和执行任务以及收集计算结果,将数据分布存储、数据通信、容错处理等并行计算涉及的很多系统底层的复杂细节交由系统负责处理,大大减轻了软件开发人员的负担。

　　(3) MapReduce是一个并行程序设计模型与方法。它借助函数式程序设计语言Lisp的设计思想,提供了一种简便的并行程序设计方法,用Map和Reduce两个函数编程实现基本的并行计算任务,提供了抽象的操作和并行编程接口,以简单方便地完成大规模数据的编程和计算处理。

4.4　主要技术特征和优缺点

4.4.1　主要技术特征

　　(1) 自动并行化:框架自动分配任务到集群节点。

　　(2) 容错机制:通过重新执行失败任务实现高容错性。

　　(3) 数据本地性优化:优先将任务调度到存储数据的节点,减少网络传输。

　　(4) 横向扩展(scalability):通过增加节点线性提升处理能力。

（5）批处理模式：适合高吞吐量的离线数据处理。

4.4.2 主要优缺点

1. 优点

（1）易于编程。MapReduce 通过简单地实现一些接口，就可以完成一个分布式程序，这个分布式程序可以分布到大量廉价的个人计算机（PC）上运行。就是因为这个特点使得 MapReduce 编程变得非常流行、容易。

（2）良好的扩展性。当计算资源不能得到满足时，可以通过简单地增加机器来扩展 MapReduce 的计算能力。

（3）高容错性。MapReduce 设计的初衷就是使程序能够部署在廉价的 PC 上，这就要求它具有很高的容错性。例如，如果其中一台机器宕机，它可以把上面的计算任务转移到另外一个节点上运行，使这个任务不至于运行失败，而且这个过程不需要人工参与，完全是由系统内部完成的。

（4）适合 PB 级数据。MapReduce 非常适合处理大规模数据（PB 级），且适合离线处理。

（5）通用性。MapReduce 可以在包括商用硬件在内的多种不同硬件和软件平台上运行，通用性好。

2. 缺点

（1）不适合实时计算。MapReduce 不适合需要即时响应的应用，因为作业提交到作业开始运行之间的时间可能较长。

（2）低延迟数据访问。MapReduce 不适合对数据访问延迟要求高的应用，因为它通常不支持交互式查询。

（3）复杂的数据处理。MapReduce 的简单性导致它不适合复杂的数据处理需求，如流式处理或有向无环图（DAG）计算。

（4）资源利用率低。MapReduce 作业通常需要多个阶段，每个阶段可能不会 100％ 使用资源，导致资源利用率不高。

（5）调试较困难。MapReduce 程序的调试比较复杂（仅支持键值对），因为错误处理和调试通常需要查看日志文件。

MapReduce 在大数据早期阶段解决了分布式计算的规模化问题，但因其批处理局限性，逐渐被 Spark/Flink 等框架补充。然而，在低成本离线处理（如 Hadoop 生态）和简单批任务中仍具实用价值。开发者需根据数据规模、实时性需求和计算复杂度选择合适的模型。

4.5 工作流程

MapReduce 的工作流程大致可以分为 5 个步骤。（1）输入分片；（2）Map 阶段（执行 map task）；（3）Shuffle&Sort；（4）Reduce 阶段（执行 reduce task）；（5）写入文件。如图 4-1 所示。每一步骤的具体功能如下所述。

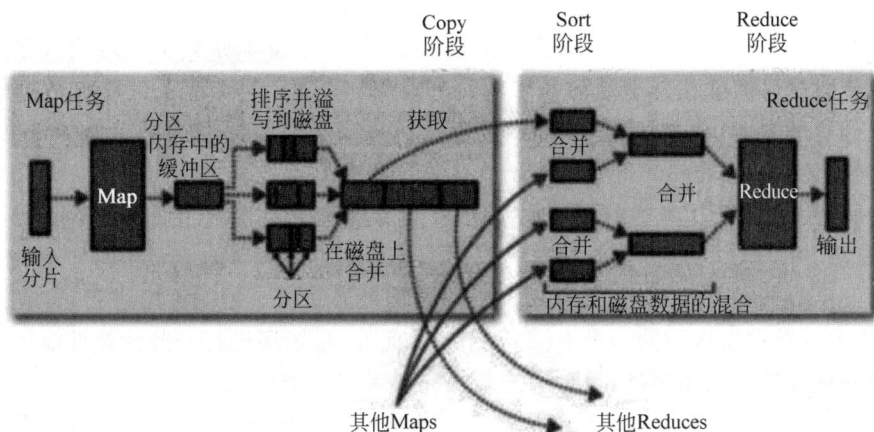

图 4-1　MapReduce 的工作流程图

（1）输入分片（input splitting）：将输入数据（如 HDFS 文件）分割为多个块（如 128MB/块）。

（2）Map 阶段

- 每个 Map 任务处理一个分片，输出中间键值对（如'< word,1 >'）。

- 可选 ** Combiner ** 本地聚合（类似 Reduce 的预处理）。

（3）Shuffle & Sort

- 按 Key 将中间结果分发到 Reduce 节点，并按 Key 排序。

（4）Reduce 阶段

- 合并相同 Key 的值，输出最终结果（如'< word,total_count >'）。

（5）写入文件（结果）：保存至 HDFS 或其他存储系统。

4.6　用途与使用要求

4.6.1　用途

MapReduce 用途广，适用场景多。例如，MapReduce 适用于处理各 Map 之间关联度不大或没有关联度的数据，如停车场数车、图书馆数书等场景。但它不适合处理各 Map 之间存在强关联的情况，如求平均值等。适合日志分析、ETL、数据清洗等的批处理任务；对词频统计、网页排名（page rank）等统计计算有优势；适合构建倒排索引等搜索引擎处理。

4.6.2　使用要求

使用 MapReduce 有一定要求。首先，数据需可分割（如文本、日志文件）。其次，任务可分解为 Map 和 Reduce 阶段。最后，接受高延迟（分钟级到小时级）等。具体在应用中对 MapReduce 的要求如下。

（1）数据划分和计算任务调度。系统自动将一个作业（job）待处理的大数据划分为很多个数据块，每个数据块对应于一个计算任务（task），并自动调度计算节点来处理相应的数据块。作业和任务调度功能主要负责分配和调度计算节点（Map 节点或 Reduce 节点），同时负责监控这些节点的执行状态,并负责 Map 节点执行的同步控制。

(2)数据/代码互定位。为了减少数据通信延迟,一个基本原则是本地化数据处理,即一个计算节点尽可能处理其本地磁盘上所分布存储的数据,这实现了代码向数据的迁移;当无法进行这种本地化数据处理时,再寻找其他可用节点并将数据从网络上传送给该节点(数据向代码迁移),但将尽可能从数据所在的本地机架上寻找可用节点以减少通信延迟。

(3)系统优化。为了减少数据通信开销,中间结果数据进入 Reduce 节点前会进行一定的合并处理;一个 Reduce 节点所处理的数据可能会来自多个 Map 节点,为了避免 Reduce 计算阶段发生数据相关性,Map 节点输出的中间结果需使用一定的策略进行适当的划分处理,保证相关性数据发送到同一个 Reduce 节点;此外,系统还进行一些计算性能优化处理,如对最慢的计算任务采用多备份执行、选最快完成者作为结果。

(4)出错检测和恢复。以低端商用服务器构成的大规模 MapReduce 计算集群中,节点硬件(主机、磁盘、内存等)出错和软件出错是常态,因此 MapReduce 需要能检测并隔离出错节点,并调度分配新的节点接管出错节点的计算任务。同时,系统还将维护数据存储的可靠性,用多备份冗余存储机制提高数据存储的可靠性,并能及时检测和恢复出错的数据。

4.7 典型案例

以单词统计为例,统计一个文本文件中所有英语单词出现的频率,如图 4-2 所示。

The overal MapReduce单词计数的整体流程

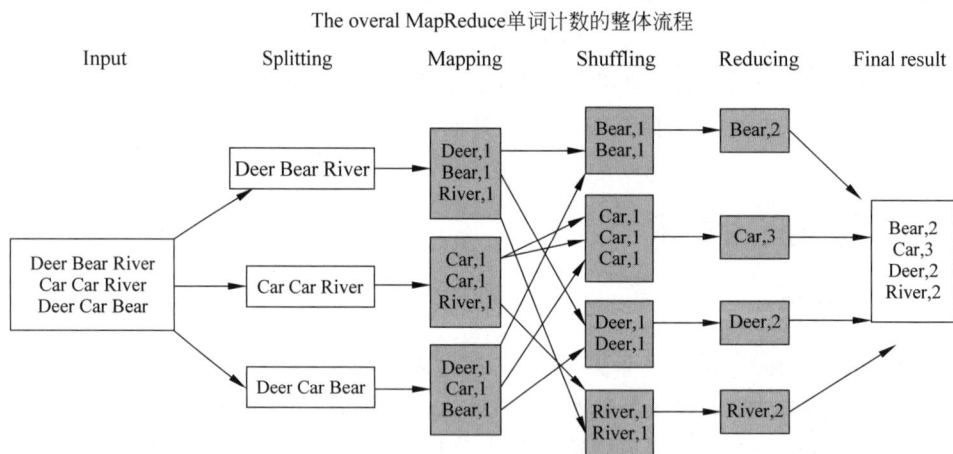

图 4-2 单词统计案例

(1)输入数据格式解析。

首先 InputFormat 类从 HDFS 上读取文件,其次将输入的数据分割成小数据块,分片 splits,并将 splits 格式化进一步拆成<k,v>,其中每个 split 对应一个 Map 任务。

注意切片的原则是:文件以 block 的大小进行切片,block 的默认大小是 128MB,所以图 4-2 中的 File1、File2 两个小文件就切成了两个切片。

进一步强调,影响 MapTask 个数的因素有输入文件的个数,每个文件的大小,block 的大小,文件是否可被切割。每个切片被按行处理,每行生成一个<k,v>对,k 表示偏移量,v 表示每行的数据,每个<k,v>对调用一次 map()函数(这里的 MapTask 和 map 方法指的不是一个)。

（2）输入数据处理 Mapper 操作。

也就是将输入数据按照 Mapper 中的方法进行处理。

（3）数据分组（partition）。

分组是将相同的 key 放到一个分组中，之后该 partition 内的 key 就会交由同一个 Reduce 进行操作，每个组里面的 key 都不会出现在另外一个组里。partition 的个数与 Reduce 任务有关，有几个 reduce 就有几个 partition。partition 后生成< partition,key, value >三元组，如图 4-2 中就会生成< patition0,"a",1 >。

（4）数据排序（sort）。

数据按照 key 排序（对应图 4-2 中 partition 后的 sort 操作）。

（5）本地规约（combiner）。

本地规约相当于 local reducer，将有相同 key 的 key/value 对的 value 加起来，减少溢写到磁盘的数据量，该过程发生在溢写（spill）阶段，可选。

（6）将任务输出保存在本地。

Spill 过程：将 Map 操作后内存中的数据往磁盘写的过程被称为 spill，内存缓冲区默认为 100MB，80MB 是阈值，即当缓冲区的数据已经到达阈值 80MB，溢写线程启动，锁定这 80MB 的内存，执行溢写过程，将数据写到本地磁盘中，然后释放内存。MapTask 的输出结果还可以往剩下的 20MB 内存中写，互不影响。

（7）fetch/copy。

通过 http 的方式，由 Reducer 节点向各个 Mapper 节点下载属于自己分区的数据。

（8）Sort & Merge。

上一步中 Reducer 得到的文件是从不同 Mapper 那里下载到的，所以需要将它们合并（merge）为一个文件，并排序，得到一个 group，group 就是将相同的 key 对应的 value 分组成 iterable，如{"aaa",[5,8,2,…]}。

（9）Reduce。

进行 Reduce 处理，然后将数据保存在 HDFS 上。

（10）Shuffle。

通常我们把从 Mapper 输出数据到 Reduce 读取数据之间的过程称为 Shuffle。

4.8　实验项目 4：MapReduce 编程基础

4.8.1　准备工作

1. 启动虚拟机和 Hadoop

（1）启动 CentOS 7 虚拟机。

（2）启动 Hadoop，使用的 Linux 命令如下：

```
# start - dfs. sh
# start - yarn. sh
```

（3）使用 jps 命令检查 Hadoop 相关进程是否启动。执行的效果如图 4-3 所示。

说明：需要有 NameNode、SecondaryNameNode、DataNode、NodeManager、ResourceManager

实验项目 4

图 4-3　jps 命令显示进程

5 个进程。

2. 检查 Maven 配置

启动 Eclipse，进入 Eclipse 的 Maven 配置项，菜单路径为 Windows→Preferences→
Maven→Installations，课程的配置如图 4-4 所示。

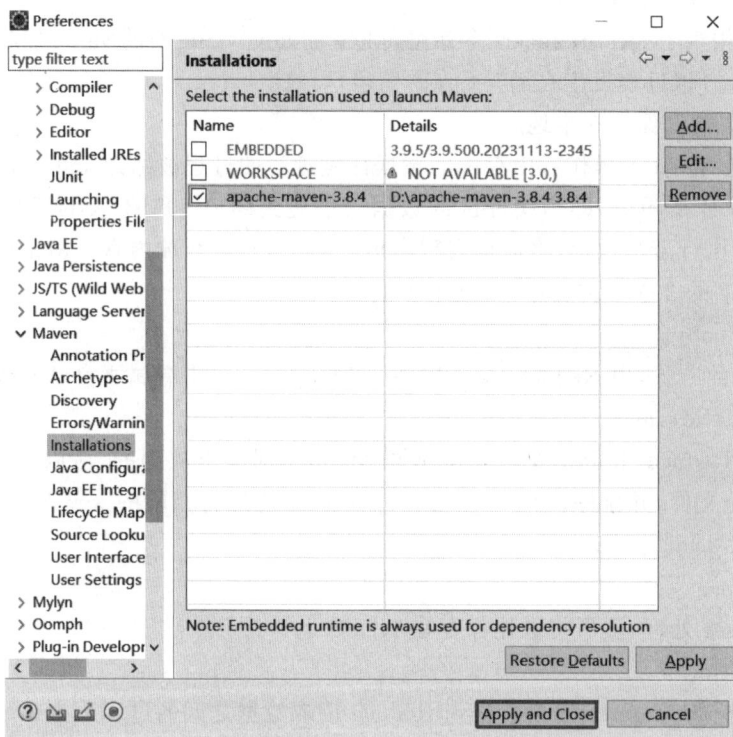

图 4-4　Eclipse 的 Maven Installations 配置

说明：Maven 配置属于前置实验内容，如未完成须参考前置实验内容进行配置。

4.8.2　创建 Hadoop 项目框架

1. 新建 Maven 项目

进入 Eclipse 菜单 File→New→Maven Project（图 4-5 和图 4-6），并选择 maven-archetype-
quickstart 项目原型，如图 4-7 所示。

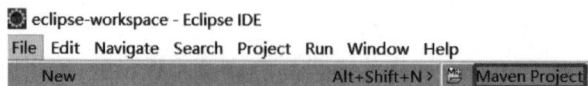

图 4-5　新建 Maven 项目(1)

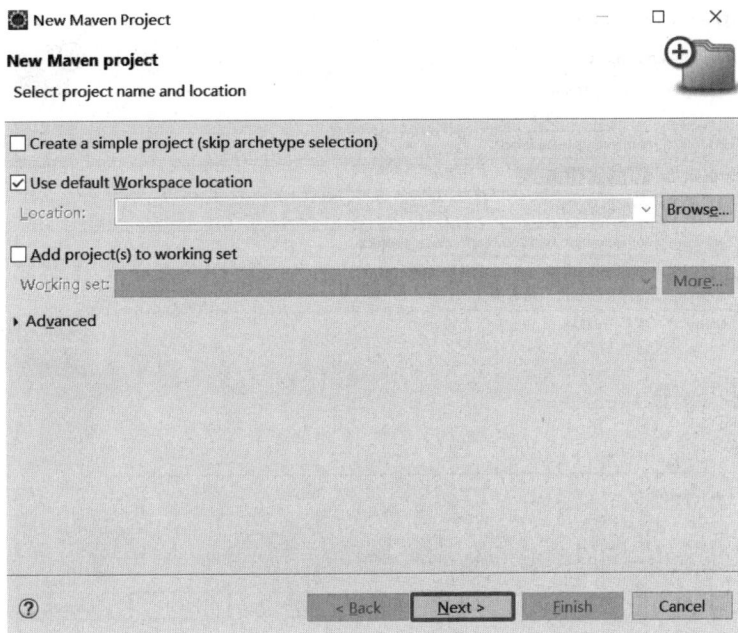

图 4-6 新建 Maven 项目(2)

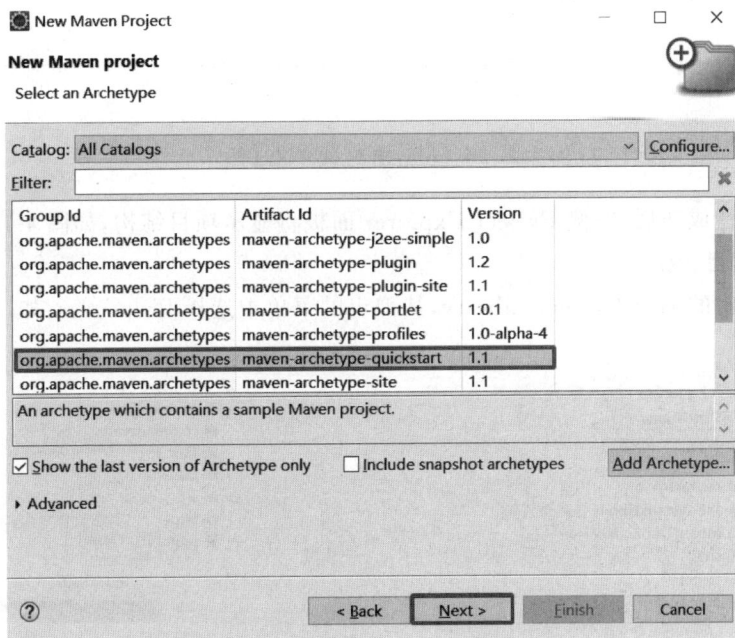

图 4-7 选择 Maven 项目原型

在 Maven 项目信息界面需要填写或选择 Group Id、Artifact Id、Version 等信息。
然后单击 Finish 按钮,如图 4-8 所示。

单击 Finish 按钮后将在控制台中显示项目构建信息。

注意:在提示确认配置时,要输入 y。

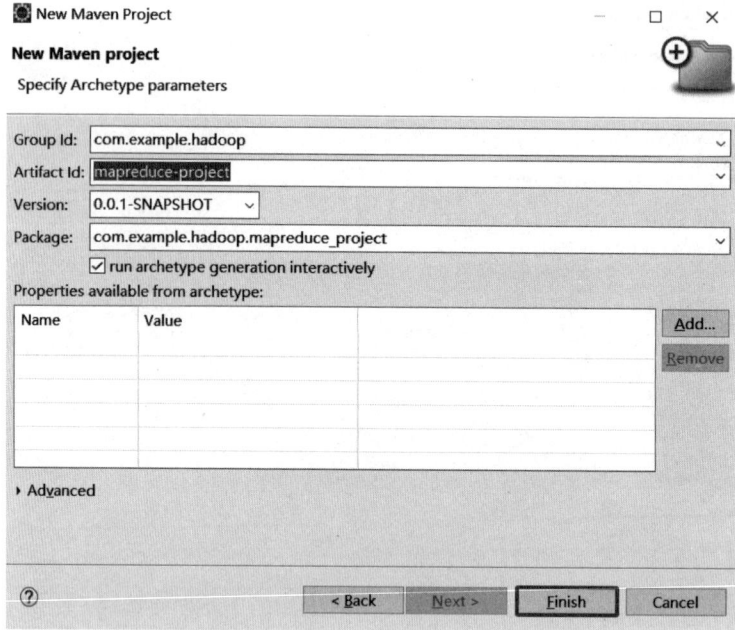

图 4-8　设置 Maven 项目参数

项目构建过程如图 4-9 所示。

```
[INFO] Scanning for projects...
Downloading from aliyunmaven: https://maven.aliyun.com/repository/public/org/apache/maven/plugins/maven-clean-plugin/2.5/maven-clean-plugin-2.5.pom
Progress (1): 3.6/3.9 kB
Progress (1): 3.9 kB
```

图 4-9　Maven 项目构建过程

在项目构建成功后,左侧 Project Explorer 面板将显示项目结构,如图 4-10 所示。

2. 设置项目 JRE

右击项目中的 JRE System Library,从弹出的菜单中选择 Properties,如图 4-11 所示。

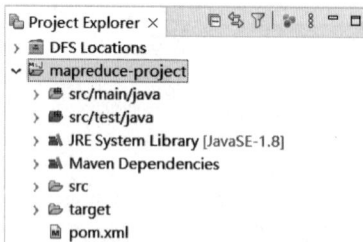

图 4-10　Maven 项目结构

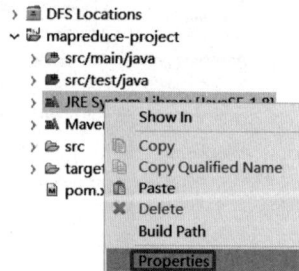

图 4-11　选择项目的 JRE 属性

在设置界面选择 Workspace default JRE(jdk-17),单击 Apply and Close 按钮,如图 4-12 所示。

3. 添加 JUnit 4

右击项目,从弹出的菜单中选择 Properties,如图 4-13 所示。

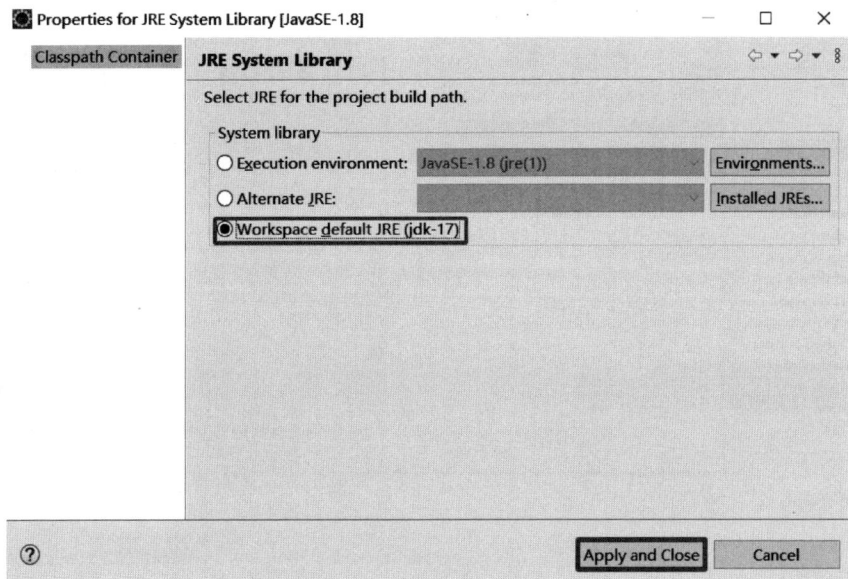

图 4-12 应用项目的 JRE 设置

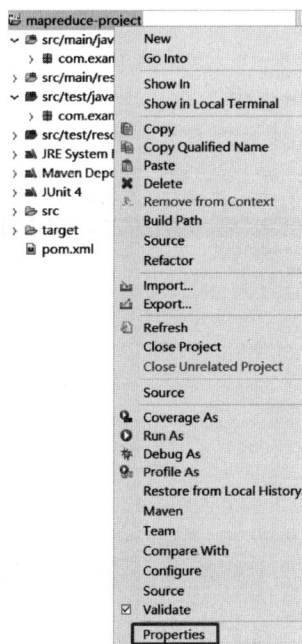

图 4-13 查看项目属性

在配置窗口选择 Libraries 标签页,单击 Add Library 按钮,如图 4-14 所示。

在弹出的添加库窗口选择 JUnit,单击 Next 按钮,如图 4-15 所示。

然后选择 JUnit 4,单击 Finish 按钮,如图 4-16 所示。

最后单击 Apply and Close 按钮,应用添加的 JUnit 4,如图 4-17 所示。

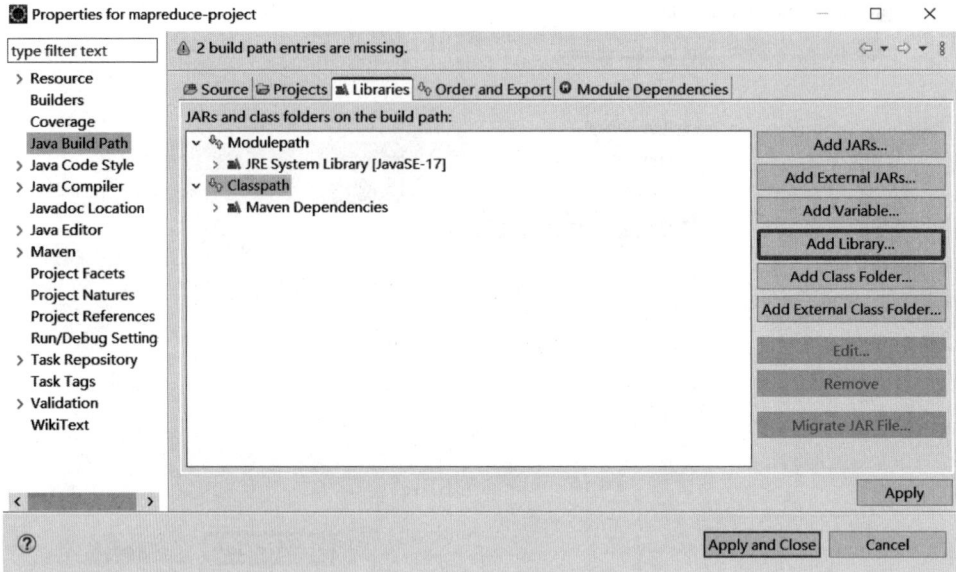

图 4-14　手动添加库

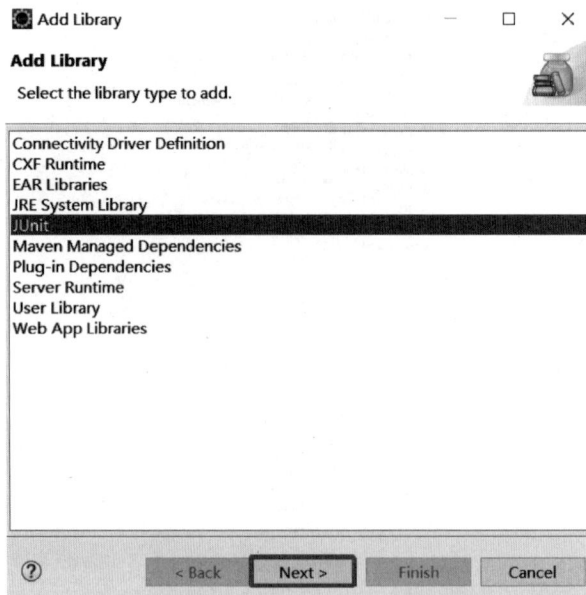

图 4-15　添加 JUnit 库

4. 添加 POM 依赖及配置

打开项目中的 pom.xml,添加依赖及配置,内容如下所示:

```
< project xmlns = "http://maven.apache.org/POM/4.0.0"
xmlns:xsi = "http://www.w3.org/2001/XMLSchema - instance"
  xsi:schemaLocation = "http://maven.apache.org/POM/4.0.0
http://maven.apache.org/xsd/maven - 4.0.0.xsd">
  < modelVersion > 4.0.0 </modelVersion >
  < groupId > com.example.hadoop </groupId >
```

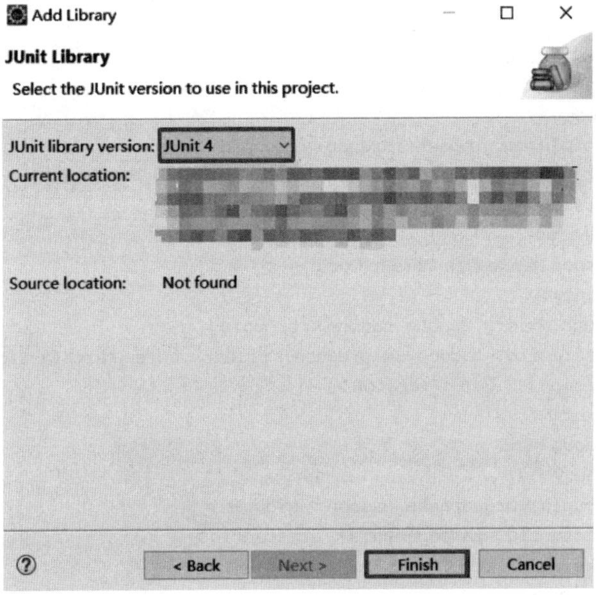

图 4-16　完成 JUnit 4 的添加

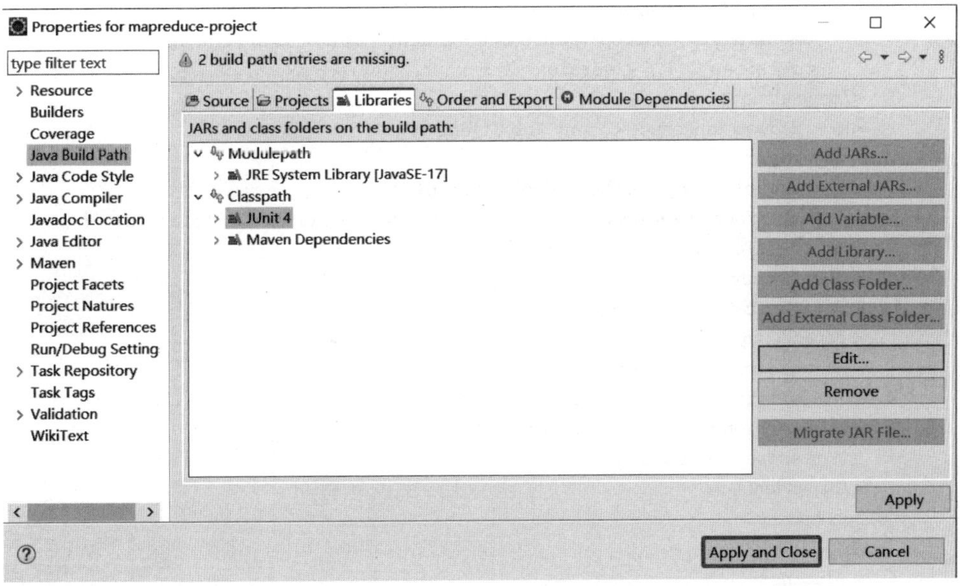

图 4-17　应用添加的 JUnit 4

```
<artifactId>mapreduce-project</artifactId>
<version>0.0.1-SNAPSHOT</version>
<packaging>jar</packaging>
<name>mapreduce-project</name>
<url>http://maven.apache.org</url>
    <properties>
        <project.build.sourceEncoding>UTF-8</project.build.sourceEncoding>
        <project.reporting.outputEncoding>UTF-8</project.reporting.outputEncoding>
        <maven.compiler.source>17</maven.compiler.source>
```

```xml
            <maven.compiler.target>17</maven.compiler.target>
    </properties>
    <dependencies>
        <!-- Hadoop Common -->
        <dependency>
            <groupId>org.apache.hadoop</groupId>
            <artifactId>hadoop-common</artifactId>
            <version>2.7.6</version>
        </dependency>
        <!-- Hadoop MapReduce Client Core -->
        <dependency>
            <groupId>org.apache.hadoop</groupId>
            <artifactId>hadoop-mapreduce-client-core</artifactId>
            <version>2.7.6</version>
        </dependency>
        <!-- Hadoop HDFS -->
        <dependency>
            <groupId>org.apache.hadoop</groupId>
            <artifactId>hadoop-hdfs</artifactId>
            <version>2.7.6</version>
        </dependency>
        <!-- Hadoop MapReduce Client Common -->
        <dependency>
            <groupId>org.apache.hadoop</groupId>
            <artifactId>hadoop-mapreduce-client-common</artifactId>
            <version>2.7.6</version>
        </dependency>
        <!-- Hadoop MapReduce Client Job Client -->
        <dependency>
            <groupId>org.apache.hadoop</groupId>
            <artifactId>hadoop-mapreduce-client-jobclient</artifactId>
            <version>2.7.6</version>
        </dependency>
        <!-- JUnit 4 for testing -->
        <dependency>
            <groupId>junit</groupId>
            <artifactId>junit</artifactId>
            <version>4.13.2</version>
            <scope>test</scope>
        </dependency>
    </dependencies>
    <build>
        <plugins>
            <!-- Compiler plugin to specify JDK version -->
            <plugin>
                <groupId>org.apache.maven.plugins</groupId>
                <artifactId>maven-compiler-plugin</artifactId>
                <version>3.8.1</version>
                <configuration>
                    <source>17</source>
                    <target>17</target>
                </configuration>
            </plugin>
        </plugins>
```

```
        </build>
</project>
```

5. 下载依赖并构建项目

右击 pom.xml，从弹出的菜单中选择 Maven→Update Project，如图 4-18 所示。

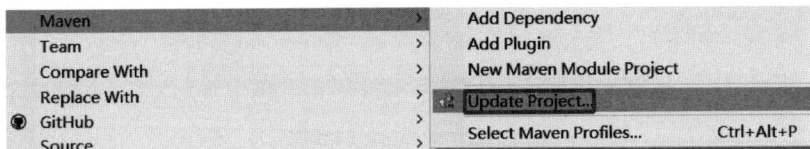

图 4-18　Maven 更新项目

在弹出的窗口选中如图 4-19 所示的项目，并单击 OK 按钮。

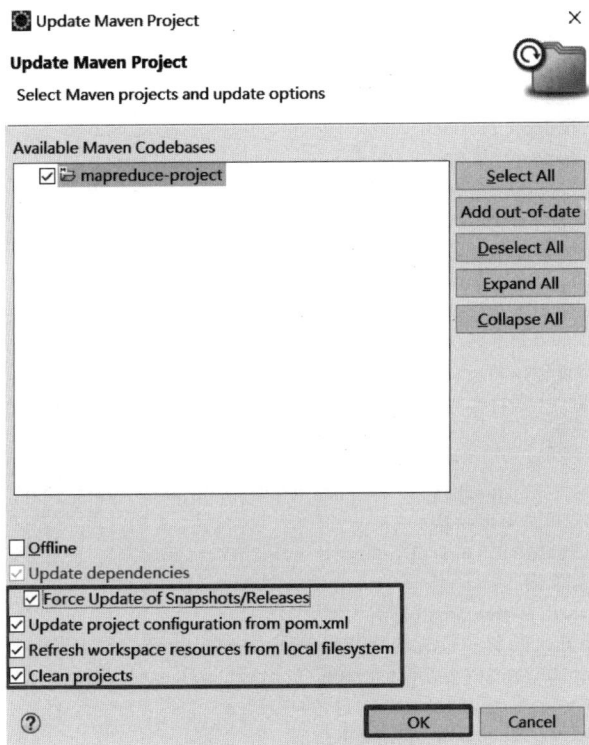

图 4-19　选择更新的内容

项目更新过程中将在 Eclipse 右下角显示更新进度。

项目更新完成后将生成如图 4-20 所示的项目结构。

6. 运行测试类

右击 testApp 函数，从弹出的菜单中选择 Run As→JUnit Test，如图 4-21 所示。

如果 JUnit 运行正常将显示为正常状态，如图 4-22所示。

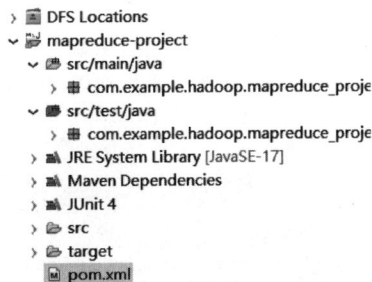

图 4-20　Maven 项目结构

图 4-21　运行测试类

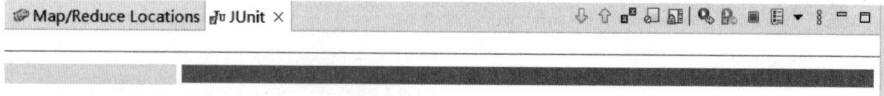

图 4-22　JUnit 运行状态

4.8.3　编写 WorkCount 程序

1. 编写项目代码

```
package com.example.hadoop.mapreduce_project;
import org.apache.hadoop.conf.Configuration;
import org.apache.hadoop.fs.Path;
import org.apache.hadoop.io.IntWritable;
import org.apache.hadoop.io.Text;
import org.apache.hadoop.mapreduce.Job;
import org.apache.hadoop.mapreduce.Mapper;
import org.apache.hadoop.mapreduce.Reducer;
import org.apache.hadoop.mapreduce.lib.input.FileInputFormat;
import org.apache.hadoop.mapreduce.lib.output.FileOutputFormat;
import java.io.IOException;
import java.util.StringTokenizer;
public class WordCount {
// Mapper 类
public static class TokenizerMapper extends Mapper<Object, Text, Text, IntWritable> {
    // 输出值,表示单词出现一次
    private final static IntWritable one = new IntWritable(1);
    // 输出键,表示单词
    private Text word = new Text();
    // map 方法,将输入的每一行文本分割成单词,并输出(key, value)对
    public void map(Object key, Text value, Context context) throws IOException, Interrupted-
Exception {
        // 使用 StringTokenizer 分割文本行
        StringTokenizer itr = new StringTokenizer(value.toString());
        while (itr.hasMoreTokens()) {
            // 写入单词字符串
            word.set(itr.nextToken());
            // 输出(word, 1)对
            context.write(word, one);
        }
    }
}

// Reducer 类
public static class IntSumReducer extends Reducer<Text, IntWritable, Text, IntWritable> {
// 用于存储单词总数的输出值
private IntWritable result = new IntWritable();
```

```java
// reduce 方法,计算每个单词的总数
    public void reduce(Text key, Iterable < IntWritable > values, Context context) throws
IOException, InterruptedException {
        int sum = 0;
        // 迭代所有值,计算总数
        for (IntWritable val : values) {
            sum += val.get();
        }
        // 设置结果值
        result.set(sum);
        // 输出(word, sum)对
        context.write(key, result);
    }
}
// 主函数
public static void main(String[] args) throws Exception {
    // 创建 Hadoop 配置对象
    Configuration conf = new Configuration();
    // 创建并命名一个新的 Job
    Job job = Job.getInstance(conf, "word count");
    // 设置包含 Mapper 和 Reducer 类的 JAR 文件
    job.setJarByClass(WordCount.class);
    // 设置 Mapper 类
    job.setMapperClass(TokenizerMapper.class);
    // 设置 Combiner 类,用于本地聚合(在 Mapper 输出后进行初步的 reduce)
    job.setCombinerClass(IntSumReducer.class);
    // 设置 Reducer 类
    job.setReducerClass(IntSumReducer.class);
    // 设置输出键和值的类型
    job.setOutputKeyClass(Text.class);
    job.setOutputValueClass(IntWritable.class);
    // 设置输入路径
    FileInputFormat.addInputPath(job, new Path("hdfs://hadoop0:9000/input"));
    // 设置输出路径
    FileOutputFormat.setOutputPath(job, new Path("hdfs://hadoop0:9000/output"));
    // 提交作业并等待完成,根据作业结果返回 0 或 1
    System.exit(job.waitForCompletion(true) ? 0 : 1);
}
```

2. 准备数据

可以使用之前搭建 Eclipse 开发环境时创建的 input 文件夹,但是 output 文件夹需要删除,目录结构如图 4-23 所示。

3. 运行程序

右击 WordCount 程序中的 main 函数,从弹出的菜单中选择 Run As→Java Application,如图 4-24 所示。

4. 查看结果

右击根目录,从弹出的菜单中选择 Refresh,如图 4-25 所示。

将显示 output 文件夹,打开其中的 part-r-00000 文件,即可看到单词统计结果,如图 4-26 所示。

图 4-23 Hadoop location 节点结构

图 4-24　运行程序

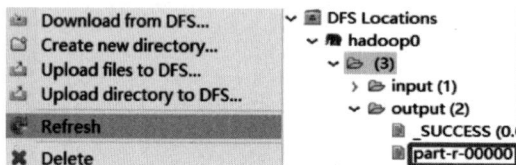

图 4-25　刷新 Hadoop location 节点

```
Aoyou      1
Aoyou,     1
August,    1
Beijing,      2
CYTS       2
Chinese 5
Chunguang,    1
Company,      1
Europe, 2
European      2
Figures 1
France  9
France's      2
France,"      1
Games   3
Germany,      1
```

图 4-26　单词统计结果

思考题

1. 试述 MapReduce 和 Hadoop 的关系。

2. 简述 MapReduce 的主要技术特征。

3. 简述 MapReduce 的优缺点。

4. 试述 MapReduce 工作流程的主要步骤。

第 5 章

数据仓库Hive

如何在分布式环境下采用数据仓库技术，从海量数据中快速获取数据有效价值成为 Hive 诞生的背景。Hive 是基于 Hadoop 的一个数据仓库工具，可以将结构化的数据文件映射为一张数据库表，并提供完整的 SQL 查询功能，可以将 SQL 语句转换为 MapReduce 任务运行。Hive 具有稳定和简单易用的特性，成为当前企业在构建企业级数据仓库时使用较为普遍的大数据组件之一。本章主要介绍 Hive 的特点及功能、工作原理及架构组成。

5.1 Hive 的特点及功能

5.1.1 Hive 的特点

Hive 支持分析存储在 Hadoop HDFS 和兼容文件系统(如 AmazonS 3 文件系统和 Alluxio)中的大型数据集。它提供了一种名为 HiveQL 的类 SQL 查询语言，具有读取模式，并将查询转换为 MapReduce、Apache Tez 和 Spark 作业。所有三个执行引擎都可以在 Hadoop 的资源协调器 Yarn 中运行。Hive 的主要特点如下。

(1) 简单的 SQL 接口。Hive 提供了一个 SQL 接口，能让用户更容易地进行数据的查询与分析。

(2) 无须部署。Hive 可以直接利用现有的 Hadoop 集群，不需要额外的部署成本。

(3) 扩展性好。Hive 可以很容易地扩展到非常大的数据集。

(4) 容错性强。Hive 可以处理成百上千的节点，如果有节点失败，它可以自动地在其他节点上重新执行任务。

(5) 分区功能。Hive 可以将数据分割成更小的部分，这样就可以更快地对特定的数据子集进行查询。

(6) 多样化的数据源。Hive 可以和许多不同的数据源进行集成，包括结构化、半结构化和非结构化的数据。

(7) 可基于 Hadoop 运行。Hive 处理数据的方式是通过 MapReduce 任务，这些任务在 Hadoop 集群上运行。

(8) 存储位置灵活。Hive 可以存储在 HDFS 或其他数据存储系统中。

值得注意的是：Hive 与传统关系数据库相比有类似之处，但 Hive 在很多方面又有别于传统数据库。它们不仅在结构和工作方式上存在差异（表 5-1），而且在设计目的、数据处理方式、数据存储、查询延迟、数据更新能力以及适用场景等方面也有不同（表 5-2）。

表 5-1　Hive 与传统关系数据库在结构和工作方式上的比较

Hive 的存储和查询操作	传统关系数据库操作
Hive 构建在 Hadoop 生态系统上，并且必须遵守 Hadoop 和 MapReduce 的限制	关系数据库在支持架构的传统关系数据库中，当数据加载到表中时，表通常会强制执行架构
读取时模式（Hive 不会在写入时根据表架构验证数据，相反，它随后在读取数据时进行运行时检查。这种设计称为读取时模式）	写入时模式（数据库能够确保输入的数据遵循表定义的形式。这种设计称为写入时模式）
Hive 的读取时模式可以动态加载数据，无须任何模式检查，可以做快速初始加载，但缺点是查询时相对较慢	在加载期间根据表架构检查数据会增加额外的开销，但对数据执行检查，可确保及早进行异常处理，因此它具有更好的查询时间性能

表 5-2　传统数据库和 Hive 的比较

对比内容	传统数据库	Hive
设计目的与应用场景	主要是面向事务处理（OLTP）的系统，设计用于快速处理大量短小的事务，如银行交易、电商订单处理等。它们强调数据的一致性和实时性，支持高并发读写操作	是为大数据分析而设计的数据仓库工具，属于在线分析处理系统。Hive 主要用于大规模数据集的批处理分析和报告生成，适合进行复杂的数据挖掘和商业智能分析
数据存储	数据可以存储在各种地方，如本地文件系统、块设备或专有的数据库文件系统，具体取决于数据库类型（如关系数据库、NoSQL 数据库等）	数据存储在 Hadoop 分布式文件系统上，利用 Hadoop 的分布式存储能力来处理和管理大数据集
数据格式	通常有预定义的数据格式，由数据库管理系统的存储引擎管理	数据格式更为灵活，用户可以指定数据的存储格式（如 CSV、Parquet、ORC 等），需要手动定义列分隔符、行分隔符等
查询语言	普遍使用 SQL 作为查询语言，支持复杂的查询和事务操作	使用类 SQL 的查询语言 HQL（Hive query language），尽管语法类似于 SQL，但不支持所有 SQL 功能，特别是不支持事务和实时更新
数据更新能力	支持数据的增删改查操作，适合需要频繁更新数据的场景	设计为读多写少，不鼓励数据的修改，数据加载时就应完成所有变换，适合静态数据的分析
执行延迟与性能	通常执行延迟低，适合实时查询，特别是当数据规模适中时	由于依赖 MapReduce 等批处理框架执行查询，执行延迟较高，尤其在没有索引的情况下，可能需要全表扫描。但当数据规模非常大时，其并行处理能力可以提供高性能分析
可扩展性	虽然许多现代数据库支持水平扩展，但相比 Hive，扩展性和处理大规模数据的能力有限	基于 Hadoop，天生具备高可扩展性，能够处理 PB 级别的数据

　　HiveQL 可以将类 SQL 语句转换为 MapReduce 等计算任务。虽然基于 SQL，但 HiveQL 并不严格遵循完整的 SQL-92 标准。HiveQL 提供 SQL 中没有的扩展，包括多表插入，并以 select 方式创建表，但 HiveQL 仅支持有限的子查询。在内部，编译器将 HiveQL 语句转换

为 MapReduce、Tez 或 Spark 作业的有向无环图,并将其提交给 Hadoop 执行。

Hive 添加了与 Hadoop 安全性的集成。Hadoop 开始使用 Kerberos 授权支持来提供安全性。Kerberos 允许客户端和服务器之间进行相互身份验证。Hive 中新创建的文件的权限由 HDFS 规定。Hadoop 分布式文件系统授权模型使用三个实体——用户、组和其他,具有读、写、执行三种权限。

5.1.2　Hive 的功能

Hive 的主要功能包括数据存储、数据查询、数据转换、数据分析、数据管理、数据导入导出、数据备份与恢复。具体功能介绍如下。

(1) 数据存储。Hive 可以将大量结构化数据和半结构化数据存储在 Hadoop 分布式文件系统中,以便后续查询和分析,支持不同的存储类型,如纯文本、RCFile、HBase、ORC 等。默认情况下,Hive 将元数据存储在嵌入式 Apache Derby 数据库中,并且可以选择使用其他客户端/服务器数据库(如 MySQL)。

(2) 数据查询。Hive 支持类 SQL 语言的查询操作,用户可以使用 HiveQL 语言编写查询,并进行数据分析和统计。隐式转换为 MapReduce、Tez 或 Spark 作业。

(3) 数据转换。Hive 可以将原始数据进行 ETL 处理,并进行数据清洗、转换和加载到数据仓库中。

(4) 数据分析。Hive 可以对存储在数据仓库中的数据进行复杂的数据分析操作,如聚合、排序、连接等。

(5) 数据管理。Hive 提供了数据仓库的管理功能,包括数据表的创建、删除、修改以及数据权限管理等功能。

(6) 数据导入导出。Hive 支持将数据从其他数据源导入数据仓库中,也可以将数据从数据仓库导出到其他系统中使用。

(7) 数据备份与恢复。Hive 可以进行数据备份和恢复操作,确保数据的安全性和可靠性。

5.2　Hive 工作原理及架构组成

数据仓库是一个面向主题的、集成的、不可更新的、随时间变化的数据集合,用于支持管理决策。Hive 则是一种开源数据仓库工具,用于存储在 Hadoop 中的数据。它提供了类似 SQL 的查询语言(HiveQL),让用户能够使用 SQL 语句分析数据。

5.2.1　工作原理

Hive 的工作通常包括以下几个步骤。

(1) 用户接口。用户使用 Hive 提供的命令行接口(CLI)或者 JDBC/ODBC 接口进行数据查询。

(2) 驱动程序。Hive 接收到查询请求后,由 Driver 组件对 SQL 语句进行解析、编译以及优化,生成执行计划。

（3）执行计划。Hive 的执行计划可能包括 MapReduce 任务、Spark 任务或者 Tez 任务，这些任务会被提交给 Hadoop 集群执行。

（4）集群执行。Hadoop 集群执行 MapReduce 任务，它会读取数据、执行计算、输出结果。

（5）结果返回。执行完成后，Hadoop 会将结果返回给 Hive，Hive 再将结果返回给用户。

5.2.2 架构组成

Hive 架构的主要组件有元数据存储、驱动程序、解析器、编译器、优化器、执行器等，如图 5-1 所示。

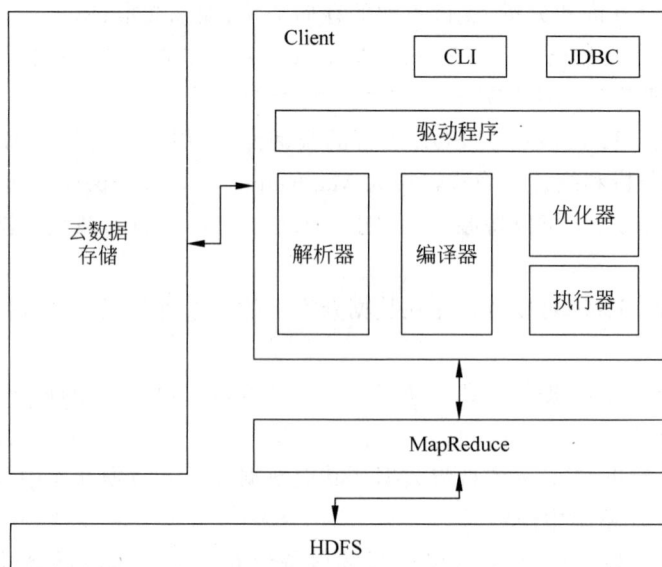

图 5-1　Hive 架构

（1）元数据存储：存储每个表的元数据（如其架构和位置），还包括分区元数据。数据以传统的 RDBMS 格式存储，元数据可以帮助跟踪数据。因此，备份服务器定期复制数据，以便在数据丢失时可以进行检索。

（2）驱动程序：充当接收 HiveQL 语句的控制器。它通过创建会话来启动语句的执行，并监控执行的生命周期和进度。它存储在执行 HiveQL 语句期间生成的必要元数据。驱动程序还充当 Reduce 操作后获得的数据或查询结果的收集点。

（3）解析器：将 SQL 字符串转换成抽象语法树（AST），这一步一般都用第三方工具库完成，如 antlr；对 AST 进行语法分析，如表是否存在、字段是否存在、SQL 语义是否有误。

（4）编译器：将 AST 编译生成逻辑执行计划。编译和优化后，执行器执行任务。它与 Hadoop 的作业跟踪器交互以安排要运行的任务。它通过确保仅当所有其他先决条件都运行时才执行任务。CLI、人机交互界面（UI）和 Thrift Server 命令行界面为外部用户提供了一个用户界面，通过提交查询和指令以及监视进程状态来与 Hive 进行交互。Thrift Server 允许外部客户端通过网络与 Hive 交互，类似于 JDBC 或 ODBC 协议。

（5）优化器：对逻辑执行计划进行优化。对执行计划进行各种变换，得到优化的 DAG。可以将转换聚合在一起，如将连接管道转换为单个连接，以获得更好的性能。它还可以拆分任务，如在减少操作之前对数据应用转换，以提供更好的性能和可扩展性。

（6）执行器：把逻辑执行计划转换成可以运行的物理计划。对于 Hive 来说，就是 MR/Spark。

5.3　实验项目 5：Hive 的安装与使用

实验项目 5

5.3.1　准备工作

（1）启动 CentOS 7 虚拟机。

（2）启动 Hadoop，使用的 Linux 命令如下：

```
# start - dfs.sh
# start - yarn.sh
```

（3）使用 jps 命令检查 Hadoop 相关进程是否启动。执行的效果如图 5-2 所示。

```
[root@hadoop0 ~]# jps
26609 DataNode
22324 NodeManager
22166 ResourceManager
26423 NameNode
29368 Jps
26843 SecondaryNameNode
```

图 5-2　jps 命令显示进程

说明：需要有 NameNode、SecondaryNameNode、DataNode、NodeManager、ResourceManager 5 个进程。

5.3.2　安装 MySQL

1. 检查是否安装 mariadb

可使用 yum list 命令检查是否已安装 mariadb，参考命令如下：

```
# yum list installed|grep mariadb - libs
```

执行的效果如图 5-3 所示。

```
[root@hadoop0 ~]# yum list installed|grep mariadb-libs
mariadb-libs.x86_64                    1:5.5.56-2.el7                @an
aconda
```

图 5-3　检查 mariadb

2. 卸载 mariadb

卸载 mariadb 可使用以下命令：

```
# yum remove mariadb - libs
```

注意：过程中需要输入 y 确认卸载，如图 5-4 所示。

图 5-4 卸载 mariadb 的确认提示

3. 下载并安装 MySQL 5.7[①]

首先安装 wget 下载工具,所用的命令如下:

```
# yum install - y wget
```

再使用 wget 下载 mysql5.7 对应的 rpm 文件,以便在系统中添加 MySQL 官方的 YUM 仓库源,从而可以使用 yum 命令直接安装 MySQL 5.7。所用的代码如下:

```
# wget - i - c http://dev.mysql.com/get/mysql57 - community - release - el7 - 10.noarch.rpm
```

执行结果如图 5-5 所示。

图 5-5 下载 mysql5.7 对应的 rpm 文件

如上述文件因网络问题无法下载,可以上传课程资源中的该文件到虚拟机/root 下,如图 5-6 所示。

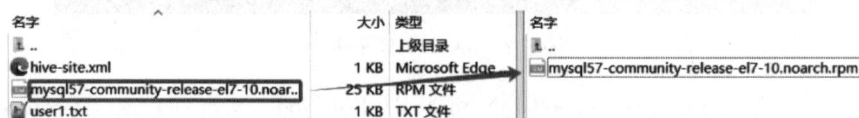

图 5-6 本地上传 mysql5.7 对应的 rpm 文件

下载完成后就可以安装 mysql5.7.rpm,命令如下:

```
# yum - y install mysql57 - community - release - el7 - 10.noarch.rpm
```

执行结果如图 5-7 所示。

图 5-7 安装 mysql5.7.rpm

另外需要解决 GPG 验证问题,参考命令如下:

```
# rpm -- import https://repo.mysql.com/RPM - GPG - KEY - mysql - 2022
```

或者先下载,然后在本地运行,参考命令如下:

```
# wget https://repo.mysql.com/RPM - GPG - KEY - mysql - 2022
```

---

① 图 5-5~图 5-7 中以及下文代码中以"mysql57"开头的 rpm 文件表示 mysql5.7 版本。

```
# rpm -- import RPM-GPG-KEY-mysql-2022
```

上述操作完成后就可用来安装 mysql-community-server,参考命令如下:

```
# yum -y install mysql-community-server
```

如果安装完成则有成功提示,如图 5-8 所示。

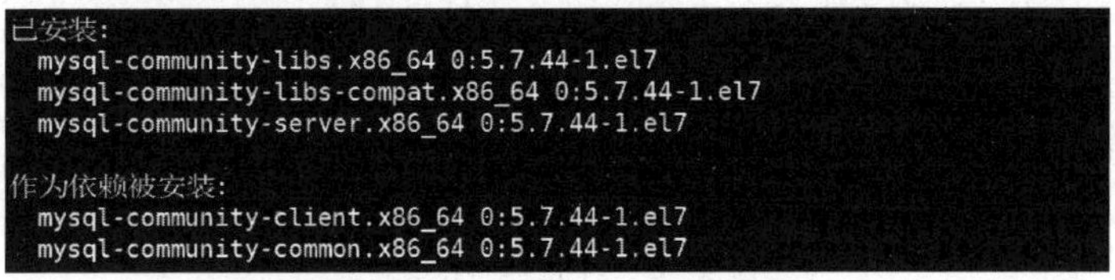

```
已安装:
  mysql-community-libs.x86_64 0:5.7.44-1.el7
  mysql-community-libs-compat.x86_64 0:5.7.44-1.el7
  mysql-community-server.x86_64 0:5.7.44-1.el7

作为依赖被安装:
  mysql-community-client.x86_64 0:5.7.44-1.el7
  mysql-community-common.x86_64 0:5.7.44-1.el7
```

图 5-8 mysql5.7 安装完成

4. 启动 MySQL 服务

启动 MySQL 服务可使用以下命令:

```
# systemctl start mysqld.service
```

5. 查看 MySQL 状态

查看 MySQL 运行状态可使用以下命令:

```
# systemctl status mysqld.service
```

正常情况下将显示 active 状态,如图 5-9 所示。

```
[root@hadoop0 ~]# systemctl status mysqld.service
● mysqld.service - MySQL Server
   Loaded: loaded (/usr/lib/systemd/system/mysqld.service; enabled; vendor
preset: disabled)
   Active: active (running) since 日 2024-08-18 16:05:34 CST; 12s ago
```

图 5-9 MySQL 运行状态

6. 获取初始密码

第一次连接到 MySQL 需要获取初始密码,可使用以下命令访问日志文件:

```
# grep "password" /var/log/mysqld.log
```

执行效果如图 5-10 所示,其中"vyF(Uu#-g3qo"就是 MySQL 初始密码。

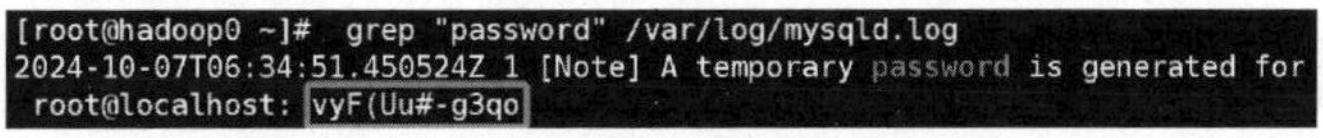

```
[root@hadoop0 ~]# grep "password" /var/log/mysqld.log
2024-10-07T06:34:51.450524Z 1 [Note] A temporary password is generated for
root@localhost: vyF(Uu#-g3qo
```

图 5-10 通过日志读取 MySQL 初始密码

7. 连接 MySQL

连接到 MySQL 可使用以下命令:

```
# mysql -uroot -p
```

然后输入或粘贴刚才通过 MySQL 日志获取的初始密码,完成后将进入 MySQL 命令行。上述执行效果如图 5-11 所示。

8. 修改密码和权限

MySQL 初始密码比较难记,通常需要将其修改成自定义的密码,此操作可通过以下命令来完成:

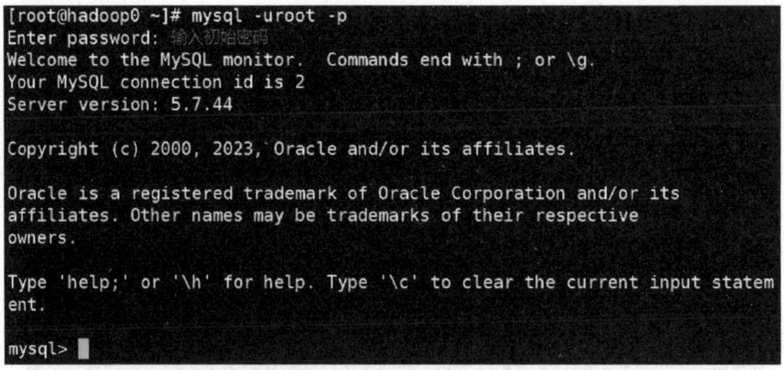

图 5-11   连接到 MySQL

```
set global validate_password_policy = 0;
set global validate_password_length = 4;
set password = password("123456");
GRANT ALL PRIVILEGES ON *.* TO 'root'@'%'IDENTIFIED BY '123456';
flush privileges;
```

以上命令分别对应设置验证策略、设置密码长度、设置新密码、授权远程登录和刷新权限,其中"123456"就是自定义的新密码。此操作的执行效果如图 5-12 所示。

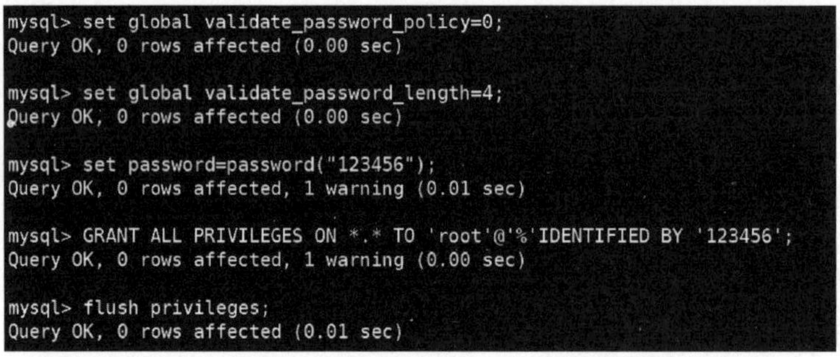

图 5-12   MySQL 设置自定义密码

9. 退出 MySQL 连接

退出 MySQL 连接可使用 quit 命令,执行效果如图 5-13 所示。

图 5-13   退出 MySQL 连接

10. 重新登录 MySQL,测试新密码

为了测试自定义的新密码,可以在退出后测试重新连接。使用以下命令连接 MySQL:

```
# mysql - uroot - p
```

随后再退出 MySQL,准备开始后续安装步骤。

5.3.3   安装配置 Hive

1. 上传 Hive 压缩包

首先上传 Hive 压缩包到虚拟机的/usr/loca/src 目录,如图 5-14 所示。

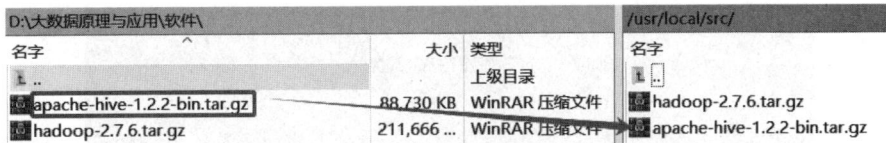

图 5-14　上传 Hive 压缩包

2. 解压 Hive

进入/usr/local/src/目录,使用的命令如下:

cd /usr/local/src/

解压文件,使用的命令如下:

tar – zxf apache – hive – 1.2.2 – bin.tar.gz

将解压完的文件夹移动到/usr/local 目录,使用的命令如下:

mv apache – hive – 1.2.2 – bin /usr/local/

完成后检查 Hive 安装目录,使用的命令如下:

ll /usr/local/

将显示 Hive 安装目录,如图 5-15 所示。

图 5-15　查看 Hive 的安装目录

3. 到 MySQL 中建立 Hive 数据库

重新连接到 MySQL,然后创建 Hive 数据库,使用的命令如下:

mysql – uroot – p
mysql > create database hive character set latin1;

执行的效果如图 5-16 所示。

图 5-16　在 MySQL 创建 Hive 数据库

创建后可以查看新增的数据库,使用以下命令:

mysql > show databases;

执行的效果如图 5-17 所示。

然后退出 MySQL,这里使用另一个退出命令 exit。执行的效果如图 5-18 所示。

图 5-17　查看 Hive 数据库

图 5-18　使用 exit 命令退出 MySQL

4. 上传 Java 连接 MySQL 的驱动包

上传 mysql-connector-java-5.1.48.jar 到/usr/local/apache-hive-1.2.2-bin/lib,如图 5-19 所示。

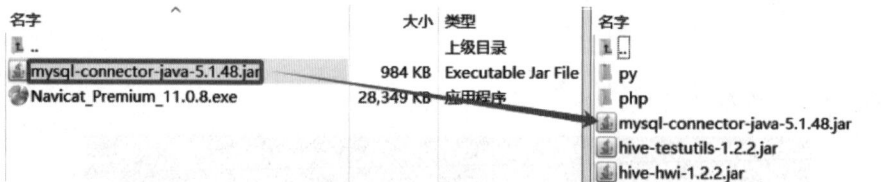

图 5-19　上传 MySQL 驱动包

5. 配置 hive-site.xml

上传配套的 hive-site.xml 到 Hive 配置文件目录/usr/local/apache-hive-1.2.2-bin/conf/,如图 5-20 所示。

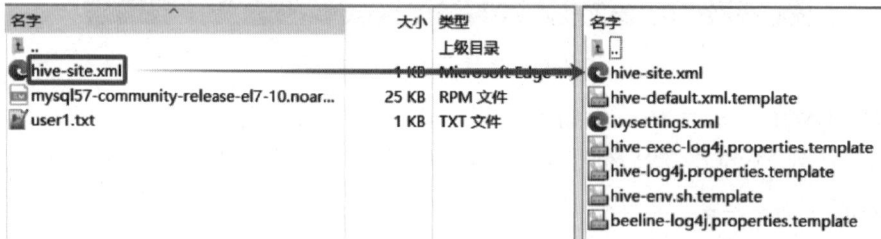

图 5-20　上传 Hive 配置文件

进入 Hive 配置目录,使用以下命令:

```
# cd /usr/local/apache – hive – 1.2.2 – bin/conf/
```

然后编辑 hive-site.xml,使用以下命令:

```
# vim hive – site.xml
```

编辑的内容有两项,分别是设置 MySQL 的地址和密码,分别改成虚拟机的 IP 地址和 MySQL 的自定义密码,如图 5-21 所示。

```
<configuration>
<!--mysql数据库的访问路径，没有路径则自动创建-->
  <property>
      <name>javax.jdo.option.ConnectionURL</name>
      <value>jdbc:mysql://192.168.184.200:3306/hive?createDatabaseIfNotExi
st=true&amp;useSSL=false</value>
  </property>
<!--连接数据库的驱动-->
  <property>
      <name>javax.jdo.option.ConnectionDriverName</name>
      <value>com.mysql.jdbc.Driver</value>
  </property>
<!--连接数据的用户名-->
  <property>
      <name>javax.jdo.option.ConnectionUserName</name>
      <value>root</value>
  </property>
<!--连接数据的密码-->
  <property>
      <name>javax.jdo.option.ConnectionPassword</name>
      <value>123456</value>
  </property>
<!--元数据是否校验-->
  <property>
      <name>hive.metastore.schema.verification</name>
      <value>false</value>
  </property>
</configuration>
```

图 5-21 修改 hive-site.xml 配置文件

6. 配置环境变量

修改环境变量仍然是编辑/etc/profile 文件，使用命令如下：

```
# vim /etc/profile
```

配置修改内容包括添加 HIVE_HOME 和修改 PATH 环境变量，分别如下：

```
export HIVE_HOME = /usr/local/apache - hive - 1.2.2 - bin
export PATH = $ PATH: $ JAVA_HOME/bin: $ HADOOP_HOME/bin: $ HADOOP_HOME/sbin: $ HIVE_HOME/bin
```

（加底色部分是原有的配置内容，加粗部分是新增的内容）

配置内容如图 5-22 所示。

```
export HIVE_HOME=/usr/local/apache-hive-1.2.2-bin
export PATH=$PATH:$JAVA_HOME/bin:$HADOOP_HOME/bin:$HADOOP_HOME/sbin:$HIVE_H
OME/bin
```

图 5-22 配置 Hive 环境变量

修改后保存并退出编辑。

完成后刷新环境变量，命令如下：

```
# source /etc/profile
```

7. 验证 Hive

进入 Hive 命令行，在 hive 命令提示符下输入 3+2 的查询，将返回结果 5。操作如图 5-23 所示。

```
[root@hadoop0 conf]# hive

Logging initialized using configuration in jar:file:/usr/local/apache-hive
-1.2.2-bin/lib/hive-common-1.2.2.jar!/hive-log4j.properties
hive> select 3+2;
OK
5
```

图 5-23 测试验证 Hive

8. 安装 Navicat Premium

Navicat Premium 是一个常用的数据库图形化管理工具,双击安装包进行安装,如图 5-24 所示。

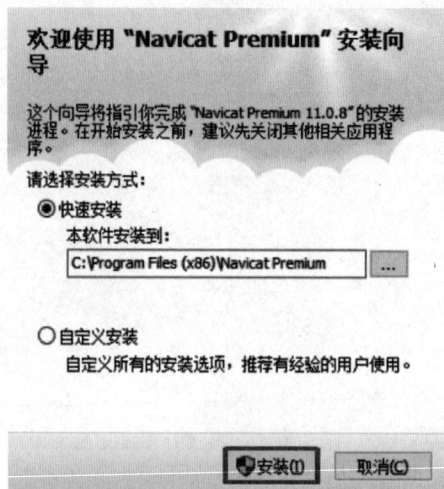

图 5-24　安装 Navicat Premium

安装后运行程序,主界面如图 5-25 所示。

图 5-25　Navicat Premium 主界面

然后单击"连接"按钮,创建 MySQL 连接,如图 5-26 所示。

图 5-26　创建 MySQL 连接

输入 MySQL 的 IP 地址、用户名和密码,如图 5-27 所示。

单击"连接测试"按钮,如果连接成功将出现如图 5-28 所示的提示框。

单击 Hive 数据库,右侧将显示该数据库的所有表,如图 5-29 所示。

5.3.4　Hive 数据库操作

1. 操作建议

建议打开两个 Xshell 终端连接同一台 Hive 主机,便于切换使用 Hive 命令和 Linux 命令。例如:

Linux 命令:♯提示符,输入 Linux 指令,如图 5-30 所示。

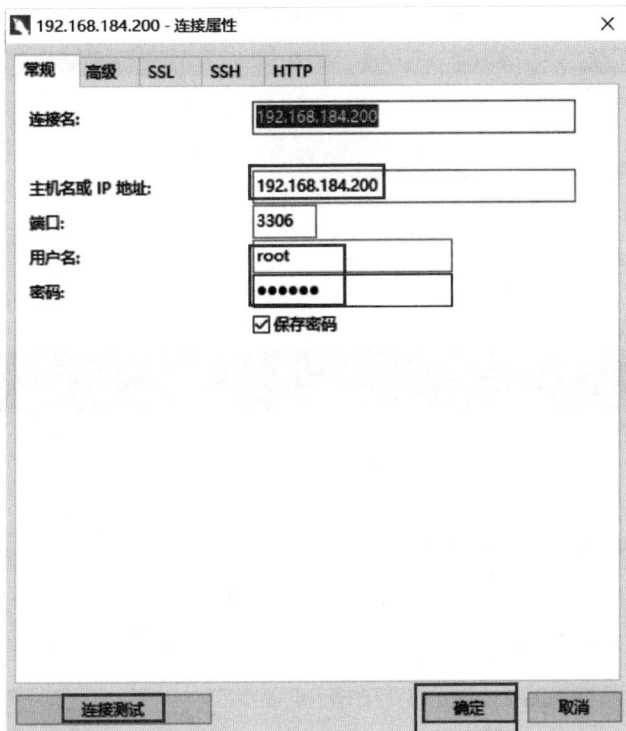

图 5-27　设置 MySQL 连接参数

图 5-28　测试连接 MySQL 成功

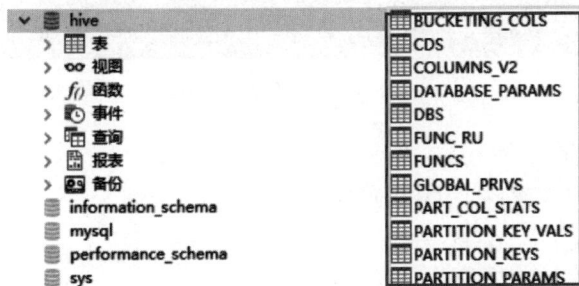

图 5-29　查看 Hive 数据库

图 5-30　Linux 命令

Hive 命令：hive＞提示符，输入 Hive 指令，如图 5-31 所示。

```
hive>
```

图 5-31　Hive 命令

2. 创建数据库

创建数据库可使用以下 Hive 命令：

```
hive> CREATE DATABASE hive_test1;
```

执行效果如图 5-32 所示。

```
hive> CREATE DATABASE hive_test1;
OK
Time taken: 0.075 seconds
```

图 5-32　Hive 命令创建数据库

3. 创建数据库（指定路径）

指定路径创建数据库可使用以下 Hive 命令：

```
hive> CREATE DATABASE hive_test2 LOCATION '/hive_test2_db';
```

执行效果如图 5-33 所示。

```
hive> CREATE DATABASE hive_test2 LOCATION '/hive_test2_db';
OK
Time taken: 0.051 seconds
```

图 5-33　Hive 命令指定路径创建数据库

4. 查看数据库

查看数据库可以使用以下 Hive 命令：

```
hive> SHOW DATABASES;
```

执行效果如图 5-34 所示。

```
hive> SHOW DATABASES;
OK
default
hive_test1
hive_test2
```

图 5-34　Hive 命令查看数据库

5. 查看数据库详情

查看数据库详情可参考以下 Hive 命令：

```
hive> desc database hive_test1;
hive> desc database hive_test2;
```

执行效果如图 5-35 所示。

6. 删除数据库

删除数据库可参考以下 Hive 命令：

```
hive> drop database if exists hive_test2;
```

执行效果如图 5-36 所示。

```
hive> desc database hive_test1;
OK
hive_test1                    hdfs://hadoop0:9000/user/hive/warehouse/hive_test1
.db     root    USER
```

```
hive> desc database hive_test2;
OK
hive_test2                    hdfs://hadoop0:9000/hive_test2_db          root    US
ER
```

图 5-35　Hive 命令查看数据库详情

```
hive> drop database if exists hive_test2;
OK
```

图 5-36　Hive 命令删除数据库

5.3.5　Hive 表操作

1. 选中数据库

选中指定数据库可参考以下 Hive 命令：

hive > use hive_test1;

执行效果如图 5-37 所示。

```
hive> use hive_test1;
OK
```

图 5-37　Hive 命令选中指定数据库

2. 创建表

按表结构创建表可参考以下 Hive 命令：

hive > create table if not exists user1(no int, name string, class string, score int) row format delimited fields terminated by "," stored as textfile;

该表名为 user1，表字段为 no、name、class、score。

执行效果如图 5-38 所示。

```
hive> create table if not exists user1(no int, name string, class string,
score int) row format delimited fields terminated by "," stored as textfil
e;
OK
```

图 5-38　Hive 按表结构创建表

创建后可通过以下命令检查表：

hive > show tables;

执行效果如图 5-39 所示。

```
hive> show tables;
OK
user1
```

图 5-39　列出当前数据库下所有表

除了根据表结构创建表，还可以根据旧表内容创建新表，如以下命令：

hive > create table if not exists user2 as select no,name from user1;

该命令根据 user1 表的 no、name 字段及其内容创建新表 user2。

也可以根据旧表结构创建新表,如以下命令:

```
hive> create table if not exists user3 like user1;
```

3. 查看表结构

查看 Hive 表结构可使用命令 desc,参考如下:

```
hive> desc user1;
```

执行效果如图 5-40 所示。

```
hive> desc user1;
OK
no                    int
name                  string
class                 string
score                 int
```

图 5-40 查看 Hive 表结构

4. 查询表内容

查询表内容可使用 select 命令,参考如下:

```
hive> select * from user1;
```

执行效果如图 5-41 所示,当前 user1 是空表,所以没有返回内容。

```
hive> select * from user1;
OK
```

图 5-41 查询表内容

5. 使用 Load 命令填充数据

重新连接一个终端,进入 Linux 命令行,再执行以下命令:

```
# vim /root/user1.txt
```

在 vim 编辑器内输入表内容,如图 5-42 所示。

```
101    zhang    class1    75
102    li       class2    85
103    wang     class3    90
104    zhao     class1    86
105    qian     class2    68
106    sun      class3    95
107    zhou     class1    92
108    wu       class2    83
109    zheng    class3    66
```

图 5-42 本地编辑文本内容

使用以下 Hive 命令将上述本地文本文件加载到 Hive 表(注意命令须在 Hive 命令模式下执行):

```
hive> Load data local inpath '/root/user1.txt' into table user1;
```

执行效果如图 5-43 所示。

```
hive> Load data local inpath '/root/user1.txt' into table user1;
Loading data to table hive_test1.user1
```

图 5-43 加载本地文件到 Hive 表

加载后再次查询表，使用以下命令：

hive＞ select ＊ from user1;

执行效果如图 5-44 所示。

图 5-44　再次查询 Hive 表

6. 指定内容插入表

以插入一条记录为例，可参考以下 Hive 命令：

hive＞ insert into table user1 values(110, 'yang', 'class1', 71);

如果插入多条记录，可参考以下 Hive 命令：

hive＞ insert into table user1 values
hive＞ (111, 'lin', 'class2', 76),
hive＞ (112, 'xie', 'class3', 78);

插入后再查询表内容，可以使用以下 Hive 命令：

hive＞ select ＊ from user1;

查询结果如图 5-45 所示。

图 5-45　检查 Hive 表的内容

7. 重命名表

重命名表可参考以下 Hive 命令：

hive＞ alter table user1 rename to user11;

上述命令将表 user1 改名成 user11。

命令执行结果如图 5-46 所示。

图 5-46　Hive 命令重命名表

为检查重命名表后的结果,可以用新表名进行查询,命令执行结果如图 5-47 所示。

```
hive> select * from user11;
OK
110     yang    class1  71
111     lin     class2  76
112     xie     class3  78
101     zhang   class1  75
102     li      class2  85
103     wang    class3  90
104     zhao    class1  86
105     qian    class2  68
106     sun     class3  95
107     zhou    class1  92
108     wu      class2  83
109     zheng   class3  66
```

图 5-47　查询新表名

为后续实验方便,将新表名再改回 user1,使用的命令如下:

hive > alter table user11 rename to user1;

执行结果如图 5-48 所示。

```
hive> alter table user11 rename to user1;
OK
```

图 5-48　将表名改回 user1

8. 修改列名和类型

先检查修改前的表结构,可以使用以下命令:

hive > desc user2;

执行的结果如图 5-49 所示。

```
hive> desc user2;
OK
no              int
name            string
```

图 5-49　修改前检查表结构

修改表字段类型和注释可参考以下命令:

hive > alter table user2 change no id bigint comment 'user id';

以上命令修改表 user2 的 no 字段的名称、类型和注释,执行的结果如图 5-50 所示。

```
hive> alter table user2 change no id bigint comment 'user id';
OK
```

图 5-50　修改 Hive 表字段名称和注释

修改后再次检查表结构,执行结果如图 5-51 所示。

```
hive> desc user2;
OK
id              bigint          user id
name            string
```

图 5-51　修改后检查表结构

9. 添加字段

给 Hive 表添加字段可参考以下代码：

```
hive> alter table user2 add columns(score int);
```

上述代码给表 user2 添加一个 int 类型的字段 score，执行的结果如图 5-52 所示。

```
hive> alter table user2 add columns(score int);
OK
```

图 5-52　Hive 表添加字段

操作完成后可以检查 user2 表的结构，命令如下：

```
hive> desc user2;
```

命令执行的结果如图 5-53 所示。

```
hive> desc user2;
OK
id                      bigint                      user id
name                    string
score                   int
```

图 5-53　检查添加字段后的表结构

10. 重置表字段

重置 Hive 表字段可参考以下案例，命令如下：

```
hive> alter table user2 replace columns(no int, name string);
```

上述命令将表 user2 的字段和对应类型重置，重置后的字段是 no(int 型)、name(string 型)，执行的结果如图 5-54 所示。

```
hive> alter table user2 replace columns(no int, name string);
OK
```

图 5-54　Hive 重置表字段

操作完成后可重新检查表结构，查询结果如图 5-55 所示。

```
hive> desc user2;
OK
no                      int
name                    string
```

图 5-55　检查字段重置后的表结构

11. 清空和删除表

为了测试，首先给 user2 表添加记录，命令如下：

```
hive> insert into user2 values (101,'zhang');
```

上述命令将给 user2 表插入一行(101,'zhang')的记录。

插入完成后查询 user2 表，查询结果如图 5-56 所示。

```
hive> select * from user2;
OK
101     zhang
```

图 5-56　查询插入数据后的 user2 表

清空表可参考以下案例,命令如下:

hive> truncate table user2;

上述命令将清空 user2 表,执行结果如图 5-57 所示。

```
hive> truncate table user2;
OK
```

图 5-57　清空 Hive 表

清空操作完成后可通过查询 user2 表进行检查,执行结果如图 5-58 所示。

```
hive> select * from user2;
OK
```

图 5-58　查询清空后的 user2 表

删除表操作可参考以下案例,命令如下:

hive> drop table if exists user2;

上述命令将删除 user2 表,执行结果如图 5-59 所示。

```
hive> drop table if exists user2;
OK
```

图 5-59　删除 Hive 表

删除后可通过查询 user2 表进行检查,查询结果如图 5-60 所示,将提示 user2 表不存在。

```
hive> select * from user2;
FAILED: SemanticException [Error 10001]: Line 1:14 Table not found 'user2'
```

图 5-60　查询被删除的 user2 表

12. 导出查询结果

导出查询结果可参考以下案例,Linux 命令如下:

hive – e "use hive_test1; select * from user1;">/root/user1.txt

上述命令使用 Hive 客户端将 Hive 表的查询结果导出到本地文本文件 user1.txt 中。
导出后可以检查本地文本文件,Linux 命令如下:

cat /root/user1.txt

命令的执行结果如图 5-61 所示。

```
[root@hadoop0 ~]# cat /root/user1.txt
110    yang     class1  71
111    lin      class2  76
112    xie      class3  78
101    zhang    class1  75
102    li       class2  85
103    wang     class3  90
104    zhao     class1  86
105    qian     class2  68
106    sun      class3  95
107    zhou     class1  92
108    wu       class2  83
109    zheng    class3  66
```

图 5-61　查看导出的 Hive 查询数据

5.3.6 数据查询

1. 显示表头

显示表头可以将 Hive 表各列的内容对应其含义,有利于理解查询的结果。要显示表头可以用以下命令:

```
hive> set hive.cli.print.header = true;
```

执行后可以查询 Hive 表观察效果,如图 5-62 所示。

```
hive> select * from user1;
OK
user1.no        user1.name      user1.class     user1.score
110     yang    class1  71
111     lin     class2  76
112     xie     class3  78
101     zhang   class1  75
102     li      class2  85
103     wang    class3  90
104     zhao    class1  86
105     qian    class2  68
106     sun     class3  95
107     zhou    class1  92
108     wu      class2  83
109     zheng   class3  66
```

图 5-62 查询显示表头的 Hive 表

2. where 和 limit 条件

在表查询操作中,经常需要限定查询条件和返回数量,这就需要用到 where 和 limit 关键字。如以下案例,查询 user1 表中 no 大于或等于 105 的记录,并只返回前 5 条,用到命令如下:

```
hive> select * from user1 where no >= 105 limit 5;
```

执行结果如图 5-63 所示。

```
hive> select * from user1 where no >=105 limit 5;
OK
user1.no        user1.name      user1.class     user1.score
110     yang    class1  71
111     lin     class2  76
112     xie     class3  78
105     qian    class2  68
106     sun     class3  95
```

图 5-63 条件查询并限制返回数量

3. order by 全局排序

在表查询操作中,经常需要针对特定字段进行全局排序,这需要用到 order by 关键字。如以下案例,查询 user1 表并让返回记录按成绩倒序进行排列。用到的命令如下:

```
hive> select * from user1 order by score desc;
```

查询的结果如图 5-64 所示。

4. distribute by+sort by 排序

如果查询的数据量较大,可使用分区排序,distribute by 会将数据分区;sort by 将对每个分区内的数据进行排序。参考下面例子,对 user1 表按分区排序,使用的命令如下:

```
hive> select * from user1 distribute by class sort by class asc, score desc;
```

图 5-64　查询并按全局排序

查询的结果如图 5-65 所示。

图 5-65　查询并按分区排序

5. 分组

和数据库类似，Hive 也可以提供分组查询。如以下案例，对 user1 表按班级分组并且要求每个班级的平均成绩大于 60，返回班级和班级平均成绩。使用的代码如下：

hive> select class, avg(score)as avg_score from user1 group by class having avg(score)> 60;

查询的结果如图 5-66 所示。

图 5-66　分组查询

5.3.7　拍摄虚拟机快照

本实验完成后，同样需要到虚拟机上拍摄快照，如图 5-67 所示。

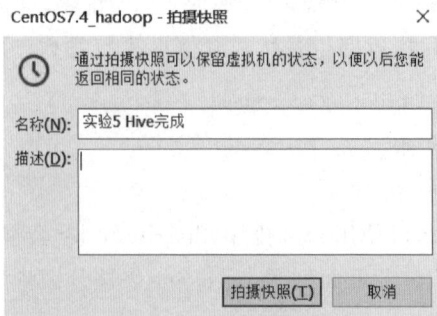

图 5-67　拍摄虚拟机快照

思考题

1. 简述 Hive 的特点。
2. 列表比较传统数据库和 Hive 的区别。
3. 简述 Hive 的工作通常包括几个步骤。
4. Hive 架构的主要组件有哪些？请简要说明。

第6章

分布式数据库HBase

HBase 是一个高可靠、高性能、面向列、可伸缩的分布式数据库，主要用来存储非结构化和半结构化的松散数据。可支持超大规模数据存储，它可以通过水平扩展的方式，利用廉价计算机集群处理超过 10 亿行数据和百万列元素组成的数据表。在 Hadoop 上设计 Hive 只能处理静态数据，而设计 HBase 则是为了实现对数据的实时访问，可处理流数据，所以 HBase 与 Hive 的功能是互补的。本章首先介绍 HBase 的特点及适用场景，其次介绍其结构、数据模型等，最后讨论 HBase 与传统关系数据库的区别。

6.1 HBase 的特点及适用场景

6.1.1 HBase 的特点

HBase 在 Hadoop 中提供了类似于 BigTable 的能力，是 Hadoop 的子项目。它的主要特点如下。

（1）容量大。HBase 能够处理大规模的数据集，支持 PB 级别以上的数据存储。

（2）面向列（column）。HBase 以列族的形式存储数据，这种存储方式使得在读取特定列数据时，只需扫描指定的列，提高了读取效率。

（3）多版本。HBase 可以存储多个版本的数据，每个版本都有一个时间戳（timestamp），实现了数据的历史版本查询。

（4）稀疏性。HBase 支持稀疏存储，空的列不占用存储空间。

（5）扩展性。HBase 基于分布式架构设计，可以通过添加更多的节点来扩展存储容量和处理能力。

（6）高可靠性。HBase 采用了分布式存储和数据冗余的机制，实现了数据的高可靠性和容错性。

（7）不支持事务。相对关系数据库，HBase 也有缺陷，不支持事务，无法实现跨行的原子性。

6.1.2 HBase 的适用场景

根据 HBase 的特点，HBase 很适合用于存储和处理大规模的数据场景，如日志数据、监控数据、用户行为数据等。HBase适用场景归纳如下。

（1）实时数据存储和分析场景：HBase能够快速存储和检索大量实时数据，适用于需要实时分析和处理数据的场景，如实时监控、日志分析等。

（2）大数据存储：HBase能够处理大规模数据存储和处理，适用于需要存储海量数据的场景，如大数据分析、数据仓库等。

（3）高可靠性和高可用性需求：HBase具有高可靠性和高可用性，支持数据的冗余备份和故障转移，适用于对数据可靠性和可用性要求较高的场景。

（4）分布式存储和计算：HBase是基于Hadoop的分布式数据库，能够实现数据的分布式存储和计算，适用于需要分布式存储和计算的场景，如大规模数据处理、并行计算等。

（5）需要支持高性能访问的场景：HBase能够快速存储和检索数据，支持高性能访问，适用于需要快速访问数据的场景，如实时查询、数据聚合等。

6.2　HBase的结构及数据模型

6.2.1　HBase的结构

HBase基于Hadoop HDFS和MapReduce。其中，HDFS为HBase提供了高可靠性的底层存储支持，MapReduce为HBase提供了高性能的计算能力，ZooKeeper为HBase提供了稳定服务和失败恢复机制。

此外，Pig和Hive还为HBase提供了高层语言支持，使得在HBase上进行数据统计处理变得非常简单。Sqoop则为HBase提供了方便的RDBMS数据导入功能，使得传统数据库数据向HBase中迁移变得非常方便。

Hadoop生态系统中的HBase位置如图6-1所示。

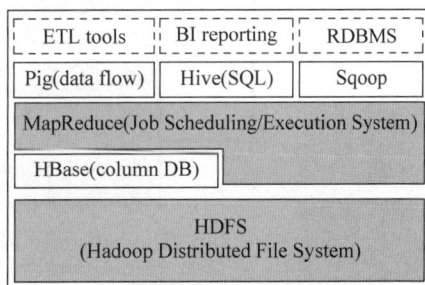

图6-1　Hadoop生态系统中的HBase

6.2.2　HBase的数据模型

1. 关于region和store

如图6-2所示的一张HBase表，从列的角度看首先要有列族（多个列组成的集合），有一个特殊的列Row Key（类似于MySQL的主键）。从行的角度看，可以把一张表水平分为多个部分，每个部分就是一个region，每个region中的不同列族都是一个store，实际存储就是以store为单位存储的。一个region的数据是存在一台机器里的，而一个region不同的store是存在不同文件里的。

每个store是以行为单位进行列式存储的，如第一行，每一列的详细信息都会被存成一行，包括属于哪个Row Key、哪个列族，属性名，时间戳存储类型具体的值（图6-3）。

HBase底层是依赖HDFS的，而HDFS不支持修改。在实际操作时是假修改，即实际是新增了一行，例如图6-2中的tel，修改实际是新增一行，但是时间戳变了，读的时候是读

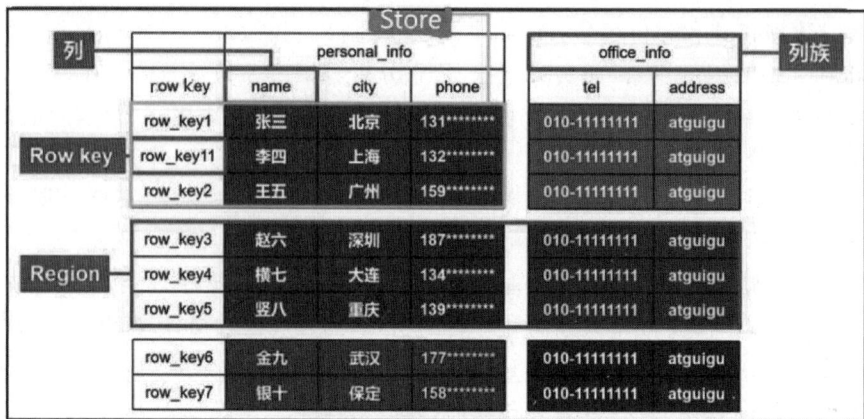

图 6-2　HBase 的一张表显示

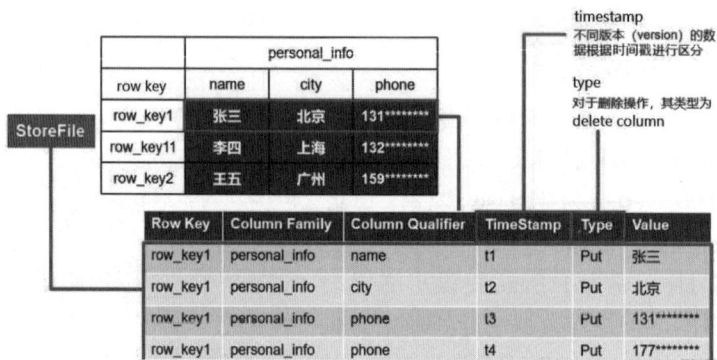

图 6-3　时间戳存储类型具体的值

最新的时间戳的数据,所以修改对用户来说是个透明操作。

Type:增加、修改都是 Put 类型,删除是 Delete 类型。

2. 其他的概念

(1) NameSpace(命名空间)。命名空间类似于关系数据库的 database 概念,每个命名空间下有多个表。HBase 有两个自带的命名空间,分别是 hbase 和 default,hbase 中存放的是 HBase 内置的表,default 是用户默认使用的命名空间。

(2) table(表)。表类似于关系数据库的表概念。不同的是 HBase 定义表时只需要声明列族不需要声明具体的列。这意味着,往 HBase 写入数据时,字段可以动态、按需指定。因此,和关系数据库相比,HBase 能够轻松应对字段变更的场景。

(3) Row(行)。HBase 表中的每行数据都由一个 Row Key 和多个 Column 组成,数据是按照 Row Key 的字典顺序存储的,并且查询数据时只能根据 Row Key 进行检索,所以 Row Key 的设计十分重要,HBase 只支持 3 种查询方式:①基于 Row Key 的单行查询;②基于 Row Key 的范围扫描;③全表扫描。

(4) Column(列)。HBase 中的每个列都由 columnfamily(列族)和 columnqualifier(列限定符,实际就是列名)进行限定,如,info:name、age。建表时,只需指明列族,而列限定符无须预先定义。

（5）TimeStamp（时间戳）。用于标识数据的不同版本，每条数据写入时，系统会自动为其加上该字段，其值为写入 HBase 的时间，修改后读的最新数据就是通过时间戳确定的。

（6）Cell（单元）。由（行键，列族，列，时间戳）唯一确定的单元。Cell 中的数据全部是字节码形式存储，如图 6-4 中深底色部分。

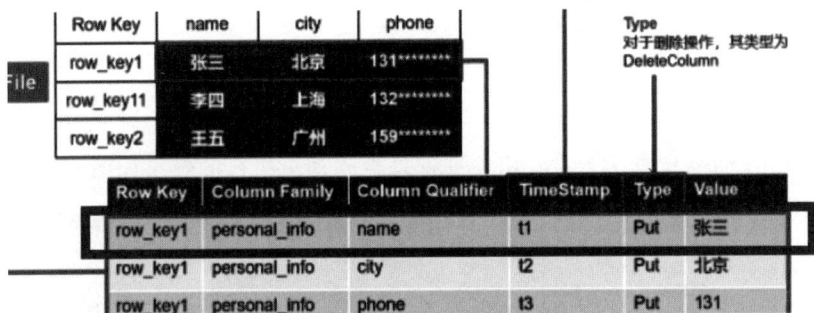

图 6-4 HBase 结构

6.3 HBase 与传统关系数据库

如果数据库量足够多（十亿行及百亿行数据），那么 HBase 是一个很好的选项，如果数据量不多，只有几百万行甚至更少的数据量，传统 RDBMS 是一个很好的选择。如果不需要辅助索引、静态类型的列、事务等特性，一个已经使用 RDBMS 的系统想要切换到 HBase，则需要重新设计系统。HBase 是一个分布式、可扩展、高性能的列式存储系统，是 Hadoop 生态系统的一部分。HBase 可以存储大量数据，并提供快速的随机读写访问。HBase 与传统关系数据库的区别见表 6-1。

表 6-1 HBase 与传统关系数据库比较

比 较 要 素	关系数据库	HBase
数据类型	采用关系模型，具有丰富的数据类型和存储方式	简单数据模型，复杂结构数据用字符串保存，用户需要自己编写程序把字符串解析成不同的数据类型
数据操作	提供丰富的操作，如插入、删除、更新、查询等，其中会涉及复杂的多表连接，并借助多个表之间的主外键关联来实现	提供的操作不存在复杂的表与表之间的关系，只有简单的插入、查询、删除、清空等，通常只采用单表的主键查询，无法实现表与表的连接操作
存储模式	基于行模式存储	基于列模式存储
数据索引	可以针对不同列构建复杂的多个索引，以提高数据的访问性能	只有一个索引——行键，通过行键访问，或通过行键扫描，可快速、高效生成索引表
数据维护	更新操作：用最新的当前值去替换记录中原来的旧值，旧值被覆盖后就不会存在	更新操作：不会删除数据的旧版本，而是生成一个新版本，旧版本仍然保留
可伸缩性	很难实现横向扩展，纵向扩展的空间也比较有限	实现灵活的横向扩展

6.4 实验项目 6：HBase 的安装与使用

6.4.1 准备工作

（1）启动 CentOS 7 虚拟机。

（2）启动 Hadoop，使用的 Linux 命令如下：

```
# start - dfs.sh
# start - yarn.sh
```

（3）使用 jps 命令检查 Hadoop 相关进程是否启动。执行的效果如图 6-5 所示。

```
[root@hadoop0 ~]# jps
26609 DataNode
22324 NodeManager
22166 ResourceManager
26423 NameNode
29368 Jps
26843 SecondaryNameNode
```

图 6-5　jps 命令显示进程

说明：需要有 NameNode、SecondaryNameNode、DataNode、NodeManager、ResourceManager 5 个进程。

6.4.2 HBase 安装和配置

1. 上传 HBase 压缩包

将课程配套的 HBase 软件压缩包上传到/usr/local/src/目录下，如图 6-6 所示。

D:\大数据原理与应用\软件\			/usr/local/src/
名字	大小	类型	名字
..		上级目录	..
apache-hive-1.2.2-bin.tar.gz	88,730 KB	WinRAR 压缩文件	hadoop-2.7.6.tar.gz
hadoop-2.7.6.tar.gz	211,666 ...	WinRAR 压缩文件	hbase-2.0.2-bin.tar.gz
hbase-2.0.2-bin.tar.gz	150,221 ...	WinRAR 压缩文件	apache-hive-1.2.2-bin.tar.gz

图 6-6　上传 HBase 软件压缩包

2. 解压 HBase 包

首先进入软件包目录，使用的 Linux 命令如下：

```
# cd /usr/local/src/
```

然后将其解压并移动至目录/usr/local/，使用的 Linux 命令如下：

```
# tar - zxf hbase - 2.0.2 - bin.tar.gz
# mv hbase - 2.0.2 /usr/local/
```

完成后检查其解压目录，如图 6-7 所示。

3. 配置 HBase

首先进入 HBase 配置目录，使用的 Linux 命令如下：

```
# cd /usr/local/hbase - 2.0.2/conf/
```

图 6-7　检查 HBase 解压目录

再编辑配置文件 hbase-env.sh,使用的 Linux 命令如下:

\# vim hbase‑env.sh

在配置文件中将配置项 export HBASE_MANAGES_ZK＝true 去除注释。

然后上传课程配套的配置文件 hbase-site.xml 到 HBase 配置文件目录/usr/local/hbase-2.0.2/conf/,并覆盖同名文件,如图 6-8 所示。

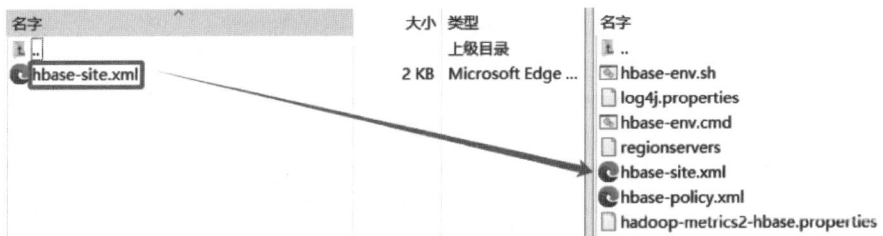

图 6-8　上传 HBase 配置文件

接下来是修改环境变量,使用的 Linux 命令如下:

\# vim /etc/profile

在配置文件中增加环境变量 HBASE_HOME,并修改环境变量 PATH,具体内容如下:

```
export HBASE_HOME = /usr/local/hbase‑2.0.2
export PATH = $ PATH: $ JAVA_HOME/bin: $ HADOOP_HOME/bin: $ HADOOP_HOME/sbin:
$ HIVE_HOME/bin: $ SQOOP_HOME/bin: $ HBASE_HOME/bin
```

(加底色部分是原有的配置内容,加粗部分是新增的内容)

环境变量配置内容如图 6-9 所示。

图 6-9　HBase 环境变量配置

最后刷新环境变量,使用的 Linux 命令如下:

\# source /etc/profile

4. 运行 HBase

运行 HBase 使用的命令如下:

```
# start-hbase.sh
```

启动后可通过 jps 命令查看 HBase 进程,其中 H 开头的三个进程 HMaster、HRegionServer、HQuorumPeer 属于 HBase。HMaster 是 HBase 的管理节点,负责整个 HBase 集群的管理和协调工作。HRegionServer 是 HBase 集群中存储实际数据的节点,包括数据读写、region 的拆分和合并等操作。HQuorumPeer 存储元数据(如 HMaster 和 HRegionServer 状态),协调 HMaster 和 HRegionServer 之间的通信,监控 RegionServer 状态。显示的进程如图 6-10 所示。

图 6-10　显示 HBase 所有进程

也可以通过访问网页 http://hadoop0:16010 来查看 HBase 状态,如图 6-11 所示。

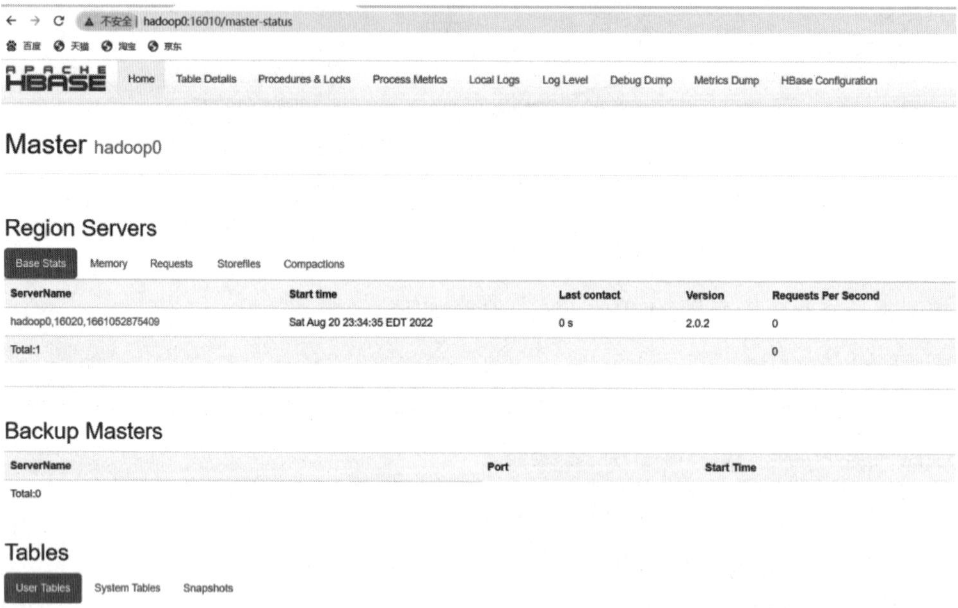

图 6-11　HBase 对应网页

6.4.3　HBase shell 命令

HBase 的操作可以通过 HBase shell 执行。启动 HBase shell 的命令如下:

```
# hbase shell
```

启动后将进入 hbase(main)开头的命令行,如图 6-12 所示。

```
[root@hadoop0 ~]# hbase shell
OpenJDK 64-Bit Server VM warning: If the number of processors is expected
to increase from one, then you should configure the number of parallel GC
threads appropriately using -XX:ParallelGCThreads=N
SLF4J: Class path contains multiple SLF4J bindings.
SLF4J: Found binding in [jar:file:/usr/local/hbase-2.0.2/lib/slf4j-log4j12
-1.7.25.jar!/org/slf4j/impl/StaticLoggerBinder.class]
SLF4J: Found binding in [jar:file:/usr/local/hadoop-2.7.6/share/hadoop/com
mon/lib/slf4j-log4j12-1.7.10.jar!/org/slf4j/impl/StaticLoggerBinder.class]
SLF4J: See http://www.slf4j.org/codes.html#multiple_bindings for an explan
ation.
SLF4J: Actual binding is of type [org.slf4j.impl.Log4jLoggerFactory]
HBase Shell
Use "help" to get list of supported commands.
Use "exit" to quit this interactive shell.
Version 2.0.2, r1cfab033e779df840d5612a85277f42a6a4e8172, Tue Aug 28 20:50
:40 PDT 2018
Took 0.0067 seconds
hbase(main):001:0>
```

图 6-12　进入 HBase shell 命令行

1. 基本命令

查看 HBase 版本可使用以下 HBase 命令：

```
hbase(main):001:0 > version
```

执行的结果如图 6-13 所示。

```
hbase(main):001:0> version
2.0.2, r1cfab033e779df840d5612a85277f42a6a4e8172, Tue Aug 28 20:50:40 PDT
2018
```

图 6-13　查看 HBase 版本

查看当前用户可使用以下 HBase 命令：

```
hbase(main):002:0 > whoami
```

执行的结果如图 6-14 所示。

```
hbase(main):002:0> whoami
root (auth:SIMPLE)
    groups: root
```

图 6-14　查看当前用户

查看当前状态可使用以下 HBase 命令：

```
hbase(main):003:0 > status
```

执行的结果如图 6-15 所示。

```
hbase(main):003:0> status
1 active master, 0 backup masters, 1 servers, 0 dead, 2.0000 average load
```

图 6-15　查看当前状态

2. 创建表

以下案例创建'employee'表，其中包含两个列族：'general'和'education'，版本数量都是
3，使用的 HBase 命令如下：

```
hbase(main):004:0 > create 'employee',{NAME = >'general',VERSIONS = > 3},{NAME = >'education',
VERSIONS = > 3}
```

执行的结果如图 6-16 所示。

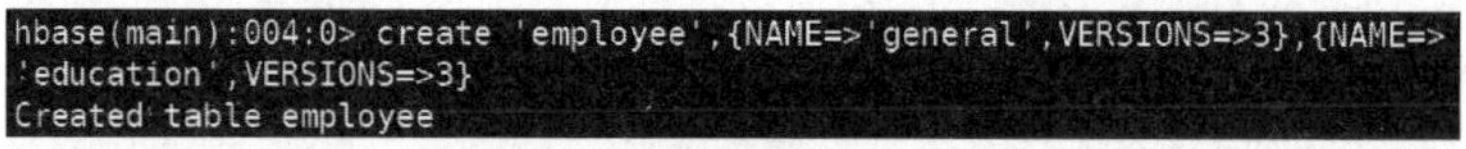

```
hbase(main):004:0> create 'employee',{NAME=>'general',VERSIONS=>3},{NAME=>
'education',VERSIONS=>3}
Created table employee
```

图 6-16 创建'employee'表

创建 HBase 表后可以测试该表是否存在,使用以下命令:

hbase(main):005:0 > exists 'employee'

执行的结果如图 6-17 所示。

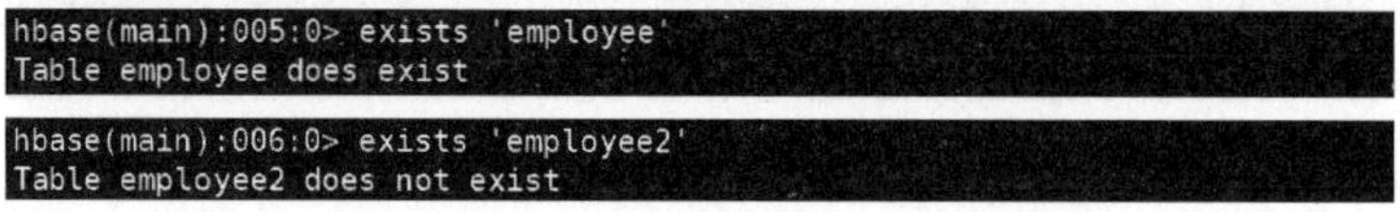

```
hbase(main):005:0> exists 'employee'
Table employee does exist

hbase(main):006:0> exists 'employee2'
Table employee2 does not exist
```

图 6-17 查看 HBase 表是否存在

3. 添加列族

添加 HBase 表的列族需要先禁用该表,以禁用'employee'表为例,使用的命令如下:

hbase(main):007:0 > disable 'employee'

禁用表后就可以添加列族,例如,添加一个列族'experience',版本数量为 3,使用的命令如下:

hbase(main):008:0 > alter 'employee',{NAME = >'experience',VERSIONS = > 3}

执行的结果如图 6-18 所示。

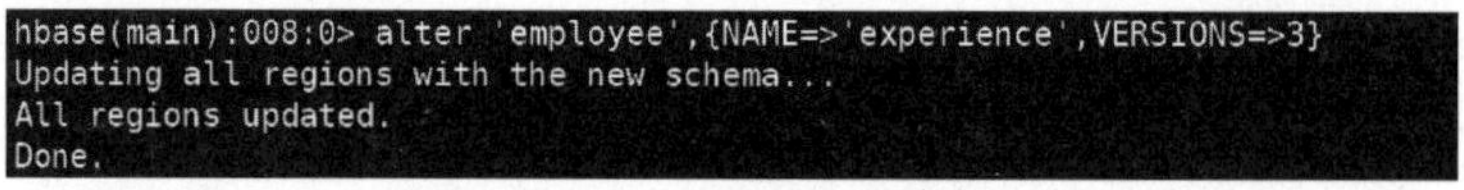

```
hbase(main):008:0> alter 'employee',{NAME=>'experience',VERSIONS=>3}
Updating all regions with the new schema...
All regions updated.
Done.
```

图 6-18 HBase 表添加列族

最后再启用该表,使用的命令如下:

hbase(main):009:0 > enable 'employee'

上述操作完成后可以通过扫描表的该列族来确认修改结果,使用的命令如下:

hbase(main):010:0 > scan 'employee',{COLUMNS = >'experience'}

执行的结果如图 6-19 所示。

```
hbase(main):010:0> scan 'employee',{COLUMNS=>'experience'}
ROW                COLUMN+CELL
0 row(s)
```

图 6-19 扫描添加后的表列族

删除表的列族同样遵循先禁用表,再删除列族,最后启用表的规则。使用的 HBase 代码如下:

```
hbase(main):011:0 > disable 'employee'
hbase(main):012:0 > alter 'employee',{NAME = >'experience',METHOD = >'delete'}
hbase(main):013:0 > enable 'employee'
```

删除列族后同样可以通过扫描表的该列族来确认结果，命令如下：

```
hbase(main):014:0> scan 'employee',{COLUMNS=>'experience'}
```

执行的结果将提示该列族不存在，如图 6-20 所示。

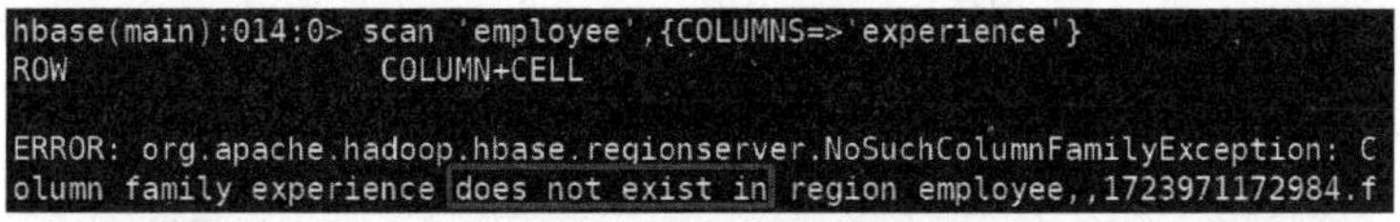

```
hbase(main):014:0> scan 'employee',{COLUMNS=>'experience'}
ROW                  COLUMN+CELL

ERROR: org.apache.hadoop.hbase.regionserver.NoSuchColumnFamilyException: C
olumn family experience does not exist in region employee,,1723971172984.f
```

图 6-20　扫描删除后的表列族

6.4.4　插入和更新数据

1. 插入数据

首先往'employee'表插入若干条数据，所用的命令如下：

```
hbase(main):015:0> put 'employee','121101011','general:id','1001'
hbase(main):016:0> put 'employee','121101011','general:name','Zhang'
hbase(main):017:0> put 'employee','121101011','general:gender','man'
hbase(main):018:0> put 'employee','121101011','education:middle_shool_time',
'2015-6-30'
hbase(main):019:0> put 'employee','121101011','education:high_shool_time',
'2018-6-30'
hbase(main):020:0> put 'employee','121101011','education:college_time',
'2022-6-30'
```

执行的结果如图 6-21 所示。

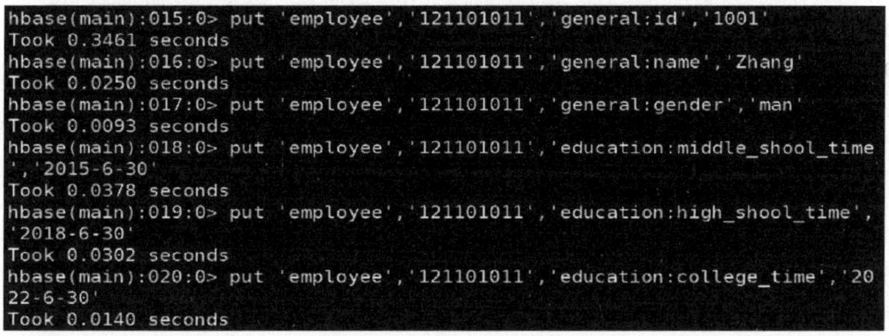

```
hbase(main):015:0> put 'employee','121101011','general:id','1001'
Took 0.3461 seconds
hbase(main):016:0> put 'employee','121101011','general:name','Zhang'
Took 0.0250 seconds
hbase(main):017:0> put 'employee','121101011','general:gender','man'
Took 0.0093 seconds
hbase(main):018:0> put 'employee','121101011','education:middle_shool_time
','2015-6-30'
Took 0.0378 seconds
hbase(main):019:0> put 'employee','121101011','education:high_shool_time',
'2018-6-30'
Took 0.0302 seconds
hbase(main):020:0> put 'employee','121101011','education:college_time','20
22-6-30'
Took 0.0140 seconds
```

图 6-21　往 HBase 表插入数据

2. 更新数据

HBase 表更新数据和插入数据使用的命令相同，例如，将'employee'表，行键为'121101011'，列为'general:name'的内容更新为'Li'，可使用以下命令：

```
hbase(main):021:0> put 'employee','121101011','general:name','Li'
```

命令执行结果如图 6-22 所示。

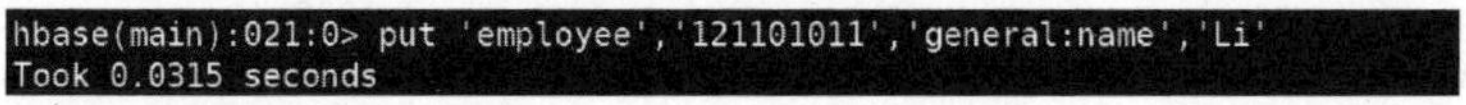

```
hbase(main):021:0> put 'employee','121101011','general:name','Li'
Took 0.0315 seconds
```

图 6-22　更新 HBase 表数据

3. 查看表记录

当做完插入或更新数据后,可以查看表记录来检查表数据情况。例如,查看'employee'表'121101011'行键的所有列内容可以使用以下命令:

```
hbase(main):022:0 > get 'employee','121101011'
```

命令执行结果如图 6-23 所示。

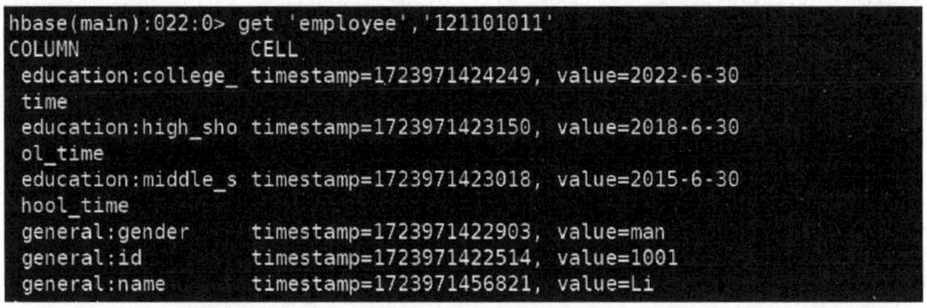

图 6-23 查看 HBase 表特定行的内容

4. 查看指定列历史版本

如果需要查看表的特定行、特定列的历史内容,可以指定行、列和版本数量。例如,要查询'employee'表,行键'121101011',列族'general',列为'id'、'name'、'gender',版本数量为3 的表内容可以使用以下命令:

```
hbase(main):023:0 > get 'employee','121101011',{COLUMN = >['general:id',
'general:name','general:gender'],VERSIONS = > 3}
```

命令执行结果如图 6-24 所示,其中 name 列的内容有两条,对应两次修改。

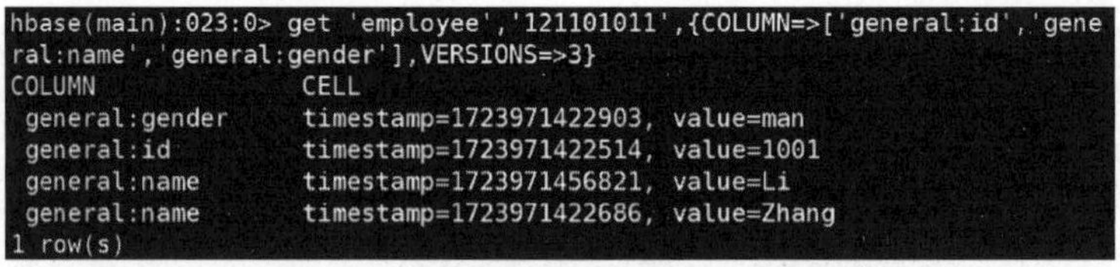

图 6-24 查看 HBase 表指定列的历史版本

5. 查看数据行数

查看数据行数可以使用以下命令:

```
hbase(main):024:0 > count 'employee'
```

执行结果如图 6-25 所示,可以看到返回 1 行。

图 6-25 HBase 查看数据行数

再添加一个新的行键'211100022',并插入 3 列的数据,使用到的命令如下:

```
hbase(main):025:0 > put 'employee','211100022','general:id','1002'
hbase(main):026:0 > put 'employee','211100022','general:name','Wang'
hbase(main):027:0 > put 'employee','211100022','general:gender','woman'
```

然后再次查看行数,可以看到返回行数变成 2,结果如图 6-26 所示。

```
hbase(main):028:0> count 'employee'
2 row(s)
```

图 6-26　插入新行后的数据行数

6. 查看整表

如果要查询 HBase 整表的数据则直接使用扫描命令,如查询'employee'整表可以使用以下命令:

```
hbase(main):029:0 > scan 'employee'
```

命令执行的结果如图 6-27 所示。

```
hbase(main):029:0> scan 'employee'
ROW                   COLUMN+CELL
 121101011            column=education:college_time, timestamp=1723971424249
                      , value=2022-6-30
 121101011            column=education:high_shool_time, timestamp=1723971423
                      150, value=2018-6-30
 121101011            column=education:middle_shool_time, timestamp=17239714
                      23018, value=2015-6-30
 121101011            column=general:gender, timestamp=1723971422903, value=
                      man
 121101011            column=general:id, timestamp=1723971422514, value=1001
 121101011            column=general:name, timestamp=1723971456821, value=Li
 211100022            column=general:gender, timestamp=1723971605647, value=
                      woman
 211100022            column=general:id, timestamp=1723971605452, value=1002
 211100022            column=general:name, timestamp=1723971605544, value=Wa
                      ng
2 row(s)
```

图 6-27　HBase 扫描整表

7. 查看特定列族

如果需要仅查看特定列族,可以在扫描命令中加入列族信息,例如,查询'employee'表的'general'列族可以使用以下命令:

```
hbase(main):030:0 > scan 'employee',{COLUMNS = >'general'}
```

命令执行的结果包含两个行键,如图 6-28 所示。

```
hbase(main):030:0> scan 'employee',{COLUMNS=>'general'}

ROW                   COLUMN+CELL
 121101011            column=general:gender, timestamp=1723971422903, value=
                      man
 121101011            column=general:id, timestamp=1723971422514, value=1001
 121101011            column=general:name, timestamp=1723971456821, value=Li
 211100022            column=general:gender, timestamp=1723971605647, value=
                      woman
 211100022            column=general:id, timestamp=1723971605452, value=1002
 211100022            column=general:name, timestamp=1723971605544, value=Wa
                      ng
2 row(s)
```

图 6-28　查看 HBase 表特定列族 1

将要查询的列族换成'education',命令如下:

```
hbase(main):031:0 > scan 'employee',{COLUMNS = >'education'}
```

命令执行的结果就仅包含一个行键,如图 6-29 所示。

```
hbase(main):031:0> scan 'employee',{COLUMNS=>'education'}
ROW                 COLUMN+CELL
 121101011          column=education:college_time, timestamp=1723971424249
                    , value=2022-6-30
 121101011          column=education:high_shool_time, timestamp=1723971423
                    150, value=2018-6-30
 121101011          column=education:middle_shool_time, timestamp=17239714
                    23018, value=2015-6-30
1 row(s)
```

图 6-29　查看 HBase 表特定列族 2

8. 限定扫描的行数

扫描命令可以限定返回的行数，例如，查询'employee'的'general'列族，限定只返回 1 个行键，命令如下：

hbase(main):032:0 > scan 'employee',{COLUMNS = >'general',LIMIT = > 1}

命令执行的结果如图 6-30 所示。

```
hbase(main):032:0> scan 'employee',{COLUMNS=>'general',LIMIT=>1}
ROW                 COLUMN+CELL
 121101011          column=general:gender, timestamp=1723971422903, value=
                    man
 121101011          column=general:id, timestamp=1723971422514, value=1001
 121101011          column=general:name, timestamp=1723971456821, value=Li
1 row(s)
```

图 6-30　HBase 限定扫描行数

6.4.5　删除数据

1. 删除指定行、指定列

可以使用 delete 命令同时指定行和列来删除 HBase 表记录。例如，想删除'employee'表，'121101011'行键，'general:name'列的数据，可以使用以下命令：

hbase(main):034:0 > delete 'employee','121101011','general:name'

删除后检查表的指定列族，注意其中行'121101011'中姓名列的值已变成'Zhang'，如图 6-31 所示。

```
hbase(main):035:0> scan 'employee',{COLUMNS=>'general'}
ROW                 COLUMN+CELL
 121101011          column=general:gender, timestamp=1723971422903, value=
                    man
 121101011          column=general:id, timestamp=1723971422514, value=1001
 121101011          column=general:name, timestamp=1723971422686, value=Zh
                    ang
 211100022          column=general:gender, timestamp=1723971605647, value=
                    woman
 211100022          column=general:id, timestamp=1723971605452, value=1002
 211100022          column=general:name, timestamp=1723971605544, value=Wa
                    ng
```

图 6-31　查看删除 HBase 表指定行、指定列后的结果

2. 删除指定行所有内容

如果要删除 HBase 表中的指定行，可以使用 deleteall 命令。如想删除'employee'表中'211100022'行键的所有内容，可以使用以下命令：

```
hbase(main):036:0 > deleteall 'employee','211100022'
```

删除后重新扫描表,可以看到只返回一行,而'211100022'行键对应的数据已经被删除,
如图 6-32 所示。

```
hbase(main):037:0> scan 'employee',{COLUMNS=>'general'}
ROW                 COLUMN+CELL
 121101011          column=general:gender, timestamp=1723971422903, value=
                    man
 121101011          column=general:id, timestamp=1723971422514, value=1001
 121101011          column=general:name, timestamp=1723971422686, value=Zh
                    ang
1 row(s)
```

图 6-32 查看删除 HBase 表指定行后的结果

3. 清空表

如果要清空整张 HBase 表,可以使用 truncate 命令。下面案例演示如何清空'employee'
表。清空前先查看整表数据,如图 6-33 所示。

```
hbase(main):038:0> scan 'employee'
ROW                 COLUMN+CELL
 121101011          column=education:college_time, timestamp=1723971424249
                    , value=2022-6-30
 121101011          column=education:high_shool_time, timestamp=1723971423
                    150, value=2018-6-30
 121101011          column=education:middle_shool_time, timestamp=17239714
                    23018, value=2015-6-30
 121101011          column=general:gender, timestamp=1723971422903, value=
                    man
 121101011          column=general:id, timestamp=1723971422514, value=1001
 121101011          column=general:name, timestamp=1723971422686, value=Zh
                    ang
1 row(s)
```

图 6-33 清空 HBase 表前扫描全表

然后做清空操作,命令如下:

```
hbase(main):039:0 > truncate 'employee'
```

清空表后再次扫描'employee'全表检查效果,可以看到已经没有数据返回,如图 6-34
所示。

```
hbase(main):040:0> scan 'employee'
ROW                 COLUMN+CELL
0 row(s)
```

图 6-34 清空 HBase 表后扫描全表

4. 删除表

如果要彻底删除某张 HBase 表,可以使用 drop 命令,但须遵循先禁用表,再删除表的
规则,如以下案例。

首先禁用'employee'表,命令如下:

```
hbase(main):041:0 > disable 'employee'
```

然后删除'employee'表,命令如下:

```
hbase(main):042:0 > drop 'employee'
```

删除表后再次扫描表以检查效果,可以看到有未知此表的提示,说明已经删除该表,如

图 6-35 所示。

图 6-35 删除表后的检查

如果要退出 HBase 命令行,可以使用 exit 命令,将返回 Linux 命令行,如图 6-36 所示。

图 6-36 退出 HBase 命令行

如果要停止 HBase 服务,可以使用以下 Linux 命令:

♯ stop‑hbase.sh

执行效果如图 6-37 所示。

图 6-37 停止 HBase 服务

6.4.6 拍摄虚拟机快照

本实验完成后,同样需要到虚拟机上拍摄快照,如图 6-38 所示。

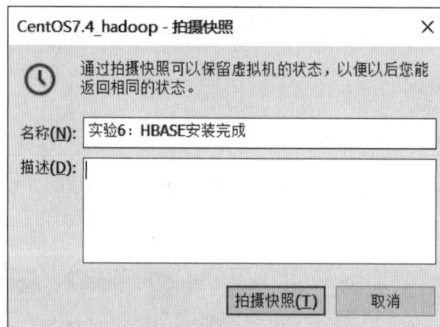

图 6-38 拍摄虚拟机快照

思考题

1. 简述 HBase 的特点。
2. 简述 HBase 与传统关系数据库的区别。
3. 简述 HBase 的适用场景。
4. 简述 HBase 的系统架构。
5. 简述 HBase 数据模型的相关概念(如表、行键、列族、时间戳等)。

第7章

基于内存的编程模型Spark

Spark 是大规模数据处理的统一分析引擎,是分布式内存迭代计算框架,是基于内存计算的大数据计算平台。本章首先介绍 Spark,然后阐述 Spark 架构及核心,最后介绍 Spark 的四大组件。

7.1 Spark 概述

7.1.1 Spark 的诞生

Spark 诞生于美国加州大学伯克利分校的 AMP 实验室的一个研究项目,其目标是维持 MapReduce 可扩展、分布式、容错处理框架的优势,同时促使该框架变得更高效、更易于使用。Spark 能够重复利用多线程轻量级任务(并非启动和终止进程),还能跨迭代将数据缓存于内存中,无须在各阶段间写入磁盘,因此,Spark 在数据流程和迭代算法方面比 MapReduce 更高效。Spark 是应用于大型数据处理的快速通用分析引擎,可在 Yarn、Mesos、Kubernetes 上运行,也可独立或在云端运行。借助于 SQL、流处理、机器学习和图形处理的高级运算符及库,Spark 使开发者能够通过交互式 shell 或应用程序包来使用 Scala、Python、R 或 SQL 语言,可轻松构建并行应用程序。通过功能编程模型和相关查询引擎 Catalyst,Spark 支持批量和交互式分析,可将作业转换为查询方案,并跨集群节点调度查询方案中的操作。

Hadoop 虽然已成为大数据技术的事实标准,但其本身还存在不少缺陷,最主要的缺陷是其 MapReduce 计算模型延迟过高,无法胜任实时、快速计算的需求,只适用于离线处理的应用场景。Spark 在借鉴 Hadoop MapReduce 优点的同时,能很好地解决 MapReduce 所面临的问题。

7.1.2 Spark 的特点

Spark 的设计目标是为大数据处理提供高性能、易用性和灵活性。它的核心特点归纳如下。

(1) 高效性。Spark 是一个基于内存计算的分布式计算框架,比传统的 MapReduce 作业快上几个数量级,因为它可以在内存中进行数据处理,减少了磁盘读写的开销,从而实现

高效性。(图 7-1)

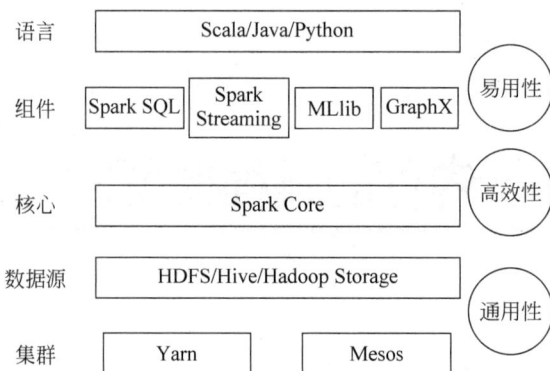

图 7-1 Spark 的特点

(2) 易用性。Spark 提供了丰富的应用程序编程接口(API),支持多种语言(如 Scala、Java、Python 和 R),并且提供了丰富的高级功能(如 SQL 查询、机器学习和图计算),使得用户可以轻松地开发复杂的分布式应用程序。

(3) 弹性。Spark 提供了弹性分布式数据集(resilient distributed dataset,RDD)的抽象,可以在内存中缓存数据,容错性强,可以在节点故障时自动恢复数据,保证作业的稳定执行。

(4) 通用性。Spark 不仅支持批处理作业(如 MapReduce),还支持交互式查询、流处理和机器学习等多种应用场景,因此可以满足不同领域的需求。

(5) 运行模式多样性。Spark 可运行于独立的集群模式中。或者运行于 Hadoop 中,也可以运行于 Amazon EC2 等云环境中,并且可以访问 HDFS、Cassandra、HBase、Hive 等多种数据源。

如今 Spark 已吸引了国内外各大公司的注意,如腾讯、淘宝、百度、亚马逊等公司均不同程度地使用了 Spark 来构建大数据应用系统。相信在将来,Spark 会在更多的应用场景中发挥重要作用。

7.2 Spark 的架构及核心

7.2.1 Spark 的架构基础

Spark 的架构基础是 RDD,是一个分布在机器集群上的只读数据项多集,以容错方式维护。Dataframe API 作为 RDD 之上的抽象发布,随后是 Dataset API。在 Spark 1. x 中,RDD 是主要的 API,但从 Spark 2. x 开始,鼓励使用 Dataset API,即使 RDD API 尚未弃用,但 RDD 技术仍然是 Dataset API 的基础。自从 Spark 开发以来,旨在解决 MapReduce 集群计算范式的局限性,该范式强制分布式程序采用特定的线性数据流结构:MapReduce 程序从磁盘读取输入数据,在数据上映射函数,减少映射结果,并将减少结果存储在磁盘上。Spark 的 RDD 充当分布式程序的工作集,提供一种受限的分布式共享内存形式。在 Spark 内部,工作流以 DAG 的形式进行管理。节点表示 RDD,而边表示 RDD 上的操作。

Spark 有助于实现迭代算法(循环多次访问数据集)和交互式/探索性数据分析(即重复的数据库式数据查询)。

Spark 需要集群管理器和分布式存储系统。①对于集群管理,Spark 支持独立、Yarn、Apache Mesos 或 Kubernetes 多种模式。②对于分布式存储,Spark 可以与各种各样的系统交互,包括 Alluxio、Hadoop HDFS、MapR 文件系统(MapR-FS)、Cassandra、OpenStack Swift、Amazon S3、Kudu、Lustre 文件系统,或者可以实现自定义解决方案。③Spark 还支持伪分布式本地模式,通常仅用于开发或测试目的,这种模式不需要分布式存储,可以使用本地文件系统;在这种情况下,Spark 在单机上运行。

7.2.2　核心内容

RDD 既是 Spark 的基本计算单元,可以通过一系列算子进行操作(主要有Transformation 和 Action 操作),又是 Spark 最核心的内容,代表一个不可变、可分区,里面的元素可并行计算的集合。不同的数据集格式对应不同的 RDD 实现。RDD 必须是可序列化的。RDD 可以缓存到内存中,每次对 RDD 数据集操作之后的结果,都可以存放到内存中,下一个操作可以直接从内存中输入,省去了 MapReduce 大量的磁盘操作。这对于迭代运算比较常见的机器学习算法、交互式数据挖掘来说,效率提升非常大。一个 RDD 就是一个分布式对象集合,本质上是一个只读的分区记录集合。

RDD 最适合在数据集上的所有元素都执行相同操作的批处理式应用。在这种情况下,RDD 需记录系统中每个转换就能还原丢失的数据分区,而无须记录大量的数据操作日志。所以 RDD 不适合那些需要异步、细粒度更新状态的应用,如 Web 应用的存储系统,或增量式的 Web 爬虫等。对于这些应用,使用具有事务更新日志和数据检查点的数据库系统更为高效。以 RDD 为中心的函数式编程的一个典型示例是 Scala 程序,该程序计算一组文本文件中出现的所有单词的频率并打印最常见的单词。每个 map、flatMap(map 的变体)和reduceByKey 都采用一个匿名函数,该函数对单个数据项(或一对数据项)执行简单操作,并应用其参数将 RDD 转换为"新的 RDD"。也就是 Spark 用 Scala 实现了 RDD 的 API,程序员可以通过调用 API 实现对 RDD 的各种操作。

1. RDD 的特点
从来源、状态、分区、路径、持久化、操作等方面归纳 RDD 的特点,见表 7-1。

表 7-1　RDD 的特点

项　　目	特　　点
来源	一种是从持久存储获取数据,另一种是从其他 RDD 生成得到
状态	状态不可变,不能修改,属于只读
分区	具有分区特征,即支持元素根据 key 来分区,保存到多个节点上,还原时只会重新计算丢失分区的数据,而不会影响整个系统
路径	在 RDD 中叫世族或血统(lineage),即 RDD 有充足的信息关于它是如何从其他 RDD 产生而来的
持久化	可以控制存储级别(内存、磁盘等)来进行持久化
操作	丰富的动作(action),如 count、reduce、collect 和 save 等

2. RDD 提供了 4 种算子

RDD 提供了输入算子、转换算子、缓存算子以及行动算子，简介如下。

输入算子：将原生数据转换成 RDD，如 parallelize、txtFile 等。

转换算子：是最主要的算子，是 Spark 生成 DAG 的对象，转换算子并不立即执行，在触发行动算子后再提交给 driver 处理，生成 DAG，即 Stage-Task-Worker 执行。

缓存算子：对于要多次使用的 RDD，可以缓冲加快运行速度，对重要数据可以采用多备份缓存。

行动算子：将运算结果 RDD 转换成原生数据，如 count、reduce、collect、saveAsTextFile 等转换与操作。

3. RDD 依赖类型

在 RDD 中将依赖划分成了两种类型，即窄依赖（narrow dependencies）和宽依赖（wide dependencies）。

窄依赖：是指父 RDD 的每个分区都只被子 RDD 的一个分区所使用。

宽依赖：是指父 RDD 的分区被多个子 RDD 的分区所依赖。例如，Map 就是一种窄依赖，而 Join 则会导致宽依赖（除非父 RDD 是 Hash-partitioned）。

7.3　Spark 的四大组件

7.3.1　Spark SQL

Spark SQL 是 Spark Core 上的一个组件，它引入了一种称为 DataFrames 的数据抽象，它为结构化数据和半结构化数据提供支持。Spark SQL 提供了一种领域特定语言（DSL）来操作 Scala、Java、Python 或.NET 中的 DataFrames。它还提供 SQL 支持，带有命令行界面和 ODBC/JDBC 服务器。虽然 DataFrames 缺乏 RDD 所提供的编译是类型检查，但从 Spark 2.0 开始，强类型 DataSet 也完全受 Spark SQL 支持。

7.3.2　Spark 流

Spark 流（Spark streaming）使用 Spark Core 的快速调度功能来执行流分析。它以小批量的形式提取数据，并对这些小批量数据执行 RDD 转换。这种设计使得为批量分析编写的同一组应用程序代码可用于流分析，从而有助于轻松实现 lambda 架构。然而，这种便利是以等待时间为代价的，等待时间等于小批量的持续时间。其他采用事件驱动而非小批量处理的流数据引擎包括 Storm 和 Flink 的流处理组件。Spark 流内置支持从 Kafka、Flume、Twitter、ZeroMQ、Kinesis 和 TCP/IP 套接字进行使用。

在 Spark 2.x 中，还提供了一种基于数据集的独立技术，称为结构化流，它具有更高级别的接口来支持流式传输。

Spark 流既可以部署在传统的本地数据中心，也可以部署在云端。

7.3.3　MLlib 机器学习库

Spark MLlib 是一个基于 Spark Core 的分布式机器学习框架，这在很大程度上归功于基于分布式内存的 Spark 架构,它的速度比使用基于磁盘计算的 Mahout 快 9 倍,而且扩展性优于 Vowpal Wabbit。许多常见的机器学习和统计算法都已实现并随 MLlib 一起提供,这就简化了大规模机器学习流程,包括:

(1) 汇总统计数据相关性、分层抽样、假设检验、随机数据生成。

(2) 分类和回归,包括支持向量机、逻辑回归、线性回归、朴素贝叶斯分类、决策树、随机森林、梯度提升树。

(3) 协同过滤技术,包括交替最小二乘法(ALS)。

(4) 聚类分析方法,包括 k-means 和潜在狄利克雷分配(LDA)。

(5) 降维技术,如奇异值分解(SVD)和主成分分析(PCA)。

(6) 特征提取和转换函数。

(7) 优化算法,如随机梯度下降、有限内存 BFGS(L-BFGS)。

7.3.4 GraphX

GraphX 是一个基于 Spark 的分布式图形处理框架,它是新的图形和图像并行计算的 Spark API。通过引入弹性分布式属性,GraphX 继承了 RDD,是一个将有效信息放在顶点和边的有向多重图。GraphX 提供了两个独立的 API 用于实现大规模并行算法(如 PageRank)。GraphX 完全支持属性图(可以将属性附加到边和顶点的图)。

7.4 实验项目 7: Spark 的安装与编程基础

实验项目 7

7.4.1 准备工作

(1) 启动 CentOS 7 虚拟机。

(2) 启动 Hadoop,使用的 Linux 命令如下:

```
# start - dfs.sh
# start - yarn.sh
```

(3) 使用 jps 命令检查 Hadoop 相关进程是否启动。执行的效果如图 7-2 所示。

```
[root@hadoop0 ~]# jps
26609 DataNode
22324 NodeManager
22166 ResourceManager
26423 NameNode
29368 Jps
26843 SecondaryNameNode
```

图 7-2 jps 命令显示进程

说明:需要有 NameNode、SecondaryNameNode、DataNode、NodeManager、ResourceManager 5 个进程。

7.4.2 安装配置 Scala

1. 上传压缩包

将 Scala 软件压缩包上传到虚拟机的/usr/local/src/目录,如图 7-3 所示。

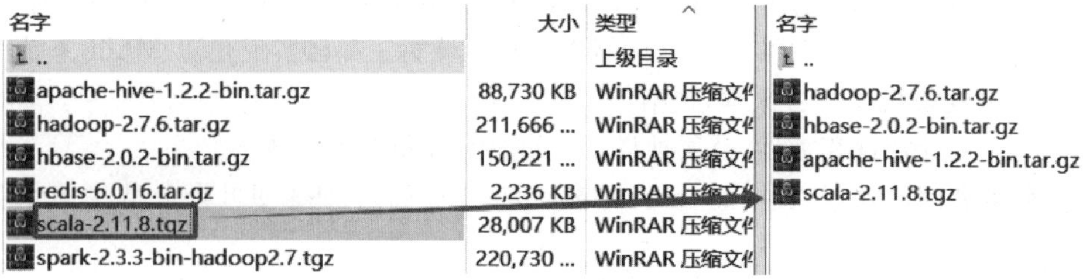

图 7-3　上传 Scala 软件包

2. 文件解压

访问/usr/local/src/目录，并解压 Scala 软件到/usr/local/目录，使用的 Linux 命令如下：

```
# cd /usr/local/src/
# tar - zxf scala - 2.11.8.tgz - C /usr/local/
```

解压完成后可访问/usr/local/目录进行检查，Linux 命令如下：

```
# ll /usr/local/
```

检查结果如图 7-4 所示，显示有 Scala 目录。

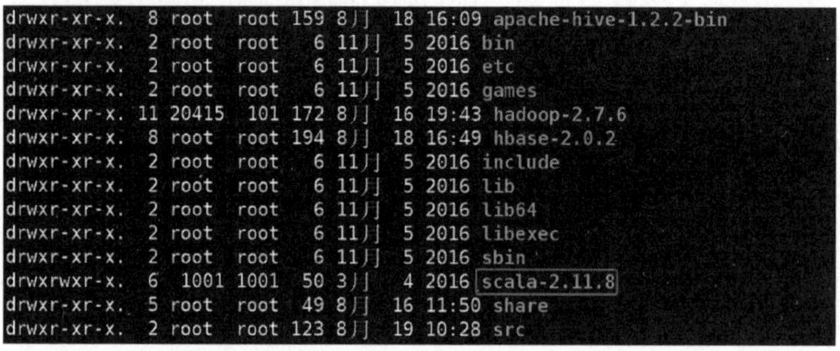

图 7-4　检查 Scala 解压目录

3. 配置 Scala

安装完成后进入配置环节，首先配置环境变量，Linux 命令如下：

```
# vim /etc/profile
```

需要添加的内容如下：

```
export SCALA_HOME = /usr/local/scala - 2.11.8
export PATH = $ PATH: $ JAVA_HOME/bin: $ HADOOP_HOME/bin: $ HADOOP_HOME/sbin:
$ HIVE_HOME/bin: $ SQOOP_HOME/bin: $ HBASE_HOME/bin: $ SCALA_HOME/bin
```

（加底色部分是原有的配置内容，加粗部分是新增的内容）

环境变量配置效果如图 7-5 所示。

图 7-5　Scala 的环境变量配置

环境变量配置完成后需要刷新环境,Linux 命令如下:

```
# source /etc/profile
```

最后可以检查 Scala 版本信息,命令如下:

```
# scala - version
```

Scala 的版本信息如图 7-6 所示。

图 7-6　Scala 的版本信息

7.4.3　安装配置 Spark

1. 上传压缩包

首先将 Spark 软件压缩包上传到虚拟机/usr/local/src/目录,如图 7-7 所示。

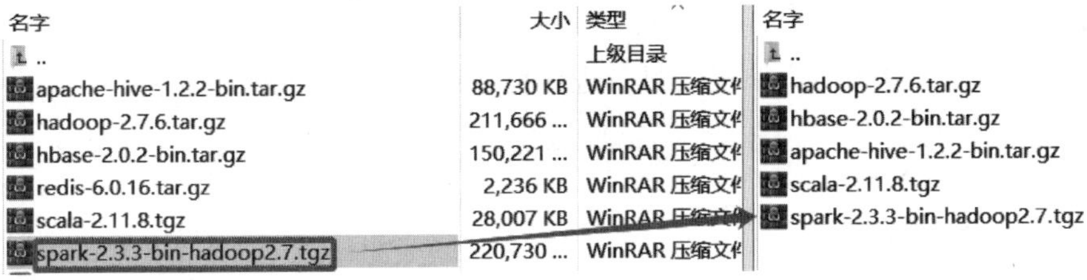

图 7-7　上传 Spark 软件压缩包

2. 文件解压

解压 Spark 软件包到/usr/local/目录,使用的 Linux 命令如下:

```
# cd /usr/local/src/
# tar - zxf spark - 2.3.3 - bin - hadoop2.7.tgz - C /usr/local/
```

3. 配置 Spark

安装完成后进入配置环节,首先进入 Spark 配置目录,使用的 Linux 命令如下:

```
# cd /usr/local/spark - 2.3.3 - bin - hadoop2.7/conf/
```

然后复制 spark-env. sh. template 模板文件为 spark-env. sh 配置文件,使用的 Linux 命令如下:

```
# cp spark - env. sh. template spark - env. sh
```

接下来使用 vim 编辑 spark-env. sh 进行配置,使用的 Linux 命令如下:

```
# vim spark - env. sh
```

进入配置文件后,按 Shift＋G 组合键跳到最后,按"i"键进入编辑模式,再添加以下内容:

```
export HADOOP_CONF_DIR = $ HADOOP_HOME/etc/hadoop
export SPARK_MASTER_HOST = hadoop0
```

配置内容如图 7-8 所示。

```
export HADOOP_CONF_DIR=$HADOOP_HOME/etc/hadoop
export SPARK_MASTER_HOST=hadoop0
```

图 7-8　spark-env.sh 新增的配置内容

下个配置文件是 slaves,同样通过复制 slaves.template 模板,生成 slaves 文件,使用的 Linux 命令如下:

```
# cp slaves.template slaves
```

仍然通过 vim 编辑 slaves 文件进行配置,使用的 Linux 命令如下:

```
# vim slaves
```

slaves 文件中只需添加 hadoop0 配置,如图 7-9 所示。

```
# A Spark Worker will be started on each of the machines listed below.
localhost
hadoop0
```

图 7-9　配置 slaves 文件

4. 启动 Spark

完成配置后就可进入 Spark 安装目录进行程序启动,使用的命令如下:

```
# cd /usr/local/spark-2.3.3-bin-hadoop2.7/
# sbin/start-all.sh
```

启动的过程如图 7-10 所示。

```
[root@hadoop0 spark-2.3.3-bin-hadoop2.7]# sbin/start-all.sh
starting org.apache.spark.deploy.master.Master, logging to /usr/local/spar
k-2.3.3-bin-hadoop2.7/logs/spark-root-org.apache.spark.deploy.master.Maste
r-1-hadoop0.out
hadoop0: starting org.apache.spark.deploy.worker.Worker, logging to /usr/l
ocal/spark-2.3.3-bin-hadoop2.7/logs/spark-root-org.apache.spark.deploy.wor
ker.Worker-1-hadoop0.out
localhost: starting org.apache.spark.deploy.worker.Worker, logging to /usr
/local/spark-2.3.3-bin-hadoop2.7/logs/spark-root-org.apache.spark.deploy.w
orker.Worker-1-hadoop0.out
```

图 7-10　Spark 启动过程

5. 检查启动情况

为了检查 Spark 的启动状况,可以执行 jps 命令监测,如果启动正常则进程中将包含 Master 和 Worker,如图 7-11 所示。

```
[root@hadoop0 spark-2.3.3-bin-hadoop2.7]# jps
26609 DataNode
50049 Master
22324 NodeManager
22166 ResourceManager
26423 NameNode
26843 SecondaryNameNode
50219 Worker
50349 Jps
50239 Worker
```

图 7-11　检查 Spark 启动状况

也可以通过运行 spark-shell 来检查,命令如下:

```
# bin/spark-shell
```

如果 Spark 服务运行正常将出现 Spark 的欢迎界面并进入 scala 命令行,如图 7-12 所示。

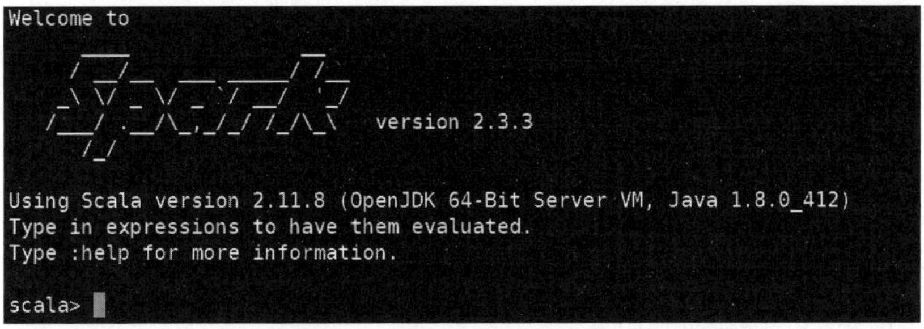

图 7-12 Spark 的欢迎界面

还可以使用浏览器访问网址 http://hadoop0:8080/,如果正常将显示 Spark 的运行状态,如图 7-13 所示。

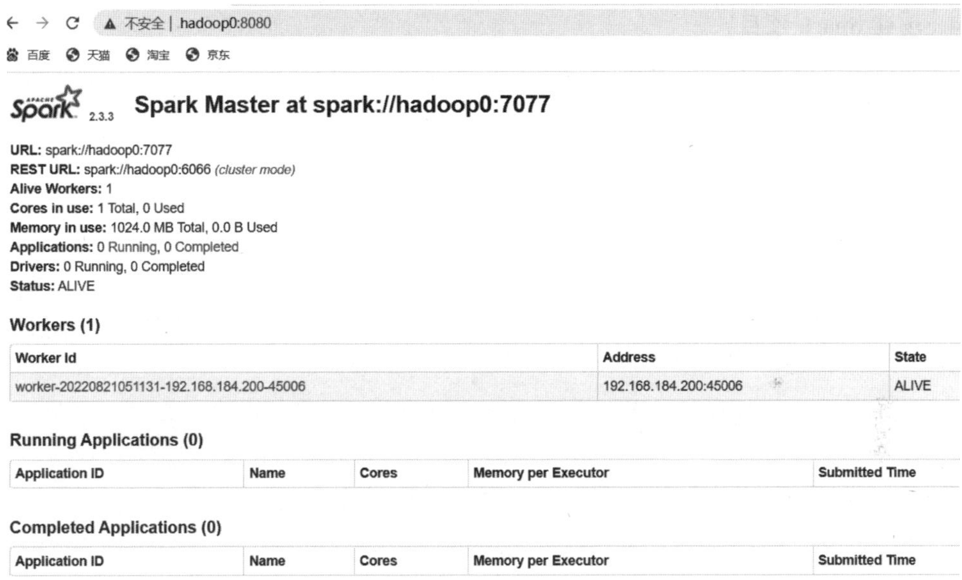

图 7-13 Spark 的运行状态页面

或者访问 http://hadoop0:4040/,可查看 Spark Jobs,如图 7-14 所示。

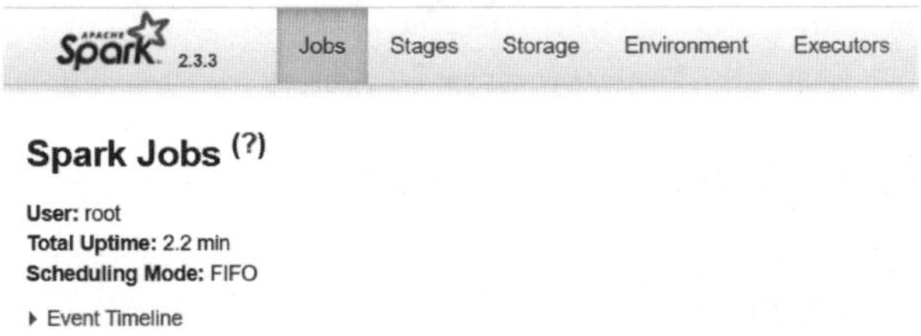

图 7-14 Spark Jobs 页面

6. 退出 scala 命令行

如果要退出 scala 命令行模式,输入"q"即可,如图 7-15 所示。

```
scala> :q
[root@hadoop0 spark-2.3.3-bin-hadoop2.7]#
```

图 7-15 退出 scala 命令行模式

7. 停止 Spark 服务

如果要停止 Spark 服务,首先进入 Spark 安装目录,Linux 命令如下:

cd /usr/local/Spark - 2.3.3 - bin - hadoop2.7/

然后停止 Spark 服务,命令如下:

sbin/stop - all.sh

7.4.4　Spark 编程操作

1. 创建 Spark 项目

进入 Eclipse 菜单 File→New Maven Project 创建新项目,如图 7-16 和图 7-17 所示。

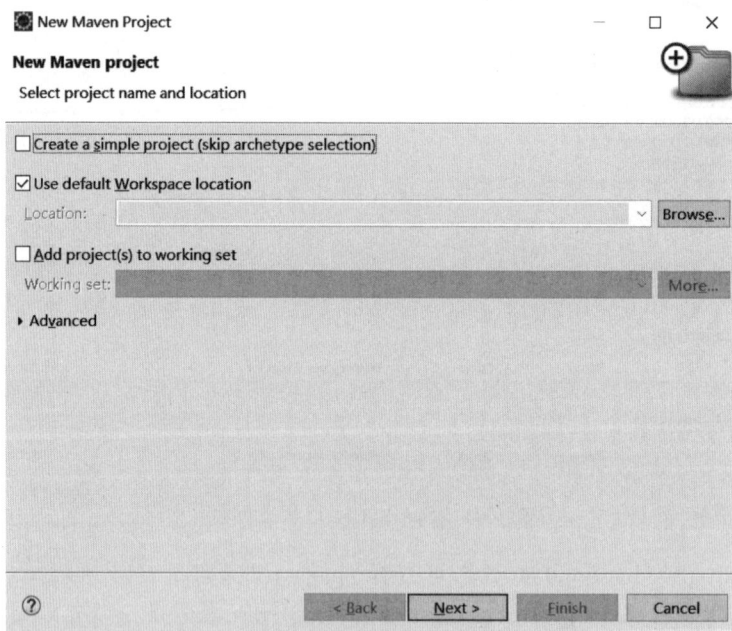

图 7-16　新建 Spark 项目

在指定参数界面填写项目参数,参考如下:

```
Group Id: com.example.hadoop
Artifact Id: spark - project
Version: 0.0.1 - SNAPSHOT(默认)
Package: com.example.hadoop.spark_project(自动生成)
```

然后单击 Finish 按钮,如图 7-18 所示。

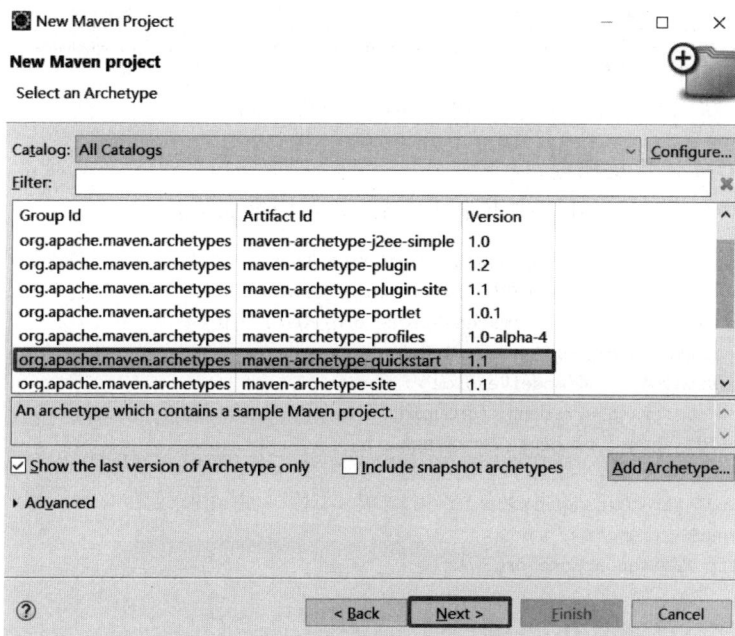

图 7-17　选择 Maven 项目原型

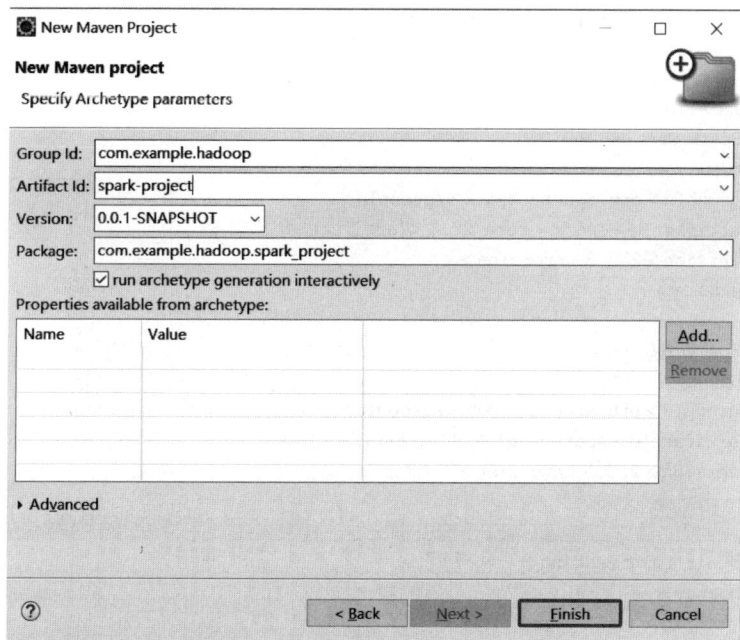

图 7-18　填写项目参数

单击 Finish 按钮后将在控制台中显示项目构建信息，注意在提示确认配置时，输入 y。
项目构建过程如图 7-19 所示。

图 7-19　Spark 项目构建过程

2. 添加 POM 依赖及配置

打开项目中的 pom. xml,添加依赖及配置,具体内容如下:

```xml
< project xmlns = "http://maven.apache.org/POM/4.0.0"
xmlns:xsi = "http://www.w3.org/2001/XMLSchema - instance"
  xsi:schemaLocation = "http://maven.apache.org/POM/4.0.0
http://maven.apache.org/xsd/maven - 4.0.0.xsd">
  < modelVersion > 4.0.0 </modelVersion >
  < groupId > com.example.hadoop </groupId >
  < artifactId > spark - project </artifactId >
  < version > 0.0.1 - SNAPSHOT </version >
  < packaging > jar </packaging >
  < name > spark - project </name >
  < url > http://maven.apache.org </url >

  < properties >
    < project.build.sourceEncoding > UTF - 8 </project.build.sourceEncoding >
    < project.reporting.outputEncoding > UTF - 8 </project.reporting.outputEncoding >
    < maven.compiler.source > 17 </maven.compiler.source >
    < maven.compiler.target > 17 </maven.compiler.target >
  </properties >

  < dependencies >
    <!-- Spark Core -->
    < dependency >
        < groupId > org.apache.spark </groupId >
        < artifactId > spark - core_2.11 </artifactId >
        < version > 2.3.3 </version >
    </dependency >

    <!-- Spark SQL -->
    < dependency >
        < groupId > org.apache.spark </groupId >
        < artifactId > spark - sql_2.11 </artifactId >
        < version > 2.3.3 </version >
    </dependency >

    <!-- JUnit 4 for testing -->
    < dependency >
        < groupId > junit </groupId >
        < artifactId > junit </artifactId >
        < version > 4.13.2 </version >
        < scope > test </scope >
    </dependency >
  </dependencies >

  < build >
    < plugins >
```

```
<!-- Compiler plugin to specify JDK version -->
<plugin>
    <groupId>org.apache.maven.plugins</groupId>
    <artifactId>maven-compiler-plugin</artifactId>
    <version>3.8.1</version>
    <configuration>
        <source>17</source>
        <target>17</target>
    </configuration>
</plugin>
    </plugins>
  </build>
</project>
```

3. 下载依赖并更新项目

右击 pom.xml，从弹出的菜单中选择 Maven→Update Project，如图 7-20 所示。

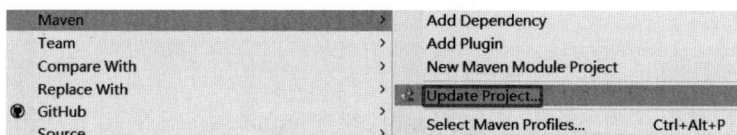

图 7-20　Maven 更新项目

在弹出的窗口选中更新选项(图 7-21)再单击 OK 按钮。

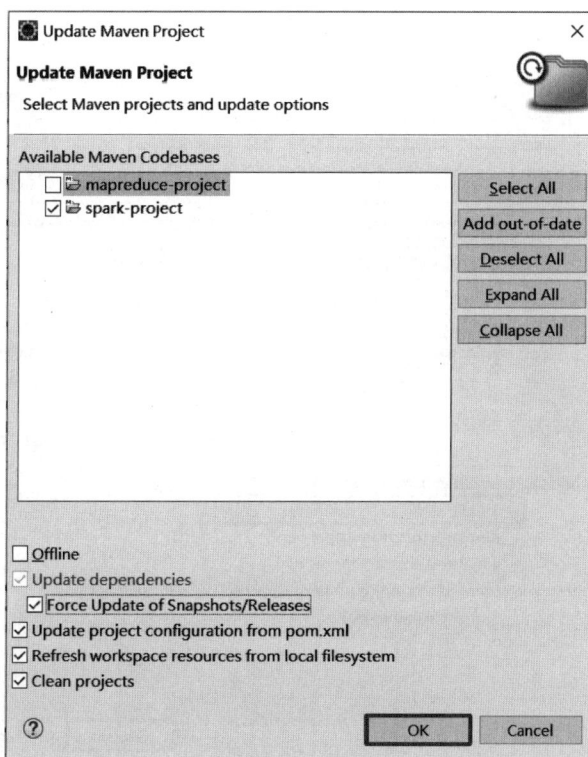

图 7-21　选择更新选项

完成后将在 Eclipse 右下角显示更新进度,并在 Project Explorer 生成项目结构,如图 7-22 所示。

4. 新建 Spark_WordCount 类

右击项目中的 com. example. hadoop. spark_project 包,在弹出的菜单中选择 New→Class,如图 7-23 所示。

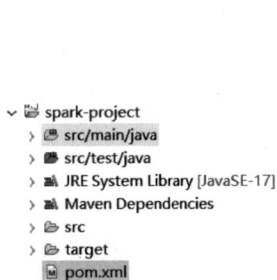

图 7-22　Spark 项目的结构

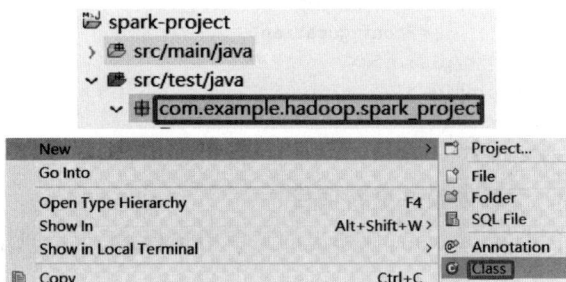

图 7-23　新建 Java 类

将创建的新类命名为 Spark WordCount,勾选 public static void main 以便生成 main 函数,然后单击 Finish 按钮,如图 7-24 所示。

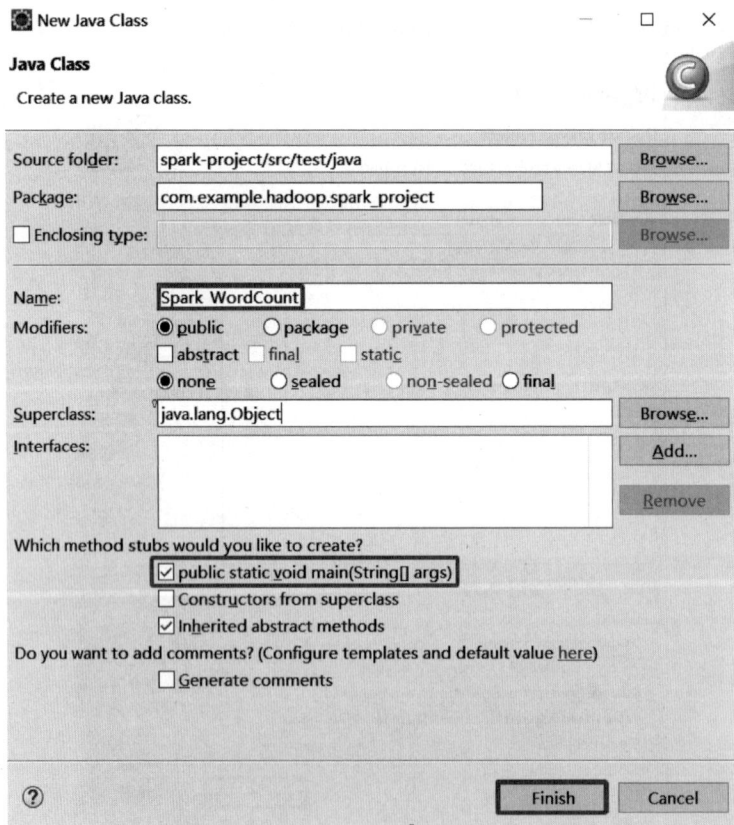

图 7-24　填写 Spark WordCount 类信息

5. 编写 Spark WordCount 程序

编写程序内容如下：

```java
package com.example.hadoop.spark_project;
import org.apache.spark.SparkConf;
import org.apache.spark.api.java.JavaRDD;
import org.apache.spark.api.java.JavaPairRDD;
import org.apache.spark.api.java.JavaSparkContext;
import scala.Tuple2;
import java.util.Arrays;
public class Spark_WordCount {
    public static void main(String[] args) {
        // 创建 SparkConf 对象并设置应用名称和运行模式(local 表示在本地运行)
        SparkConf conf = new SparkConf().setAppName("Spark WordCount")
                                        .setMaster("local");
        // 创建 JavaSparkContext 对象,这是通往 Spark 集群的主要入口点
        JavaSparkContext sc = new JavaSparkContext(conf);
        // 定义输入和输出路径
        String inputPath = "hdfs://hadoop0:9000/input/word.txt";
        String outputPath = "hdfs://hadoop0:9000/output";
        // 读取输入文件,创建初始的 RDD
        JavaRDD<String> input = sc.textFile(inputPath);
        // 执行以下操作: 分割行→创建(key, value)对→按 key 聚合
        JavaPairRDD<String, Integer> counts = input
                // 将每一行分割成单词并展开为单词的迭代器
                .flatMap(line -> Arrays.asList(line.split(" ")).iterator())
                // 将每个单词映射为一个(key, value)对,value 初始化为 1
                .mapToPair(word -> new Tuple2<>(word, 1))
                // 按 key 聚合,计算每个单词的总数
                .reduceByKey((a, b) -> a + b);
        // 将结果保存到输出路径
        counts.saveAsTextFile(outputPath);
        // 关闭 SparkContext
        sc.close();
    }
}
```

6. 准备数据

程序编写完成后需要进行测试。可以使用前置实验中 HDFS 上的 input 文件夹作为输入文件夹,其中的文本文件 word.txt 作为测试数据,但需要删除原有的 output 文件夹, Hadoop location 结构如图 7-25 所示。

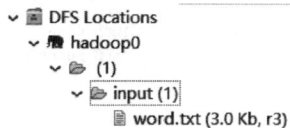

图 7-25 用于测试的 Hadoop location 结构

7. 运行程序

右击 WordCount 程序中的 main 函数,从弹出的菜单中选择 Run As→Run Configurations, 如图 7-26 所示。

图 7-26 运行 Spark 程序

在参数配置窗口的 VM Arguments 填写如下内容后再单击 Run 按钮,在 VM arguments 编辑框内填入以下参数:

```
-- add - opens java.base/java.lang = ALL - UNNAMED
-- add - opens java.base/java.lang.reflect = ALL - UNNAMED
-- add - opens java.base/java.util = ALL - UNNAMED
-- add - opens java.base/java.util.concurrent = ALL - UNNAMED
-- add - opens java.base/java.nio = ALL - UNNAMED
```

再单击 Run 按钮,如图 7-27 所示。

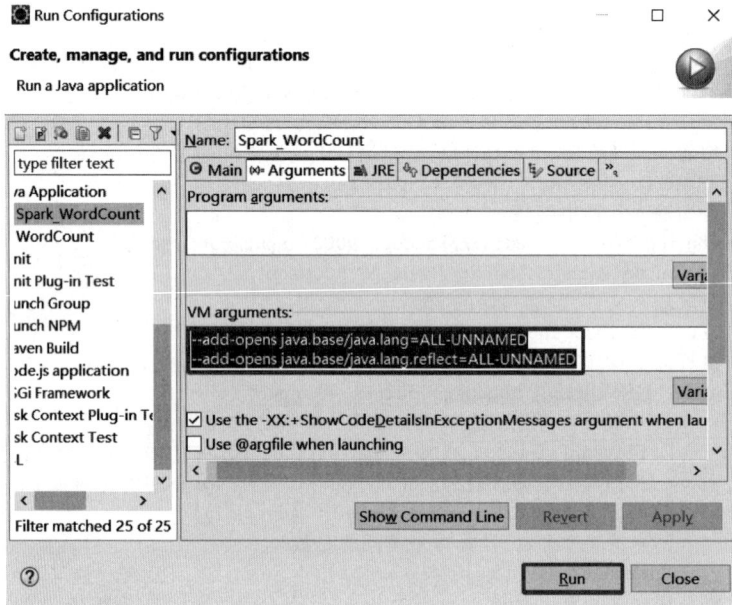

图 7-27 Spark 程序运行参数

程序运行后控制台将显示运行日志,如图 7-28 所示。

```
INFO SecurityManager: Changing modify acls groups to:
INFO SecurityManager: SecurityManager: authentication disabled; ui acls
INFO Utils: Successfully started service 'sparkDriver' on port 51597.
INFO SparkEnv: Registering MapOutputTracker
INFO SparkEnv: Registering BlockManagerMaster
```

图 7-28 Spark 程序运行日志

8. 查看运行结果

右击根目录,从弹出的菜单中选择 Refresh,如图 7-29 所示。

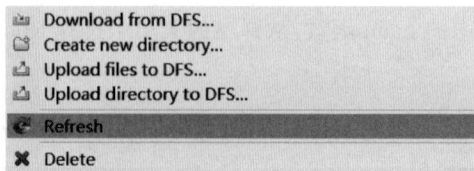

图 7-29 刷新 Hadoop location

刷新后将显示 output 文件夹,打开其中的 part-00000 文件,即可看到单词统计结果,如图 7-30 和图 7-31 所示。

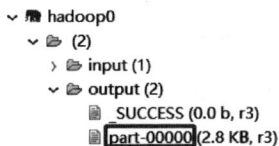

图 7-30 打开结果文件

```
8,000      1
Aoyou      1
Aoyou,     1
August,    1
Beijing,   2
CYTS       2
Chinese 5
Chunguang, 1
Company,   1
Europe,    2
European   2
Figures 1
France  9
```

图 7-31 单词统计内容

7.4.5 拍摄虚拟机快照

本实验完成后,同样需要到虚拟机上拍摄快照,如图 7-32 所示。

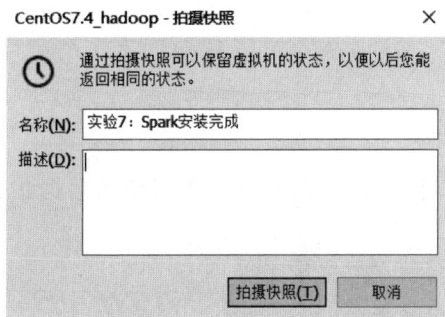

图 7-32 拍摄虚拟机快照

思考题

1. 试述 Spark 的主要特点。
2. 简述 Spark 的架构基础。
3. 试述 RDD 的概念。
4. 简述 Spark 的四大组件。

第**8**章

流计算与Storm

第 1 章介绍过大数据根据静动情况可分为静态数据和动态数据（流数据），随着人们对大数据处理实时性的要求越来越高，针对海量流数据进行实时计算（或流计算）已成为大数据领域的一大挑战。本章首先介绍流数据和流计算，然后阐述流计算处理流程及应用，最后介绍 Storm 工具。

8.1　流计算概述

8.1.1　流数据特征

流数据是指在时间分布和数量上无限的一系列动态数据集合集。关于流数据的特征归纳如下：

（1）数据快速持续到达，潜在数据量无穷。

（2）数据来源众多，格式复杂。

（3）数据量大，但是不十分关注存储，一旦流数据中的某个元素经过处理，要么被丢失，要么被归档存储。

（4）注重数据的整体价值，不过分关注个别数据。

（5）数据顺序颠倒，或者不完整，系统无法控制将要处理的新到达的数据元素的顺序。

8.1.2　流计算概念

流数据的处理方式与传统数据不同。对静态数据和流数据进行处理，对应的计算模式有批量计算和流计算。

批量计算是以静态数据为对象，可以在很充裕的时间内对海量数据进行批量处理。通过计算可以得到有价值的信息。Hadoop 就是典型的批处理模型，由 HDBS 和 HBase 存放大量的静态数据，由 MapReduce 负责海量数据执行批量计算。

流计算是以动态、实时数据为对象，无论是数据采集还是数据处理都应达到秒级别响应的要求，针对不同的应用场景，相应的流计算系统会有不同的需求。按照流计算的处理流程，能够快速、实时得到计算结果。流计算与实时计算是相关概念，都是处理实时数据的方法，但它们有些区别，表现在处理方式、数据来源、处理规模、处理精度和应用场景等方面

（表 8-1）。在没有特别强调的场合，流计算与实时计算可以通用。

表 8-1　流计算与实时计算比较

比 较 项 目	流 计 算	实 时 计 算
数据处理方式	流计算是通过连续不断的数据流进行处理	实时计算是对接收到的数据立即进行处理
数据来源	流计算通常是在数据生成时进行处理，如数据传感器或日志流	实时计算通常是在数据存储或缓存之后进行处理，如从数据库或消息队列中读取数据
数据处理规模	流计算处理的数据规模比较小，通常在每秒几百个事件到每秒几千个事件内	实时计算可以处理更大规模的数据，从每秒几千个事件到每秒数百万个事件
数据处理精度	流计算通常需要快速处理数据，因此结果的准确度可能会受到一定的影响	实时计算则更加注重结果的准确度和稳定性，因此可以接受更长的延迟
应用场景	流计算适用于需要快速处理数据的场景，如实时监控、欺诈检测和实时报告	实时计算适用于需要更精确的结果、更高的数据处理能力以及更长时间窗口的场景，如复杂的数据分析、机器学习和预测分析

流计算的示意图如图 8-1 所示。流计算平台实时获取来自不同数据源的海量数据，经过实时分析处理，获得有价值的信息。

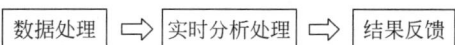

图 8-1　流计算的示意图

总之，流计算秉承一个基本理念，即数据的价值随着时间的流逝而降低，因此，当事件出现时就应该立即进行处理，而不是缓存起来继续批量处理。为了及时处理流数据，需要一个低延迟、可扩展、高可靠的处理引擎。对于一个流计算系统来说，它应达到如下需求。

（1）高性能。这是处理大数据的基本要求，如每秒处理几十万条数据。

（2）海量式。支持 TB 级甚至 PB 级的数据规模。

（3）实时性。必须保证一个较低的时延，达到秒级别，甚至是毫秒级别。

（4）分布式。支持大数据的基本架构，必须能够平滑扩展。

（5）易用性。能够快速进行开发和部署。

（6）可靠性。能可靠地处理流数据。

开源流计算框架 Storm 等工具支持了流数据的实时/流计算分析，将在后续介绍。

8.2　流计算处理流程及应用场景

8.2.1　处理流程

采集数据并存储在关系数据库等数据管理系统中，之后用户便可以通过查询操作和数据库管理系统进行交互，最终得到查询结果，这是传统的、针对静态数据处理的流程

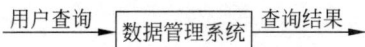

图 8-2　传统的数据处理流程

（图 8-2），也就是说存储的数据是旧的，需要用户主动发出查询才能获得结果。

流计算处理流程包括数据实时采集、数据实时计算和实时查询服务（图 8-3），各个环节介绍如下。

1. 数据实时采集

数据实时采集阶段通常采集多个数据源的海量数据,需要保证实时性、低延迟与稳定可靠。以日志数据为例,由于分布式集群的广泛应用,数据分散存储在不同的机器上,因此需要实时汇总来自不同机器上的日志数据。数据采集系统的基本架构一般有 3 个部分,即 Agent、Collector 和 Store(图 8-4)。

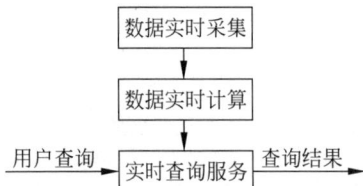

图 8-3 流计算的数据处理流程

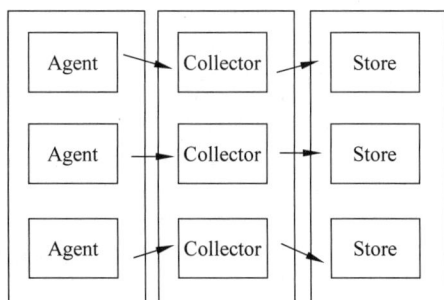

图 8-4 数据采集系统的基本架构

Agent:主动采集数据,并把数据推送到 Collector 部分。

Collector:接收多个 Agent 的数据,并实现有序、可靠、高性能的转发。

Store:存储 Collector 转发过来的数据。

对于流计算,一般在 Store 部分不进行数据存储,而是将采集的数据直接发送给流计算平台进行实时处理。

2. 数据实时计算

数据实时计算阶段对采集的数据进行实时的分析和计算。数据实时计算的流程见图 8-5。流处理系统接收数据采集系统不断发来的实时数据,实时地进行分析计算,并反馈实时结果。经流处理系统处理后的数据,可视情况进行存储,以便之后分析计算,在时效性要求较高的场景中,出来后的数据也可以直接丢弃。

图 8-5 数据实时计算的流程

3. 实时查询服务

经由流计算框架得出的结果可供用户进行实时查询、展示或存储。其中,实时查询服务可以不断更新结果,并将用户所需的结果实时推送给用户。在这点上,流处理系统与传统数据处理系统是不同的,区别为:其一,流处理系统处理的是实时的数据,而传统的数据处理系统处理的是预先存储好的静态数据;其二,用户通过流处理系统获取的是实时结果,而通过传统的数据处理系统获取的是过去某一时刻的结果。并且,流处理系统无须用户主动发出查询请求,实时查询服务可以主动将实时结果推送给用户。

8.2.2 应用场景

流计算可以应用在多种场景中,如 Web 服务、机器翻译、广告投放、自然语言处理、气候模拟预测、交通运输状况等。在众多应用场景中,与日常网络生活关系密切的,当属流计算在 Web 服务中的应用。在百度、淘宝、京东、拼多多等大型网站中,每天都会产生大量的流数据,包括用户的搜索内容、用户的浏览记录等。采用流计算实现实时数据分析,可以了解每个时刻的流量变化情况,可以分析用户的实时浏览轨迹,从而实现实时个性化内容推荐。

值得一提的是,流计算适合需要处理持续到达的流数据、对数据处理有较高实时性要求的场景,并不是每个应用场景都需要用到流计算。

8.3 开源流计算框架

随着数据规模的日益增长,目前对流数据进行实时计算分析的需求逐渐增加,对流计算的研究也不断深入(如 S4、Storm 等)。设计架构有的只能批处理(如 Hadoop),有的只能流处理(如 Storm),有的既可以批处理又可以流处理(如 Spark、Flink),尽管在架构设计上各有特点,但目前对于流计算,Storm 较为理想,也更具影响力。接下来主要介绍 Storm。

8.3.1 Storm 的特点和应用

Storm 是推特的一个分布式实时计算系统。Storm 可以简单、高效、可靠地处理流数据。Storm 的主要特点如下。

(1)**整合性**。Storm 可方便地与队列系统和数据库系统进行整合。

(2)**简易的 App**。Storm 的 App 在使用上既简单又方便。

(3)**可扩展性**。Storm 的并行特性使其可以运行在分布式集群中。

(4)**容错性**。Storm 可以自动进行故障节点重启,以及节点发生故障时对任务进行重新分配。

(5)**可靠的消息处理**。Storm 保证每个消息都能完整处理。

(6)**支持各种编程语言**。Storm 支持使用各种编程语言来定义任务。

(7)**快速部署**。Storm 仅需要少量的安装和配置就可以快速进行部署和使用。

(8)**免费、开源**。Storm 是开源免费的,可以免费使用。

Storm 应用领域较广,如实时分析、在线机器学习、持续计算、远程过程调用(RPC)、数据抽取、加载和转换等。

8.3.2 Storm 工作原理

Storm 对于实时计算的意义类似于 Hadoop 对于批处理的意义。Storm 运行在分布式集群中,其运行任务的方式与 Hadoop 类似;在 Hadoop 上运行的是 MapReduce,而在 Storm 上运行的是 Topology。但两者的任务不同,其中主要的不同是一个 MapReduce 作业最终会完成计算并结束运行,而另一个 Topology 将持续处理消息(直到人为终止)。

Storm 集群采用 Master-Worker 的节点方式,其中 Master 节点运行名为 Nimbus 的后台程序(类似 Hadoop 中的 JobTracker),负责在集群范围内分发代码、为 Worker 分配任务和监测故障。而每个 Worker 节点运行名为 Supervisor 的后台程序,负责监听分配给它所在机器的工作,即根据 Nimbus 分配的任务来决定启动或停止 Worker 进程。Storm 集群架构如图 8-6 所示。Storm 采用 ZooKeeper 来作为分布式协调组件,负责 Nimbus 和多个 Supervisor 之间的所有协调工作。

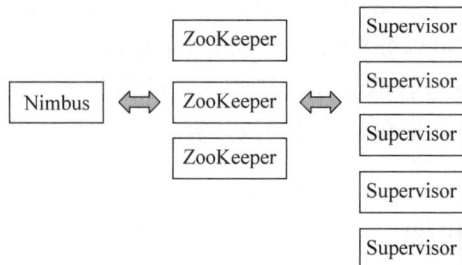

图 8-6　Storm 集群框架

此外,Nimbus 后台进程和 Supervisor 后台进程都是快速失败(fail-fast)和无状态(stateless)的,Master 节点并没有直接和 Worker 节点通信,而是借助 ZooKeeper 将状态信息存放在 ZooKeeper 中或本地磁盘中,以便节点故障时进行快速恢复。这种设计使 Storm 极其稳定。Storm 的工作流程见图 8-7,包括 4 个过程。

(1) 客户端提交 Topology 到 Storm 集群中;

(2) Nimbus 将分配给 Supervisor 的任务写入 ZooKeeper;

(3) Supervisor 从 ZooKeeper 中获取所分配的任务,并启动 Worker 进程;

(4) Worker 进程执行具体任务。

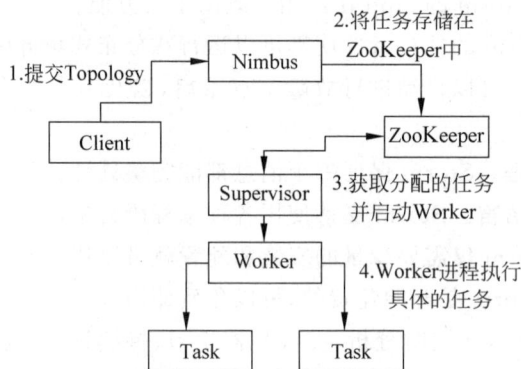

图 8-7　Storm 的工作流程

8.4　实验项目 8:Storm 的安装与编程基础

8.4.1　安装 Storm

1. 安装 JDK
JDK 的安装在前置实验已经完成。

2. 安装 ZooKeeper
因为 Storm 依赖于 ZooKeeper 进行集群管理,需要先安装 ZooKeeper。

首先将课程配套的 ZooKeeper 软件压缩包上传到虚拟机的/usr/local/src/目录,如图 8-8 所示。

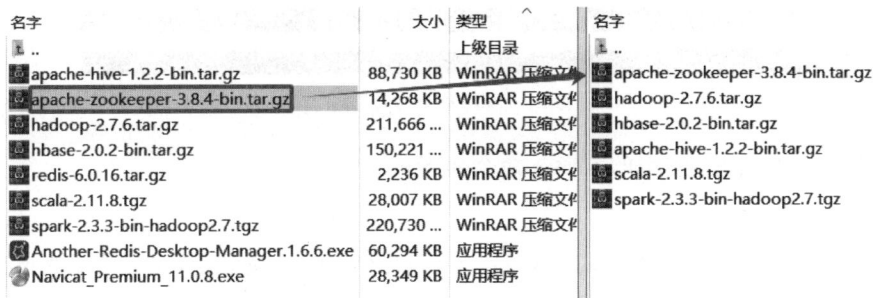

图 8-8　上传 ZooKeeper 软件压缩包

然后进入该目录，解压 ZooKeeper 软件到/usr/local/这个安装目录，使用的 Linux 命令如下所示：

```
# cd /usr/local/src/
# tar – zxf apache – zookeeper – 3.8.4 – bin.tar.gz  – C /usr/local
```

解压后可检查/usr/local 目录，如图 8-9 所示。

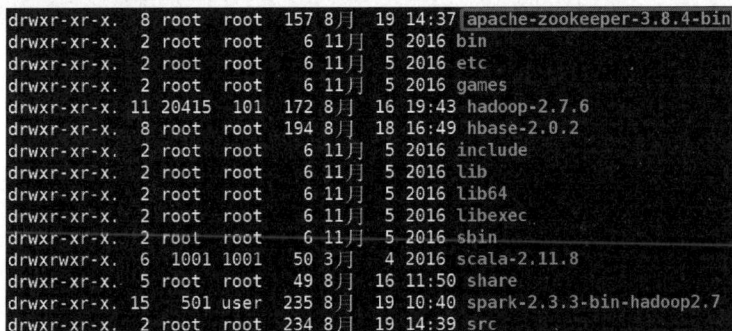

图 8-9　检查 ZooKeeper 安装目录

3. 配置 ZooKeeper

解压完成后需要对 ZooKeeper 进行配置。首先进入 ZooKeeper 配置目录/usr/local/apache-zookeeper-3.8.4-bin/conf，然后复制模板配置文件 zoo_sample.cfg 成配置文件 zoo.cfg。使用的 Linux 命令如下：

```
# cp /usr/local/apache – zookeeper – 3.8.4 – bin/conf/zoo_sample.cfg
/usr/local/apache – zookeeper – 3.8.4 – bin/conf/zoo.cfg
```

接下来编辑配置文件 zoo.cfg，使用的 Linux 命令如下：

```
# vim /usr/local/apache – zookeeper – 3.8.4 – bin/conf/zoo.cfg
```

找到 dataDir 行并将其修改为 ZooKeeper 正确位置下的 data 目录，再添加配置 admin.serverPort，具体配置内容如下：

```
dataDir = /usr/local/apache – zookeeper – 3.8.4 – bin/data
admin.serverPort = 8089
```

配置文件如图 8-10 所示。

修改完成后保存并退出。

```
dataDir=/usr/local/apache-zookeeper-3.8.4-bin/data
admin.serverPort=8089
```

图 8-10　修改配置文件 zoo.cfg

然后配置环境变量,使用的 Linux 命令如下:

\# vim /etc/profile

在配置文件中配置 ZOOKEEPER_HOME 和 PATH 环境变量,完成后保存退出,配置内容如下:

export ZOOKEEPER_HOME = /usr/local/apache − zookeeper − 3.8.4 − bin
export PATH = $ PATH: $ JAVA_HOME/bin: $ HADOOP_HOME/bin: $ HADOOP_HOME/sbin:
$ HIVE_HOME/bin: $ HBASE_HOME/bin: $ SCALA_HOME/bin: **$ ZOOKEEPER_HOME/bin**

(其中 PATH 环境变量的加粗部分是本次新增的内容)

配置文件中的修改内容如图 8-11 所示。

```
export ZOOKEEPER_HOME=/usr/local/apache-zookeeper-3.8.4-bin
export PATH=$PATH:$JAVA_HOME/bin:$HADOOP_HOME/bin:$HADOOP_HOME/sbin:$HIVE_H
OME/bin:$HBASE_HOME/bin:$SCALA_HOME/bin:$ZOOKEEPER_HOME/bin
```

图 8-11　添加 ZooKeeper 的环境变量

环境变量修改后需要刷新,使用的 Linux 命令如下:

\# source /etc/profile

4. 启动 ZooKeeper

配置完成后就可以启动 ZooKeeper,使用到的命令如下:

\# zkServer.sh start

命令执行的结果如图 8-12 所示。

```
[root@hadoop0 src]# zkServer.sh start
ZooKeeper JMX enabled by default
Using config: /usr/local/apache-zookeeper-3.8.4-bin/bin/../conf/zoo.cfg
Starting zookeeper ... STARTED
```

图 8-12　启动 ZooKeeper 服务

启动 ZooKeeper 后可以验证其是否运行,使用的命令如下:

\# zkCli.sh − server 127.0.0.1:2181

如果出现 zk 命令提示符则表示 ZooKeeper 已经运行,如图 8-13 所示。

```
[zk: 127.0.0.1:2181(CONNECTED) 0]
```

图 8-13　ZooKeeper 命令行模式

如果要退出 ZooKeeper 命令行模式,使用 quit 命令,如图 8-14 所示。

```
[zk: 127.0.0.1:2181(CONNECTED) 0] quit
```

图 8-14　退出 ZooKeeper 命令行

5. 安装 Storm

首先将 Storm 软件压缩包上传到虚拟机的/usr/local/src/目录，如图 8-15 所示。

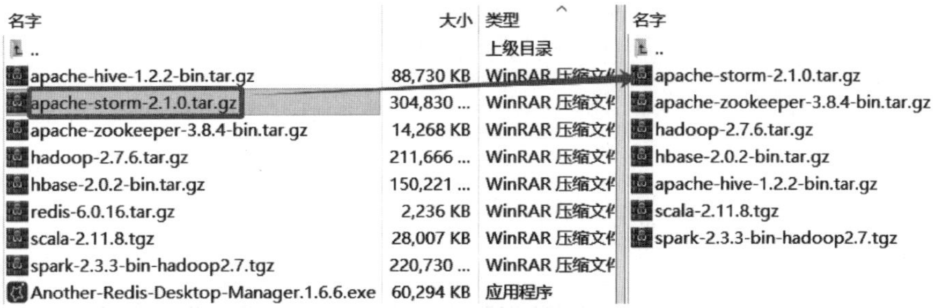

名字	大小	类型	名字
..		上级目录	..
apache-hive-1.2.2-bin.tar.gz	88,730 KB	WinRAR 压缩文件	apache-storm-2.1.0.tar.gz
apache-storm-2.1.0.tar.gz	304,830 ...	WinRAR 压缩文件	apache-zookeeper-3.8.4-bin.tar.gz
apache-zookeeper-3.8.4-bin.tar.gz	14,268 KB	WinRAR 压缩文件	hadoop-2.7.6.tar.gz
hadoop-2.7.6.tar.gz	211,666 ...	WinRAR 压缩文件	hbase-2.0.2-bin.tar.gz
hbase-2.0.2-bin.tar.gz	150,221 ...	WinRAR 压缩文件	apache-hive-1.2.2-bin.tar.gz
redis-6.0.16.tar.gz	2,236 KB	WinRAR 压缩文件	scala-2.11.8.tgz
scala-2.11.8.tgz	28,007 KB	WinRAR 压缩文件	spark-2.3.3-bin-hadoop2.7.tgz
spark-2.3.3-bin-hadoop2.7.tgz	220,730 ...	WinRAR 压缩文件	
Another-Redis-Desktop-Manager.1.6.6.exe	60,294 KB	应用程序	

图 8-15　上传 Storm 软件包

然后解压 Storm 压缩包到/usr/local 目录，使用的 Linux 命令如下：

```
cd /usr/local/src/
tar -zxf apache-storm-2.1.0.tar.gz -C /usr/local/
```

6. 配置 Storm

Storm 安装完成后需要进行配置。使用 vim 打开配置文件 storm.yaml，使用的 Linux 命令如下：

```
# vim /usr/local/apache-storm-2.1.0/conf/storm.yaml
```

在打开的配置文件中，按 Shift+G 组合键跳到最后，按 i 键进入编辑模式，再添加以下内容：

```
storm.zookeeper.servers:
  - "localhost"
storm.zookeeper.port: 2181 # Zookeeper 的默认端口
nimbus.seeds: ["localhost"]
storm.local.dir: "/usr/local/apache-storm-2.1.0/data"
supervisor.slots.ports:
  - 6700
  - 6701
  - 6702
  - 6703
ui.port: 8090
```

然后输入“:wq”，保存退出。

storm.yaml 的配置内容如图 8-16 所示。

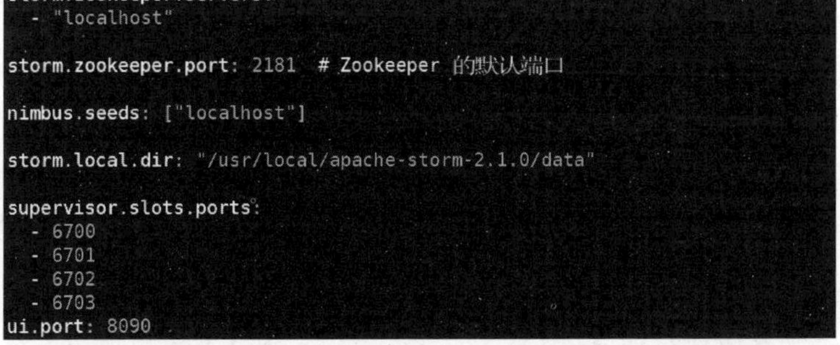

图 8-16　编辑 Storm 配置文件

接下来需要配置环境变量，使用到的 Linux 命令如下：

```
# vim /etc/profile
```

环境变量配置 STORM_HOME 和 PATH，具体如下：

```
export STORM_HOME = /usr/local/apache-storm-2.1.0
export PATH = $PATH: $JAVA_HOME/bin: $HADOOP_HOME/bin: $HADOOP_HOME/sbin:
$HIVE_HOME/bin: $HBASE_HOME/bin: $SCALA_HOME/bin: $ZOOKEEPER_HOME/bin
: $STORM_HOME/bin
```

（其中 PATH 环境变量的加粗部分是本次新增内容）

环境变量配置如图 8-17 所示。

```
export STORM_HOME=/usr/local/apache-storm-2.1.0
export PATH=$PATH:$JAVA_HOME/bin:$HADOOP_HOME/bin:$HADOOP_HOME/sbin:$HIVE_H
OME/bin:$HBASE_HOME/bin:$SCALA_HOME/bin:$ZOOKEEPER_HOME/bin:$STORM_HOME/bin
```

图 8-17 Storm 环境变量配置

环境变量配置后需要刷新，使用的 Linux 命令如下：

```
# source /etc/profile
```

7. 创建 Storm 数据目录

Storm 运行前需要创建数据目录，可参考下面的命令：

```
# mkdir /usr/local/apache-storm-2.1.0/data
```

8. 安装 Python 3

因为课程配套版本的 Storm 启动用到 Python 3，需要先安装它，使用的 Linux 命令如下：

```
# yum install -y python3
```

安装完成将有信息提示，如图 8-18 所示。

```
已安装:
  python3.x86_64 0:3.6.8-21.el7_9

作为依赖被安装:
  libtirpc.x86_64 0:0.2.4-0.16.el7
  python3-libs.x86_64 0:3.6.8-21.el7_9
  python3-pip.noarch 0:9.0.3-8.el7
  python3-setuptools.noarch 0:39.2.0-10.el7

完毕!
```

图 8-18 Python 3 安装完成

Python 3 安装完成后需要测试，可检查版本信息，所用的命令如下：

```
# python3 -version
```

命令执行结果如图 8-19 所示。

```
[root@hadoop0 src]# python3 --version
Python 3.6.8
```

图 8-19 检查 Python 3 版本信息

9. 启动 Storm 服务

启动 Storm 服务需要分别启动 Nimbus、Supervisor 和 UI，可以使用后台启动方式以便

不影响执行其他命令,其启动命令如下:

```
# storm nimbus &
# storm supervisor &
# storm ui &
```

命令执行的结果如图 8-20 所示。

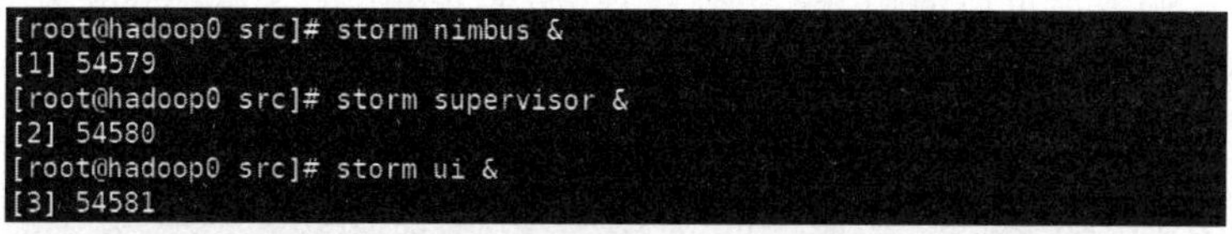

```
[root@hadoop0 src]# storm nimbus &
[1] 54579
[root@hadoop0 src]# storm supervisor &
[2] 54580
[root@hadoop0 src]# storm ui &
[3] 54581
```

图 8-20 启动 Storm 服务

10. 检查运行情况

Storm 启动后可以通过运行 jps 命令检查进程情况,正常情况需要包含 Nimbus、Supervisor 和 UIServer 三个进程。检查情况如图 8-21 所示,其中框选的部分是 Storm 的进程。

```
[root@hadoop0 ~]# jps
53538 QuorumPeerMain
54579 Nimbus
54580 Supervisor
54581 UIServer
54951 Jps
```

图 8-21 检查 Storm 启动进程

11. 访问 Storm UI

检查 Storm 启动情况还可以通过访问 Storm UI 网址 http://192.168.184.200:8090/,其中的 IP 地址为 Storm 部署的虚拟机地址,具体如图 8-22 所示。

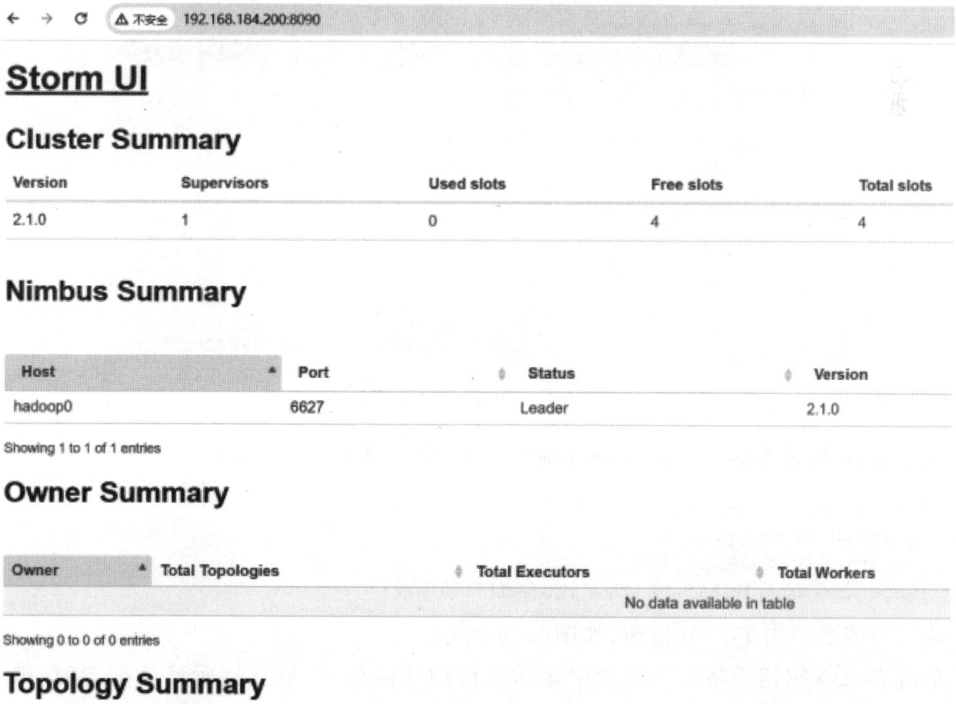

← → C ⚠ 不安全 192.168.184.200:8090

Storm UI

Cluster Summary

Version	Supervisors	Used slots	Free slots	Total slots
2.1.0	1	0	4	4

Nimbus Summary

Host	Port	Status	Version
hadoop0	6627	Leader	2.1.0

Showing 1 to 1 of 1 entries

Owner Summary

Owner	Total Topologies	Total Executors	Total Workers
		No data available in table	

Showing 0 to 0 of 0 entries

Topology Summary

图 8-22 Storm UI 网页面板

12. 停止 Storm 服务

停止 Storm 服务使用 Linux 的 pkill 命令,具体如下:

```
# pkill - f "storm.daemon.nimbus"
# pkill - f "storm.daemon.supervisor"
# pkill - f "storm.daemon.ui"
```

停止 Storm 服务后可以使用 jps 命令检查,如果 Nimbus、Supervisor 和 UIServer 不再显示,则表示 Storm 服务已经停止,如图 8-23 所示。

```
[root@hadoop0 ~]# jps
53538 QuorumPeerMain
63082 Jps
```

图 8-23　Storm 服务停止后的进程信息

8.4.2　编写 Storm 程序

1. 创建 Storm 项目

首先进入 Eclipse 菜单 File→New→New Maven Project 创建新项目,如图 8-24 和图 8-25 所示。

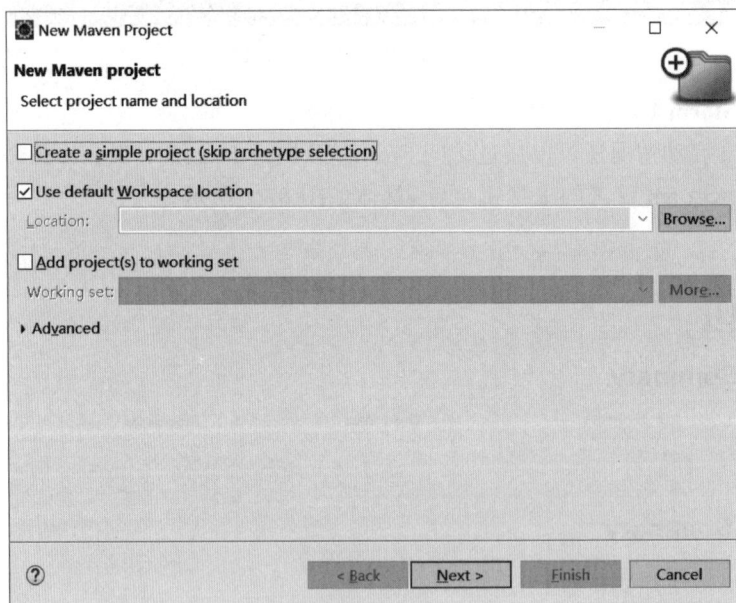

图 8-24　创建 Storm 项目

在 Maven 项目参数界面需要填写项目参数,可参考以下内容:

```
Group Id: com.example.hadoop
Artifact Id: storm - project
Version: 0.0.1 - SNAPSHOT(默认)
Package: com.example.hadoop.storm_project(自动生成)
```

填写完成后单击 Finish 按钮,如图 8-26 所示。

单击 Finish 按钮后将在控制台中显示项目构建信息,注意在提示确认配置时,输入 y,项目构建过程如图 8-27 所示。

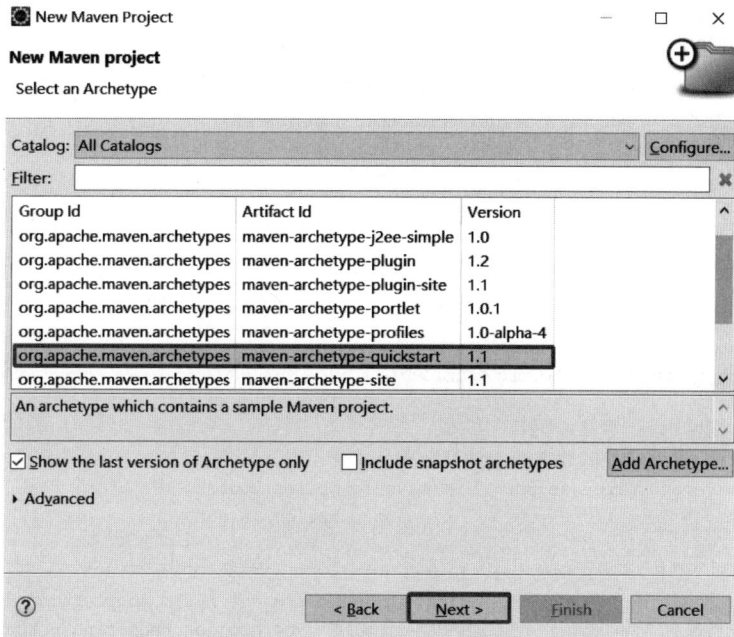

图 8-25 选择 Maven 项目原型

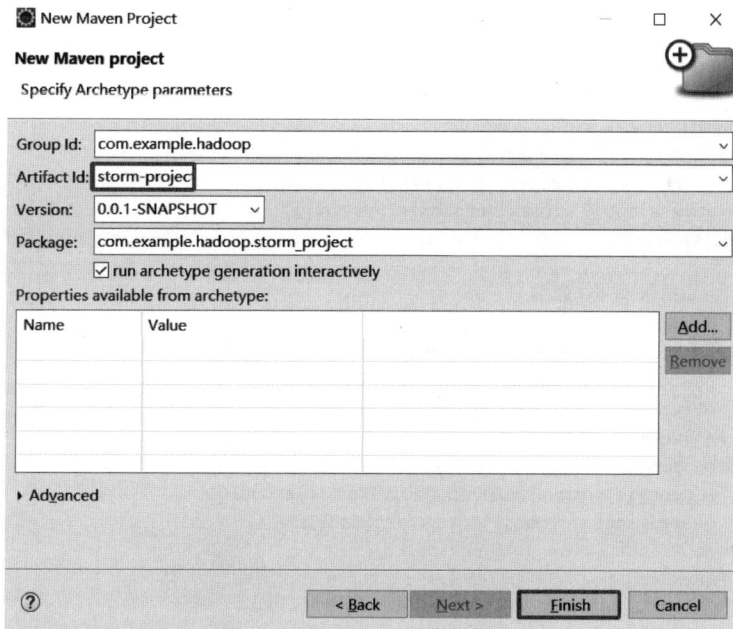

图 8-26 填写项目信息

图 8-27 Storm 项目构建过程

2. 添加 POM 依赖及配置

打开项目中的 pom.xml 添加依赖及配置,具体内容如下:

```xml
< project xmlns = "http://maven.apache.org/POM/4.0.0"
xmlns:xsi = "http://www.w3.org/2001/XMLSchema - instance"
  xsi:schemaLocation = "http://maven.apache.org/POM/4.0.0
http://maven.apache.org/xsd/maven - 4.0.0.xsd">
  < modelVersion > 4.0.0 </modelVersion >
  < groupId > com.example.hadoop </groupId >
  < artifactId > storm - project </artifactId >
  < version > 0.0.1 - SNAPSHOT </version >
  < packaging > jar </packaging >
  < name > storm - project </name >
  < url > http://maven.apache.org </url >

    < properties >
        <!-- 设置编译的 JDK 版本为 17 -->
        < maven.compiler.source > 17 </maven.compiler.source >
        < maven.compiler.target > 17 </maven.compiler.target >

        <!-- 设置项目编码为 UTF - 8 -->
        < project.build.sourceEncoding > UTF - 8 </project.build.sourceEncoding >
        < project.reporting.outputEncoding > UTF - 8 </project.reporting.outputEncoding >

        <!-- Storm 版本 -->
        < storm.version > 2.1.0 </storm.version >
    </properties >

    < dependencies >
        <!-- Apache Storm Core -->
        < dependency >
            < groupId > org.apache.storm </groupId >
            < artifactId > storm - core </artifactId >
            < version > $ {storm.version}</version >
        </dependency >

        <!-- Log4j 依赖(如需) -->
        < dependency >
            < groupId > org.apache.logging.log4j </groupId >
            < artifactId > log4j - api </artifactId >
            < version > 2.14.1 </version >
        </dependency >
        < dependency >
            < groupId > org.apache.logging.log4j </groupId >
            < artifactId > log4j - core </artifactId >
            < version > 2.14.1 </version >
        </dependency >

        <!-- JUnit 4 for testing -->
        < dependency >
            < groupId > junit </groupId >
            < artifactId > junit </artifactId >
            < version > 4.13.2 </version >
            < scope > test </scope >
        </dependency >
    </dependencies >
```

```
<build>
    <plugins>
        <!-- Maven Compiler Plugin,用于指定 JDK 版本和编码 -->
        <plugin>
            <groupId>org.apache.maven.plugins</groupId>
            <artifactId>maven-compiler-plugin</artifactId>
            <version>3.8.1</version>
            <configuration>
                <source>${maven.compiler.source}</source>
                <target>${maven.compiler.target}</target>
                <encoding>${project.build.sourceEncoding}</encoding>
            </configuration>
        </plugin>
    </plugins>
</build>
</project>
```

3. 下载依赖并构建项目

右击 pom.xml,从弹出的菜单中选择 Maven→Update Project,如图 8-28 和图 8-29 所示。

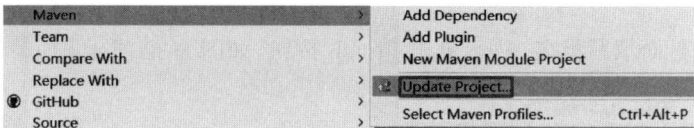

图 8-28　更新 Maven 项目

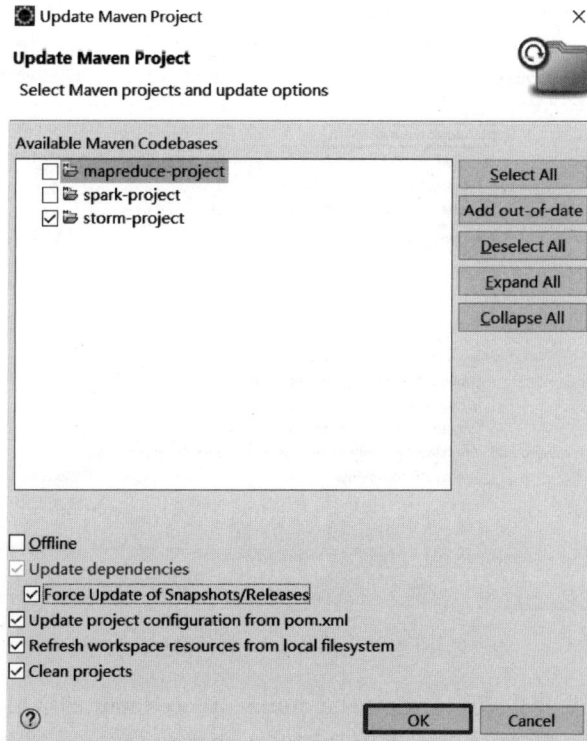

图 8-29　选择更新选项

单击 OK 按钮后将在 Eclipse 右下角显示更新进度。项目更新完成后将生成 Storm 项目结构,如图 8-30 所示。

4. 创建 RandomSentenceSpout 类

右击项目中的主包 com. example. hadoop. storm_project,在弹出的菜单中选择 New→Class,如图 8-31 所示。

图 8-30　Storm 项目结构

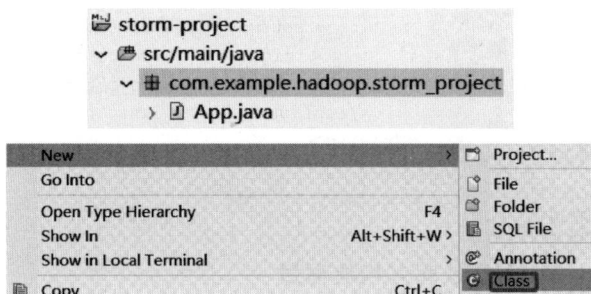

图 8-31　创建新 Java 类

在创建新类界面填写类名,然后单击 Finish 按钮,如图 8-32 所示。

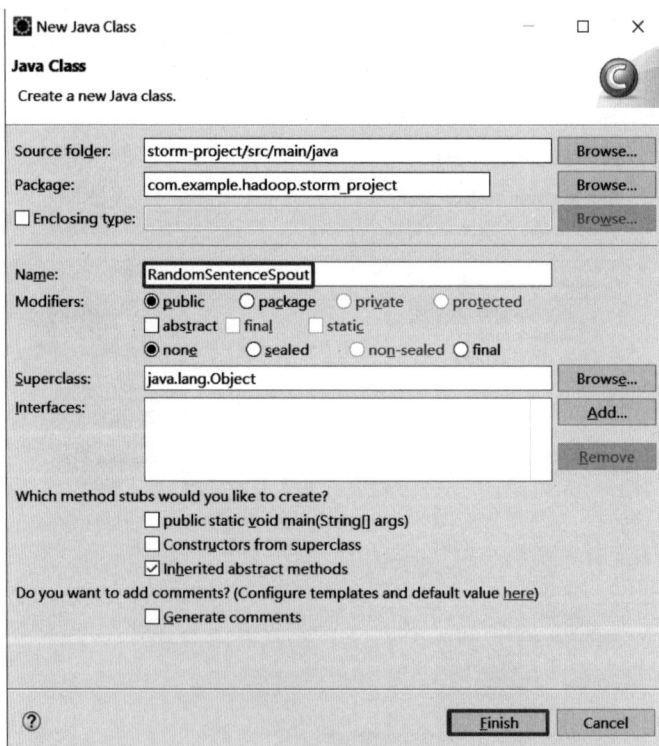

图 8-32　填写 Java 类信息

单击 Finish 按钮后将生成一个名为 RandomSentenceSpout 的空白类,接下来需要编写 RandomSentenceSpout 代码,该类的作用是不断生成随机句子,并将这些句子作为 Tuple 发射到拓扑中,代码内容如下:

```xml
<project xmlns = "http://maven.apache.org/POM/4.0.0"
xmlns:xsi = "http://www.w3.org/2001/XMLSchema - instance"
        xsi:schemaLocation = "http://maven.apache.org/POM/4.0.0
http://maven.apache.org/xsd/maven - 4.0.0.xsd">
        <modelVersion > 4.0.0 </modelVersion >

        <groupId > com.example.hadoop </groupId >
        <artifactId > storm - project </artifactId >
        <version > 0.0.1 - SNAPSHOT </version >
        <packaging > jar </packaging >
        <name > storm - project </name >
        <url > http://maven.apache.org </url >

    <properties >
        <!-- 设置编译的 JDK 版本为 17 -->
        <maven.compiler.source > 17 </maven.compiler.source >
        <maven.compiler.target > 17 </maven.compiler.target >

        <!-- 设置项目编码为 UTF - 8 -->
        <project.build.sourceEncoding > UTF - 8 </project.build.sourceEncoding >
        <project.reporting.outputEncoding > UTF - 8 </project.reporting.outputEncoding >

        <!-- Storm 版本 -->
        <storm.version > 2.1.0 </storm.version >
    </properties >

    <dependencies >
        <!-- Apache Storm Core -->
        <dependency >
            <groupId > org.apache.storm </groupId >
            <artifactId > storm - core </artifactId >
            <version > $ {storm.version}</version >
        </dependency >

        <!-- Log4j 依赖(如需) -->
        <dependency >
            <groupId > org.apache.logging.log4j </groupId >
            <artifactId > log4j - api </artifactId >
            <version > 2.14.1 </version >
        </dependency >
        <dependency >
            <groupId > org.apache.logging.log4j </groupId >
            <artifactId > log4j - core </artifactId >
            <version > 2.14.1 </version >
        </dependency >

        <!-- JUnit 4 for testing -->
        <dependency >
            <groupId > junit </groupId >
            <artifactId > junit </artifactId >
            <version > 4.13.2 </version >
            <scope > test </scope >
        </dependency >
    </dependencies >
```

```
< build >
    < plugins >
        <!-- Maven Compiler Plugin,用于指定 JDK 版本和编码 -->
        < plugin >
            < groupId > org.apache.maven.plugins </groupId >
            < artifactId > maven - compiler - plugin </artifactId >
            < version > 3.8.1 </version >
            < configuration >
                < source > $ {maven.compiler.source}</source >
                < target > $ {maven.compiler.target}</target >
                < encoding > $ {project.build.sourceEncoding}</encoding >
            </configuration >
        </plugin >
    </plugins >
</build >
</project >
```

5. 创建 SplitSentenceBolt 类

按同样方式,创建 SplitSentenceBolt 类,如图 8-33 所示。

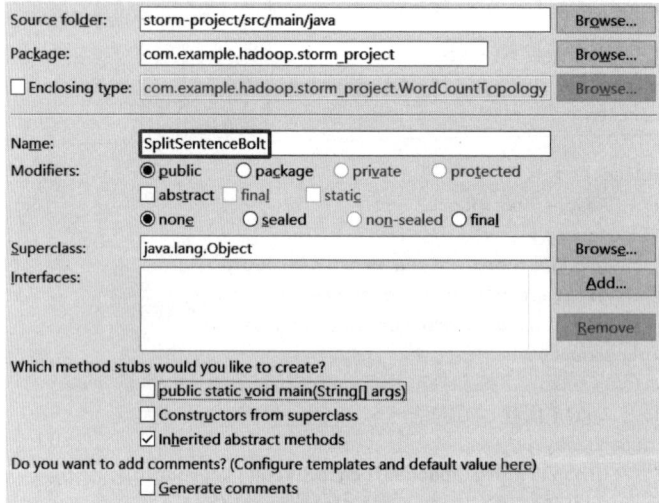

图 8-33   创建 SplitSentenceBolt 类

接下来编写 SplitSentenceBolt 类的代码,该类用于拆分句子,它将接收到由 Random-SentenceSpout 类发射的句子拆分为多个单词,并将每个单词作为一个新的 Tuple 发射出去,代码内容如下:

```
package com.example.hadoop.storm_project;
import org.apache.storm.task.OutputCollector;
import org.apache.storm.task.TopologyContext;
import org.apache.storm.topology.OutputFieldsDeclarer;
import org.apache.storm.topology.base.BaseRichBolt;
import org.apache.storm.tuple.Fields;
import org.apache.storm.tuple.Tuple;
import org.apache.storm.tuple.Values;
import java.util.Map;
```

```
public class SplitSentenceBolt extends BaseRichBolt {
    private OutputCollector collector;

    @Override
    public void prepare(Map < String, Object > topoConf, TopologyContext context, OutputCollector
collector) {
        this.collector = collector;
    }

    @Override
    public void execute(Tuple input) {
        String sentence = input.getStringByField("sentence");
        for (String word : sentence.split(" ")) {
            collector.emit(new Values(word));
        }
    }

    @Override
    public void declareOutputFields(OutputFieldsDeclarer declarer) {
        declarer.declare(new Fields("word"));
    }
}
```

6. 创建 WordCountTopology 类

按同样方式，创建 WordCountTopology 类，如图 8-34 所示。

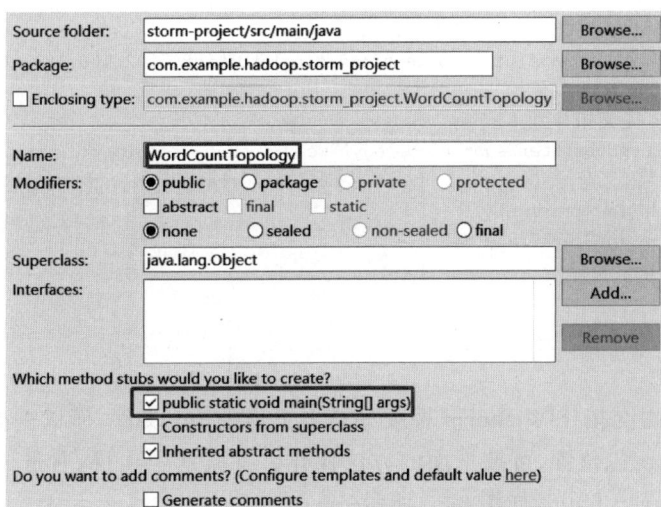

图 8-34　创建 WordCountTopology 类

接下来编写 WordCountTopology 类代码，该类用于定义拓扑结构，它将 RandomSe-ntenceSpout 和 SplitSentenceBolt 连接起来，形成一个完整的拓扑结构，定义了句子从生成到拆分的整个处理流程。注意代码中要配置 ZooKeeper 的 IP 和地址。具体代码如下：

```
package com.example.hadoop.storm_project;
import org.apache.storm.Config;
import org.apache.storm.StormSubmitter;
import org.apache.storm.topology.TopologyBuilder;
```

```
public class WordCountTopology {
    public static void main(String[ ] args) {
        try {
            // 设置 JVM 系统属性 'storm.jar'
            System.setProperty("storm.jar", "D:\\eclipse-workspace\\"
                    + "storm-project\\target\\"
                    + "storm-project-0.0.1-SNAPSHOT.jar");
            // 创建 TopologyBuilder 对象
            TopologyBuilder builder = new TopologyBuilder();
            // 设置 Spout,并指定并行度
            builder.setSpout("random-sentence-spout", new RandomSentenceSpout(), 1);

            // 设置 Bolt,并指定并行度和分组策略
            builder.setBolt("split-sentence-bolt", new SplitSentenceBolt(), 1)
.shuffleGrouping("random-sentence-spout");

            // 创建配置对象并设置调试模式
            Config conf = new Config();
            conf.setDebug(true);

            // 配置外部 ZooKeeper 的服务器地址和端口
            conf.put(Config.STORM_ZOOKEEPER_SERVERS,
                    java.util.Collections.singletonList("192.168.184.200"));
            conf.put(Config.STORM_ZOOKEEPER_PORT, 2181);

            // 配置 Nimbus 服务器地址
            conf.put(Config.NIMBUS_SEEDS,
                    java.util.Collections.singletonList("192.168.184.200"));

            // 提交拓扑到 Nimbus
            StormSubmitter.submitTopology("word-count-topology", conf,
                                    builder.createTopology());
        } catch (Exception e) {
            e.printStackTrace();
        }
    }
}
```

7. 生成 Jar 包

在 Eclipse 上提交拓扑时,Storm 需要知道要上传的 Jar 文件,所以需要先生成 Jar 包,并在程序中明确 Jar 包位置,可按下面的方法操作。首先选中项目,右击,从弹出的菜单中选择 Run As→Maven build,如图 8-35 所示。

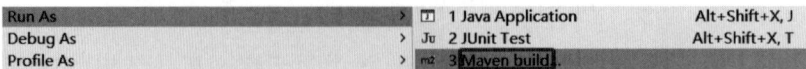

图 8-35　Maven build 操作

在弹出窗口的 Goals 编辑框内输入 package,单击 Run 按钮,如图 8-36 所示。

如果编译成功,控制台将显示成功信息,如图 8-37 所示。

Jar 包的位置在项目中的 target 目录下,如图 8-38 所示。

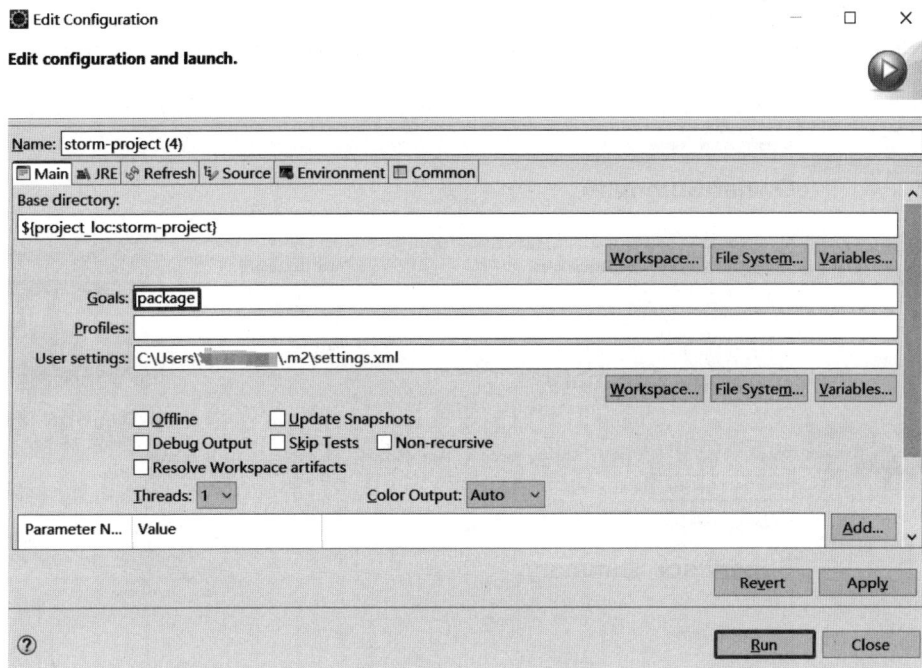

图 8-36 编译并生成 Jar 包

图 8-37 项目编译结果信息

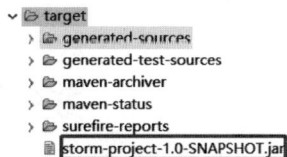

图 8-38 项目中的 Jar 包位置

8．运行程序

选中 WordCountTopology 类中的 main 函数，右击，从弹出的菜单中选择 Run as→ Java Application，如图 8-39 所示。

图 8-39 运行 main 函数

运行过程中控制台将记录过程信息，如图 8-40 所示。

图 8-40 项目运行中的日志信息

9. 查看运行结果

通过访问网址 http://192.168.184.200:8090/,可以看到代码提交的拓扑名称和相关信息,如图 8-41 所示。

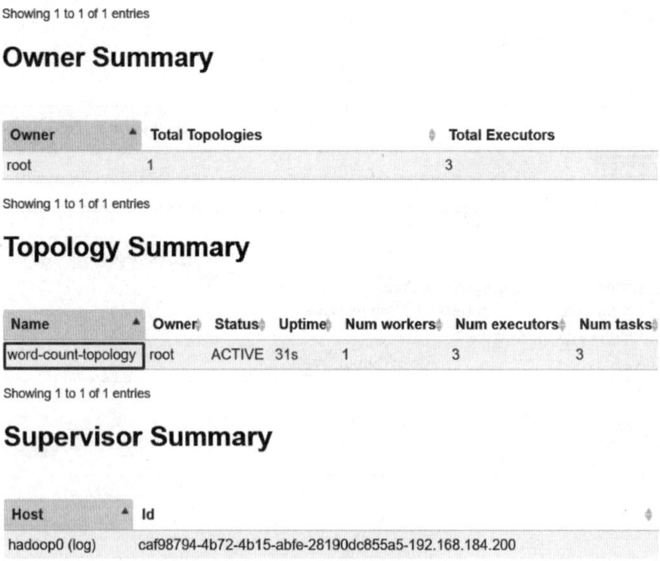

Showing 1 to 1 of 1 entries

Owner Summary

Owner	Total Topologies	Total Executors
root	1	3

Showing 1 to 1 of 1 entries

Topology Summary

Name	Owner	Status	Uptime	Num workers	Num executors	Num tasks
word-count-topology	root	ACTIVE	31s	1	3	3

Showing 1 to 1 of 1 entries

Supervisor Summary

Host	Id
hadoop0 (log)	caf98794-4b72-4b15-abfe-28190dc855a5-192.168.184.200

图 8-41　查看拓扑的概要信息

单击 word-count-topology,可以显示 Spouts、Bolts、Worker Resources 等资源,如图 8-42 所示。

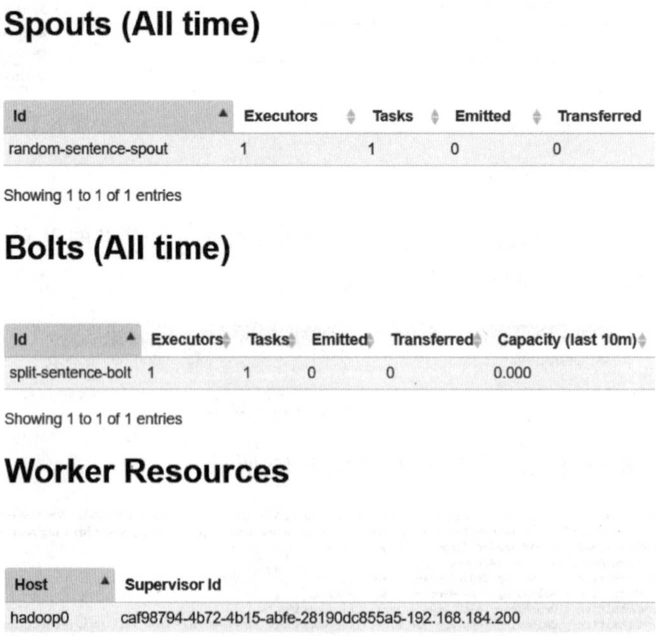

Spouts (All time)

Id	Executors	Tasks	Emitted	Transferred
random-sentence-spout	1	1	0	0

Showing 1 to 1 of 1 entries

Bolts (All time)

Id	Executors	Tasks	Emitted	Transferred	Capacity (last 10m)
split-sentence-bolt	1	1	0	0	0.000

Showing 1 to 1 of 1 entries

Worker Resources

Host	Supervisor Id
hadoop0	caf98794-4b72-4b15-abfe-28190dc855a5-192.168.184.200

图 8-42　查看拓扑的明细信息

10. 再次运行程序

因为 Storm 中同名的拓扑只能有一个,如果要再次运行代码,需要将原拓扑先删除,使用的命令如下:

```
# storm kill word-count-topology
```

命令执行结果如图 8-43 所示。

图 8-43 删除原拓扑

8.4.3 拍摄虚拟机快照

本实验完成后,同样需要到虚拟机上拍摄快照,如图 8-44 所示。

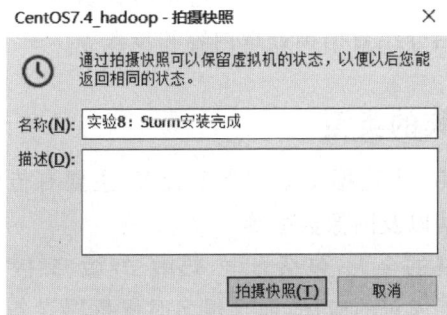

图 8-44 拍摄虚拟机快照

思考题

1. 简述流数据的特征。
2. 列表比较流计算与实时计算。
3. 开发流系统有何需求?
4. 简述流计算的处理流程。
5. 试述流计算的应用场景。
6. 简述 Storm 的特点及应用。
7. 试述 Storm 的工作原理。

第**9**章

大数据采集与预处理

9.1 大数据采集概述

大数据的应用离不开数据,而通常数据需要采集才能获取。大数据采集是大数据应用的基本条件。所谓数据采集就是指利用某些装置,从系统外部采集数据并输入系统内部的一个接口。在互联网行业快速发展的今天,数据采集已经被广泛应用,如摄像头、麦克风以及各类传感器等都是数据采集工具。本章首先介绍大数据采集类型和方式;其次介绍 ETL 技术及主要工具;最后介绍数据预处理内容和步骤等。

9.1.1 大数据采集的类型

数据采集又称数据获取,大数据采集的类型较多,主要有传感器数据、文档数据、信息化数据、接口数据、视频数据以及图像数据等。

在传感器技术迅速发展的今天,包括光电、热敏、气敏、磁敏、声敏、湿敏等不同类别的工业传感器在现场已得到了大量的应用,而且很多时候机器设备的数据需要极高的精度才能分析海量数据,因此,这部分数据的特点是每条数据内容很少,但是频率极高。

文档数据主要包括工程图纸、仿真数据、设计的 CAD 图纸等,以及大量的传统工程文档。

信息化数据在互联网中应用较多,此类型数据一般可以通过数据库形式来存储,也是最常见的数据类型。

接口数据是由已经建成的工业自动化或信息系统提供的接口类型数据,主要包括 TXT 格式、JSON 格式、XML 格式等,接口数据在互联网中采集比较方便。

视频数据通常指人们的工作和生活中存在着大量的视频监控设备,所产生大量的视频数据。

图像数据是指人们日常生活学习中各类图像设备拍摄的各种格式的图片。

9.1.2 大数据采集的方式

大数据采集是区别于小数据采集的。大数据采集不再仅仅使用问卷调查、信息系统的数据库取得结构化数据,大数据的来源有很多,主要包括使用网络爬虫获取的网页文本数据、使用日志收集器收集的日志数据、从关系数据库中获取的数据和由传感器收集到的时空数据等,而对于一些图像和语音数据则需要更高端技术才能使其变成所需要的数据。大数据采集常见的方式介绍如下。

1. 系统日志采集系统

许多公司的业务平台每天都会产生大量的日志数据。对于这些日志数据,我们可以得出很多有价值的信息。通过对这些日志数据进行日志采集、收集,然后进行数据分析,挖掘公司业务平台日志数据中的潜在价值,为公司决策和公司后台服务器平台性能评估提供可靠的数据保证。系统日志采集系统做的事情就是收集日志数据,提供离线和在线的实时分析使用。

目前常用的开源日志收集系统有 Flume、Scribe 等。

2. 网络数据采集系统

API 是网站的管理者为了使用方便而编写的一种程序接口。通过网络爬虫和一些网站平台提供的公共 API(如推特和新浪微博 API)等方式从网站上获取数据,这样就可以将非结构化数据和半结构化数据从网页中提取出来。并将其抽取、清洗、转换成结构化的数据,以及存储为统一的本地文件数据。目前常用的网页爬虫系统有 Nutch、Crawler4j、Scrapy 等框架。Nutch 是一个高度可扩展和可伸缩性的分布式爬虫框架。Nutch 通过分布式抓取网页数据,并且由 Hadoop 支持,通过提交 MapReduce 任务来抓取网页数据,并可以将网页数据存储在 HDFS 分布式文件系统中。Nutch 可以进行分布式多任务来爬取数据、存储和索引。由于多个机器并行做爬取任务,Nutch 充分利用多个机器的计算资源和存储能力,大大提高系统爬取数据能力。开发人员只需要关心爬虫 API 的实现,不需要关心具体框架怎么爬取数据,就可以很快地完成一个爬虫系统的开发。

3. 数据库采集系统

除使用传统的关系数据库 MySQL 和 Oracle 等来存储数据外,Redis 和 MongoDB 等的 NoSQL 数据库也常用于数据的采集,还有企业每时每刻产生的业务数据,以一行记录的形式被直接写入数据库中,通过数据库采集系统直接与企业业务后台服务器结合,企业业务后台产生大量的业务记录,写入数据库中,最后由 Hive 等特定的处理分析系统进行系统分析。

4. 其他数据库采集方式

对于企业生产经营数据或学科研究数据等保密性要求较高的数据,可以通过与企业或研究机构合作,使用特定系统接口等相关方式采集数据,如 API 采集。该类接口可以屏蔽网站底层复杂算法,仅通过简单调用即可实现对网站的请求功能。目前主流的社交媒体平台如新浪微博、百度贴吧以及脸书等均提供 API 服务。所以,人们根据需要可以在其官网开放平台上获取相关的 DEMO 数据。

9.2　ETL 技术

ETL 用来描述将数据从来源端经过抽取、转换和加载至目的端的过程。在数据仓库的语境中,ETL 基本上就是数据采集的代表,包括数据的抽取、转换和加载。在转换过程中,需要针对具体的业务场景对数据进行治理。数据可以从一个或多个源整理,也可以输出到一个或多个目的地。ETL 处理通常使用软件应用程序执行,但也可以由系统操作员手动完成。ETL 的流程如图 9-1 所示。

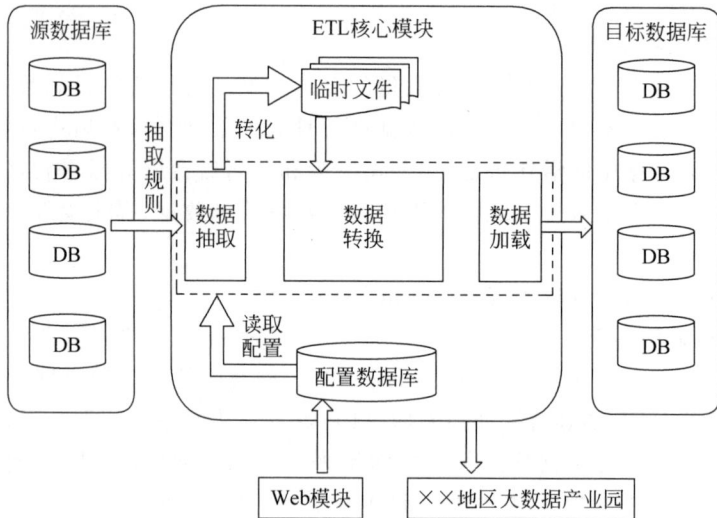

图 9-1 ETL 的流程图

9.2.1 数据抽取

ETL 处理涉及从源系统提取数据。在许多情况下,这是 ETL 最重要的方面。数据抽取是指把数据从数据源读出来,一般用于从源文件和源数据库中获取相关的数据。常见的数据源格式既包括关系数据库、平面文件数据库、XML 和 JSON,也可能包括非关系数据库结构(如 IBM 信息管理系统)或其他数据结构(如虚拟存储访问方法(VSAM)或索引顺序访问方法(ISAM)),甚至包括通过网络爬虫或数据抓取等方式从外部源获取的格式。当不需要中间数据存储时,提取的数据源的流式传输和动态加载到目标数据库是执行 ETL 的另一种方式。

1. 不同数据源结构的数据抽取

数据抽取在不同数据源结构的情况下可以分为以下几种方式。

(1)结构化数据:从关系数据库、表格、逗号分隔值(CSV)文件等结构化数据源中,以 SQL 查询或 API 调用的方式,抽取数据记录;利用增量抽取或日志追踪技术,仅抽取已变更或新增的数据,以提高效率和实时性。

(2)非结构化或半结构化数据:从文本文件、日志、图像、音频、视频等非结构化数据源中,以适当的解析技术,抽取有价值的信息;使用文本挖掘、图像处理、语音识别等技术,将非结构化数据转化为结构化或半结构化形式。

2. 数据抽取方式

在数据抽取方式上,一般可以采用以下几种方式。

(1)全量抽取(full extraction):将源系统中的所有数据一次性抽取出来,适用于数据量不大且变化较少的情况,如数据初始化装载。

（2）增量抽取（incremental extraction）：只抽取源系统中发生变化的数据，通常使用时间戳或增量标记来识别新增或修改的数据，一般用于数据更新。

（3）增量抽取＋日志追踪：在数据库中使用日志追踪技术，实时监测数据库中的变化，并将变化的数据抽取出来，以保证数据的实时性。

提取的一个固有部分涉及数据验证，以确认从源中提取的数据在给定域（如模式/默认值或值列表）中是否具有正确/预期值。如果数据不符合验证规则，则会全部或部分拒绝。理想情况下，被拒绝的数据会报告回源系统进行进一步分析，以识别和纠正不正确的记录或执行数据整理。

9.2.2　数据转换

在数据转换阶段，对提取的数据应用一系列规则或函数，以便将其加载到最终目标中。转换的一个重要功能是数据清理及数据集成。其目的是只将"正确"的数据传递给目标。不同结构的数据的转换方式是不同的。

1. 不同结构数据转换

（1）结构化数据：结构化数据的转换方式主要是进行数据清洗，去除重复值、处理缺失数据，并确保数据一致性和准确性，执行关系数据的连接、合并、筛选等操作，以整合来自不同源的数据等。

（2）非结构化数据：非结构化数据的转换方式主要是对文本数据进行自然语言处理，如分词、实体识别、情感分析等，以提取文本内容的关键信息，将非结构化数据转换为适合存储和分析的结构化格式，如将文本转换为表格形式等。

2. 数据转换主要步骤

（1）数据清洗：清洗数据是为了处理数据中的异常、缺失或错误，确保数据的准确性和一致性。这可能涉及去除重复值、填充缺失值、纠正格式问题等。

（2）数据整合（集成）：如果数据来自多个源系统，可能需要进行数据整合，合并不同源的数据，消除重复项，以获得更全面的视图。

（3）数据转换和计算：在这一步中，数据可以进行数学计算、逻辑运算、日期处理等操作，以生成新的衍生数据或指标，如计算销售额、计算增长率等。

（4）数据格式化：将数据转换为目标存储的格式，可能涉及重新组织数据结构、调整数据类型等。

（5）数据规范化：统一数据值的表示方式，确保数据的一致性和可比性，如将地区名称转换为标准的地区代码。

3. 大数据转换案例

（1）仅选择某些列进行加载（或选择不加载空列）：例如，如果源数据有三列（又称为"属性"），即 roll_no、age 和 salary，则选择可能只采用 roll_no 和 salary。或者，选择机制可能会忽略所有没有 salary 的记录（salary＝null）。

（2）翻译编码值：例如，如果源系统将男性编码为1，将女性编码为2，但仓库将男性编码为 M，将女性编码为 F。

（3）编码自由格式的值：例如，将 Male 映射到 M。

（4）得出新的计算值：例如，sale_amount ＝ qty ＊ unit_price。

（5）根据列表对数据进行排序以提高搜索性能。

（6）连接来自多个来源的数据（如查找、合并）并对数据进行重复数据删除、聚合（例如，汇总-总结多行数据-每个商店、每个地区的总销售额等）。

（7）生成代理键值。

（8）转置或旋转（将多列变成多行或反之亦然）。

将一列拆分为多列（例如，将一列中指定为字符串的逗号分隔列表转换为不同列中的单个值），分解重复列；从表格或参考文件中查找并验证相关数据，应用任何形式的数据验证。

9.2.3　数据加载

数据加载是 ETL 流程的最后一步，它将经过抽取和转换的数据加载到目标存储中，通常是数据仓库。

1. 数据加载方式

（1）全量加载（full load）：将所有经过处理的数据一次性加载到目标存储中，适用于初始加载或数据量较小的情况。

（2）增量加载（incremental load）：只加载抽取和转换后发生变化的数据，以保证数据的实时性和效率。

（3）事务性加载：使用数据库的事务机制，确保数据加载的完整性，即要么全部加载成功，要么回滚至加载前的状态。

（4）批处理加载和流式加载：批处理加载适用于大规模数据处理，而流式加载适用于需要实时数据分析的场景。

加载阶段将数据加载到最终目标中。更新提取的数据可以是以每日、每周或每月进行信息覆盖，或者定期（如每小时）以历史形式添加新数据，替换或附加的时间和范围取决于可用时间和业务需求。更复杂的系统可以维护对数据仓库中加载的数据的所有更改的历史记录和审计跟踪。例如，当加载阶段与数据库交互时，数据库模式中定义的约束以及数据加载时激活的触发器将适用（如唯一性、参照完整性、必填字段），这也有助于控制 ETL 过程的整体数据质量性能。

2. 数据加载的案例

金融机构可能在多个部门保存某个客户的信息，而每个部门可能以不同的方式列出该客户的信息。会员部门可能按姓名列出客户，而会计部门可能按编号列出客户。ETL 可以将所有数据元素捆绑在一起，并将它们合并为统一的表示形式，存储在数据库或数据仓库中。

ETL 可以将信息永久地转移到另一个使用完全不同数据库模式的应用程序。例如，会计师、顾问和律师事务所使用的费用和成本回收系统，尽管一些企业也可能利用原始数据向人力资源部门（人事部）提交员工生产力报告或向设施管理部门提交设备使用情况报告，但数据通常最终进入时间和计费系统。

9.3 ETL 工具

9.3.1 ETL 工具选择

ETL 工具选择的关键考虑因素包括数据集成的程度、可定制性级别、成本结构等。

1. 数据集成的程度

ETL 工具可以连接到各种数据源和目标。数据使用者或团队应该选择提供广泛集成的 ETL 工具。例如,想要将数据从谷歌 Sheets 移动到亚马逊 Redshift 的团队应该选择支持此类连接器的 ETL 工具。

2. 可定制性级别

公司应根据其 IT 团队的可定制性和技术专业知识的要求来选择 ETL 工具。初创公司可能会发现大多数 ETL 工具中的内置连接器和转换就足够了;具有定制数据收集的大型企业可能需要在强大的工程师团队的帮助下灵活地进行定制转换。

3. 成本结构

在选择 ETL 工具时,组织不仅应考虑工具本身的成本,还应考虑长期维护解决方案所需的基础设施和人力资源的成本。在某些情况下,从长远来看,前期成本较高但停机时间和维护要求较低的 ETL 工具可能更具成本效益。相反,有些免费的开源 ETL 工具的维护成本可能很高。

4. 其他因素

提供的自动化水平、安全性和合规性级别、工具的性能和可靠性等,对 ETL 工具的选择也有影响。

9.3.2 主流的 ETL 工具

有些 ETL 工具由数据库厂商配套提供,如 Oracle Data Integrator(ODI)、微软 SQL Server Integration Services(SSIS);有些来自第三方工具提供商,如 Kettle、Informatica;还有一些开源的 ETL 工具,如 Coverlet、Sqoop。下面对当前主流的 ETL 工具做一些介绍。

1. ODI

ODI 的前身是 Sunopsis Active Integration Platform,被 Oracle 收购后重新命名为 Oracle Data Integrator,适用于 ETL 和数据集成的场景。ODI 可帮助用户构建、部署和管理复杂的数据仓库。它配备了适用于许多数据库的连接器,包括 Hadoop、EREP、CRM、XML、JSON、LDAP、JDBC 和 ODBC。ODI 包括 Data Integrator Studio,它使业务用户和开发人员能够通过图形用户界面访问多个工件。这些工件提供了数据集成的所有元素,从数据移动到同步、质量和管理。

2. SSIS

SSIS 是 SQL Server 2 的成员,该平台包括一个内置转换库,可最大限度地减少开发所需的代码量。SSIS 还提供用于构建自定义工作流程的全面文档。但初学者想快速创建这个 ETL 有一定的难度。

3. Kettle

Kettle 是一款传统的开源 ETL 工具，组件多，也有很多学习资源。突出优点如下。

（1）开源免费。Kettle 是一个完全开源的工具，可以免费使用。

（2）跨平台性。Kettle 是用 Java 编写的，只需要 JVM 环境即可部署。

（3）定时批量处理。Kettle 能够有效地处理定时批量任务，适合 T+1 的数据场景。

但其也有缺点，如在执行定时调度时，如果任务过多，就只能通过系统自带的定时任务调度去进行管理，无法做到统一的管理。

4. Informatica

Informatica 是一款企业级 ETL 工具，提供了高级的数据质量管理工具、数据治理功能和云服务等，是许多大型企业和组织处理复杂数据集成任务的首选工具。它有以下特点。

（1）易于配置。Informatica 提供了一个直观的用户界面和强大的向导功能，使得用户可以快速地配置和管理 ETL 任务。

（2）快速实现 ETL 任务。Informatica 拥有高效的数据加载能力，能够快速地抽取、转换和加载大量数据。支持多种数据源和目标，包括关系数据库、文件系统、大数据平台等，可以处理复杂的数据转换逻辑，并提供优化的数据集成性能。

（3）高成本和资源占用。Informatica 是一个功能丰富的商业软件，但价格远高于市面大多数 ETL 工具。另外，Informatica 需要较高的系统资源和硬盘空间来运行，这对资源有限的企业来说是一个考虑因素。

5. DataStage

IBM 开发的 DataStage 是一款具有良好跨平台性和数据集成能力的 ETL 工具。它有以下特点。

（1）高性能。DataStage 设计用于大规模数据处理，采用了并行处理技术，可以充分利用多核处理器和分布式计算资源，提高数据处理速度和吞吐量。

（2）可扩展性。DataStage 可以水平扩展以适应不断增长的数据量和处理需求。

（3）高数据质量管理。DataStage 提供了一套完整的数据质量管理工具，支持数据校验、数据清洗、数据映射和数据监控等功能，帮助企业确保数据的准确性、一致性和完整性。

（4）价格高昂和资源占用大。同 Informatica 一样，DataStage 同样存在价格高昂和资源占用大的问题，且需要专业知识和技能来配置和管理。

6. Sqoop

Sqoop 是 Apache 软件基金会下的一个开源工具，主要用于在 Apache Hadoop 和结构化数据源（如关系数据库）之间高效地传输大量数据。它有以下特点。

（1）高效数据迁移。Sqoop 设计用来高效地从传统关系数据库导入大量数据到 Hadoop 的 HDFS 中，以及从 HDFS 导出数据回到关系数据库。它支持全量和增量数据导入，确保数据迁移的效率和准确性。

（2）并行数据传输。Sqoop 利用 Hadoop MapReduce 框架进行并行数据传输，并且可以将数据传输任务分解成多个小任务并行执行，从而充分利用集群的计算资源，加速数据的移动。

（3）命令行界面。Sqoop 提供了一个直观的命令行界面，用户可以通过一系列的命令行选项指定数据源、目标存储、映射格式等参数，从而控制数据传输的过程。这种命令行操作方式虽然不如图形用户界面(GUI)直观,但提供了强大的灵活性和脚本化操作的能力,适合集成到自动化的数据迁移流程中。

(4) Sqoop 主要专注于 Hadoop 生态系统。

7. Kafka

Kafka 作为一个分布式流处理平台,也可以用作 ETL 工具。它以高吞吐量和低延迟性著称,但开发和使用成本较高,且不适合复杂的数据清洗和转换操作,它有以下特点。

(1) 高吞吐量。Kafka 设计用于高吞吐量的数据管道,每秒能够处理数千条消息的写入和读取。

(2) 低延迟。消息能够在毫秒级别内从一个 Kafka 生产者传递到消费者,这对于需要实时数据处理的业务场景至关重要。

(3) 持久化。Kafka 提供了数据的持久化存储,消息被存储在磁盘上,并且支持数据复制以增加可靠性。Kafka 允许配置数据的复制因子,每个消息可以被复制到多个节点上,从而在发生故障时保证数据不会丢失。

8. Flume

Flume 支持数据监控,部署简单,适合亿级以上的大数据同步。然而,它缺乏可视化界面,不支持数据清洗处理,且功能较少,它有以下特点。

(1) 分布式数据收集。Flume 设计为分布式系统,可以部署在多个节点上,用于收集来自不同源的数据。

(2) 可靠性。Flume 的架构允许通过增加更多的 Agent 来水平扩展,以适应数据量的增长。每个 Agent 可以独立运行,并且 Flume 提供了数据的持久化机制,确保在发生故障时不会丢失数据。此外,Flume 支持数据的自动恢复和备份,增强了数据的可靠性。

(3) 灵活性。Flume 提供了高度的灵活性,允许开发者根据需要自定义数据收集流程。

9. Logstash

Logstash 是一个开源的 ETL 工具,主要用于数据采集和转换。它支持插件式架构和多种数据格式,但存在性能问题,配置复杂,不适合处理大量数据,它有以下特点。

(1) 数据解析和过滤。Logstash 拥有丰富的过滤器插件,可以对收集到的数据进行处理,如 JSON、XML 的解析、正则表达式匹配、数据转换等。

(2) 易于集成和可视化。Logstash 与 Elastic Stack 的其他组件(如 Elasticsearch 和 Kibana)紧密集成,提供了从数据收集到存储再到可视化的无缝体验。通过 Logstash 收集的数据可以轻松地被 Elasticsearch 索引,然后在 Kibana 中进行搜索、分析和可视化。

10. AirByte

AirByte 是一款新兴的开源数据集成软件,支持多种 Source 和 Destination 类型的连接器,能够将数据同步到数据仓库、数据湖等目的地。它有以下特点。

(1) 广泛的连接器支持。AirByte 支持与多种数据源和目的地的连接,包括流行的数据库、云存储服务、数据仓库和在线服务。

(2) 用户友好的界面。AirByte 提供了一个直观的 Web 界面,使得设置和管理数据同步任务变得简单。用户可以通过图形界面配置连接器、安排同步任务,并监控数据流的状态。

由于 AirByte 还在不断迭代和改进中,在某些高级功能或特定场景的支持方面还有待完善。

11. CloverETL

CloverETL 也是一种用于数据集成、数据转换和数据处理的 ETL 工具。它提供了一个可视化的开发环境，允许用户通过图形化界面来定义和配置 ETL 流程。其主要特点如下。

（1）CloverETL 支持各种数据源和格式，包括关系数据库、文件（如 CSV、Excel 和 XML）、Web 服务和其他常见的数据源。它提供了丰富的数据转换和处理功能，允许用户对数据进行清洗、验证、转换和处理。用户可以使用各种内置的转换器和函数来执行各种操作，如字符串处理、日期计算、数值操作等。

（2）CloverETL 还提供了强大的数据流管理和调度功能。用户可以定义数据流的执行顺序和条件，设置数据流的触发条件和调度时间表，以实现自动化的数据集成和处理。

（3）CloverETL 具有良好的可扩展性和灵活性。它可以轻松地与其他工具和平台集成，如关系数据库、大数据平台和云服务。它还支持并行处理和分布式处理，可以处理大规模的数据集和高吞吐量的数据流。

9.4 数据预处理

9.4.1 数据预处理内容

数据采集以及 ETL 技术应用的主要工作可以归纳为数据预处理。数据预处理内容一般包括数据审核、数据筛选、数据排序等。

1. 数据审核

数据审核的内容主要包括以下四个方面。

（1）准确性审核。准确性审核主要是从数据的真实性与精确性角度检查资料，其审核的重点是检查调查过程中所发生的误差。

（2）适用性审核。适用性审核主要是根据数据的用途，检查数据解释说明问题的程度。具体包括数据与调查主题、目标总体的界定、调查项目的解释等是否匹配。

（3）及时性审核。及时性审核主要是检查数据是否按照规定时间报送，如未按规定时间报送，就需要检查未及时报送的原因。

（4）一致性审核。一致性审核主要是检查数据在不同地区或国家、在不同的时间段是否具有可比性。

2. 数据筛选

对审核过程中发现的错误应尽可能予以纠正。调查结束后，当数据发现的错误不能予以纠正，或者有些数据不符合调查的要求而又无法弥补时，就需要对数据进行筛选。数据筛选包括两方面的内容：

（1）将某些不符合要求的数据或有明显错误的数据予以剔除；

（2）将符合某种特定条件的数据筛选出来，对不符合特定条件的数据予以剔除。数据筛选在市场调查、经济分析、管理决策中是十分重要的。

3. 数据排序

数据排序是按照一定顺序将数据排列，以便于研究者通过浏览数据发现一些明显的特征或趋势,找到解决问题的线索。除此之外,排序还有助于对数据进行检查纠错,为重新归类或分组等提供依据。在某些场合,排序本身就是分析的目的之一。排序可借助于计算机完成。

对于分类数据,如果是字母型数据,排序有升序与降序之分,但习惯上升序使用得更为普遍,因为升序与字母的自然排列相同;如果是汉字型数据,排序方式有很多,例如,按汉字的首位拼音字母排列,这与字母型数据的排序完全一样,也可按笔画排序,其中也有笔画多少的升序降序之分。交替运用不同方式排序,在汉字型数据的检查纠错过程中十分有用。

对于数值型数据,排序只有两种,即递增和递减。排序后的数据也称为顺序统计量。

9.4.2 数据预处理主要步骤

数据预处理的主要步骤包括数据清洗、数据集成、数据变换、数据归约等,介绍如下。

1. 数据清洗

数据清洗(data cleaning)是从记录集、数据库表或数据库中检测和纠正(或删除)损坏或不准确的记录的过程,是指识别数据的不完整、不正确、不准确或不相关部分,然后替换、修改、删除脏数据或粗数据。数据清洗既可以与数据加工工具交互执行,也可以通过脚本进行批处理。清洗后,一个数据集应该与系统中其他类似的数据集保持一致。若检测到不一致,可能是用户输入错误、传输或存储中的损坏或不同存储中类似实体的不同数据字典定义引起的。数据清洗与数据确认(data validation)的不同之处在于,数据确认几乎总是意味着数据在输入时被系统拒绝,并在输入时执行,而不是执行于批量数据。数据清洗不仅更正错误,而且加强来自各个单独信息系统不同数据间的一致性。专门的数据清洗软件能够自动检测数据文件,史止错误数据,并用全企业一致的格式集成数据。

正则表达式(regular expression,RE 或 regex,regexp),又称规律表达式、正则表示法、规则表达式、常规表示法,是计算机科学概念,用简单字符串来描述、匹配文中全部匹配指定格式的字符串,现在很多文本编辑器都支持用正则表达式搜索、取代匹配指定格式的字符串。许多程序设计语言都支持用正则表达式操作字符串。在数据预处理中正则表达式常用于数据的替换。

在数据清洗定义中包含两个重要的概念:原始数据和干净数据。其中原始数据来自数据源,一般作为数据清洗的输入数据;干净数据也称目标数据,即为符合数据仓库或上层应用逻辑规格的数据,也是数据清洗过程的结果数据。

2. 数据集成

数据集成是将不同来源与格式的数据逻辑上或物理上进行集成的过程。传统上,数据集成可以分为两大类方法,即数据仓库和联邦数据库系统。数据库仓库技术在物理上将分布在多个数据源的数据统一集中到一个中央数据库中;而联邦数据库则仅通过将用户查询翻译为数据源查询来进行逻辑上的数据集成。

3. 数据变换

数据变换是通过平滑聚集、数据概化、规范化等方式将数据转换成适用于数据挖掘的形式。

4. 数据归约

数据挖掘时往往数据量非常大,在大量数据上进行挖掘分析需要很长的时间,数据归约技术可以用来得到数据集的归约表示,它小得多,但仍然接近于保持原数据的完整性,并且结果与归约前结果相同或几乎相同。数据规约包含特征归约、样本规约、特征值归约等。

9.4.3 不同数据格式的预处理

1. 预处理结构化数据

(1) 结构化数据。

结构化数据由明确定义的数据类型组成,按列和行进行组织。它的表格性质使其成为许多数据分析任务的常见起点。预处理结构化数据通常涉及处理缺失数据,并将数据转换为适合分析的正确格式。

(2) 处理缺失值。

空值或缺失值可能会扭曲统计分析结果,并导致机器学习模型训练的偏差。一种常见的方法是插补(imputation),经常用统计量来替代 null 值或缺失值,如均值(mean)或中位数(median)。在选择插补策略时要小心,因为它可能会影响后续数据分析的结果。对于有大量缺失数据的数据集,了解这些缺失值的性质和模式变得至关重要,以避免无意中引入偏差。

(3) 数据规范化。

数据规范化是一个至关重要的预处理步骤,特别是当数据集中的特征具有不同的尺度和范围时。如果不进行规范化,具有较大尺度的特征可能会对机器学习算法的结果产生不成比例的影响,特别是那些依赖距离计算的算法,如 k 均值(k-means)聚类或 k 最近邻(KNN)算法。所有数值变量缩放到一个标准范围,通常在 0~1,确保不同特征对模型训练的贡献相等。此外,归一化的数据通常导致在训练过程中更快地收敛,并且可以提高一些模型的泛化能力。

(4) 独热编码(one-hot encoding)。

处理分类数据在预处理中也至关重要。因为许多机器学习模型需要数值输入特征。以文本或离散数字表示的分类变量由于其非连续性质和多变的基数而可能会引入复杂性。独热编码将分类变量转换为可以提供给机器学习算法的格式,而不会丢失固有的分类信息。它将分类特征的每个唯一值表示为单独的二进制列。这可确保不会引入意外的序号关系,就像其他编码方法(如标签编码)一样。

(5) 特征选择(feature selection)。

降低维数可以提高计算效率,并防止过度拟合。一种常见的方法是使用相关性,通过特征选择来消除冗余或不相关的特征。

2. 预处理文本数据

文本数据通常是非结构化的,并且来自文档、社交媒体和网站等各种来源,这带来了独特的挑战。预处理此类数据对于提取有意义的模式和关系以及执行高级分析技术(如自然语言处理)至关重要。

(1) 分词(tokenization)。

分词是文本预处理的基本步骤,尤其是对于自然语言处理(NLP)任务。它涉及将字符串或文档分解为更小的单元,如单词、短语、符号或其他称为标记的有意义的元素。这些标记成为后续分析和建模的基本单元。精确的标记化对于理解文本的上下文和含义至关重要,因为它会影响特征提取的准确性和 NLP 模型的性能。

(2) 删除通用词(stop words)。

通用词如 and、the 和 is 是常用词,可能对文本分析没有什么意义。删除它们可以提高分析效率和重点。

(3) 词汇归一化(stemming and lemmatization)。

词干提取和词形还原将单词浓缩为它们的基本形式。通过这样做,有助于实现单词表示的一致性,从而显著提高下游任务(如文本分类、主题建模和情感分析)的性能。

(4) 文本向量化(text vectorization)。

要使用算法分析文本,需要将其转换为数字格式。术语频率-逆文档频率(TF-IDF)是一种常用方法,它将文本表示为向量,其中每个单词的权重根据其在文档中的频率进行调整。

3. 预处理时序数据

时序数据(temporal data)的特征是与时间戳或时间顺序相关联,通常出现在时间序列分析、财务建模或事件日志记录中。对此类数据进行预处理可确保有效地捕获与时间相关的关系。

(1) 解析日期和时间。

将日期和时间的字符串表示形式转换为日期时间对象可简化后续的基于时间的操作。

(2) 处理时间间隔(handling time gaps)。

在时间序列数据中,缺少时间戳可能会导致分析不准确。识别和解决这些差距至关重要。

(3) 提取基于时间的特征。

对于某些分析,需要提取年、月和星期几并将它们存储为单独的特征。

(4) 对时间序列数据进行重采样(resampling)。

对于时间序列数据分析,记录数据点的粒度或频率可能至关重要。通常,原始时间序列数据可能会在极其详细的级别上捕获,这显然信息量很大,处理起来可能是压倒性的和计算密集型的。重采样提供了一种解决方案,允许分析师和数据科学家调整时间范围,从而能够以从毫秒到数年的各种粒度级别检查数据。

(5) 滞后特征(lag features)。

在时间序列分析或预测中,滞后特征是指将过去某个时间点的观察值作为特征引入模型中,以捕捉时间序列数据中的趋势和模式。这有助于模型更好地理解数据的动态变化。

4. 预处理图像数据

图像数据由代表视觉内容的像素组成,广泛应用于计算机视觉和医学成像等领域。图像的预处理可确保它们采用标准化格式,并适当地进行增强,以便更好地进行模型泛化。

(1) 调整大小。

确保图像具有统一的尺寸至关重要,尤其是在批处理或使用卷积神经网络(CNN)时。

(2) 灰度转换。

在某些分析中,颜色信息可能不是必需的。将图像转换为灰度可以降低维度和计算开销。

(3) 规范化(normalization)。

将像素值缩放到 0~1,有助于稳定训练并提高机器学习模型的收敛性。

(4) 边缘检测(edge detection)。

图像中的边缘表示像素强度快速变化的区域。边缘检测有助于识别图像中像素强度的显著转变,并可用作各种应用中的特征提取方法。检测这些边缘对于对象识别、分割和其他图像分析任务非常有用。

9.5 实验项目 9：Kettle 操作基础

实验项目 9

9.5.1 准备工作

1. 安装 JDK 8

运行课程配套的 JDK 8 安装包,按默认方式安装,如图 9-2 所示。

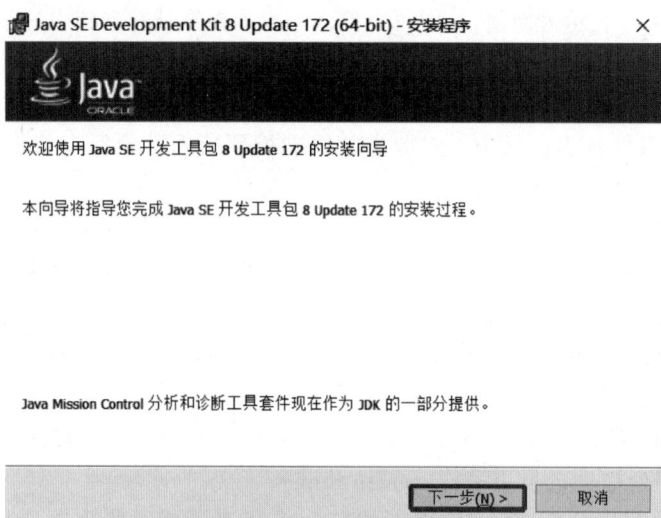

图 9-2 安装 JDK 8

选择默认安装组件,如图 9-3 所示。

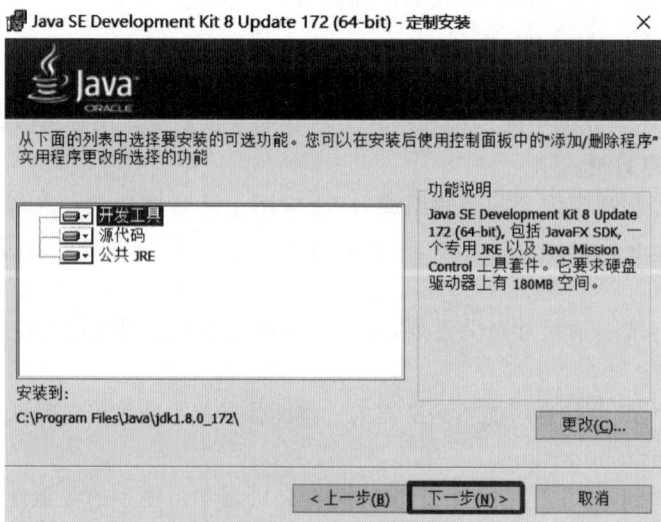

图 9-3 选择要安装的组件

选择默认的安装目录,并单击关闭按钮完成安装,如图 9-4 和图 9-5 所示。

图 9-4　安装路径选择

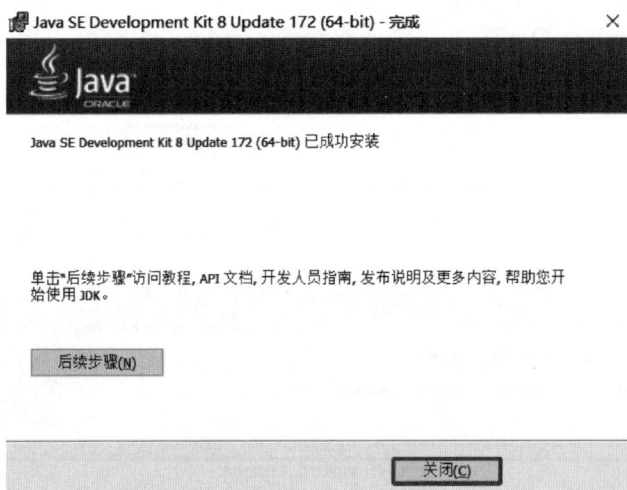

图 9-5　完成 JDK 8 的安装

2. 配置 JAVA_HOME

JAVA_HOME 环境变量在前置实验配置过,但在本实验中其变量值需要修改成 JDK 8
的安装目录,如图 9-6 所示。

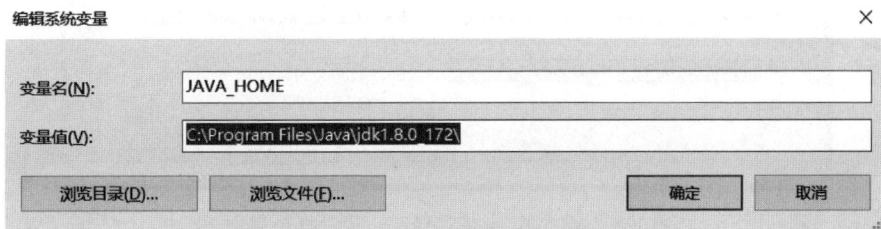

图 9-6　修改 JAVA_HOME 环境变量

3. 安装 MySQL

本实验需要在 Windows 上安装 MySQL 5.5。运行课程配套的 MySQL 5.5 安装包,安装过程如下。安装欢迎界面和接受许可界面如图 9-7 和图 9-8 所示。

图 9-7 MySQL 安装过程——欢迎界面

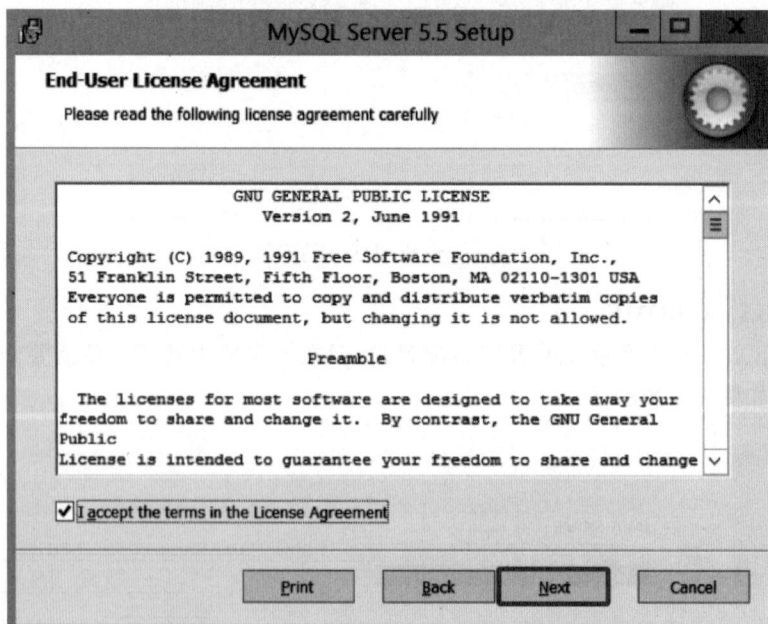

图 9-8 MySQL 安装过程——接受许可界面

在安装类型选择界面选择 Typical 模式,如图 9-9 所示。

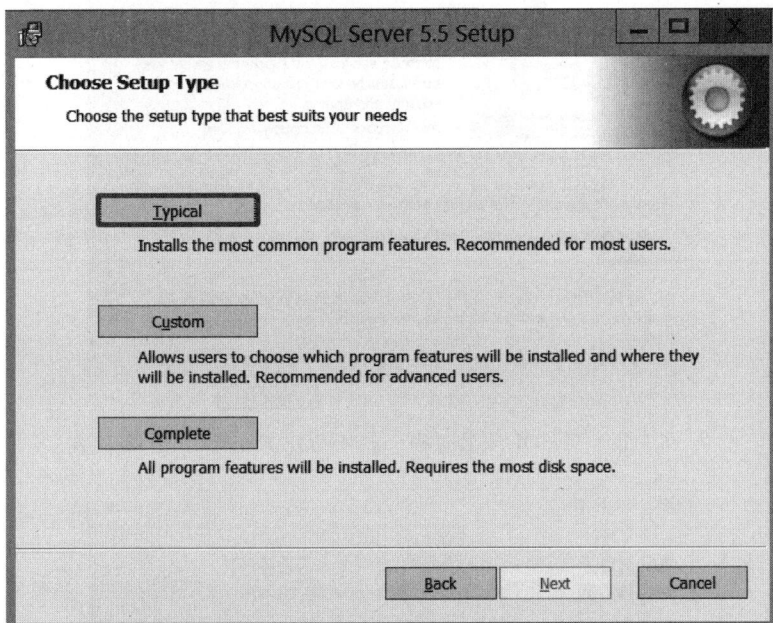

图 9-9 MySQL 安装过程——安装类型选择界面

在准备安装界面单击 Install 按钮,如图 9-10 所示。

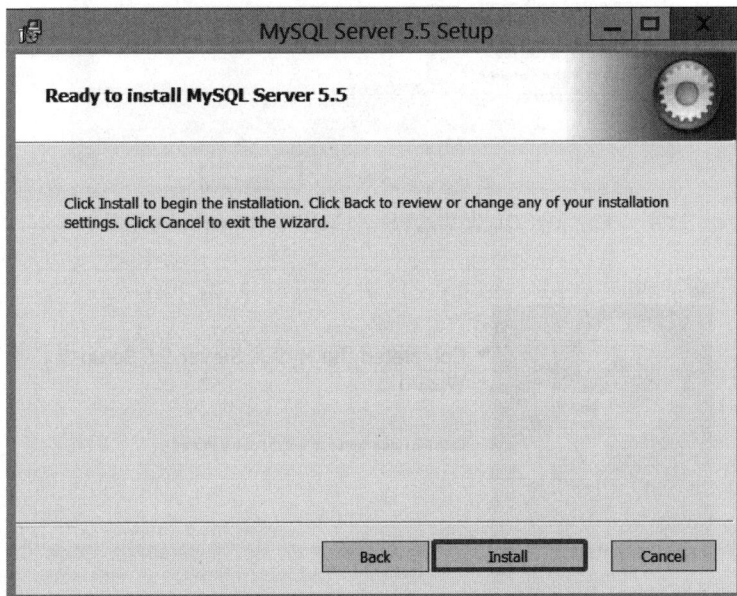

图 9-10 MySQL 安装过程——准备安装界面

在 MySQL Enterprise 界面中单击 Next 按钮,如图 9-11 和图 9-12 所示。

在安装结束界面勾选 Launch the MySQL Instance Configuration Wizard 复选框,再单击 Finish 按钮,如图 9-13 所示。

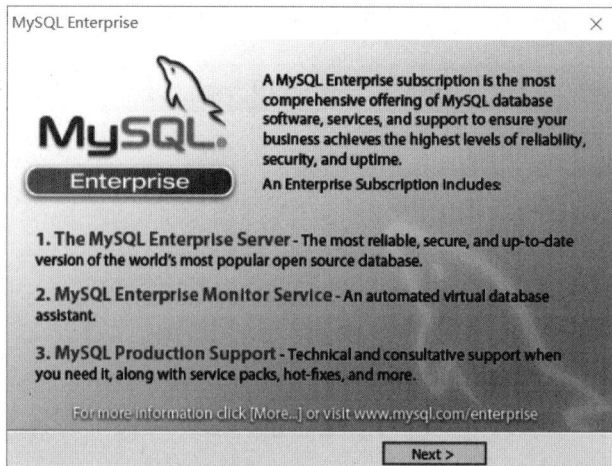

图 9-11　MySQL 安装过程——MySQL Enterprise 界面 1

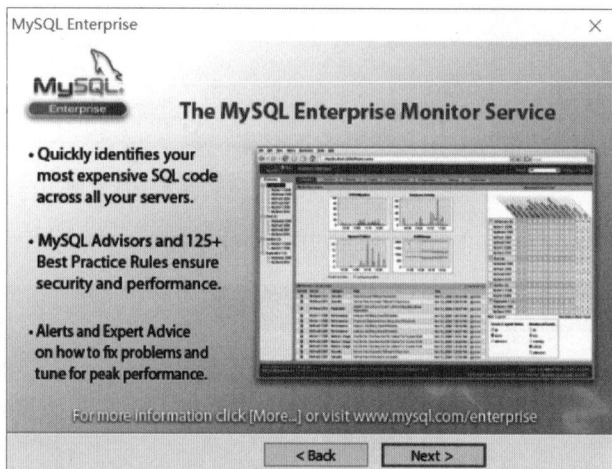

图 9-12　MySQL 安装过程——MySQL Enterprise 界面 2

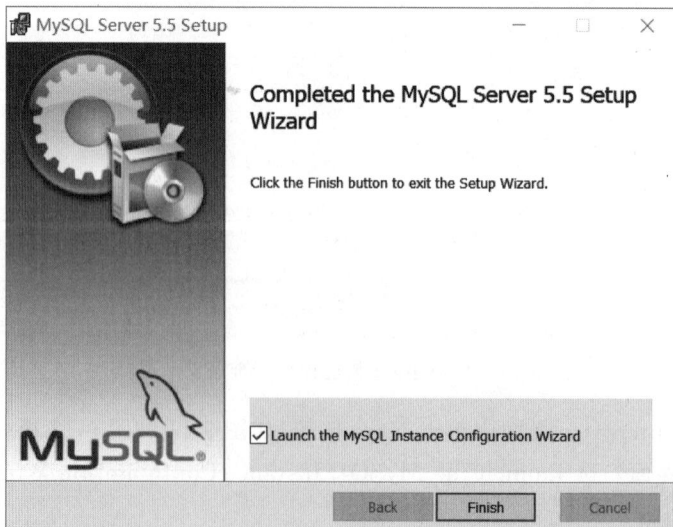

图 9-13　MySQL 安装过程——安装结束界面

在弹出的 MySQL 服务配置向导界面单击 Next 按钮,进入配置向导,如图 9-14 所示。

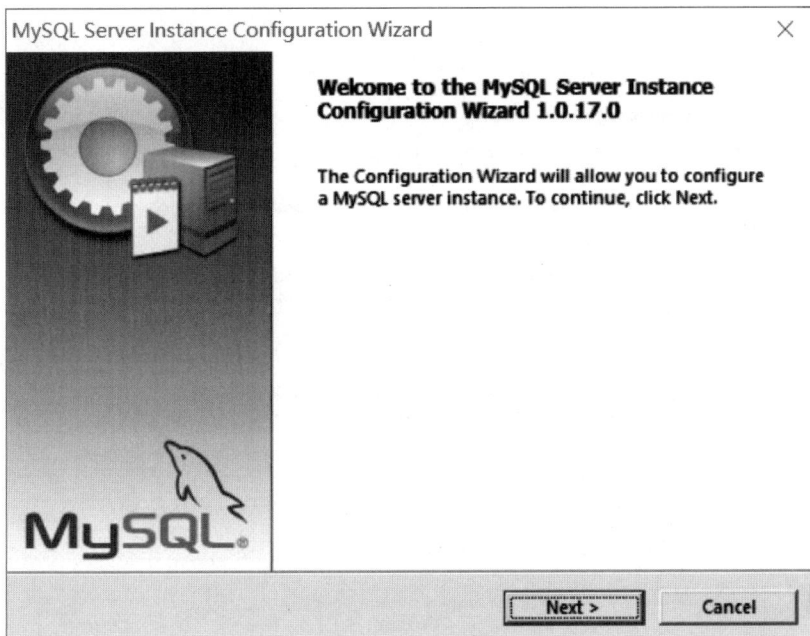

图 9-14　MySQL 服务配置向导界面

在配置类型选择界面选择 Detailed Configuration(详细配置),再单击 Next 按钮,如图 9-15 所示。

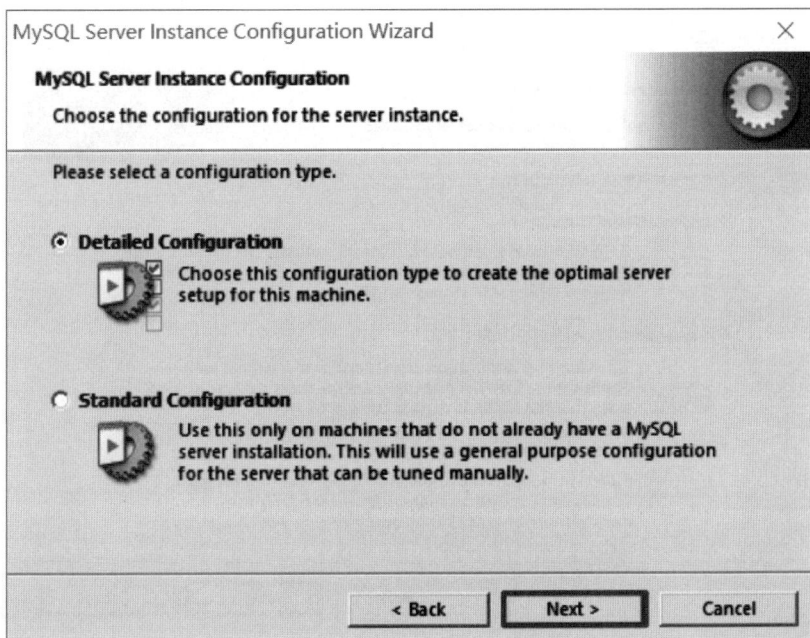

图 9-15　配置类型选择界面

在服务类型选择界面选择 Developer Machine(开发机类型),再单击 Next 按钮,如图 9-16 所示。

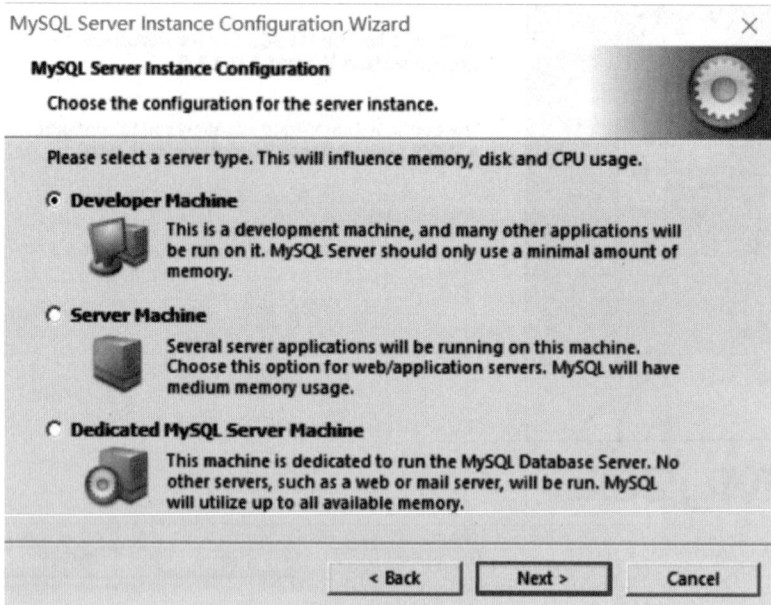

图 9-16 服务类型选择界面

在数据库用途选择界面选择 Multifunctional Database(多功能数据库),再单击 Next按钮,如图 9-17 所示。

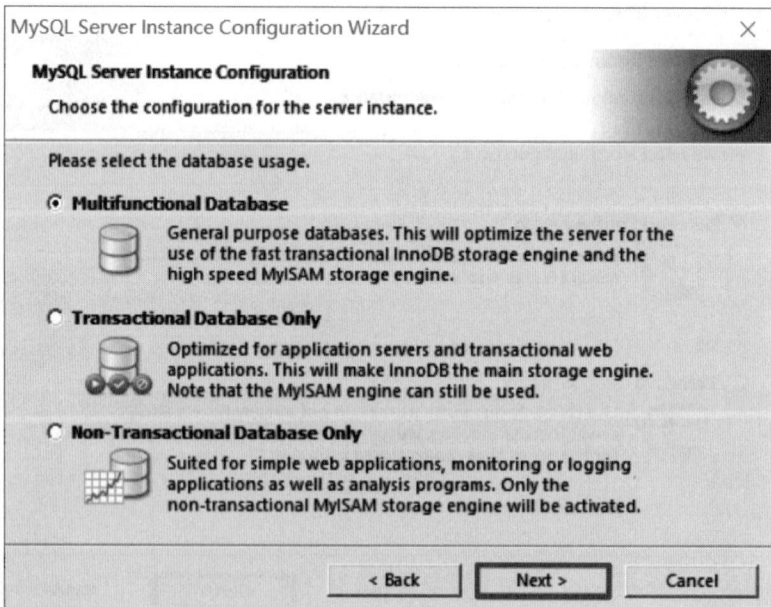

图 9-17 数据库用途选择界面

在驱动器选择界面选择可用空间较大的磁盘,再单击 Next 按钮,如图 9-18 所示。

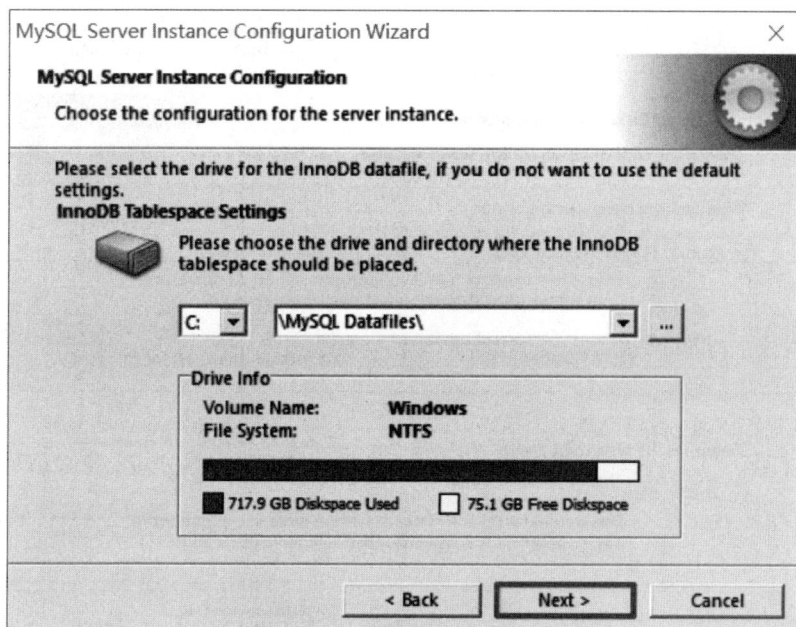

图 9-18 驱动器选择界面

在服务器并发连接数设置界面选择 Decision Support(DSS)/OLAP,再单击 Next 按钮,如图 9-19 所示。

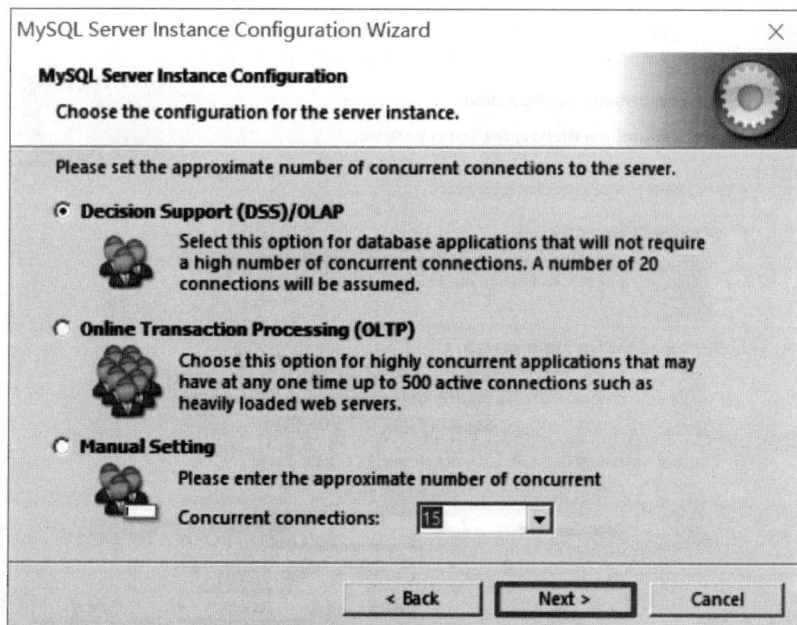

图 9-19 服务器并发连接数设置界面

在网络选项界面勾选 Add firewall exception for this port，再单击 Next 按钮，如图 9-20 所示。

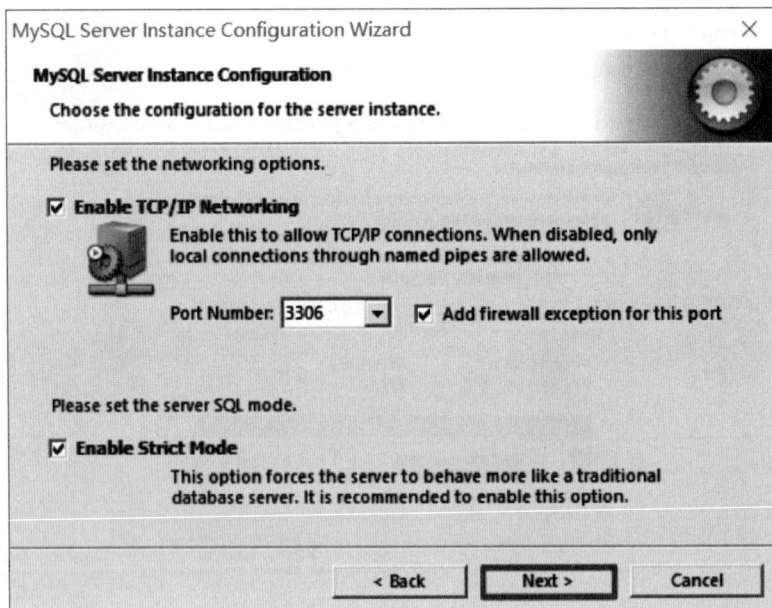

图 9-20　网络选项界面

在默认字符集设置界面选择 Manual Selected Default Character Set/Collation 并选择 gbk 为默认字符集，再单击 Next 按钮，如图 9-21 所示。

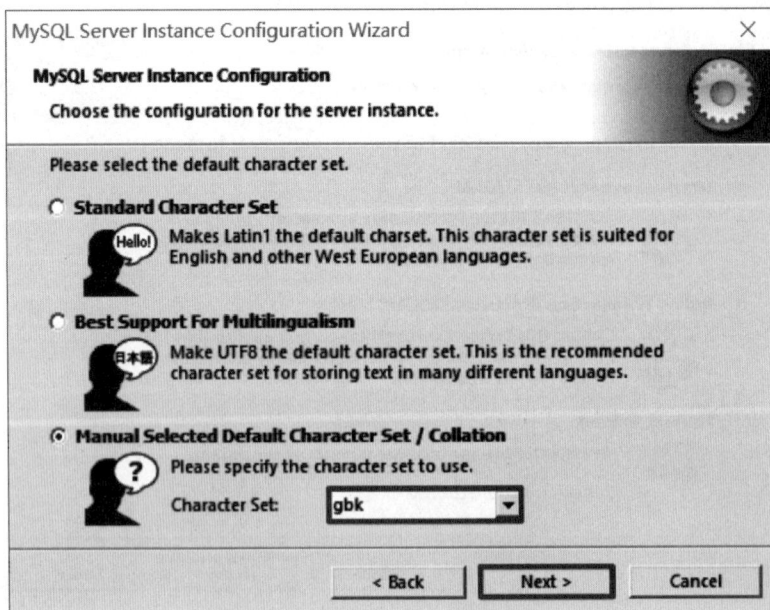

图 9-21　默认字符集设置界面

在 Windows 选项界面勾选 Include Bin Directory in Windows PATH，再单击 Next 按钮，如图 9-22 所示。

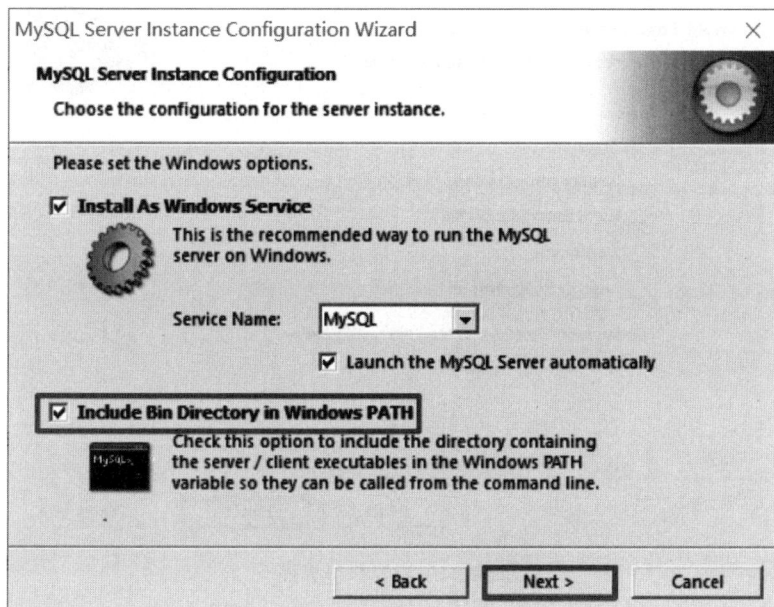

图 9-22　Windows 选项界面

在安全选项界面设置密码，并勾选 Enable root access from remote machines，允许远程访问，如图 9-23 所示。

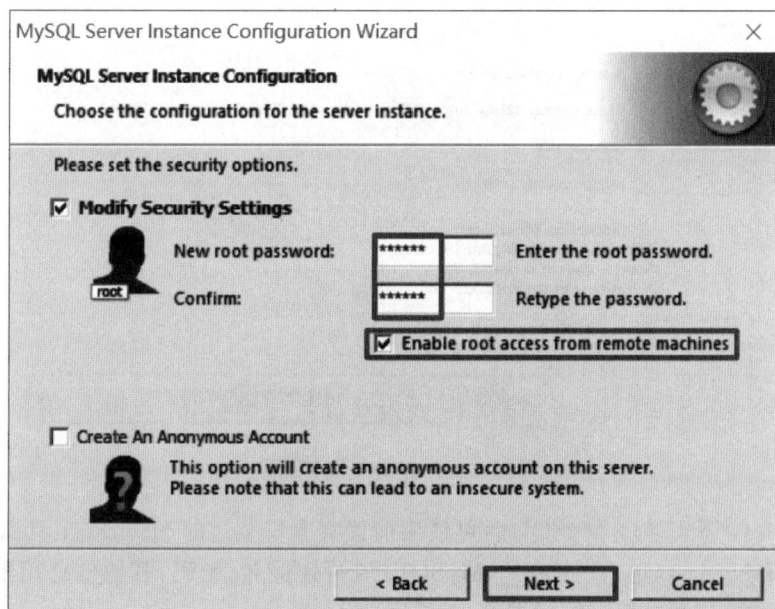

图 9-23　安全选项界面

在配置执行界面单击 Execute 按钮执行配置,如图 9-24 所示。

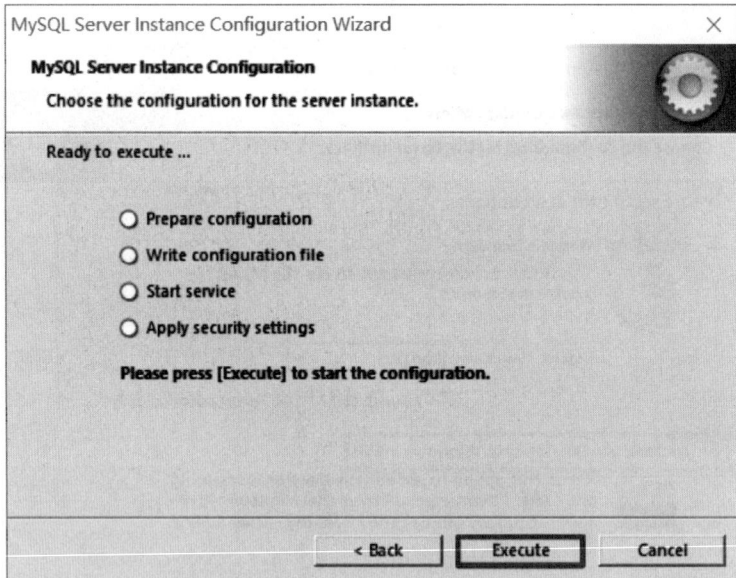

图 9-24　配置执行界面

在配置完成界面单击 Finish 按钮完成配置,如图 9-25 所示。

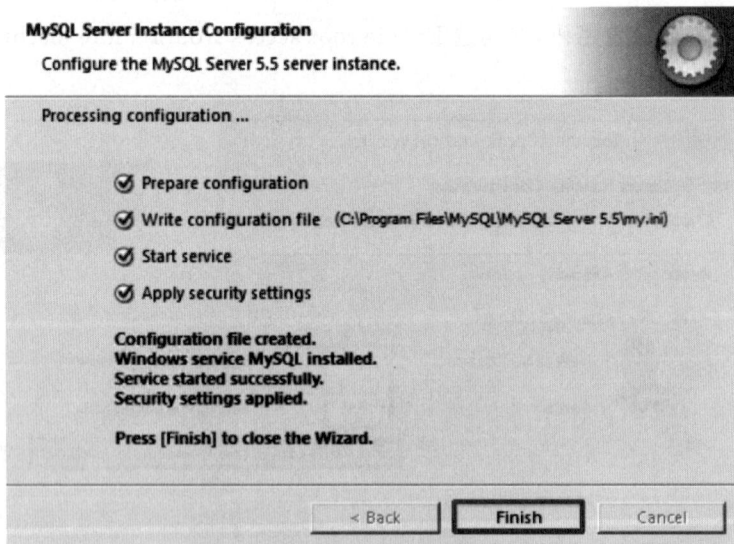

图 9-25　配置完成界面

在 Windows 下安装完 MySQL 后可使用前置实验安装过的 Navicat 工具测试连接。

首先打开 Navicat,单击"连接"→MySQL,填写连接名、密码,其他信息用默认设置,再单击左下角的"连接测试"按钮,如图 9-26 所示。

如果连接正常则弹出"连接成功"的提示,如图 9-27 所示。

然后单击连接配置界面的"确定"按钮,如图 9-28 所示。

在 Navicat 左边栏将出现 local 连接图标,如图 9-29 所示。

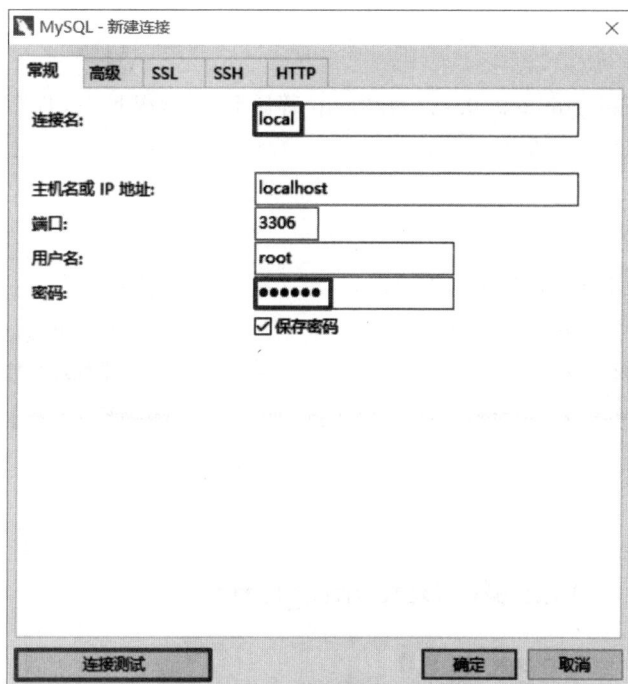

图 9-26 在 Navicat 上添加 MySQL 数据库连接

图 9-27 Navicat 连接正常提示

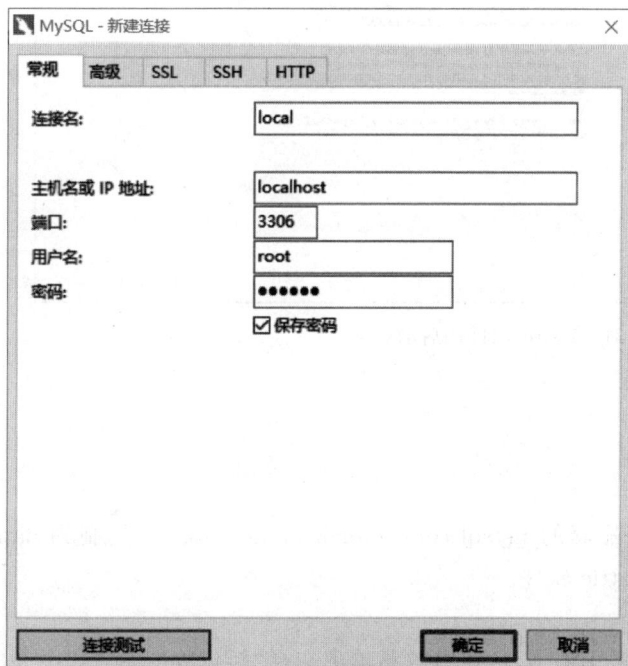

图 9-28 创建 MySQL 连接

图 9-29 创建的连接图标

9.5.2 安装 Kettle

将课程配套的 Kettle 软件压缩包 pdi-ce-9.0.0.0-423.zip 解压到 D 盘根目录,程序安装目录为 D:\data-integration。

9.5.3 运行 Kettle

双击运行安装目录下的 Spoon.bat,如图 9-30 所示。

经过一段启动时间后,将显示启动界面,如图 9-31 所示。

然后进入软件主界面,如图 9-32 所示。

图 9-30 启动 Kettle 的
批处理文件

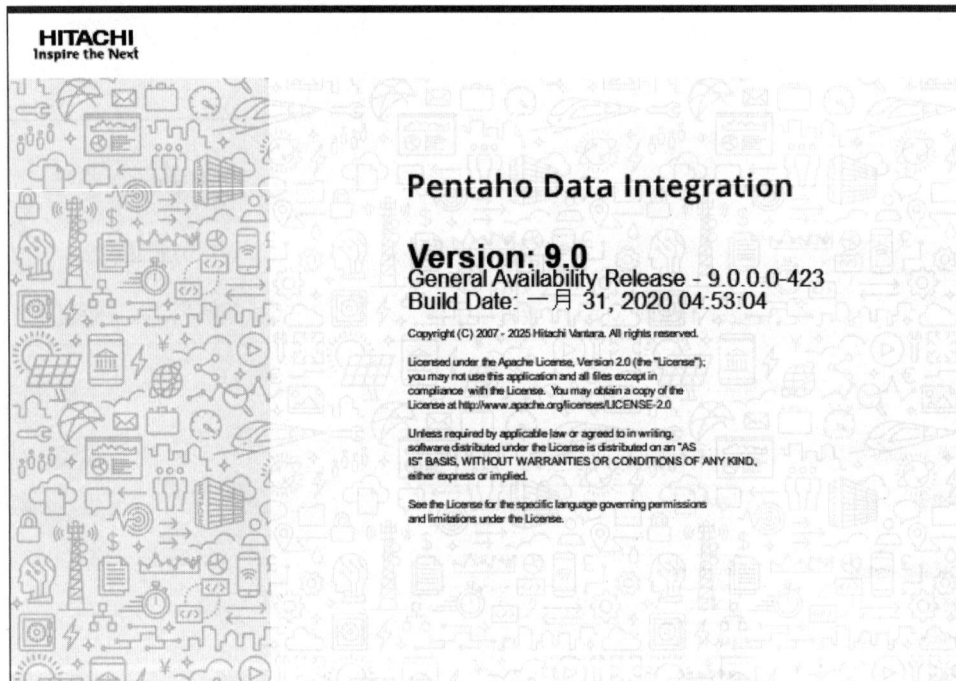

图 9-31 Kettle 软件的启动界面

9.5.4 建立数据库连接

1. 复制 MySQL 的 Jar 包

先关闭 Kettle 软件,再将课程配套的 mysql-connector-java-5.1.48.jar 复制到 data-integration\lib 目录下,然后启动 Kettle 软件。

2. 创建 MySQL 数据库

使用 Navicat 创建数据库,在 local 上右击,从弹出的菜单中选择"新建数据库",如图 9-33 所示。

在弹出的"新建数据库"窗口中填写数据库名为 etl_demo,选择字符集和排序规则,然后单击"确定"按钮,如图 9-34 所示。

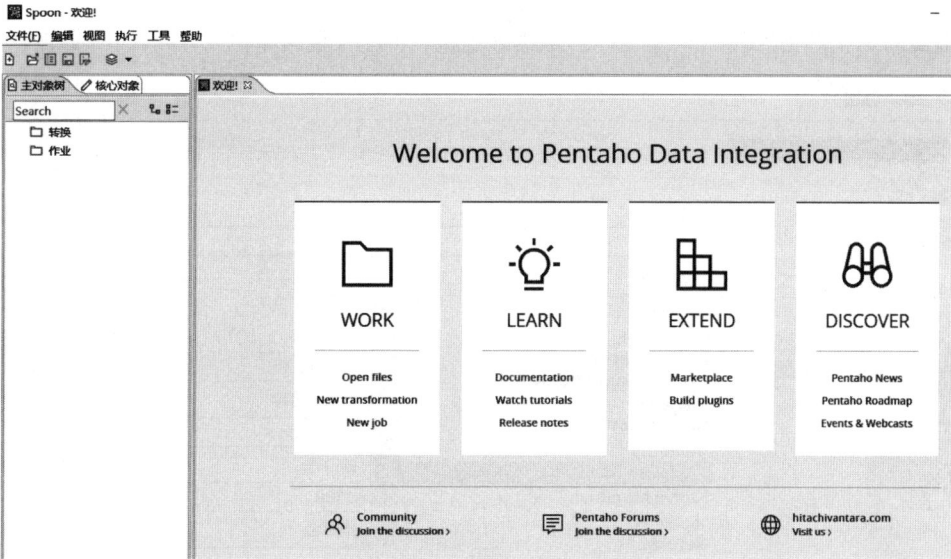

图 9-32 Kettle 软件主界面

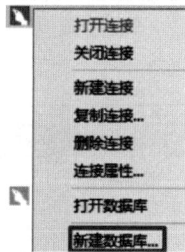

图 9-33 使用 Navicat 新建数据库

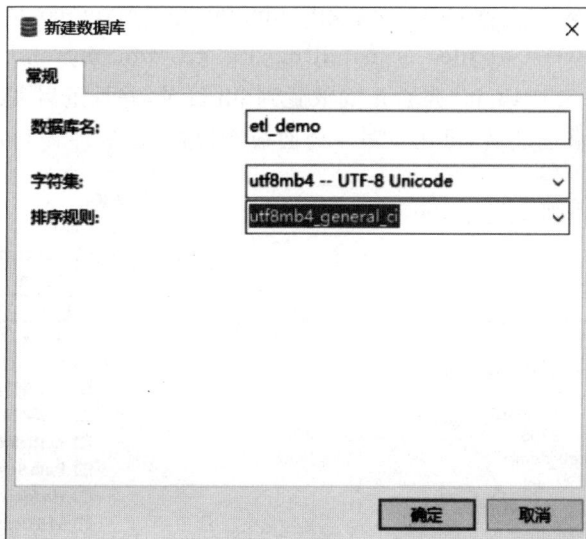

图 9-34 填写数据库基础信息

3. 新建数据库连接

在 Kettle 上单击"文件"→"新建"→"数据库连接",再配置数据库相关参数,如图 9-35 所示。

图 9-35 在 Kettle 上创建数据库连接

然后单击"测试"按钮测试连接,如果成功连接将弹出提示框,如图 9-36 所示。

如果出现错误提示"Driver class 'org. gjt. mm. mysql. Driver' could not be found, make sure the 'MySQL' driver (jar file) is installed. org. gjt. mm. mysql. Driver",则需要检查 mysql-connector-java-5. 1. 48. jar 是否正确放置到 lib 目录,并且重启 Kettle 软件。

当数据库连接正确创建后,可在主对象树面板看到它,如图 9-37 所示。

图 9-36 Kettle 数据库连接测试成功

图 9-37 在主对象树面板查看数据库连接

4. 共享数据库连接

数据库连接创建后可以提供共享。右击数据库连接 etlConn，从弹出的菜单中选择"共享"，如图 9-38 所示。

共享后该数据库连接显示为加粗，可以提供给其他工程使用，如图 9-39 所示。

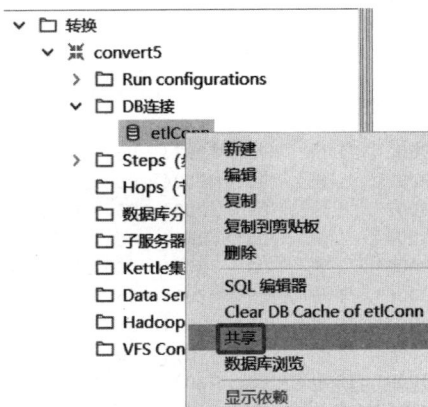

图 9-38 共享数据库连接

图 9-39 共享后的数据库连接

9.5.5 表输入

1. 建立测试表

在 etl_demo 数据库中加载 sql 脚本用于创建表，具体步骤如下。

在 Navicat 上新建查询，如图 9-40 所示。

图 9-40 在 Navicat 上新建查询

单击"载入"按钮，如图 9-41 所示。

图 9-41 载入脚本

载入课程配套的 geography_score.sql 脚本文件，下面列出部分内容：

```
SET FOREIGN_KEY_CHECKS = 0;
-- ----------------------------
-- Table structure for geography_score
-- ----------------------------
DROP TABLE IF EXISTS `geography_score`;
CREATE TABLE `geography_score` (
```

```
`id` int(11) NOT NULL,
`stu_no` varchar(20) DEFAULT NULL,
`class_name` varchar(10) DEFAULT NULL,
`score` varchar(10) DEFAULT NULL,
`exam_time` datetime DEFAULT NULL,
PRIMARY KEY (`id`)
) ENGINE = InnoDB DEFAULT CHARSET = utf8mb4;

-- ----------------------------
-- Records of geography_score
-- ----------------------------
INSERT INTO `geography_score` VALUES ('1', '202309001', '1班', '71', '2024 - 06 - 30 08:30:00');
INSERT INTO `geography_score` VALUES ('2', '202309002', '1班', '91', '2024 - 06 - 30 08:30:00');
INSERT INTO `geography_score` VALUES ('3', '202309003', '1班', '89', '2024 - 06 - 30 08:30:00');
INSERT INTO `geography_score` VALUES ('4', '202309004', '1班', '85', '2024 - 06 - 30 08:30:00');
INSERT INTO `geography_score` VALUES ('5', '202309005', '1班', '97', '2024 - 06 - 30 08:30:00');
INSERT INTO `geography_score` VALUES ('6', '202309006', '1班', '89', '2024 - 06 - 30 08:30:00');
INSERT INTO `geography_score` VALUES ('7', '202309007', '1班', '87', '2024 - 06 - 30 08:30:00');
INSERT INTO `geography_score` VALUES ('8', '202309008', '1班', '78', '2024 - 06 - 30 08:30:00');
INSERT INTO `geography_score` VALUES ('9', '202309009', '1班', '85', '2024 - 06 - 30 08:30:00');
INSERT INTO `geography_score` VALUES ('10', '202309010', '1班', '80', '2024 - 06 - 30 08:30:00');
INSERT INTO `geography_score` VALUES ('11', '202309011', '1班', '76', '2024 - 06 - 30 08:30:00');
INSERT INTO `geography_score` VALUES ('12', '202309012', '1班', '72', '2024 - 06 - 30 08:30:00');
```

然后在 Navicat 上单击"运行"按钮,如图 9-42 所示。

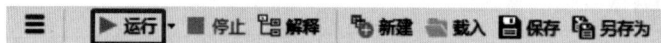

图 9-42　运行脚本

运行成功后将生成新表,可右击,从弹出的菜单中选择"刷新",如图 9-43 所示。

选中 geography_score 表,右击,在弹出的菜单中选择,可以看到刚才生成的记录,如图 9-44 所示。

id	stu_no	class_name	score	exam_time
1	202309001	1班	71	2024-06-30 08:30:00
2	202309002	1班	91	2024-06-30 08:30:00
3	202309003	1班	89	2024-06-30 08:30:00
4	202309004	1班	85	2024-06-30 08:30:00
5	202309005	1班	97	2024-06-30 08:30:00
6	202309006	1班	89	2024-06-30 08:30:00
7	202309007	1班	87	2024-06-30 08:30:00
8	202309008	1班	78	2024-06-30 08:30:00
9	202309009	1班	85	2024-06-30 08:30:00
10	202309010	1班	80	2024-06-30 08:30:00
11	202309011	1班	76	2024-06-30 08:30:00
12	202309012	1班	72	2024-06-30 08:30:00
13	202309013	1班	71	2024-06-30 08:30:00
14	202309014	1班	69	2024-06-30 08:30:00

图 9-43　在数据库上刷新

图 9-44　打开 geography_score 表

2. 建立表输入转换工程

在 Kettle 菜单选择"文件"→"新建"→"转换",在核心对象的输入类别中选择"表输入",并拖入右侧转换面板,如图 9-45 所示。

图 9-45 添加"表输入"对象

双击"表输入"对象,单击"获取 SQL 查询语句"按钮,如图 9-46 所示。

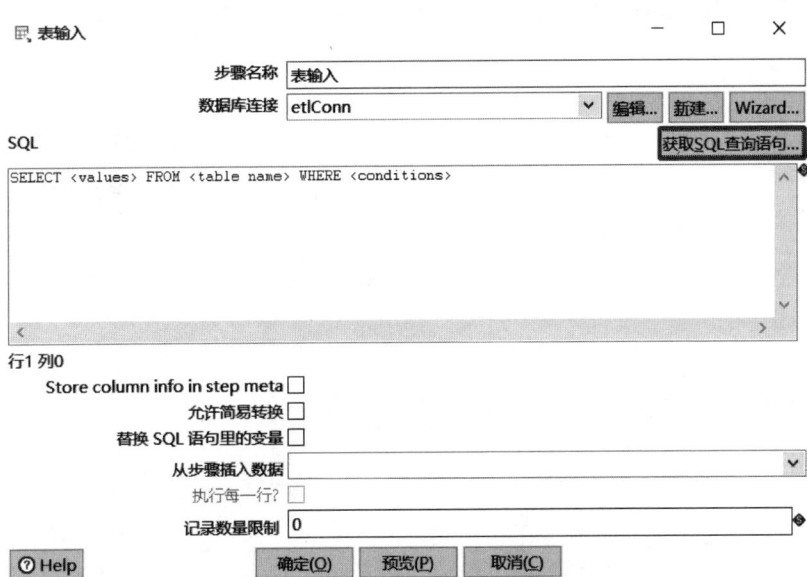

图 9-46 获取 SQL 查询语句

在弹出的数据库浏览器窗口中选择表 geography_score,单击"确定"按钮,如图 9-47 所示。

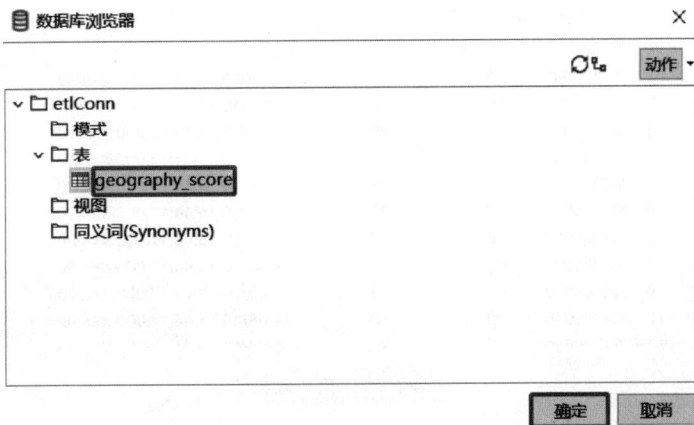

图 9-47 选中 geography_score 表

然后在弹出的对话框"你想在 SQL 里面包含字段名吗?"中选择"否",如图 9-48 所示。

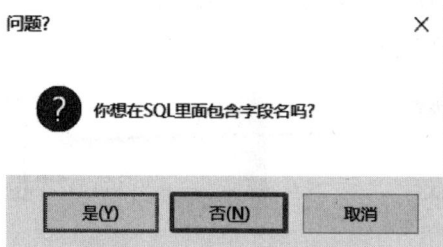

图 9-48　包含字段名选择

单击"预览"按钮,选择预览 1000 条,将显示预览结果,操作如图 9-49 和图 9-50 所示。

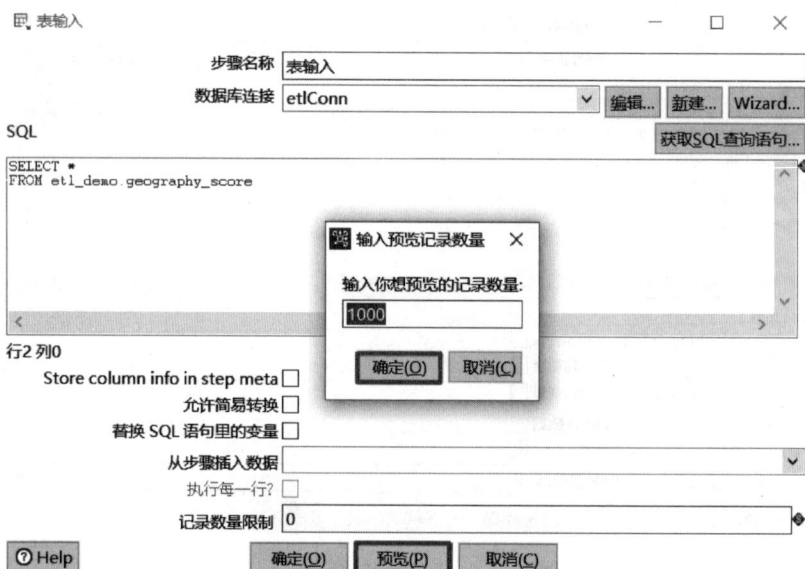

图 9-49　单击"预览"按钮

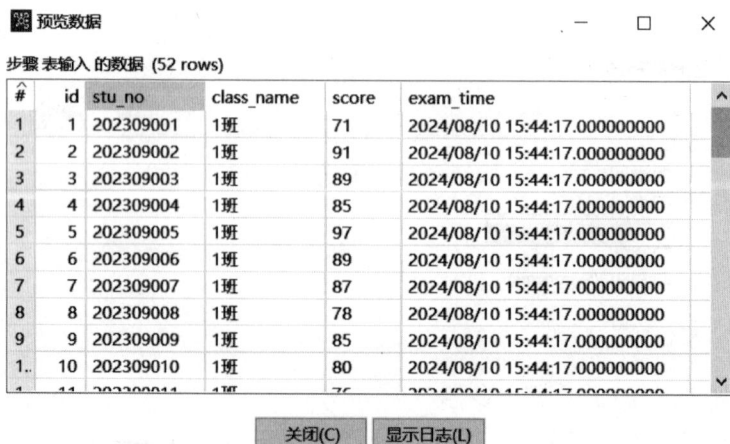

图 9-50　预览表数据

9.5.6 CSV 输入

将左侧"CSV 文件输入"对象拖进右侧转换面板中,如图 9-51 所示。

图 9-51 添加"CSV 文件输入"对象

再双击"CSV 文件输入"进行配置,如图 9-52 所示。

在属性编辑窗口中选择来源文件,如图 9-53 所示。

单击"获取字段"按钮,如图 9-54 所示。

在弹出的样本数据窗口默认样本数为 100,再单击"确定"按钮,如图 9-55 所示。

图 9-52 CSV 文件输入对象

图 9-53 选择来源文件

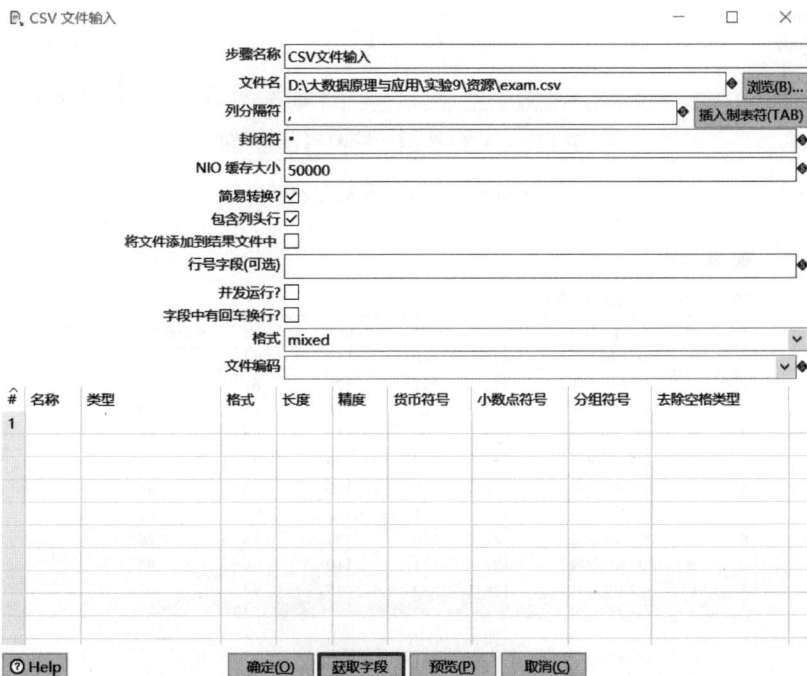

图 9-54 获取字段

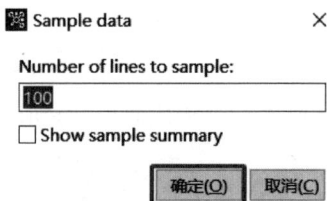

图 9-55　确认样本数据数量

然后将显示 CSV 文件中所有列的信息,如图 9-56 所示。

#	名称	类型	格式	长度	精度	货币符号	小数点符号	分组符号	去除空格类型
1	id	Integer	#	15	0	¥	.	,	不去掉空格
2	stu_no	Integer	#	15	0	¥	.	,	不去掉空格
3	chinese	Integer	#	15	0	¥	.	,	不去掉空格
4	math	Integer	#	15	0	¥	.	,	不去掉空格
5	english	Integer	#	15	0	¥	.	,	不去掉空格
6	phisics	Integer	#	15	0	¥	.	,	不去掉空格
7	chemistry	Integer	#	15	0	¥	.	,	不去掉空格
8	biology	Integer	#	15	0	¥	.	,	不去掉空格

图 9-56　显示 CSV 文件中的列信息

单击"预览"按钮,将显示数据预览结果,如图 9-57 和图 9-58 所示。

#	名称	类型	格式	长度	精度	货币符号	小数点符号	分组符号	去除空格类型
1	id	Integer	#	15	0	¥	.	,	不去掉空格
2	stu_no	Integer	#	15	0	¥	.	,	不去掉空格
3	chinese	Integer	#	15	0	¥	.	,	不去掉空格
4	math	Integer	#	15	0	¥	.	,	不去掉空格
5	english	Integer	#	15	0	¥	.	,	不去掉空格
6	phisics	Integer	#	15	0	¥	.	,	不去掉空格
7	chemistry	Integer	#	15	0	¥	.	,	不去掉空格
8	biology	Integer	#	15	0	¥	.	,	不去掉空格

图 9-57　单击"预览"按钮

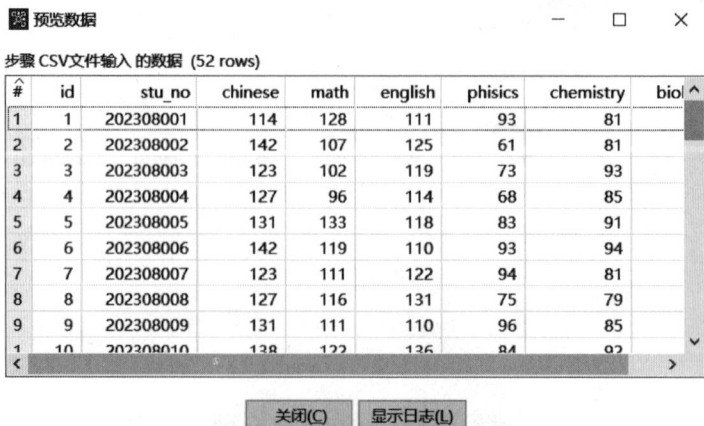

图 9-58　预览 CSV 文件数据

9.5.7 Excel 输入

在"主对象树"的"输入"类别中选择"Excel 输入",并拖入右侧转换面板,生成"Excel 输入"项目,如图 9-59 所示。

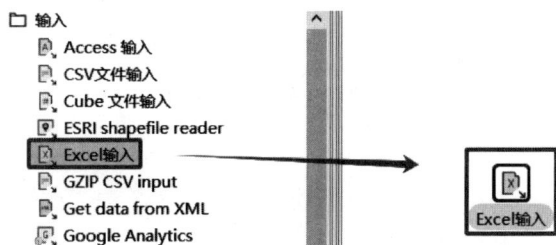

图 9-59 添加"Excel 输入"对象

双击新增的"Excel 输入"项目,单击"浏览"按钮,如图 9-60 所示。

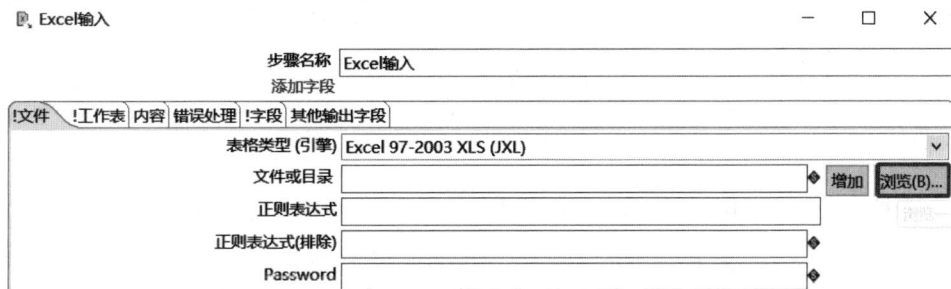

图 9-60 浏览 Excel 文件

选择本课配套的资源文件 chemistry_score.xls,再单击"增加"按钮,如图 9-61 所示。

图 9-61 添加 Excel 文件

新增的 Excel 表名称将显示在下方选中的文件内,如图 9-62 所示。

说明:新增文件的步骤可重复多次,选择多个文件。

在"工作表"面板单击"获取工作表名称"按钮,如图 9-63 所示。

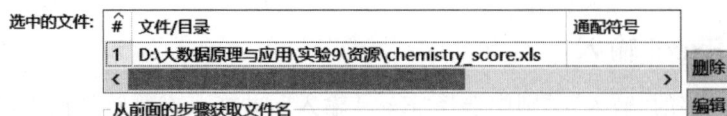

图 9-62　添加的 Excel 文件列表

图 9-63　获取工作表名称

选择 Excel 中的工作表，单击"确定"按钮，如图 9-64 所示。

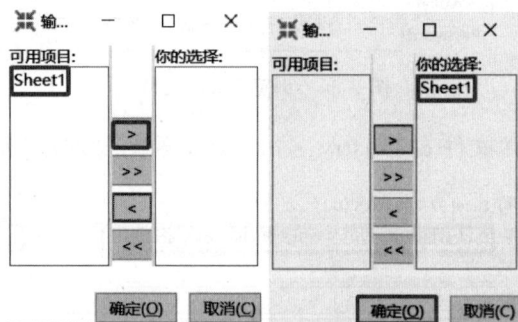

图 9-64　选择 Excel 中的工作表

设置"起始行""起始列"，如图 9-65 所示。

图 9-65　设置"起始行""起始列"

在"字段"面板单击"获取来自头部数据的字段"，并设置字段内容，在"内容"面板勾选"头部"和"非空记录"复选框，如图 9-66 和图 9-67 所示。

单击"预览记录"按钮进行预览，如图 9-68 所示。

图 9-66 设置字段面板

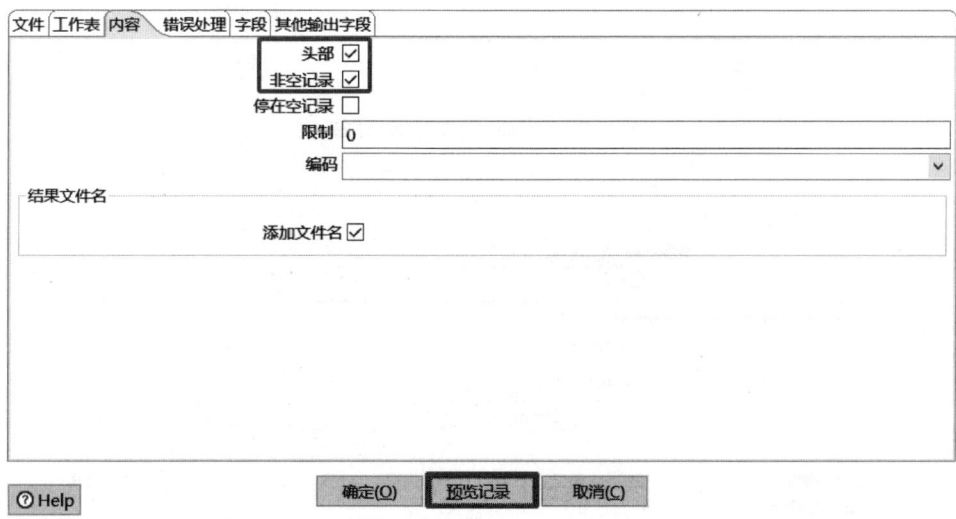

图 9-67 设置内容面板

9.5.8 生成记录

在"主对象树"的"输入"类别中选择"生成记录",并拖入右侧转换面板,创建"生成记录"输入项目,如图 9-69 所示。

双击"生成记录"项目,配置生成记录参数,如图 9-70 所示。

单击"预览"按钮,将可预览到生成记录的数据,如图 9-71 所示。

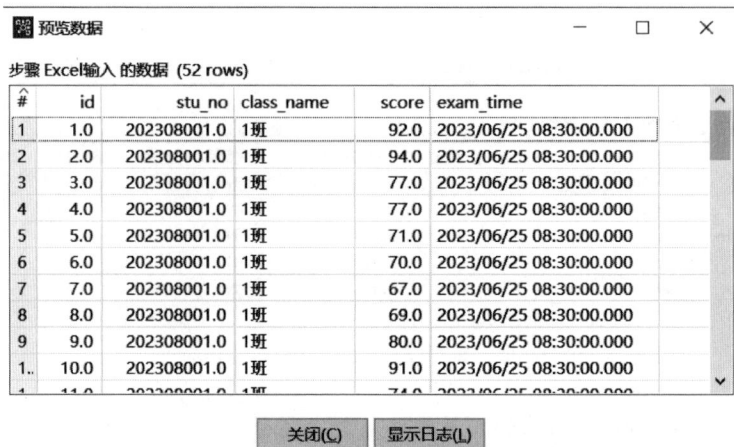

图 9-68　预览 Excel 数据

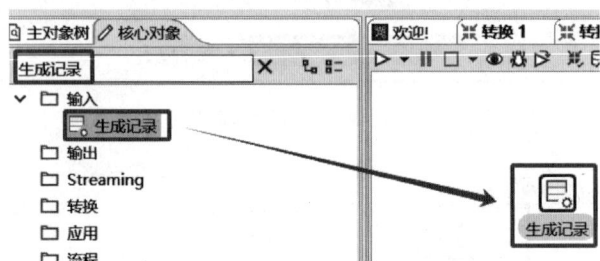

图 9-69　添加"生成记录"对象

图 9-70　配置生成记录参数

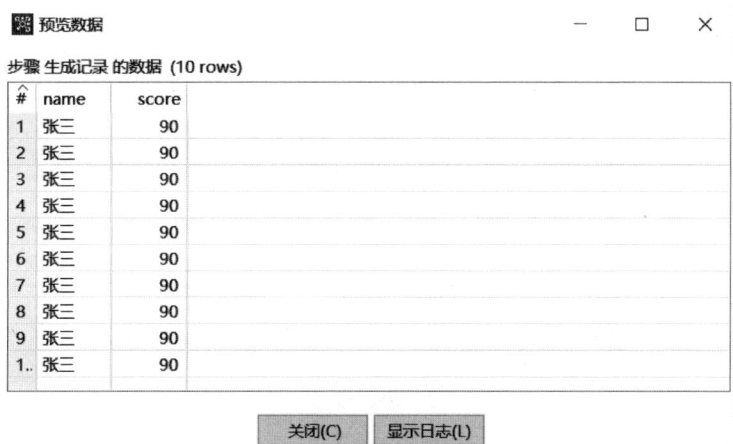

图 9-71　预览生成记录的数据

9.5.9　生成随机数

在 Kettle 菜单选择"文件"→"新建"→"转换",在"主对象树"的"输入"类别中选择"生成随机数",并拖入右侧新的转换面板,创建"生成随机数"的输入项目,如图 9-72 所示。

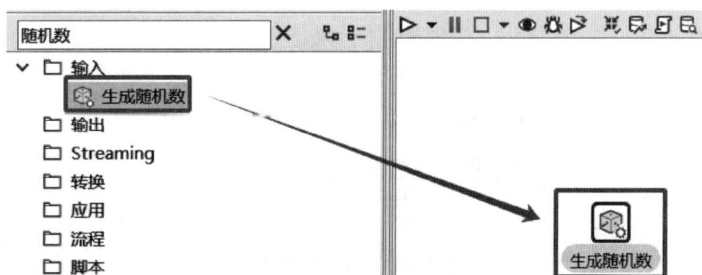

图 9-72　添加"生成随机数"对象

双击"生成随机数"项目,将弹出相应的对话框,如图 9-73 所示。

在"生成随机数"对话框中设置名称和类型,如图 9-74 所示。

图 9-73　"生成随机数"对话框

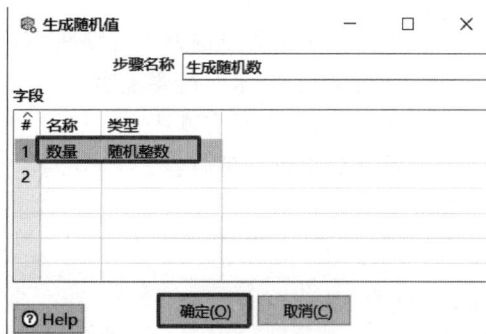

图 9-74　设置生成随机数的名称和类型

其中类型可以有以下选择。

随机数：生成 0～1 的随机数；

随机整数：生成一个 32 位的随机整数；

随机字符串：基于 64 位长随机值生成随机字符串；

UUID：统一唯一标识符；

UUID4：统一唯一标识符类型 4；

HmacMD5：HmacMD5 随机消息认证码；

HmacSHA1：HmacSHA1 随机消息认证码。

单击"预览"按钮将弹出"转换调试窗口"，如图 9-75 和图 9-76 所示。

图 9-75　单击"预览"按钮

图 9-76　转换调试窗口

单击"快速启动"按钮，将预览随机数，如图 9-77 所示。

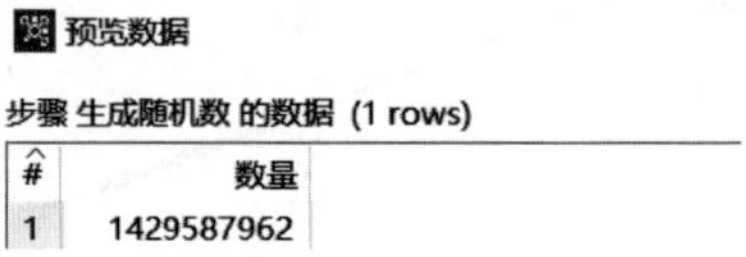

图 9-77　预览随机数

思考题

1. 简述大数据采集类型。
2. 大数据采集常见的方式有哪些？
3. 何谓 ETL 技术？简要说明。
4. 主流 ETL 工具有哪些？
5. 简述数据预处理内容。

第 *10* 章

大数据存储与管理

随着互联网和信息技术的快速发展,数据量呈指数级增长。传统的数据存储方式已经无法满足对大数据处理的要求。为了更好地管理、分析和利用海量数据,大数据存储与管理得到重视。所谓大数据存储技术是指为了存储和管理海量的数据而设计的一套技术体系,通常包括数据存储架构、存储介质、存储模式等内容,它能够支持大规模数据的存储、管理、查询、分析等各种操作,并且能够确保数据的安全性、可靠性和高效性。本章首先介绍数据库的演变,然后介绍 NoSQL 数据库,最后简单介绍数据管理理论。

10.1 数据库的演变

自 20 世纪 50 年代中期至今,数据存储探索,数据库的演变经历了五个阶段。即人工管理阶段、文件系统阶段、数据库系统阶段、关系数据库阶段和大数据与人工智能集成阶段,分别介绍如下。

10.1.1 人工管理阶段

在 20 世纪 50 年代中期之前,计算机的软硬件均不完善,数据管理主要依赖人工。由于没有支持数据管理的软件,程序员在程序中不仅要规定数据的逻辑结构,还要设计其物理结构,包括存储结构、存取方法、输入输出方式等。当数据的物理组织或存储设备改变时,用户程序就必须重新编制。这一阶段的主要特征是数据组织面向应用,数据不能共享,导致大量的重复数据和维护困难。

10.1.2 文件系统阶段

随着计算机大容量存储设备如硬盘的出现,推动了软件技术的发展,操作系统(文件管理)的出现标志着数据管理步入一个新的阶段。虽然文件系统提供了简单的数据共享和保护功能,但仍存在许多限制,如数据共享性、数据独立性和数据控制等问题。

10.1.3 数据库系统阶段

数据库系统的出现,标志着数据库作为一种计算机辅助管理系统的出现。这个阶段,数据库管理系统主要用于管理数据资源,如文件系统、表格、数据库服务器等。数据库管理系统不仅能简单地存储数据,而且能够实现数据查询、数据聚合、数据处理等功能。

10.1.4 关系数据库阶段

从 1976 年开始,数据库管理系统的改进引入了关系模型来描述数据之间的关系。这个阶段,数据库管理系统(如 MySQL)能够实现更加复杂的操作,如视图机制的管理,使得数据的查询更加灵活,能够快速定位数据的变更,并对数据进行更加细粒度的控制。

10.1.5 大数据与人工智能集成阶段

自 2000 年以来,随着大数据和人工智能等新技术的引入,数据库技术进入了一个新的发展阶段。数据库不是简单的存储数据,而是能够实现数据的高效分析、智能管理、可视化展示等功能。这个阶段的数据库(如 NoSQL)已经成为一个能够支持大规模应用的计算机系统,其应用和发展将更加广泛和深入。

10.2 NoSQL 数据库

由于传统数据库对于大数据处理的局限性,NoSQL 数据库构建及应用逐渐流行。

10.2.1 NoSQL 数据库的提出

由于大数据具有"数据量巨大、处理速度快、数据种类繁多、价值密度低"等特点,在面对大数据的处理时,传统关系数据库存在着不足,具体问题体现如下。

(1)关系数据库所采用的二维表格数据模型不能有效地处理多维数据,以及互联网应用中半结构化和非结构化的海量数据,如 Web 页面、电子邮件、音频、视频等数据。

(2)高并发读写的性能低,关系数据库达到一定规模时,非常容易发生死锁等并发问题,导致其读写性能严重下降。

(3)Web 2.0 网站数据库并发负载非常高,往往要达到每秒上万次读写请求。

(4)关系数据库勉强可以应付上万次 SQL 查询,但硬盘 I/O 往往无法承担上万次的 SQL 写数据请求。

(5)支撑容量有限。类似新浪微博、脸书、X(推特)这样的网站,每天会产生海量的用户动态信息。以脸书为例,一个月就要存储 1350 亿条(未得到确认)用户动态,对于关系数据库来说,在一个 1350 亿条记录的表里进行 SQL 查询,效率是极其低下乃至不可忍受的。再如大型 Web 网站或即时通信(IM)的用户登录系统,如腾讯、MSN,动辄拥有数以亿计的账号,关系数据库也很难应付。

(6)数据库的可扩展性和可用性低。当一个应用系统的用户量和访问量与日俱增时,传统的关系数据库却没有办法像 Web 服务器那样简单地通过添加更多的硬件和服务节点来扩展性能和负载能力。对于很多需要提供不间断服务的系统来说,对数据库系统进行升级和扩展往往需要停机维护和数据迁移。

为了解决关系数据库在处理大数据时的不足,NoSQL 数据库应运而生。NoSQL 最初表示 non-SQL,后扩展为 not only SQL,也称作"非关系型""NoSQL DB"或"非 SQL",是对不同于传统的关系数据库的数据库管理系统的统称。

NoSQL 数据存储可以不需要固定行和表的表格模式以及元数据,一般有水平可扩展性的特征,其设计目标是解决传统数据库在大规模、高并发、分布式等方面的一些问题,并提供更灵活的数据模型。

10.2.2 NoSQL 数据库特征

NoSQL 数据库特征归纳如下。

(1) 满足多类型数据存储需求。NoSQL 数据库不要求事先定义数据的结构,能够存储非结构化、半结构化和结构化的数据。

(2) 横向可扩展性。NoSQL 数据库通常能够通过添加更多的节点来实现良好的横向可扩展性,以处理大规模数据和高并发请求。

(3) 灵活的数据模型。NoSQL 支持各种灵活的数据模型,如文档型、键值对、列族型、图形数据库等,以满足不同场景下的需求。

(4) 高性能。在某些场景下,NoSQL 数据库能够提供更高的性能,尤其是在读取操作密集的应用场景中。

(5) 无固定架构。NoSQL 不需要遵循固定的模式,可以动态地调整和修改数据模型。

10.2.3 NoSQL 数据库优势

与传统的数据库比较,NoSQL 数据库有很多优势,主要表现在以下几个方面。

(1) 适应大规模数据存储与处理。NoSQL 数据库能够更好地应对大规模数据的存储和处理需求,特别适用于大数据和分布式计算环境。

(2) 灵活性和快速开发。NoSQL 数据库不需要固定的模式,能够更灵活地适应应用程序的需求,加速开发和迭代过程。

(3) 分布式架构。许多 NoSQL 数据库天生支持分布式架构,可以轻松扩展到多个节点,提供更好的性能和可用性。

(4) 多模型支持。NoSQL 数据库支持多种数据模型,如文档型、键值对、列族型等,使得它们更适用于不同类型的数据。

(5) 更好的读写性能。在某些情况下,NoSQL 数据库的读写性能可能比传统的关系数据库更好,特别是在大规模并发访问的场景中。

(6) 容易与云服务集成。许多 NoSQL 数据库天然支持云环境,易于与云服务集成,提供更好的弹性和扩展性。

(7) 低成本。NoSQL 数据库通常采用横向扩展的方式,可以通过在廉价硬件上运行更多的节点来降低成本。

(8) 实时处理。适用于需要实时数据处理的应用场景,如实时分析、推荐系统等。

10.2.4 NoSQL 数据库分类

NoSQL 数据库主要有四种类型,即文档型数据库、键值对数据库、列族型数据库和图形数据库。每种类型都有自己的数据模型和适用场景。归纳如表 10-1 所示。

表 10-1 NoSQL 数据库主要的 4 种类型

数据库类型	数据模型	代表性数据库	应用场景
文档型数据库(document-oriented database)	文档型数据库存储的数据以文档的形式存在,通常使用 JavaScript 对象表示法(JSON)或 BSON(二进制 JSON)格式。文档是一种类似于关系数据库中的行的结构,但可以包含嵌套结构和数组	MongoDB 是最常见的文档型数据库,每个文档都有一个唯一的键(_id)	适用于需要灵活的数据模型和处理复杂数据结构的场景,如博客平台、内容管理系统等
键值对数据库(key-value store)	键值对数据库通过键值对的方式存储数据。每个键都唯一地标识一个值,值可以是简单的数据类型,也可以是更复杂的结构	Redis 是常见的键值对数据库,以内存中的数据结构为基础,提供高性能的缓存和数据存储。也有一些分布式数据库如亚马逊 DynamoDB	适用于需要高速读写、简单查询的场景,如缓存系统、会话存储、计数器等
列族型数据库(column-family stores)	列族型数据库以列的形式存储数据,而不是按行存储。数据被组织成列族,每个列族包含一个或多个列,数据存储在列族中	Apache Cassandra 是一种列族型数据库,适用于分布式存储和处理大量数据	适用于需要横向扩展、大规模分布式存储的场景,如分布式文件系统、大规模分布式存储等
图形数据库(graph database)	图形数据库存储图形结构的数据,图由节点和边组成,节点表示实体,边表示实体之间的关系	Neo4j 是一种常见的图形数据库	适用于需要处理实体之间复杂关系的场景,如社交网络分析、推荐系统、网络拓扑分析等

这些 NoSQL 数据库类型的选择取决于应用程序的具体需求。在一些情况下,也会看到混合使用多种类型的 NoSQL 数据库,如 Couchbase(结合了文档型和键值对数据库的特性,提供强大的分布式缓存和存储),以满足不同方面的需求。NoSQL 数据库的灵活性是其主要优势之一,使得它们能够适应不同类型和形式的数据。

由于云计算(cloud computing)的迅猛发展使得数据库部署和虚拟化在"云端"成为可能。云数据库即是数据库部署和虚拟化在云计算环境下,通过计算机网络提供数据管理服务的数据库。因为云数据库可以共享基础架构,极大地增强了数据库的存储能力,消除了人员、硬件、软件的重复配置。

10.3 数据管理理论

10.3.1 相关理论简介

1. ACID 理论

ACID 面向传统关系数据库,是指数据库管理系统在写入或更新资料的过程中,为保证事务(transaction)是正确可靠的,所必须具备的四个特性,即原子性、一致性、隔离性、持久性。

（1）原子性：一个事务中的所有操作，要么全部完成，要么全部不完成，不会结束在中间某个环节。事务在执行过程中发生错误，会被恢复（rollback）到事务开始前的状态，就像这个事务从来没有执行过一样。

（2）一致性：在事务开始之前和事务结束以后，数据库的完整性没有被破坏。这表示写入的资料必须完全符合所有的预设规则，这包括资料的精确度、串联性以及后续数据库可以自发性地完成预定的工作。

（3）隔离性：数据库允许多个并发事务同时对其数据进行读写和修改的能力，隔离性可以防止多个事务并发执行时交叉执行而导致数据的不一致。事务隔离分为不同级别，包括读未提交（read uncommitted）、读提交（read committed）、可重复读（repeatable read）和串行化（serializable）。

（4）持久性：事务处理结束后，对数据的修改就是永久的，即便系统故障也不会丢失。

2. CAP 理论

CAP 理论是指计算机分布式系统的三个核心特性，即一致性（consistency）、可用性（availability）和分区容错性（partition tolerance）。

在 CAP 理论中，一致性指的是多个节点上的数据副本必须保持一致；可用性指的是系统必须在任何时候都能够响应客户端请求；而分区容错性指的是系统必须能够容忍分布式系统中的某些节点或网络分区出现故障或延迟。

CAP 理论认为，分布式系统最多只能同时满足其中的两个特性，而无法同时满足全部三个特性。这是因为在分布式系统中，网络分区和节点故障是不可避免的，而保证一致性和可用性需要跨节点协调，这会增加网络延迟和系统复杂度。

例如，当网络分区发生时，节点之间可能无法进行一致性的数据同步，因此在这种情况下，要么保证可用性，允许节点继续处理请求并返回不一致的结果，要么保证一致性，暂停服务直到网络分区恢复。

因此，CAP 理论指导我们在设计分布式系统时要根据实际情况进行权衡和取舍，并在一致性、可用性和分区容错性之间做出适当的平衡。

CAP 理论可以指导我们在不同场景下如何做取舍。

（1）**选择 CA**：放弃分区容错性，保证一致性和可用性。这种策略适用于小规模的集中式系统，如传统的关系数据库系统。假设不考虑分区的情况下，只有一个分区（副本），副本的一致性自不必说，自然是一致的；可用性方面，一个节点的写入不需要同步到其他节点，可以高效完成。如果增加多个分区（提高分区容错性），数据的写入需要同步到多个节点（强一致性，所有节点同步成功后再返回用户），增加了同步时间和同步失败的可能性，降低了可用性；如果采用弱一致性，即写入操作在主节点成功后即返回用户结果，再通过异步方式同步到多个分区，那么会增加同步失败和数据丢失的概率，降低了一致性。

（2）**选择 CP**：放弃可用性，保证一致性和分区容错性。这种策略适用于对数据一致性要求比较高的系统，如金融交易系统。假设不考虑可用性的情况下，多个分区之间可以采用强一致性的机制，保证数据的高度一致性（要么都成功要么都失败）。例如某个分区出现了故障或者分隔，分区没有了响应，由于放弃了可用性，所以可以无限等待并不断重试直到网络恢复，分区可用后将副本数据同步到所有节点。

（3）**选择 AP**：放弃一致性，保证可用性和分区容错性。这种策略适用于对数据实时性要求比较高的系统,如社交网络等。假设不考虑一致性的情况下,多个分区和副本可以提供高可用性。分区越多,用户越能就近访问,提高响应速度;放弃了一致性后,副本的写入操作可以写入主节点,成功后即可返回成功,获得高可用性,然后通过异步的方式将副本同步到多个分区节点上。

3. BASE 理论

BASE 理论面向 NoSQL 数据库,是对分布式系统设计和处理的一种理论指导,相对于 ACID 这一强一致性模型,BASE 理论更强调在分布式系统中牺牲强一致性以获得可用性和性能的平衡。BASE 理论是当今互联网分布式系统的实践总结,它的核心思想在于,既然在分布式系统中实现强一致性的代价太大,那不如退而求其次。只需要各应用分区在提供高可用服务的基础上,尽最大能力保证数据一致性,也就是保证数据的最终一致性。其具体内容如下。

1)基本可用

基本可用(basically available)是指当系统遇到某些不可抗力的异常时,仍然能够保障"可用性",会在限定时间内返回一个明确的结果,主要体现在以下两方面。

时效性的变化:响应时间可以适当延长。正常情况下搜索引擎 0.5s 即返回给用户结果,而基本可用的搜索引擎可以在 2s 返回结果。

功能完整性的变化:功能降级,但被降级的功能要尽量少,且即使降级返回的结果也必须是明确的,不能让用户困惑。在一个电商网站上,正常情况下,用户可以顺利完成每一笔订单。但是到了大促期间,为了保护购物系统的稳定性,部分消费者可能会被引导到一个降级页面。

2)软状态

软状态(soft state)是指允许系统中的数据存在中间状态,并认为该中间状态的存在不会影响系统的整体可用性,允许系统内节点之间的数据同步存在延时,客户端会读到各副本数据达到一致前的中间状态。例如,我们在购买火车票付款结束之后,就可能处在一个既没有完全成功,也没有失败的中间等待状态。用户需要等待系统的数据完全同步以后,才会得到是否购票成功的最终状态。

BASE 理论认识到,在分布式系统中,状态可能会随时间变化而软化,而不是立即达到一致状态。

3)最终一致性

最终一致性(eventually consistent)是 BASE 理论的核心思想。它指出,分布式系统可以在一段时间内保持不一致状态,但最终会收敛到一致状态。它既不像强一致性那样,需要分区数据保证实时一致,导致系统数据的同步代价过高;也不像弱一致性那样,数据更新后不保证数据一致,导致后续的请求只能访问到老数据。

10.3.2 ACID、CAP 和 BASE 理论比较

BASE 理论是对 CAP 理论中一致性和可用性权衡的结果,它来源于对大规模互联网分布式系统实践的总结,是基于 CAP 定理逐步演化而来的。它的核心思想是,如果不是必须的,不推荐实现事务或强一致性,鼓励可用性和性能优先,根据业务的场景特点,来实现非

常弹性的基本可用,以及实现数据的最终一致性。

BASE 理论主张通过牺牲部分功能的可用性,实现整体的基本可用,也就是说,通过服务降级的方式,努力保障极端情况下的系统可用性。

ACID 理论是传统数据库常用的设计理念,追求强一致性模型。BASE 理论支持的是大型分布式系统,通过牺牲强一致性获得高可用性。BASE 理论在很大程度上解决了事务型系统在性能、容错、可用性等方面的问题。

10.4 实验项目 10：Redis 的安装与操作基础

实验项目 10

10.4.1 Redis 的安装

本实验使用的版本是 Redis 6.0,首先将课堂配套的 Redis 软件压缩包 redis-6.0.16.tar.gz 解压到 D:\redis-6.0.16,解压后的 Redis 目录结构如图 10-1 所示。

1. 配置环境变量 PATH

将 d:\redis-6.0.16\bin 目录添加到 PATH 环境变量的列表中,如图 10-2 所示。

2. 运行 Redis 服务

打开 cmd 命令行,执行命令 redis-server,如果出现如图 10-3 所示内容则表示服务启动成功。

Data (D:) > redis-6.0.16

名称
- .github
- bin
- deps
- src
- tests
- utils
- .gitignore

图 10-1 Redis 目录结构

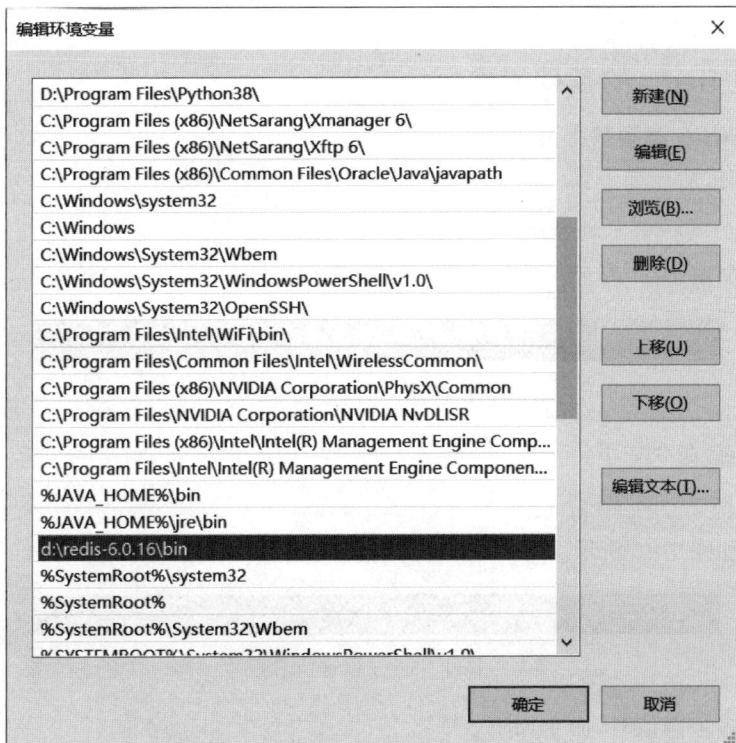

图 10-2 将 Redis 安装目录的 bin 子目录配置到 PATH 环境变量中

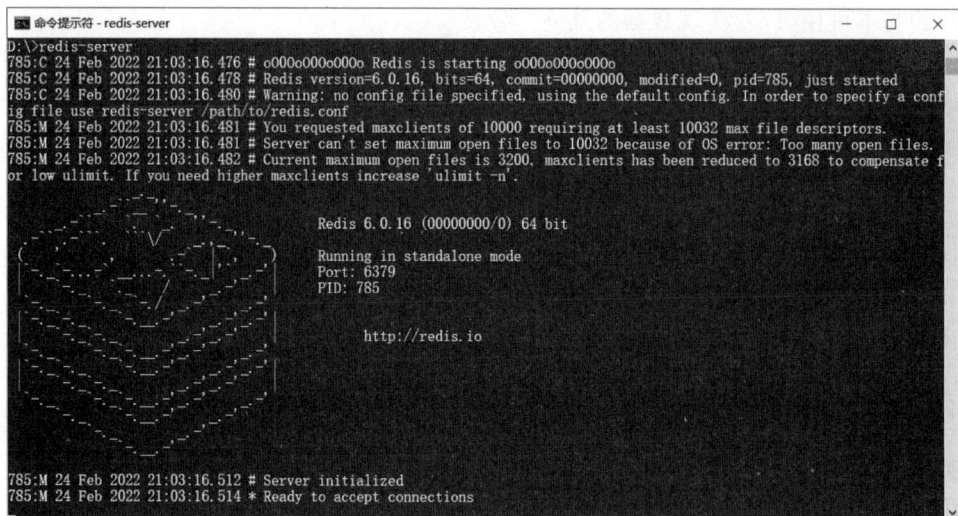

图 10-3　运行 Redis 服务

3. 运行 Redis 客户端

再打开一个命令行界面,执行 Redis 客户端命令 redis-cli,如果出现如图 10-4 所示界面就表示 Redis 客户端连接成功。

图 10-4　Redis 客户端连接成功

10.4.2　Redis 的基础操作

1. Redis String 类型基础命令

写入键值对,命令如下:

```
127.0.0.1:6379 > set str hello
```

执行结果如图 10-5 所示。

图 10-5　写入键值对

读取键值对,命令如下:

```
127.0.0.1:6379 > get str
```

执行结果如图 10-6 所示。

图 10-6　读取键值对

批量写入多个键值对,命令如下:

```
127.0.0.1:6379 > mset k1 11 k2 22 k3 33
```

执行结果如图 10-7 所示。

```
127.0.0.1:6379> mset k1 11 k2 22 k3 33
OK
```

图 10-7　批量写入多个键值对

批量读取多个键值对,命令如下:

127.0.0.1:6379 > mget k1 k2 k3

执行结果如图 10-8 所示。

```
127.0.0.1:6379> mget k1 k2 k3
1) "11"
2) "22"
3) "33"
```

图 10-8　批量读取多个键值对

自增和自减,命令如下:

127.0.0.1:6379 > Incr k1
127.0.0.1:6379 > decr k1

执行结果如图 10-9 所示。

```
127.0.0.1:6379> incr k1
(integer) 12
127.0.0.1:6379> decr k1
(integer) 11
```

图 10-9　自增和自减操作

2. Redis Hash 类型基础命令

配置 stop-writes-on-bgsave-error 选项,避免服务中断,命令如下:

127.0.0.1:6379 > config set stop – writes – on – bgsave – error no

执行结果如图 10-10 所示。

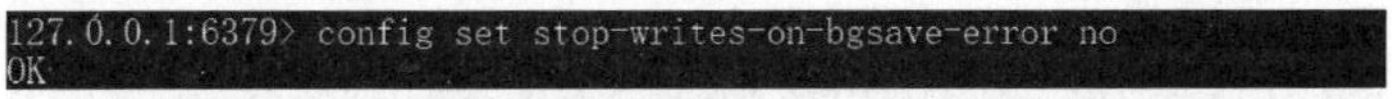

```
127.0.0.1:6379> config set stop-writes-on-bgsave-error no
OK
```

图 10-10　配置 stop-writes-on-bgsave-error 选项

写入和读取 Hash 键值对,命令如下:

127.0.0.1:6379 > hset hset1 f1 v1
127.0.0.1:6379 > hget hset1 f1

执行结果如图 10-11 所示。

```
127.0.0.1:6379> hset hset1 f1 v1
(integer) 1
127.0.0.1:6379> hget hset1 f1
"v1"
```

图 10-11　写入和读取 Hash 键值对

同一个键不同 field 的写入,命令如下:

127.0.0.1:6379 > hset hset1 f2 v2
127.0.0.1:6379 > hset hset1 f3 v3

执行结果如图 10-12 所示。

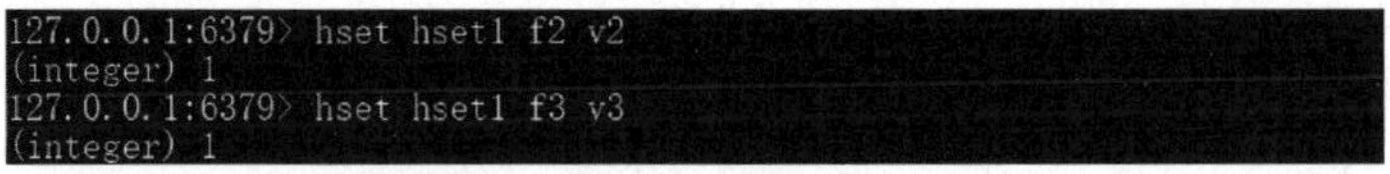

图 10-12　同一个键不同 field 的写入

批量写入和读取,命令如下:

```
127.0.0.1:6379 > hmset hset2 f11 v11 f12 v12 f13 v13
127.0.0.1:6379 > hmget hset2 f11 f12 f13
```

执行结果如图 10-13 所示。

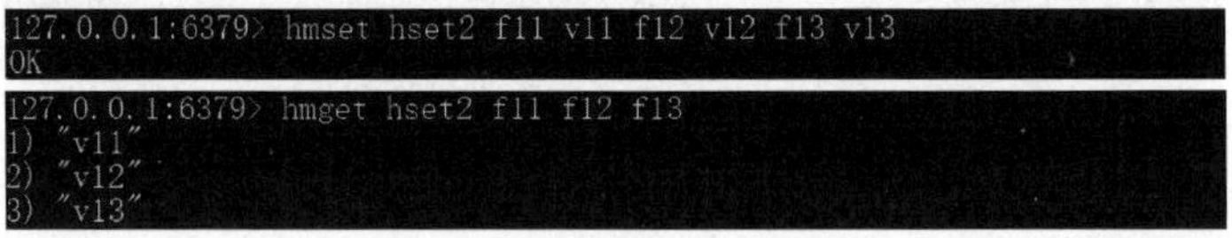

图 10-13　批量写入和读取

获取一个 Hash 类型 key 的所有 field,命令如下:

```
127.0.0.1:6379 > hkeys hset1
```

执行结果如图 10-14 所示。

图 10-14　获取一个 Hash 类型 key 的所有 field

获取一个 Hash 类型 key 的所有 value,命令如下:

```
127.0.0.1:6379 > hvals hset1
```

执行结果如图 10-15 所示。

图 10-15　获取一个 Hash 类型 key 的所有 value

3. Redis List 类型基础命令

从左侧插入元素到列表,命令如下:

```
127.0.0.1:6379 > lpush list1 hello world
127.0.0.1:6379 > lpush list1 zhangsan lisi wangwu
```

执行结果如图 10-16 所示。

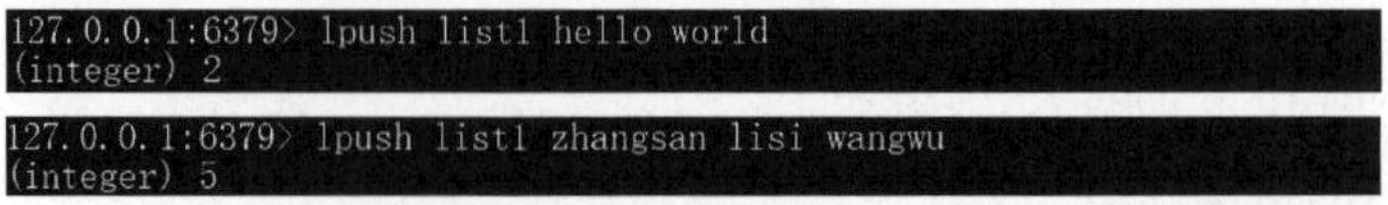

图 10-16　从左侧插入元素到列表

查看列表,命令如下:

127.0.0.1:6379 > lrange list1 0 10

执行结果如图 10-17 所示。

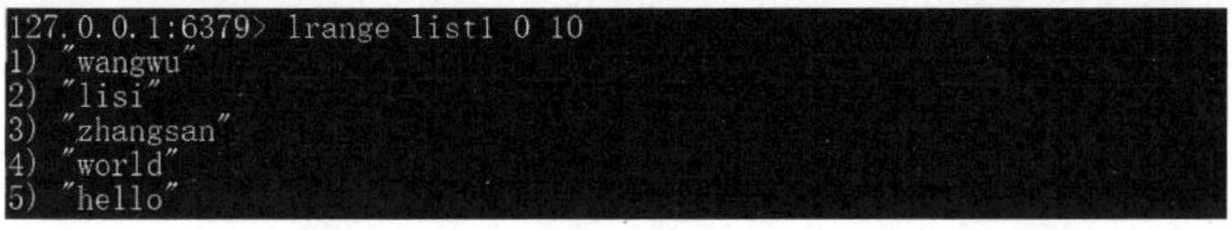

图 10-17 查看列表

从列表左侧删除元素,命令如下:

127.0.0.1:6379 > lpop list1

执行结果如图 10-18 所示。

图 10-18 从列表左侧删除元素

查看列表,命令如下:

127.0.0.1:6379 > lrange list1 0 10

执行结果如图 10-19 所示。

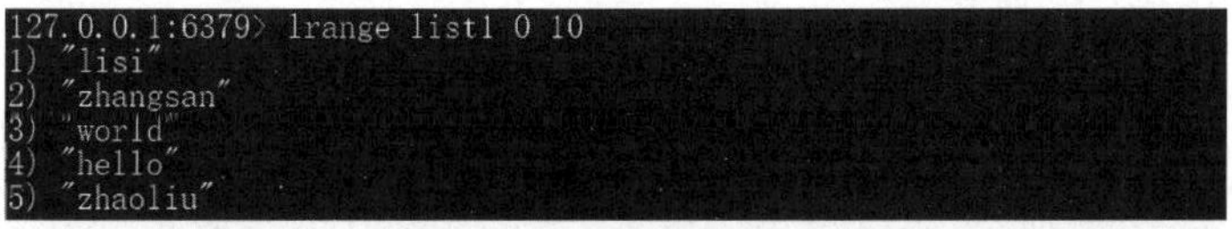

图 10-19 查看列表

从列表右侧插入元素再查看列表,命令如下:

127.0.0.1:6379 > rpush list1 zhaoliu
127.0.0.1:6379 > lrange list1 0 10

执行结果如图 10-20 所示。

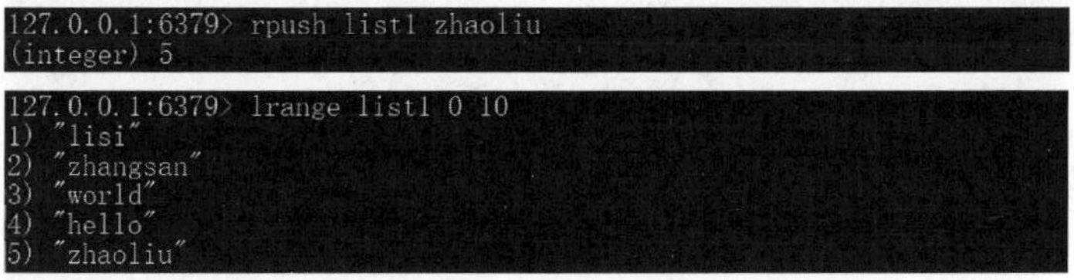

图 10-20 从列表右侧插入元素再查看列表

从列表右侧删除元素再查看列表,命令如下:

127.0.0.1:6379 > rpop list1
127.0.0.1:6379 > lrange list1 0 10

执行结果如图 10-21 所示。

图 10-21　从列表右侧删除元素再查看列表

4. Redis Set 类型基础命令

添加元素进集合,返回新增的数量,返回 0 表示没有新增元素,命令如下:

```
127.0.0.1:6379 > sadd set1 a1 a2 a3 a4 a5
127.0.0.1:6379 > sadd set1 a1
```

执行结果如图 10-22 所示。

图 10-22　添加元素进集合

从集合删除元素,返回 0 表示元素不存在,命令如下:

```
127.0.0.1:6379 > srem set1 a2
127.0.0.1:6379 > srem set1 a2
```

执行结果如图 10-23 所示。

图 10-23　从集合删除元素

返回集合元素数量,命令如下:

```
127.0.0.1:6379 > scard set1
```

执行结果如图 10-24 所示。

图 10-24　集合元素数量

判断元素是否存在于集合,1 表示存在,0 表示不存在,命令如下:

```
127.0.0.1:6379 > sismember set1 a1
127.0.0.1:6379 > sismember set1 a2
```

执行结果如图 10-25 所示。

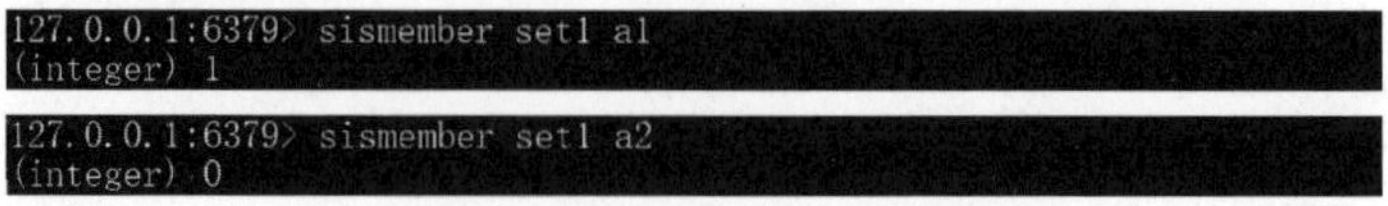

图 10-25　判断元素是否存在于集合

返回集合所有元素，命令如下：

```
127.0.0.1:6379 > smembers set1
```

执行结果如图 10-26 所示。

```
127.0.0.1:6379> smembers set1
1) "a1"
2) "a3"
3) "a4"
4) "a5"
```

图 10-26 返回集合所有元素

添加第二个集合，返回添加的元素数量，命令如下：

```
127.0.0.1:6379 > sadd set2 a2 a3 a4 a5
```

执行结果如图 10-27 所示。

```
127.0.0.1:6379> sadd set2 a2 a3 a4 a5
(integer) 4
```

图 10-27 往第二个集合添加元素

求两个集合的交集，命令如下：

```
127.0.0.1:6379 > sinter set1 set2
```

执行结果如图 10-28 所示。

```
127.0.0.1:6379> sinter set1 set2
1) "a3"
2) "a4"
3) "a5"
```

图 10-28 求两个集合的交集

求两个集合的差集，命令如下：

```
127.0.0.1:6379 > sdiff set1 set2
```

执行结果如图 10-29 所示。

```
127.0.0.1:6379> sdiff set1 set2
1) "a1"
```

图 10-29 求两个集合的差集

求两个集合的并集，命令如下：

```
127.0.0.1:6379 > sunion set1 set2
```

执行结果如图 10-30 所示。

```
127.0.0.1:6379> sunion set1 set2
1) "a1"
2) "a3"
3) "a2"
4) "a4"
5) "a5"
```

图 10-30 求两个集合的并集

5. Redis SortedSet 类型基础命令

添加元素(含位置和值)进有序集合，命令如下：

127.0.0.1:6379 > zadd member 5 zhang 22 li 33 wang 89 zhao

执行结果如图 10-31 所示。

```
127.0.0.1:6379> zadd member 5 zhang 22 li 33 wang 89 zhao
(integer) 4
```

图 10-31   添加元素进有序集合

从有序集合中删除元素，命令如下：

127.0.0.1:6379 > zrem member li

执行结果如图 10-32 所示。

```
127.0.0.1:6379> zrem member li
(integer) 1
```

图 10-32   从有序集合中删除元素

查看元素在有序集合中的位置，命令如下：

127.0.0.1:6379 > zscore member zhang
127.0.0.1:6379 > zscore member wang
127.0.0.1:6379 > zscore member zhao
127.0.0.1:6379 > zscore member li

执行结果如图 10-33 所示。

```
127.0.0.1:6379> zscore member zhang
"5"
127.0.0.1:6379> zscore member wang
"33"
127.0.0.1:6379> zscore member zhao
"89"
127.0.0.1:6379> zscore member li
(nil)
```

图 10-33   查看元素在有序集合中的位置

查看元素在有序集合中的排序，命令如下：

127.0.0.1:6379 > zrank member zhang
127.0.0.1:6379 > zrank member wang
127.0.0.1:6379 > zrank member li
127.0.0.1:6379 > zrank member zhao

执行结果如图 10-34 所示。

```
127.0.0.1:6379> zrank member zhang
(integer) 0
127.0.0.1:6379> zrank member wang
(integer) 1
127.0.0.1:6379> zrank member li
(nil)
127.0.0.1:6379> zrank member zhao
(integer) 2
```

图 10-34   查看元素在有序集合中的排序

查看有序集合中元素的个数，命令如下：

127.0.0.1:6379 > zcard member

执行结果如图 10-35 所示。

```
127.0.0.1:6379> zcard member
(integer) 3
```

图 10-35 查看有序集合中元素的个数

查看有序集合中指定分数范围的元素个数,命令如下:

127.0.0.1:6379 > zcount member 20 50

执行结果如图 10-36 所示。

```
127.0.0.1:6379> zcount member 20 50
(integer) 1
```

图 10-36 查看有序集合中指定分数范围的元素个数

获取指定排名内的元素,命令如下:

127.0.0.1:6379 > zrange member 0 0
127.0.0.1:6379 > zrange member 0 2

执行结果如图 10-37 所示。

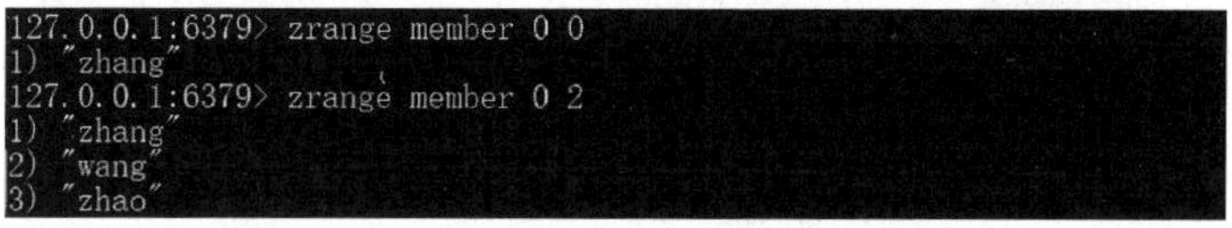

```
127.0.0.1:6379> zrange member 0 0
1) "zhang"
127.0.0.1:6379> zrange member 0 2
1) "zhang"
2) "wang"
3) "zhao"
```

图 10-37 获取指定排名内的元素

获取指定位置范围的元素,命令如下:

127.0.0.1:6379 > zrangebyscore member 0 50

执行结果如图 10-38 所示。

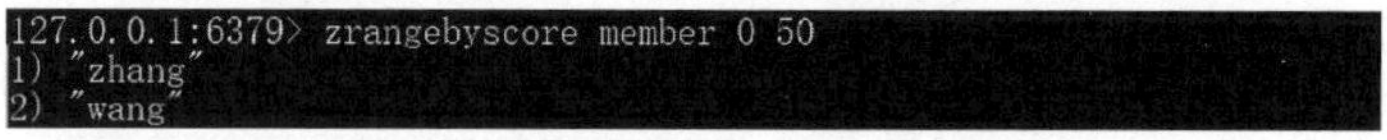

```
127.0.0.1:6379> zrangebyscore member 0 50
1) "zhang"
2) "wang"
```

图 10-38 获取指定位置范围的元素

10.4.3 Redis 图形客户端的使用

1. 安装图形客户端

首先运行课程配套的客户端 Another Redis Desktop Manager 安装包 Another-Redis-Desktop-Manager.1.6.6.exe,按默认方式安装,安装过程如图 10-39~图 10-41 所示。

2. 配置图形客户端

首先设置语言,如图 10-42 和图 10-43 所示。

单击"新建连接",设置连接名称,其他内容使用默认设置,单击"确定"按钮,如图 10-44 所示。

3. 使用图形客户端

Redis 连接成功后将显示服务器、内存、状态等信息,如图 10-45 所示。单击左侧面板的 Redis 键,可以查看、修改或删除该 Redis 键对应的值。

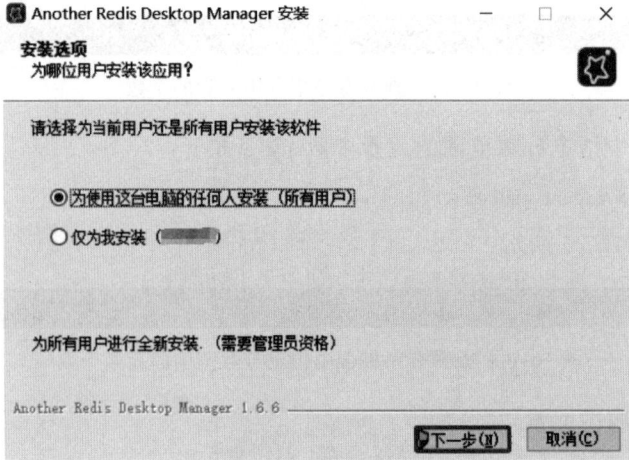

图 10-39 选择软件安装提供的用户

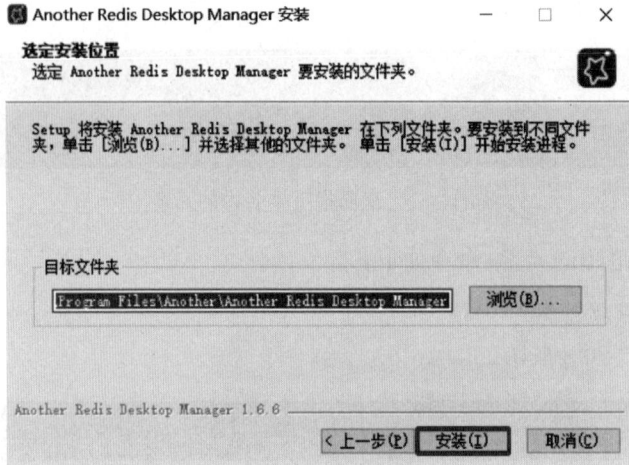

图 10-40 设定安装路径

图 10-41 完成安装

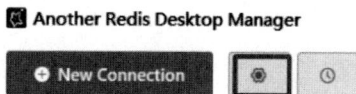

图 10-42 单击设定按钮

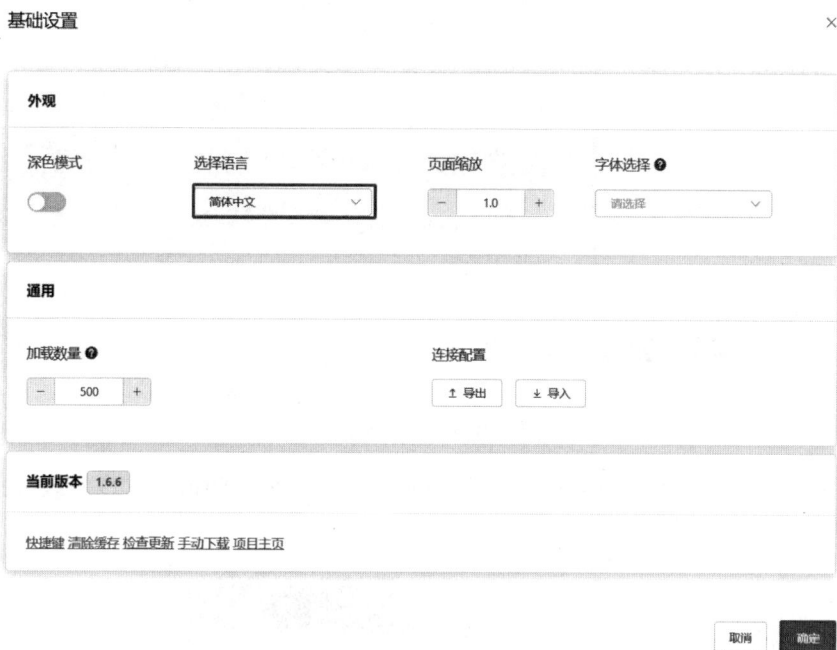

图 10-43 选择语言

图 10-44 设定 Redis 连接

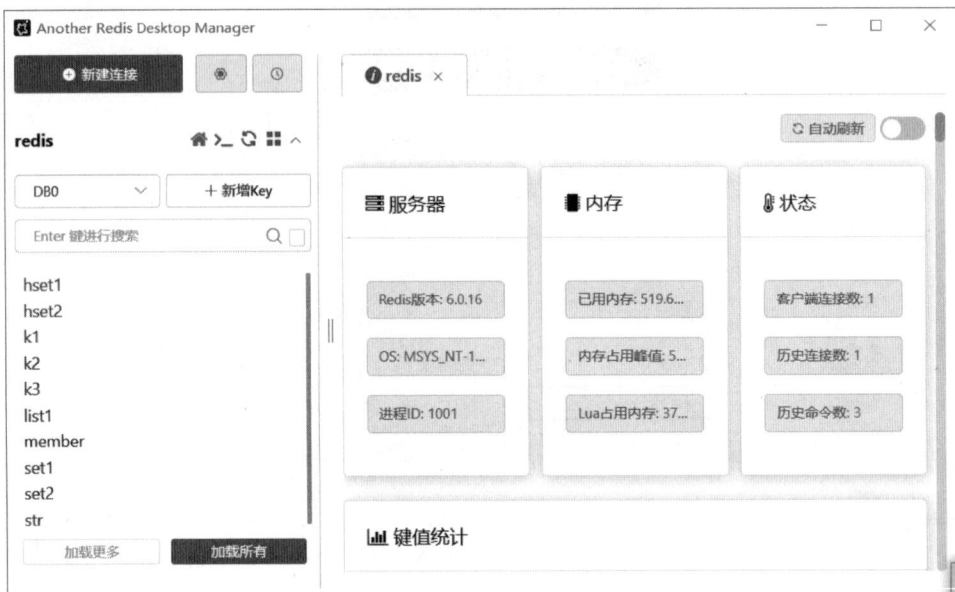

图 10-45　Redis 图像客户端主界面

单击 String 数据类型 Redis 元素的键,将显示字符串形式的值,可以对其做修改或删除等操作,如图 10-46 所示。

图 10-46　String 数据类型的键和值

单击 Hash 数据类型 Redis 元素的键,将显示其键值对形式的值,可对其做修改和删除等操作,如图 10-47 所示。

单击 List 数据类型 Redis 元素的键,将显示列表形式的值,可对其做修改和删除等操作,如图 10-48 所示。

图 10-47　Hash 数据类型的键和值

图 10-48　List 数据类型的键和值

单击 Set 数据类型 Redis 元素的键，将显示集合形式的值，可对其做修改和删除等操作，如图 10-49 所示。

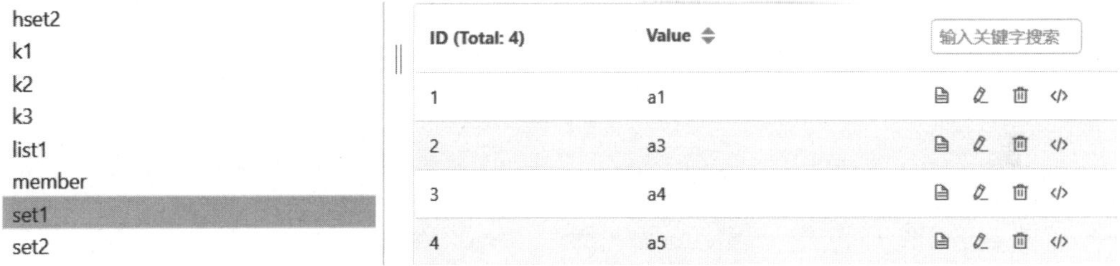

图 10-49　Set 数据类型的键和值

单击 Sorted Set 数据类型 Redis 元素的键，将显示有序集合形式的值，可对其做修改和删除等操作，如图 10-50 所示。

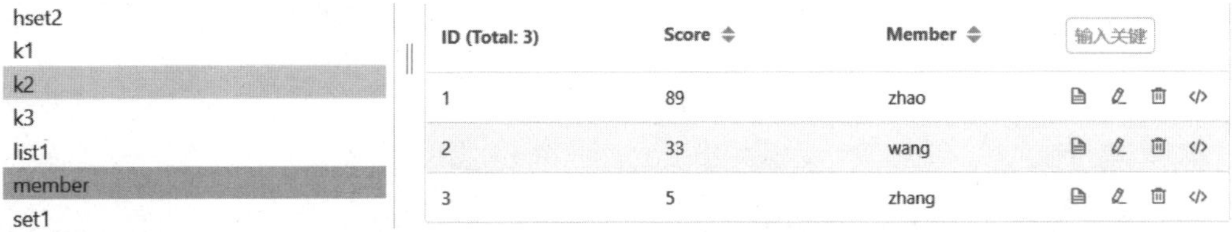

图 10-50　Sorted Set 数据类型的键和值

思考题

1. 简述数据库的演变。
2. NoSQL 数据库提出的背景是什么？
3. 简述 NoSQL 数据库的特征。
4. NoSQL 数据库的优势是什么？
5. 简述 NoSQL 数据库的分类。
6. 简述有关数据管理的理论。

第11章

大数据分析与挖掘

    大数据是挖掘信息和知识的宝藏。目前，大数据分析与挖掘已引起学术界、产业界和政府部门的高度重视。大数据分析与挖掘就是利用数据分析工具、手段、方法或者思维，从海量和异构的数据中挖掘、建模并发现规律，从而揭示出数据背后的真相，为人们提供决策的依据，指导业务发展。大数据分析与挖掘息息相关。本章首先介绍大数据分析；其次介绍数据挖掘；最后对数据挖掘常见算法加以评价。

11.1　大数据分析的概念

    在第1章曾提及数据分析是指用适当的统计方法对收集来的大量数据进行分析。在大数据时代，就是为了提取海量数据中有价值的内容，找出内在的规律，从而帮助人们做出正确的决策。然而，大数据分析是无法在一定时间范围内对大数据用常规软件工具进行捕捉、管理和处理的。数据分析在数据处理过程中占据十分重要的位置，随着时代的发展，数据分析会逐渐成为大数据技术的核心。

11.1.1　认识数据分析

    在理解数据分析之前，首先要清楚数据与业务价值；其次从数据分析本身的方法和形式了解展示、解释、归因、预测、决策等层面；最后明确数据分析的作用。

    1. 数据分析的关键概念

    数据与业务价值关系密切。**数据**不是简单的数字，数据除了数字本身外，还必须包含数字的来源、度量方式、单位、代表的业务场景等。**业务价值**不能服务于业务的数据分析是没有生命力的。不能产生业务价值的数据分析是无用的。

    2. 数据分析的价值

    数据分析的价值可以通过表11-1显示的6个层面来体现。

    3. 数据分析的作用

    数据分析就是根据分析目的用适当的统计分析方法及工具，对收集来的数据进行处理与分析，提取有价值的信息，发挥数据的作用。以企业的日常经营分析为例，通常表现在三方面，即现状分析、原因分析和预测分析。

表 11-1　数据分析的价值体现层面

层　面	指 标 内 容
展示	数据分析通过将一些重要的日常关键指标,以数据可视化的方式展现出来,以便相关人员对整体核心数据有一个整体的了解,能够把握大的趋势
解释	通过数据分析,人们可以对产品或者用户行为中的一些现象或者数据变化进行解释,从而让人们知道现象发生或者数据波动的原因
归因	归因与解释不同,可能引起的原因是多方面的、复杂的,归因分析需要找到引起问题的主要原因,通过解决主要矛盾来避免问题恶化或者提升数据指标,这些分析原因的过程及总结可以沉淀为产品和用户的深刻洞察。不管是解释还是归因,都需要进行多维度的分析比较,才能发现问题的本质
预测	预测是对产品未来趋势的判断,有了精确的判断可以指导经营活动
预防	预防是一种事前防御策略,是有针对性的防御措施,数据分析在其中的作用可以是对将要发生的事件的预判
决策	决策是数据分析的终极价值体现形式,是通过各种维度数据对比、交叉分析、趋势分析,形成产品迭代、运营的最终解决方案,期望通过该方案的落地执行,实现产品的用户体验与创造商业价值

（1）**现状分析**：它可以告诉人们现阶段企业的整体运营情况,通过各个经营指标的完成情况来衡量企业的运营情况。

（2）**原因分析**：在现状分析的基础上,再通过专题分析完成原因分析。例如某企业对运营情况有了基本了解,但不知道运营情况具体好在哪里,不足在哪里,是什么原因引起的,这就需要进行原因分析。

（3）**预测分析**：预测分析一般也是通过专题分析来完成的。通常在制订企业季度、年度计划时进行。例如,在了解企业运营状况后,需要对企业未来发展趋势做出预测,为制定企业运营目标及策略提供有效的参考与决策依据,以保证企业的可持续发展。

11.1.2　大数据分析的类型

大数据分析主要有描述性统计分析、探索性数据分析以及验证性数据分析等。

1. 描述性统计分析

描述性统计分析是指运用制表和分类、图形以及计算概括性数据来描述数据特征的各项活动。描述性统计分析要对调查总体所有变量的有关数据进行统计性描述,主要包括数据的频数分析、集中趋势分析、离散程度分析、分布以及一些基本的统计图形。

2. 探索性数据分析

从逻辑推理上讲,探索性数据分析属于**归纳法**,有别于从理论出发的演绎法。它是指为了形成值得假设的检验而对数据进行分析的一种方法,是对传统统计学假设检验的补充。它是对已有的数据(特别是调查或观察得来的原始数据)在尽量少的先验假定下进行探索,提供作图、制表、方程拟合、计算特征量等手段探索数据的结构和规律的数据分析方法。特别是在大数据时代,人们面对大量的"脏数据",往往不知所措,不知道从哪里开始了解目前拿到手里的数据时,探索性数据分析就非常有效。

3. 验证性数据分析

验证性数据分析注重对数据模型和研究假设的验证,侧重于已有假设的证实或伪证。

假设检验是根据数据样本所提供的证据,肯定或否定有关总体的声明。它一般包含以下流程。

(1) 提出零假设,以及对应的备择假设。

(2) 在零假设前提下,推断样本统计量出现的概率(统计量可符合不同的分布,对应不同的概率分布有不同的检验方法)。

(3) 设定拒绝零假设的阈值,样本统计量在零假设下出现的概率小于阈值,则拒绝零假设,承认备择假设。

4. 其他分析

离线数据分析用于较复杂和耗时的数据分析和处理,通常构建在云计算平台之上,如开源的 HDFS 文件系统和 MapReduce 运算框架。Hadoop 集群包含数百台乃至数千台服务器,每个作业处理几百 MB 到几百 TB 甚至更多的数据,运行时间为几分钟、几小时、几天甚至更长。

在线数据分析(也称为联机分析处理),用来处理用户的在线请求,它对响应时间的要求比较高(通常不超过若干秒)。与离线数据分析相比,在线数据分析能够实时处理用户的请求,允许用户随时更改分析的约束和限制条件。在线大数据分析系统构建在云计算平台的 NoSQL 系统上。

11.1.3 大数据分析的步骤

一般而言,典型的大数据分析包含六个步骤,即明确需求、收集数据、处理数据、分析数据、展示数据以及撰写报告。

1. 明确需求

明确需求是大数据分析的第一个步骤。主要是与他人沟通交流与需求相关的一切内容及对相关内容的理解和表达,以及需要收集哪些数据等。在明确目的后,需要构建数据分析框架。

2. 收集数据

收集数据是指按照确定的数据分析框架收集相关数据的过程。它为大数据分析提供了素材和依据,也是数据采集。

3. 处理数据

处理数据是指对收集到的数据进行加工整理的过程,以便形成适合数据分析的格式。数据处理主要包括数据清洗、数据转化、数据提取、数据建模等。处理数据的方法及内容如表 11-2 所示。

表 11-2 处理数据的方法及内容

方 法	内 容
数据清洗	包括异常数据的处理、缺失数据的处理、数据的一致性变换、编码的替换等
数据转化	对数据进行汇总,或者形式上的变换,以便适用于后期的建模
数据提取	将数据取出的过程
数据建模	用统计分析或机器学习算法对数据进行建模,以便描述数据或对未来进行预测

4. 分析数据

分析数据是指用适当的分析方法及工具(多用软件),对处理过的数据进行分析、提取有价值的信息、形成有效结论的过程。在分析数据时需要用到各类模型,包括分类、预测、聚类、关联规则模型等。

5. 展示数据

展示数据也就是"数据可视化"过程,指以简单、直观的方式传达出数据包含的信息、增强数据的易读性,让用户一目了然地看懂表达内容。常用的数据图表包括饼图、柱形图、条形图、折线图、散点图、雷达图等。

6. 撰写报告

撰写报告是大数据分析的最后一步,即对整个数据分析过程的一个总结和呈现。在撰写分析报告时强调注意以下几点。

(1) 报告中注明分析目标、分析口径、数据来源;

(2) 报告图文并茂、条理清晰、逻辑性强,可视化表达;

(3) 报告中需体现有价值的结论、建议。

11.2　大数据分析的方法

大数据分析的常用方法有分类、回归、聚类和关联规则等。

11.2.1　分类

面对复杂多样的数据,是需要分门别类分析的。若考虑的是不同的标准、不同的指标、不同的算法、不同的技术,所进行的数据分类是不同的。如基于不同的算法,就有决策树分类、贝叶斯判别分类、模糊分类、支持向量机分类、神经网络分类等。对于数据分析师来说,选择适当的分类方法对于理解和分析数据是至关重要的。

11.2.2　回归

回归分析指的是确定两种或两种以上变量间相互依赖的定量关系。在统计学中,就有线性回归和非线性回归两大类。线性回归与非线性回归的主要区别在于它们的模型形式、参数估计方法、模型评估指标和适用场景等方面。两种回归的比较如表 11-3 所示。

表 11-3　线性回归与非线性回归比较

比 较 要 素	线 性 回 归	非 线 性 回 归
模型形式	假设自变量与因变量之间存在线性关系,其模型形式为线性方程,如: $Y=kx+b$	不对自变量与因变量之间的关系做具体假设,其模型形式可以是任意的非线性函数形式,如多项式回归、指数回归或对数回归等
参数估计方法	线性回归通常使用最小二乘法来估计回归系数,通过最小化残差平方和来求解	非线性回归使用非线性最小二乘法或非线性最大似然法来估计参数,通过最小化非线性函数的残差平方和或最大化非线性函数的似然函数来求解

续表

比较要素	线性回归	非线性回归
模型评估	线性回归的模型评估通常使用 R 平方、调整 R 平方、F 统计量等指标	非线性回归使用拟合优度指标、Akaike 信息准则（AIC）、贝叶斯信息准则（BIC）等来进行模型评估
适用范围	线性回归适用于自变量与因变量之间存在线性关系的情况，对于非线性关系的建模效果较差	非线性回归适用于自变量与因变量之间存在非线性关系的情况，能够更好地拟合非线性数据。如垃圾邮件的分类、天气的预测、疾病的判断等

11.2.3 聚类

聚类是指将物理或抽象对象的集合分组为由类似的对象组成的多个类的分析过程。"聚类"与"分类"不同。聚类所要求划分的类是未知的，聚类分析内容非常丰富；分类则是基于已知的标签进行预测。二者的比较如表 11-4 所示。

表 11-4　"聚类"与"分类"比较

比较项目	聚类	分类
目的不同	旨在将数据根据相似性进行分组，不需要事先知道每个组的具体定义或标签	是基于已知的标签将数据划分到预定义的类别中
监督性	是一种无监督学习方法，不需要事先的标签信息	是一种监督学习方法，需要一个已标签的训练数据集
结果性质	结果是数据的分组或段落，没有明确的标签	结果为预先定义的标签或类别
应用场景	常用于市场细分、社交网络分析、文档归档等	常用于垃圾邮件检测、图像识别、疾病预测等
算法复杂性	常用算法有 k-means、层次聚类、DBSCAN 等	常用算法有决策树、神经网络、支持向量机等
结果解释	由于没有预设的标签，聚类的结果需要进一步的解释和分析	由于是基于已知标签，分类的结果通常更容易解释

11.2.4 关联规则

关联规则是指反映一个事物与其他事物之间的相互依存性和关联性，也是数据挖掘的一个重要技术（关于数据挖掘的内容后续将介绍）。例如，在商场的购物数据中，常常可以看到多种物品同时出现，这背后隐藏着联合销售或打包销售的商机。

关联分析的一个典型例子是"购物篮"分析。通过发现顾客放入其购物篮中的不同商品之间的联系，可分析出顾客的购买习惯。通过了解哪些商品频繁地被顾客同时购买，可以帮助零售商制定营销策略。关联分析的其他应用还包括价目表设计、商品促销、商品的排放和基于购买模式的顾客划分等。

再如利用关联分析，可以发现在学习过程中，若"C++语言"课程优秀的同学，在学习"数据结构"时表现优秀的可能性达 80%，那么教师就可以通过强化"C++语言"的学习来提高数据结构的教学效果。

11.3 认识数据挖掘

数据挖掘是指在大量数据中挖掘出有用的信息，通过分析来揭示数据之间有意义或有价值的关系、趋势和模式。从学科上看，数据挖掘是一门交叉学科，将人们对数据的应用从底层中的简单查询,提升到从数据中挖掘知识、提升决策支持。在需求推动下,不同领域的研究者,尤其是机器学习、统计学、数据库技术、人工智能技术、数理统计、可视化技术、并行计算等方面的知识融合后,形成新的研究热点。所以数据挖掘是从大量的、不完整的、有噪声的、模糊的、随机的数据中提取隐含在其中的、人们事先不知道的,但又是潜在有用的信息和知识的过程。目前在很多重要的领域,数据挖掘都发挥着积极的作用。数据挖掘不仅帮助人们了解现实生活中的应用场景,还可以帮助人们掌握处理具体问题的算法,培养数据分析和处理的能力。例如,基于百货商场会员的基本信息及购物情况,通过挖掘分析完善会员画像,使会员的形象更具体,帮助商家了解客户。通过划分 VIP 客户、现有客户、机会客户、潜力客户,加强对现有会员的精细化管理,对 VIP 客户提供个性化的服务,与会员建立稳定的关系。

值得一提的是,数据挖掘与传统的数据分析有区别。数据挖掘是在没有明确假设的前提下去挖掘信息、发现知识。因此,数据挖掘使计算机技术进入一个更高的阶段。

11.3.1 数据挖掘流程

数据挖掘的基本流程可以归纳为以下几个阶段:数据探索(数据理解)、数据预处理(数据准备)、数据建模、模型评估和模型部署应用,如图 11-1 所示。

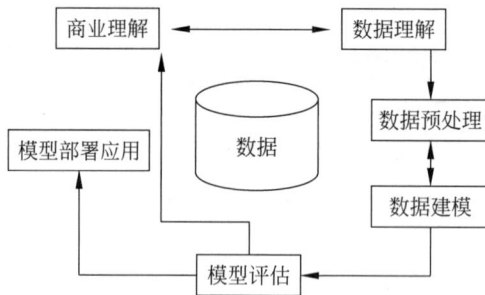

图 11-1 数据挖掘的基本流程

1. 数据探索

数据探索是对建模分析数据进行先导的洞察分析,利用绘制图表、计算某些特征量等手段,对数据集的结构特征和分布特征进行分析的过程。该步骤有助于选择合适的数据预处理和数据分析技术,它是数据建模的依据。

2. 数据预处理

数据预处理是将不规范的业务数据整理为相对规整的建模数据(如数据缺失处理、异常值检测处理等操作)。数据的质量决定模型输出的结果,即数据决定了模型的上限,所以人们需要花费大量的时间来对数据进行处理。在数据预处理阶段,如果数据存在缺失值情况而导致建模过程混乱甚至无法进行建模,则需要做缺失值处理,缺失值处理分为删除存在缺失值的记录、对可能值进行插补及不处理三种情况;如果建模数据存在数据不均衡情况,则需要考虑数据平滑处理;如果建模分析数据存在量纲、数量级上的差别,则需要做数据规约处理消除量纲数量级的影响;如果异常数据对分析结果影响巨大,则需要做异常值检测处理排除影响。

3. 数据建模

数据建模是数据挖掘的核心阶段,基于既定的数据和分析目标选择适宜的算法模型进行建模训练和迭代优化。数据建模涉及的技术包括机器学习、统计分析、深度学习等。

4. 模型评估

模型评估是指判断评估所构建的模型是否符合既定的业务目标,它有助于发现表达数据的最佳模型和所选模式将来工作的性能如何。模型评估秉承的准则是在满足业务分析目标的前提下优先选择简单化的模型。每个分析场景可以基于多种算法构建模型,也可以依据模型优化的方法体现模型训练优化,而如何在训练得到的多个模型中选择最优模型,可以选择性能度量作为指标体系,进而基于一定的评估方法进行择优选择。

5. 模型部署应用

模型部署应用是将数据挖掘结果作用于业务过程。也就是将训练得到的最优模型部署到实际应用中。模型部署后及日常运行过程中,可根据实际需要适时进行调整及优化。图 11-2 所示为在机器学习中模型训练、测试与部署的整个过程。

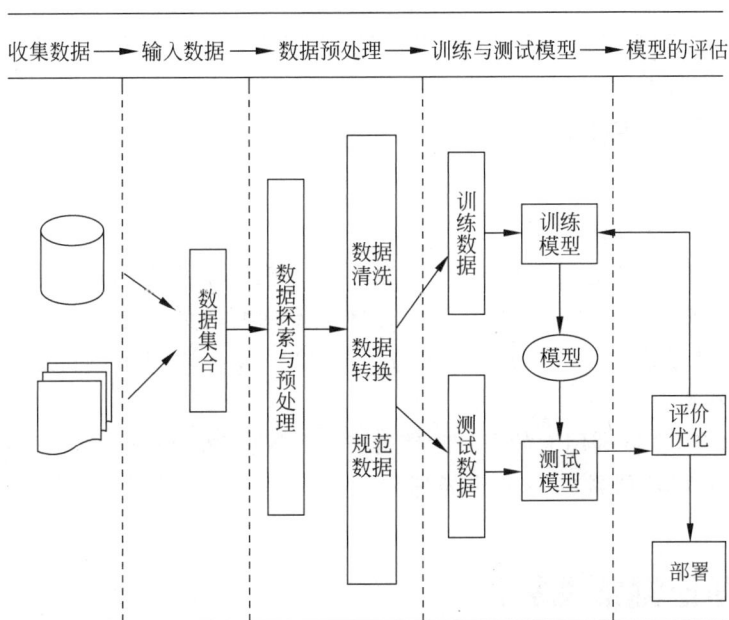

图 11-2 机器学习中模型训练、测试与部署的整个过程

11.3.2 数据挖掘技术

数据分析与数据挖掘技术较多,它们之间联系密切。

(1)根据挖掘任务可将数据挖掘技术分为预测模型发现、聚类分析、分类与回归、关联分析、序列模式发现、依赖关系或依赖模型发现、离群点检测等。

(2)根据挖掘对象可分为关系数据库、面向对象数据库、空间数据库、时态数据库、文本数据源、多媒体数据库、异质数据库、遗产数据库以及环球网 Web 等。

(3)根据挖掘方法可分为机器学习方法、统计方法、神经网络方法和数据库方法等,再细分如表 11-5 所示。

表 11-5   不同的挖掘方法分类

Ⅰ分类		Ⅱ分类
依据挖掘方法	机器学习方法	归纳学习方法(决策树、规则归纳等) 基于范例学习 遗传算法 …
	统计方法	回归学习(多元回归、线性回归等) 判别分析(贝叶斯判别、费希尔判别和非参数判别等) 聚类分析(系统聚类、动态聚类等) 探索性学习(主成分分析法、相关分析法等) …
	神经网络算法	前向神经网络(BP 算法) 自组织神经网络(自组织特征映射、竞争学习等) …
	数据库方法	多维数据分析(OLAP 方法) 面向属性的归纳法 …

11.3.3   数据挖掘应用

虽然数据挖掘是一个新的研究课题,但应用潜力大,目前在市场预测、投资、制造业、银行、通信、交通等领域已成功应用。

例 1:2009 年,谷歌通过分析 5000 万条美国人最频繁检索的词汇,将之和美国疾病控制与预防中心在 2003—2008 年季节性流感传播时期的数据进行比较,并建立一个特定的挖掘方法(数学模型)。最终谷歌成功预测 2009 年冬季流感的传播,甚至可以具体到特定的地区和州。

例 2:2014 年,百度利用大数据,即"球员表现大数据"加上百度大数据中获取的球员热度(搜索和贴吧),成功预测 2014 年世界杯。

11.4   数据挖掘常见算法

数据挖掘算法较多,各有特点,常见的有 k-means 算法、KNN 算法、朴素贝叶斯算法、决策树算法、支持向量机算法等。

11.4.1   k-means 算法

k-means 算法也叫 k 均值聚类算法,是一种非常流行的聚类算法,应用领域较广。主要优缺点如下。

1. 优点

(1) 简单快速。k-means 算法主要用于将数据点分成预定义的 k 个簇。实现简单,计算速度快,适合大数据集的处理。

(2) 易于理解。算法原理直观,容易理解和实现。

（3）广泛适用。可以用于多种数据类型和领域,如市场细分、图像压缩、文本分类等。

（4）收敛性。算法有明确的收敛条件(如迭代次数或簇中心变化很小),易于停止。

（5）可扩展性。可以通过并行化技术(如 MapReduce)来扩展到大规模数据集。

2. 缺点

（1）对初始簇中心敏感。k-means 算法的结果可能受到初始簇中心选择的影响,不同的初始值可能导致不同的最终结果。

（2）对异常值敏感。异常值(离群点)可能显著影响簇的形状和位置。

（3）需要预先指定簇的数量 k。k-means 算法需要事先知道要分成的簇的数量 k,这在很多情况下是未知的或难以确定的。

（4）可能收敛到局部最优而非全局最优。在某些情况下,算法可能陷入局部最优解,特别是当簇的形状不规则或簇之间重叠时。

（5）对非凸形状的簇不适用：k-means 算法假定簇是凸的(球形或椭球形),对于非凸形状的簇(如环形或不规则形状)聚类效果不佳。

在具体应用时,根据需要常常考虑使用改进的 k-mean 算法。如一种改进的初始化方法,通过选择具有代表性的初始中心来减少对初始选择的敏感性;或允许一个数据点属于多个簇,通过软归属来处理类别重叠问题等。

11.4.2 KNN 算法

KNN 算法也叫 K 最近邻算法,是数据挖掘分类技术中最简单的方法之一。主要优缺点如下。

1. 优点

（1）简单易用。KNN 算法直观,不需要复杂的训练过程,只要整理好样本数据,就可以直接进行预测。

（2）精度高。KNN 算法的预测效果通常较好,尤其是在小规模数据集上表现优异。

（3）对异常值不敏感。KNN 算法对异常值不敏感,不会因为少数异常值而影响整体预测结果。

（4）无须数据输入假定。KNN 算法不需要对数据做任何假定,可以直接处理各种类型的数据,包括数值型和离散型数据。

（5）适用于多种任务。KNN 算法既可以用于分类任务,也可以用于回归任务。

2. 缺点

（1）计算复杂度高。KNN 算法需要计算待测样本与每个已有样本之间的距离,计算量随着数据量的增加而显著增加,尤其是在大数据集上表现不佳。

（2）空间复杂度高。KNN 算法需要存储所有的训练数据,导致空间复杂度较高。

（3）对内存要求高。**由于需要存储所有的训练数据**,KNN 算法对内存的要求较高,尤其是在高维数据上可能会导致性能下降。

（4）参数调优困难。KNN 算法的效果很大程度上依赖于参数 K 的选择,选择合适的 K 值需要对具体问题进行多次尝试和调整。

11.4.3 朴素贝叶斯算法

朴素贝叶斯算法是通过考虑特征的概率来预测分类。它基于贝叶斯定理和条件独立假设,计算在给定特征条件下各个类别的概率,选择概率最大的类别作为预测结果。它是应用最为广泛的分类算法之一。朴素贝叶斯算法的主要优缺点如下。

1. 优点

(1) 简单易实现。算法逻辑简单,易于编程实现。

(2) 训练和预测速度快。由于假设特征独立,计算量小,适用于大规模数据集。

(3) 对小规模数据表现良好。即使在数据量较小的情况下,朴素贝叶斯也能表现出较好的性能。

(4) 处理多分类问题能力强。能够处理多个类别之间的关系,且效果稳定。

(5) 对噪声数据鲁棒。能够处理含有噪声或缺失值的数据集。

(6) 可解释性强。分类过程清晰,基于概率模型,易于理解模型的决策过程。

2. 缺点

(1) 预测准确性受限。由于特征独立假设过于简化,实际特征间往往存在相关性,影响分类效果。

(2) 需要大量训练数据。在某些情况下,需要大量训练数据来准确估计先验概率和条件概率。

11.4.4 决策树算法

决策树算法是一种能解决分类或回归问题的机器学习算法,它是一种典型的分类方法。主要优缺点如下。

1. 优点

(1) 直观易懂。决策树的结果可以直观地解释,每个决策节点都对应于实际生活中的一个条件或规则,这使得基于决策树的模型能够被非技术人员理解和解释。

(2) 计算效率高。决策树算法的计算复杂度相对较低,特别是在处理小数据集时。此外,决策树可以很好地处理大规模数据集,因为它们不需要大量的内存。

(3) 对数据预处理要求较低。决策树算法不需要太多的数据预处理,例如标准化、归一化等。

(4) 能够处理多类问题。决策树可以处理多类问题,并且分类效果通常较好。

(5) 可以进行特征选择。决策树算法可以自动选择最重要的特征,这对于理解和改进模型的预测性能非常有帮助。

(6) 易于理解和解释。决策树算法生成的模型易于理解和解释,可以直观地表示出各个特征的重要性和影响因素。

(7) 可处理离散型和连续型特征。决策树算法可以处理离散型和连续型特征,且不需要对数据进行归一化等预处理操作。

(8) 可处理缺失值。决策树算法可以处理缺失值,且不需要对数据进行补全等操作。

2. 缺点

(1) 容易过拟合。决策树算法容易过拟合,特别是当模型复杂度较高或训练数据较少时,需要进行剪枝等操作。

（2）对噪声和异常值敏感。决策树算法对噪声和异常值较为敏感,可能会导致模型的不稳定性。

（3）不适用于高维数据。决策树算法不适用于高维数据,因为在高维空间中,决策树算法很难找到合适的划分点。

（4）不能处理连续型输出变量。决策树算法不能直接处理连续型输出变量,需要进行离散化等操作。

11.4.5　支持向量机算法

支持向量机（SVM）是一个非常经典且高效的分类模型,目前被广泛应用在分类和回归问题的分析,SVM算法的优缺点如下。

1. 优点

（1）处理高维数据。SVM通过核函数将数据映射到高维空间,使得在高维空间中数据更容易被分离,从而有效处理高维数据。

（2）泛化能力强。SVM采用结构风险最小化原则,能够有效避免过拟合,具有较强的泛化能力。

（3）适用于小样本数据。SVM在处理小样本数据时表现良好,尤其是在数据分布不均匀的情况下。

（4）处理非线性问题。通过核函数,SVM可以将非线性问题转化为线性问题进行处理,适用于复杂的非线性分类和同归问题。

（5）鲁棒性强。SVM对异常点和噪声具有一定的鲁棒性,能够有效地避免这些因素对分类结果的影响。

（6）可解释性强。SVM的分类结果具有较好的可解释性,能够清晰地描述不同类别之间的区别。

2. 缺点

（1）计算复杂度高。SVM在大规模数据集上的计算时间和空间需求较大,尤其是对于非线性问题和核函数的使用,训练过程可能需要大量时间。

（2）参数敏感性。SVM中有多个参数需要调节,如核函数的选择和正则化参数等,参数选择不当会影响分类效果。

（3）对数据的缩放敏感。SVM对数据的缩放敏感,如果数据没有进行归一化处理,可能会导致分类结果的偏差。

（4）对噪声数据敏感。SVM对噪声数据较为敏感,如果数据中存在噪声,可能会影响分类效果。

（5）适用于二分类问题。原始的SVM算法只能解决二分类问题,对于多类别问题需要进行扩展或使用其他方法。

11.4.6　神经网络算法

神经网络（neural networks）算法是机器学习领域中的一种重要算法,它受到人类大脑结构的启发,通过模拟人脑神经系统的组织架构,以高度灵活的方式处理复杂数据模式,广泛渗透于图像识别、语音处理、自然语言理解、推荐系统及自动驾驶等诸多前沿科技领域。神经网络算法主要优缺点如下。

1. 优点

(1)自学习能力。神经网络算法能够从大量数据中自动提取特征,无须人工干预,这使得它在处理复杂问题时具有很高的灵活性和适应性。

(2)泛化能力强。神经网络算法能够从训练数据中学习到一般性的规律,具有很好的泛化能力,能够在未见过的数据上做出准确的预测和判断。

(3)非线性建模能力。神经网络能够有效地学习数据中的复杂非线性关系,适合处理具有复杂模式的任务。

(4)自动特征学习。通过反向传播算法,神经网络算法可以自动从数据中提取特征,减少了手动设计特征的工作量。

(5)端到端学习。神经网络算法可以直接从原始数据到目标输出进行学习,简化了模型的构建过程。

(6)并行处理能力。神经网络算法具有很好的并行处理能力,可以同时处理多个输入信号,特别适合处理大规模数据。

(7)多样性。神经网络算法有多种类型,如前馈神经网络、卷积神经网络、循环神经网络等,可以根据不同的应用场景选择合适的网络结构。

2. 缺点

(1)训练时间长。神经网络算法通常需要大量的训练数据和较长的训练时间,尤其是在处理大规模数据时。

(2)过拟合问题。在训练过程中容易出现过拟合问题,即模型对训练数据过度拟合,导致在新的、未见过的数据上表现不佳。

(3)可解释性差。神经网络算法的决策过程通常是黑箱的,很难解释模型的决策依据,这在需要可解释性的应用场景中受到限制。

(4)对参数敏感。神经网络算法的性能受到网络结构、学习率、权重初始化等参数的影响,选择合适的参数需要大量的实验和调整。

(5)计算资源消耗大。神经网络算法通常需要大量的计算资源,如高性能的 GPU、大量的内存等。

神经网络算法较多,主要包括以下几种。

(1)卷积神经网络(CNN)。专门用于处理图像和音频等网格结构数据。通过卷积层捕捉图像的局部特征,并通过池化层降低数据维度,从而提取出图像中的关键信息。CNN在图像识别和语音识别方面特别有用。

(2)循环神经网络(RNN)。处理序列数据的专家,能够考虑数据的上下文信息。RNN特别适合处理时间序列和文本数据,例如自然语言处理中的语言模型和文本生成。

(3)变换器(transformer)。基于自注意力机制,广泛用于处理自然语言文本,特别是在翻译和情感分析等领域。

（4）生成对抗网络（GAN）。由生成器和判别器组成，通过不断生成和区分数据来进化，常用于生成逼真的数据样本。GAN 在图像生成和文本生成方面表现优异。

（5）图神经网络（GNN）。用于处理图结构数据，能够直接操作图中的节点和边，适用于社交网络分析和化学分子结构预测等任务。

（6）长短时记忆网络（LSTM）。RNN 的变体，专门处理长序列任务，通过门控机制捕获序列中的长期依赖关系，常用于语音识别和自然语言生成。

（7）人工神经网络（ANN）。模仿生物神经网络结构和功能的计算模型，由大量神经元组成，处理各种复杂的计算任务，如模式识别和优化问题。

（8）自编码器。无监督学习模型，通过编码器和解码器学习数据的有效表示，常用于数据压缩和图像降噪。

（9）BP 神经网络。BP 神经网络指反向神经网络，全称为反向传播神经网络（back propagation neural network），是一种经典的人工神经网络模型。它通过误差反向传播算法进行训练，适用于模式识别、函数逼近和分类等任务。

总之，尽管数据分析与数据挖掘在定义、目的、作用、方法、结果等方面有不同，但它们的本质都是从数据里发现关于业务的有价值的信息，从而帮助业务运营改进产品以及帮助企业做更好的决策。所以大数据分析与挖掘放在本章一起介绍。

11.5　实验项目 11：BP 神经网络应用案例

11.5.1　安装 Miniconda3

运行课程配套的 Miniconda3 安装程序 Miniconda3-latest-Windows-x86_64.exe。按默认方式安装，具体安装过程如图 11-3～图 11-9 所示。

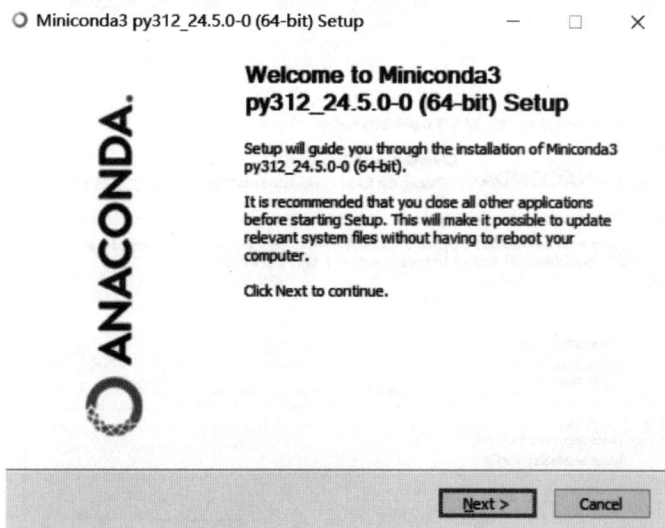

图 11-3　开始安装 Miniconda3

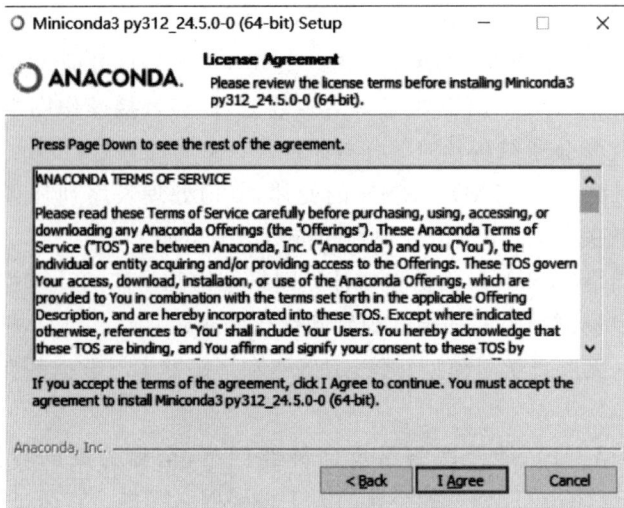

图 11-4 软件许可

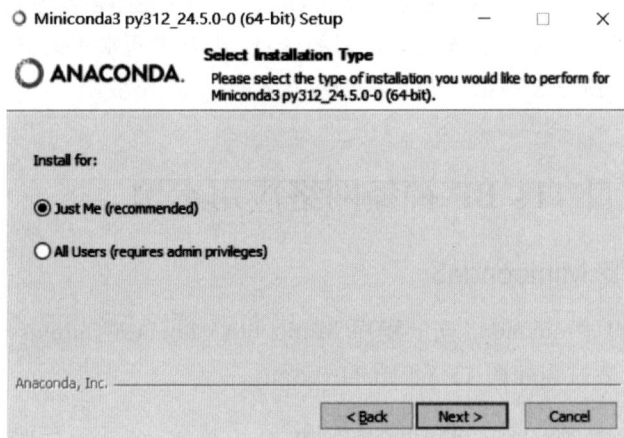

图 11-5 软件安装对象选择

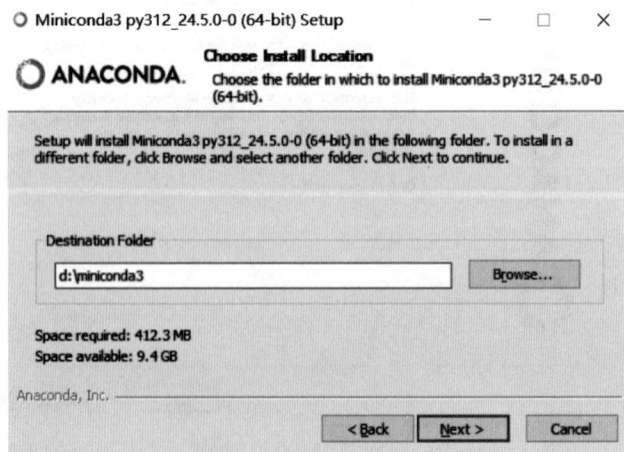

图 11-6 软件路径选择

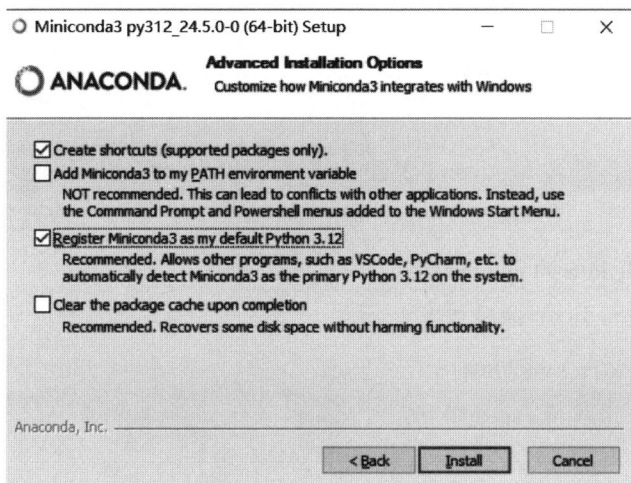

图 11-7 高级安装选项

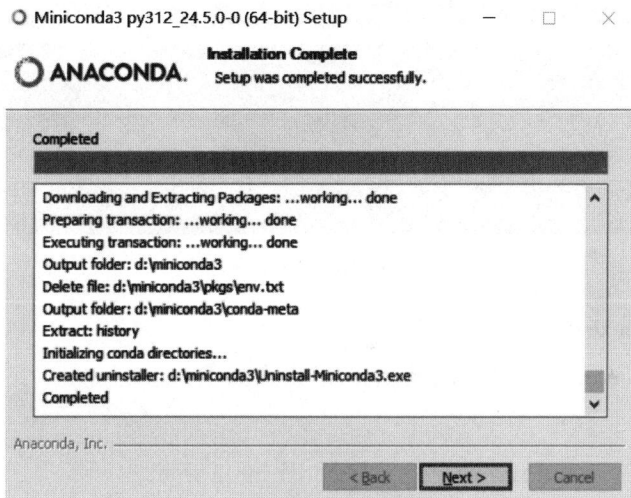

图 11-8 安装完成

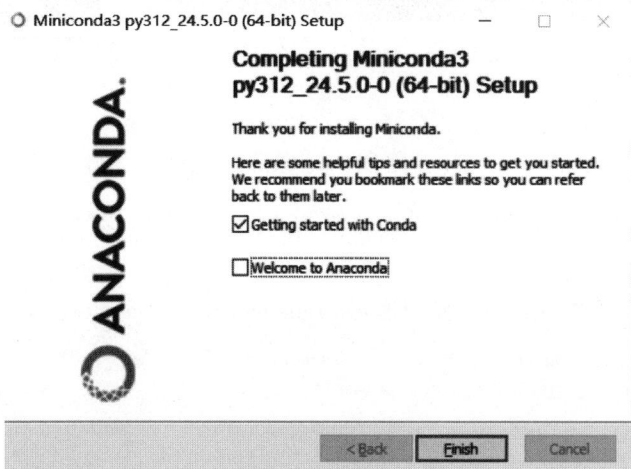

图 11-9 使用帮助

11.5.2 使用 Miniconda3

1. 初始化

首先打开命令行,进入 Miniconda3 目录,执行初始化,命令如下:

```
> conda init
```

2. 创建名为 bigdata 的 conda 环境

删除旧的 bigdata 环境,命令如下:

```
> conda env remove -- name bigdata
```

创建新的 bigdata 环境,命令如下:

```
> conda create -- name bigdata python = 3.8 - y
```

执行结果如图 11-10 所示。

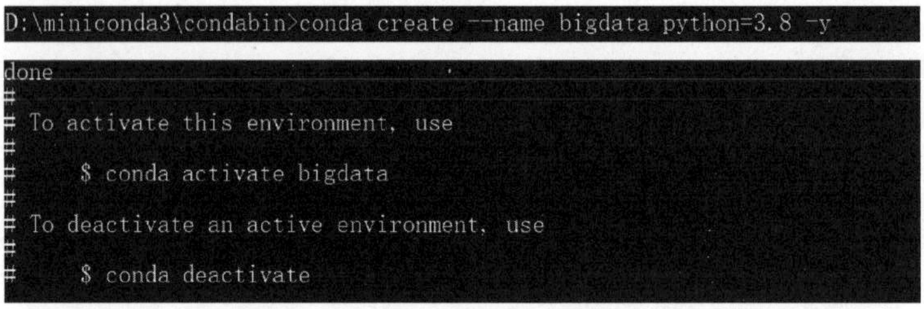

```
D:\miniconda3\condabin>conda create --name bigdata python=3.8 -y
done
#
# To activate this environment, use
#
#     $ conda activate bigdata
#
# To deactivate an active environment, use
#
#     $ conda deactivate
```

图 11-10   创建 bigdata 环境

3. 激活 bigdata 环境

需要先激活 bigdata 环境才能安装相关库,命令如下:

```
> conda activate bigdata
```

命令执行后将进入 bigdata 命令提示符,如图 11-11 所示。

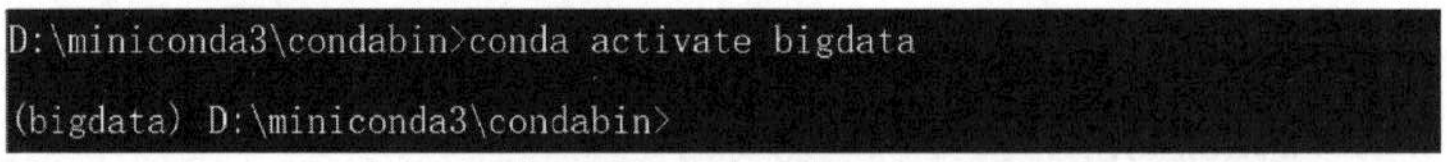

```
D:\miniconda3\condabin>conda activate bigdata
(bigdata) D:\miniconda3\condabin>
```

图 11-11   激活 conda 的 bigdata 环境

4. 配置 pip 镜像源

为了提高下载速度,需要为 pip 指定国内镜像源,如清华大学镜像源,命令如下:

```
> pip config set global. index - url https://pypi. tuna. tsinghua. edu. cn/simple
```

5. 安装 Python 库

需要在 bigdata 环境内安装需要的库,如 tensorflow 和 matplotlib,命令如下:

```
> pip install tensorflow == 2.4.0
> pip install matplotlib == 3.5.1
```

11.5.3 安装 PyCharm

PyCharm 是一个流行的 Python 开发工具,可以运行课程配套的 PyCharm 社区版安装程序 pycharm-community-2024.2.exe 进行安装。

安装过程如图 11-12～图 11-16 所示。

图 11-12 开始安装 PyCharm

图 11-13 选择安装路径

安装完成后将在桌面生成 PyCharm 图标,如图 11-17 所示。

运行 PyCharm 后,启动界面如图 11-18 所示。

启动完成后将进入 PyCharm 主界面,如图 11-19 所示。

图 11-14　创建桌面快捷方式

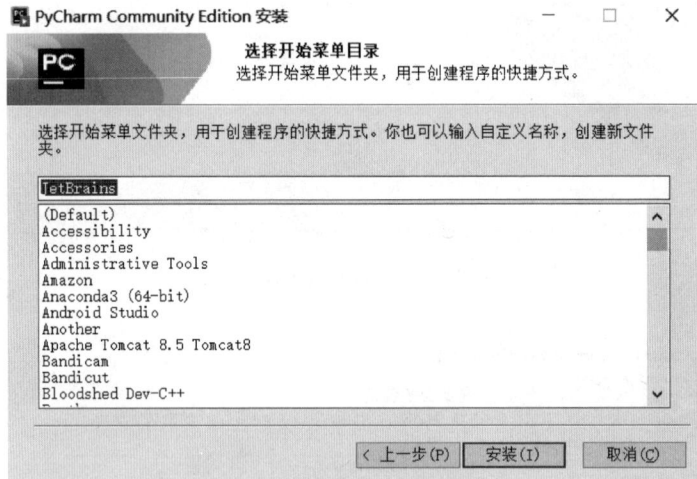

图 11-15　选择开始菜单

图 11-16　运行 PyCharm

图 11-17 PyCharm 图标   图 11-18 PyCharm 启动界面

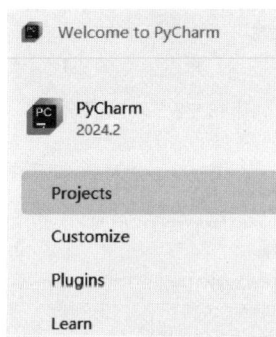

图 11-19 PyCharm 主界面

11.5.4 创建并配置项目

1. 创建项目

单击 New Project 按钮可以创建新项目,如图 11-20 所示。

图 11-20 创建 PyCharm 新项目

在项目信息界面,输入项目名称,选择上级目录,如图 11-21 所示。

接下来将进入 PyCharm 创建的新项目界面,其左侧是项目结构,右侧是代码空间,如图 11-22 所示。

2. 设置解释器

在编写 Python 程序前需要设置代码解释器。先单击菜单 File→Settings 进入设置界面,如图 11-23 所示。

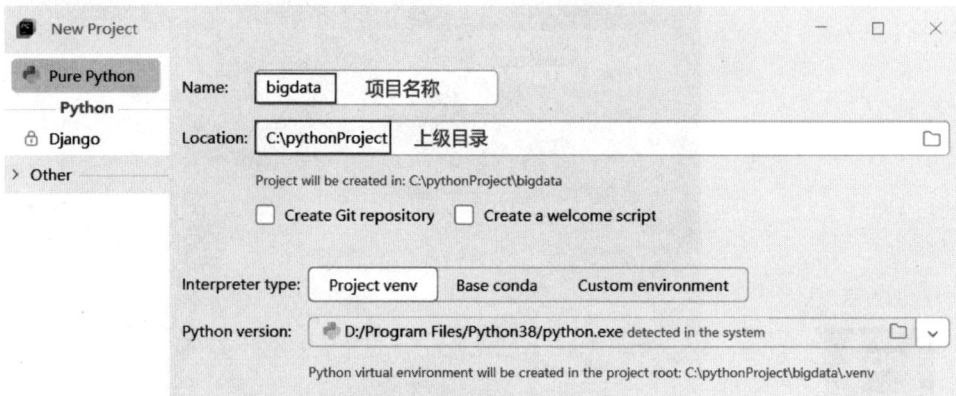

图 11-21 项目信息界面

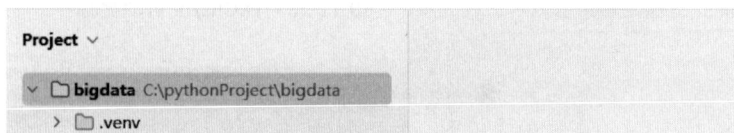

图 11-22 新项目界面

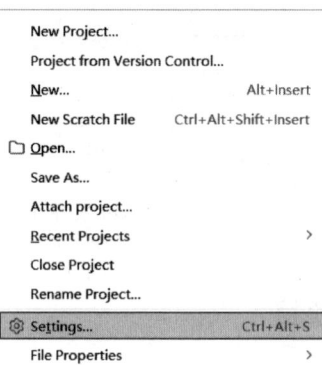

图 11-23 进入 PyCharm 设置

然后单击设置项 Project:bigdata→Python Interpreter,单击右侧的 Add interpreter 按钮,如图 11-24 所示。

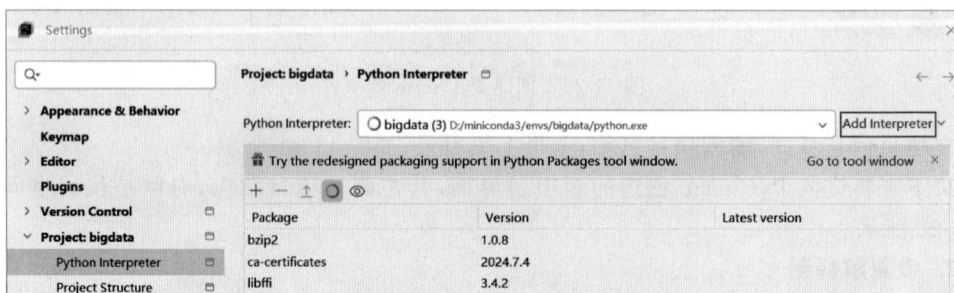

图 11-24 进入项目解释器设定

单击左侧的 Conda Environment,在右侧选择 Use existing envirnonment,选择前面创建的环境 bigdata,再单击界面右下角的 OK 按钮,如图 11-25 所示。

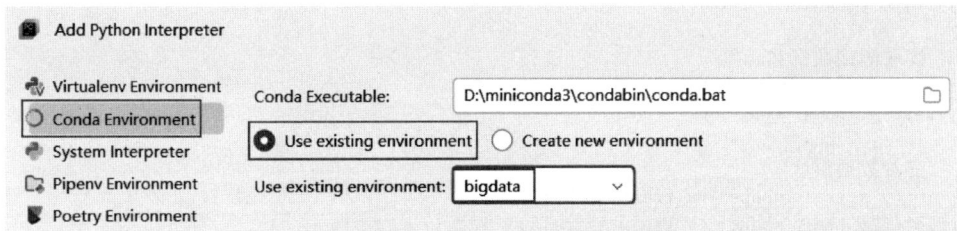

图 11-25 设置项目解释器

设定项目解释器后,PyCharm 界面正下方的信息面板将显示正在加载包列表,等进度条全部结束后就可运行程序,如图 11-26 所示。

图 11-26 加载包列表进度

11.5.5 编写图片查看程序

1. 创建 Python 文件

选中 bigdata_project 项目,右击,从弹出的菜单中选择 New→Python File,如图 11-27 所示。

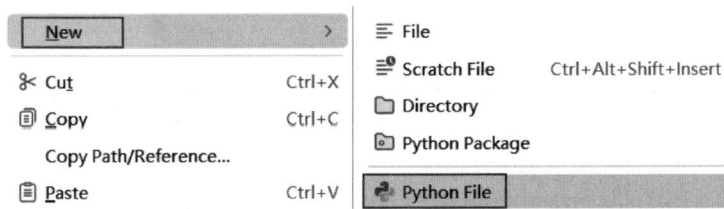

图 11-27 新建 Python 文件

然后创建名为 bp_network_show_image.py 的 Python 文件,如图 11-28 所示。

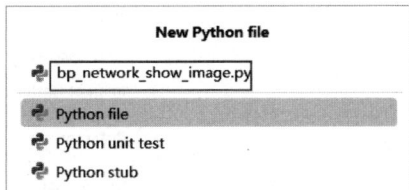

图 11-28 设置 Python 文件名称并创建

2. 编写程序

参考案例,编写图片查看程序,具体内容如下:

```python
#!/usr/bin/env python3
# -*- coding: utf-8 -*-
import numpy as np
import matplotlib.pyplot as plt

# 加载 MNIST 数据集
data = np.load('mnist.npz')
```

```
# 读取训练数据和标签
x_train = data['x_train']
y_train = data['y_train']

# 读取测试数据和标签
x_test = data['x_test']
y_test = data['y_test']

# 查看数据形状
print(f"x_train shape: {x_train.shape}")
print(f"y_train shape: {y_train.shape}")
print(f"x_test shape: {x_test.shape}")
print(f"y_test shape: {y_test.shape}")

# 设置索引值
index = 5 # 你可以更改这个索引值来查看不同的图片和标签

# 显示训练集中的指定图片
plt.imshow(x_train[index], cmap = 'gray')
plt.title(f"Label: {y_train[index]}")
plt.show()
```

3. 准备数据

将课程配套的 mnist.npz 文件复制到项目目录下,和 bp_network_show_image.py 同级,如图 11-29 所示。

4. 运行程序

右击该项目,在弹出的菜单中选择 Run 'bp_network_show_image...',将运行程序,如图 11-30 所示。

图 11-29　复制图片数据文件到项目目录

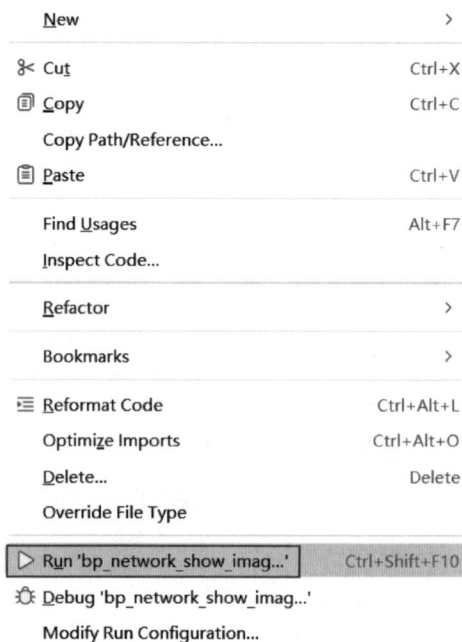

图 11-30　运行程序 bp_network_show_image...

程序运行完成后将显示如图 11-31 所示数字图像。可修改代码中 index 的值，从而显示不同的数字图像。

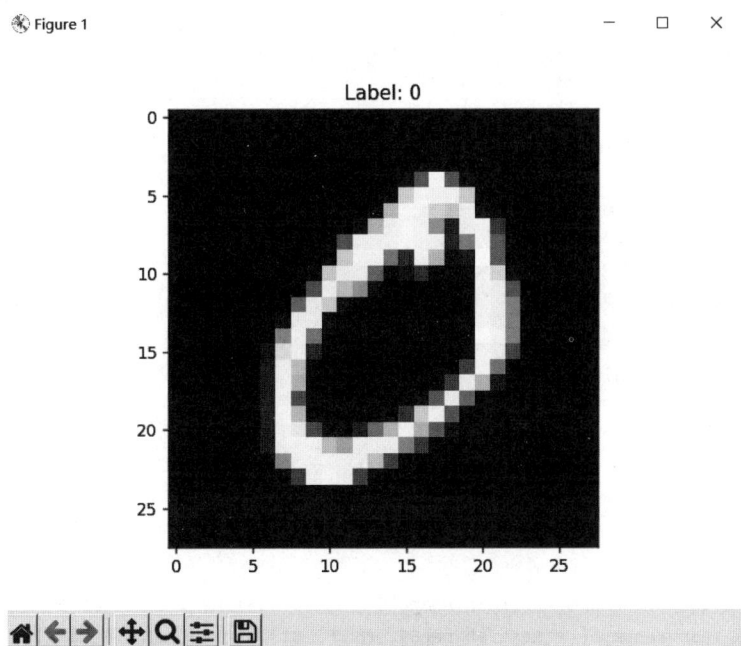

图 11-31　程序运行后显示的数字图像

11.5.6　编写数字识别程序

1. 创建 Python 文件

和编写图片查看程序类似，选中 bigdata_project 项目，右击，从弹出的菜单中选择 New→Python File 创建新的 Python 文件，如图 11-32 所示。

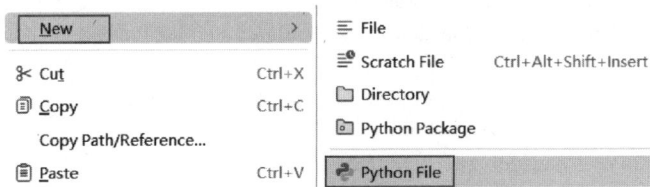

图 11-32　创建新的 Python 文件

输入文件名 bp_network，单击 Python file，如图 11-33 所示。

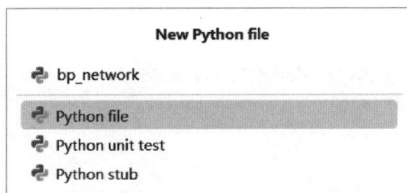

图 11-33　设置 Python 文件名称并创建

2. 编写程序

参考案例，编写程序，具体内容如下：

```python
#!/usr/bin/env python3
# - * - coding: utf-8 - * -
import numpy as np
import tensorflow as tf
from tensorflow.keras import layers, models

# 从本地文件加载 MNIST 数据集
data = np.load('mnist.npz')

# 读取训练数据和标签
x_train = data['x_train']
y_train = data['y_train']

# 读取测试数据和标签
x_test = data['x_test']
y_test = data['y_test']

# 数据预处理
x_train = x_train.reshape((x_train.shape[0], 28 * 28)).astype('float32') / 255
x_test = x_test.reshape((x_test.shape[0], 28 * 28)).astype('float32') / 255

# 将标签转换为独热编码
y_train = tf.keras.utils.to_categorical(y_train, 10)
y_test = tf.keras.utils.to_categorical(y_test, 10)

# 创建 BP 神经网络模型(多层感知器)
model = models.Sequential()
model.add(layers.Dense(512, activation = 'relu', input_shape = (28 * 28)))
model.add(layers.Dense(256, activation = 'relu'))
model.add(layers.Dense(128, activation = 'relu'))
model.add(layers.Dense(10, activation = 'softmax'))

# 编译模型
model.compile(optimizer = 'adam',
              loss = 'categorical_crossentropy',
              metrics = ['accuracy'])

# 训练模型
model.fit(x_train, y_train, epochs = 10, batch_size = 128, validation_data = (x_test, y_test))

# 评估模型
test_loss, test_acc = model.evaluate(x_test, y_test)
print('Test accuracy:', test_acc)

# 使用模型进行预测
predictions = model.predict(x_test)
print('Prediction for the first image:', predictions[0])
```

3. 运行程序

选中 bp_network. py 程序,右击,从弹出的菜单中选择 Run'bp_network',将运行程序,如图 11-34 所示。

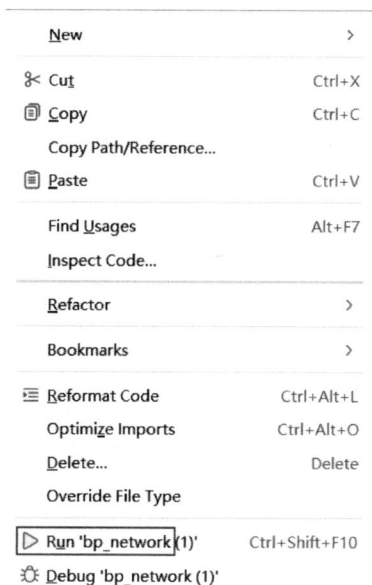

New		>
✂ Cut		Ctrl+X
📋 Copy		Ctrl+C
Copy Path/Reference...		
📋 Paste		Ctrl+V
Find Usages		Alt+F7
Inspect Code...		
Refactor		>
Bookmarks		>
⊟ Reformat Code		Ctrl+Alt+L
Optimize Imports		Ctrl+Alt+O
Delete...		Delete
Override File Type		
▷ Run 'bp_network (1)'		Ctrl+Shift+F10
⚙ Debug 'bp_network (1)'		

图 11-34 运行程序 bp_network

程序运行后将在控制台显示每轮和最终数字图片识别的准确率,如图 11-35 所示。

```
Epoch 8/10
469/469 [==============================] - 4s 8ms/step - loss: 0.0180 - accuracy: 0.9937 - val_loss: 0.0823 - val_accuracy: 0.9789
Epoch 9/10
469/469 [==============================] - 4s 9ms/step - loss: 0.0177 - accuracy: 0.9943 - val_loss: 0.0938 - val_accuracy: 0.9790
Epoch 10/10
469/469 [==============================] - 4s 9ms/step - loss: 0.0134 - accuracy: 0.9954 - val_loss: 0.0747 - val_accuracy: 0.9816
313/313 [==============================] - 1s 2ms/step - loss: 0.0747 - accuracy: 0.9816
Test accuracy: 0.9815999865531921
```

图 11-35 显示每一轮和最终的数字图片识别准确率

思考题

1. 简述大数据分析的概念。
2. 简述数据分析的价值体现层面。
3. 简述大数据分析的主要类型。
4. 试述典型的大数据分析步骤。
5. 简述大数据分析的主要步骤。
6. 简述大数据分析的常用方法,试比较线性回归与非线性回归、"聚类"与"分类"。
7. 关联规则是指反映一个事物与其他事物之间的相互依存性和关联性,试用实例说明。
8. 简述数据挖掘的基本流程。
9. 数据挖掘算法较多,常见的有哪些?试简述。

第*12*章

大数据可视化

可视化是将符号或数据转化为直观的图形、图像的技术,它的过程是一种转换,它的目的是将原始数据转化为可显示的图形、图像,从而全面且本质地把握住数据特征,便于迅速、形象地传递和接收它们。数据可视化是关于数据视觉表现形式的科学技术研究,其中,数据的视觉表现形式被定义为一种以某种概要形式抽取出来的信息,包括相应信息单位的各种属性和变量。它为大数据分析提供了一种更加直观的挖掘、分析与展示的手段,从而让大数据更有意义。本章重点介绍大数据可视化方法及其常用的工具(软件)。

12.1 数据可视化概述

12.1.1 认识数据可视化

数据可视化是艺术与技术的结合,是一种视觉艺术的形式。它将各种数据用图形化的方式展示给人们,是人们理解数据、诠释数据的重要手段和途径,帮助人们通过认知数据,进而发现这些数据所反映的实质。

数据可视化流程包括明确主题、获取数据、数据分析和清洗、选择分析工具、解释和表述等。通过对现实数据的采集、清洗、预处理、分析等过程建立数据模型,并最终将数据转换为各种图形,以实现较好的视觉效果。数据可视化的图形展示如图 12-1 所示。数据可视化应用面很广,目前已在教育、金融、物联网、电信、医疗、智能交通、智慧工厂、现代农业等多领域有广泛的应用。

12.1.2 数据可视化形式和功能

1. 形式

常见的数据可视化形式有条形图(或直方图)、箱形图、回归线图、地图、折线图、散点图、饼图、仪表、表格、热图、子弹图、面积图等。

(1)**条形图**(或直方图)是最流行的数据可视化方法之一。条形图将数据组织成矩形条,便于比较相关数据集,可以在"比较同一类别中的两个或多个值"或"让用户了解多个相似的数据集是如何相互关联的"的情况下使用条形图。

(2)**箱线图**是一种用于展示数值型变量的分布特征、集中趋势及异常值的图形,通过分

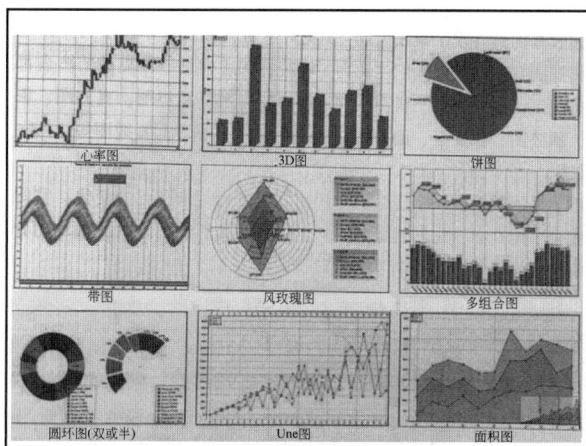

图 12-1　数据可视化的图形展示

位数与"胡须"可直观比较数据的范围与离群情况。

（3）**回归线图**是一种用于展示两个变量之间的相关性的图形，其中包含散点图与一条通过数据拟合的回归线，用于揭示变量间的线性或非线性趋势关系。

（4）**地图**显示有关地理数据分布的信息，例如：显示涉及特定位置的客户数据，或让你的客户查看他们附近的数据点，或显示客户数据的时空分布等，使用地图是一个非常合适的选择。

（5）**折线图**通常用于以简洁准确的图表线格式可视化数据来帮助用户扫描信息和了解趋势。例如：让用户了解数据的趋势、模式和波动，或允许用户比较不同的数据集但与多个系列相关等，可以使用折线图。

（6）**散点图**是一种二维数据可视化表达，使用点来表示两个不同变量获得的值：一个沿 x 轴绘制，另一个沿 y 轴绘制。例如：构建交互式报告，或显示紧凑的数据可视化等，可以使用散点图。

（7）**饼图**是一个圆形图，它被分成多个段（即饼片）。这些段代表每个类别对显示整体部分的贡献。例如：计算出某物的构成，或快速扫描指标等，可以使用饼图。

（8）**仪表**通常用于可视化单值指标，如年初至今的总收入。换句话说，仪表显示单行中的一个或多个度量值，并非旨在显示多行数据。例如：跟踪具有明确目标的单一指标，或要显示的数据不需要与其他数据集进行比较等，可以使用仪表。

（9）**表格**是一种以列和行显示数据的可视化类型，非常适合发布。例如：显示可以分类组织的二维数据集可以用表格。

（10）**热图**主要通过色彩变化来显示数据。适合用来交叉检查多变量的数据，方法是把变量放置于行和列中，再将表格内的不同单元格进行着色。热图应用范围很广，涵盖了许多领域，包括科研、商业、医疗、教育等。例如比较全年多个城市的温度变化，看看最热或最冷的地方在哪儿，或展示重点研究对象的表达量数据差异变化情况等，可以使用热图。

（11）**子弹图**很像子弹射出后带出的轨道，随着行业数量变得更加多样化，该图表对于想要在不同经济部门之间进行比较的人们来说是一种有用的视觉效果。例如：可用于将度量的绩效可视化，并与目标值和定性刻度作比较，或展示数据分类和数值排名等，可以用子弹图。

（12）**面积图**有多种，包括堆积面积图和重叠面积图。例如：表示多个时间序列，或使用颜色高光和中性色的组合来提供对比和强调等，可以使用面积图。

2．功能

上述所有形式的数据可视化都包括以下功能。

（1）指标。这些指标显示给定主题的数据集合的层次结构和组织。它们突出显示最重要的信息。

（2）简单。信息清晰。"一张图胜过千言万语"。

（3）简洁。信息简短明了，没有可见的不必要信息。

（4）原创性。以一种为用户提供对该主题的新视角的方式收集和显示信息。

（5）颜色。为了吸引用户注意最重要的信息，使用了清晰易懂的调色板。

（6）美学。图形生动，设计精良，赏心悦目。

12.2　大数据可视化方法

从常见的数据可视化形式来看，实现数据可视化方法有许多。①根据其可视化的原理不同，可以划分为基于几何的技术、面向像素的技术、基于图标的技术、基于层次的技术、基于图像的技术和分布式技术等。②根据大数据类型，可划分为文本可视化、社交网络可视化以及地理空间可视化等。

12.2.1　文本可视化

文本可视化是指将文本中复杂的或者难以通过文字表达的内容和规律以视觉符号的形式表达出来，同时向人们提供与视觉信息进行快速交互的功能，使人们能够利用视觉感知的并行化处理能力快速获取大数据中所蕴含的关键信息。

文本可视化涵盖了信息收集、数据预处理、知识表示、可视化呈现和用户认知等过程。其中，数据挖掘和自然语言处理等技术充分发挥计算机的自动处理能力，将无结构的文本信息自动转换为可视的有结构信息。通过可视化呈现使人类视觉认知、关联、推理的能力得到充分的发挥。特别是在 AI 时代，文本可视化有效地结合了机器智能和人工智能，为人们更好地理解文本和发现知识提供了新的有效途径。

文本可视化的流程主要包含三方面，即文本分析、可视化呈现和用户认知。常见的文本可视化类型有基于文本内容的可视化、基于文本关系的可视化以及基于多层面信息的可视化。

（1）基于文本内容的可视化研究包括基于词频的可视化和基于词汇的可视化，常用的有词云、分布图等。词云又称标签云，是一种典型的文本可视化技术体现，如图 12-2 所示。

（2）基于文本关系的可视化研究文本内外关系，帮助人们理解文本内容和发现规律。常用的可视化形式有树状图、节点连接的网络图、力导向图和叠式图等。

（3）基于多层面信息的可视化主要研究如何结合信息的多个方面帮助用户从更深层次理解文本数据，发现其内在规律。其中包含时间信息和地理坐标的文本可视化，如基于百度地图所作的热力图（图 12-3）。

图 12-2　词云图

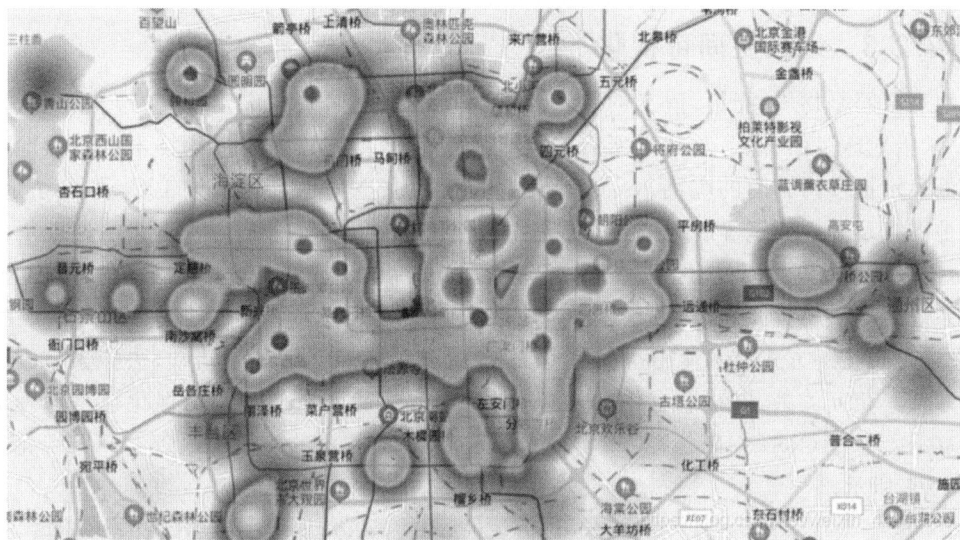

图 12-3　热力图

12.2.2　社交网络可视化

社交网络是一种社会关系结构,是现代互联网时代的一个重要概念,它描述了人们在社交媒体、在线平台和其他互联网服务中的互动和关系。社交网络可以揭示人们的行为、兴趣、关系和社会结构,为企业、政府和研究人员提供了丰富的信息来源,数据可视化技术可以直观地表达这些数据即关系,在具体实现中,社交网络由节点和节点之间的连接组成。数据可视化在社交网站上扮演着越来越重要的角色。社交网络可视化如图 12-4 所示。

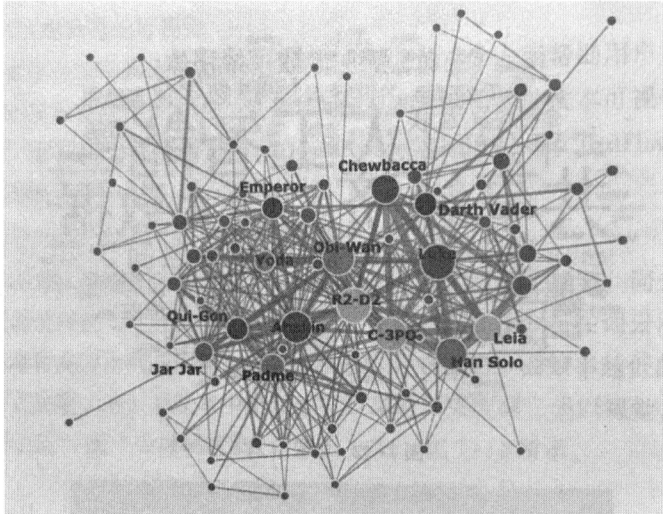

图 12-4　社交网络可视化

12.2.3　地理空间可视化

地理空间是物质、能量、信息的数量及行为在地理范畴中的广延性存在形式。从范围来讲,常指地球表面、地下及地下所有与地理相关的信息。数据可视化技术可以为地理空间数据显示提供两方面的应用。一是为用户提供过去空间信息的认知工具,如电子地图、动态地图以及虚拟环境等表现形式;二是用于优化更新数据库本身以及开发、挖掘、展示预测未来的变化趋势。因此,地理空间可视化集成了科学计算可视化、地图制图、图形分析、信息系统到提供视觉探索、分析、综合和地理空间数据表示的理论、方法和工具的各种方法,它以可视化的方式显示输出空间信息,通过视觉传输和空间认知活动,去探索空间事物的分布及其相互关系,以获取有用的知识,进而发现规律。地理空间可视化也是地理信息系统(GIS)、遥感(RS)、GPS、虚拟现实技术(VR)等集成技术的应用。地理空间可视化显示如图 12-5 所示。

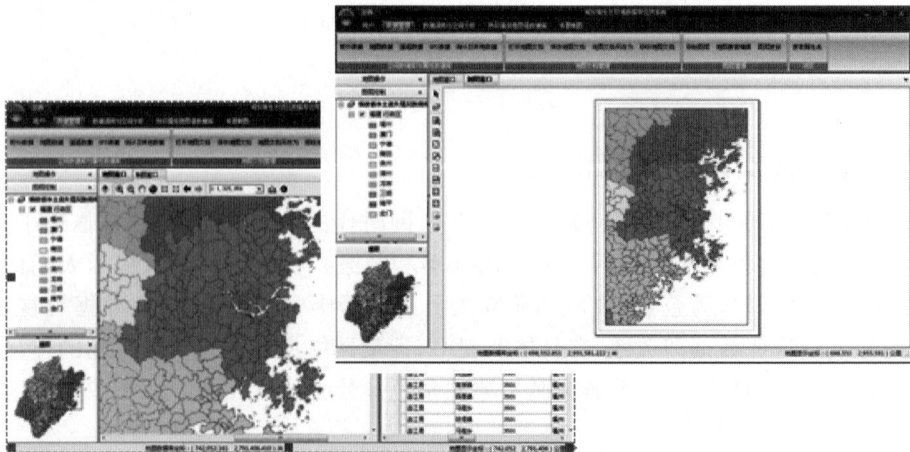

图 12-5　地理空间可视化

12.3 关于数据可视化工具

目前数据可视化工具或软件较多,常见的有 Excel、Tableau、ECharts、D3、Python、R 等,这些工具各有利弊,可根据自己的需要选择。介绍如下。

12.3.1 Excel

Excel 是微软开发的一个电子表格程序,广泛用于数据分析和管理。

(1) 优点:①Excel 内置了多种图表类型,如柱状图、折线图、饼状图和散点图等,使用户能够轻松地将数据转换为直观的可视化图形。②Excel 的拖放界面和熟悉的操作方式使得即使是非技术用户也能快速创建和修改图表。③Excel 提供了数据透视表和透视图等高级工具,支持基本的数据分析和汇总。

(2) 缺点:①Excel 图表定制化选项相对有限,对于需要高度个性化或专业级别可视化的用户来说不够灵活。②Excel 在处理大型数据集时会遇到性能瓶颈。③Excel 的图表交互性有限,不支持创建高度交互式的可视化或动态数据仪表板。

12.3.2 Tableau

Tableau 是一款数据可视化工具,可以帮助人们查看并理解分析数据。

(1) 优点:①易用性。提供直观的拖放界面,使用户能够快速创建交互式和可视化。即使对于不具备编程经验的用户,也能轻松上手。②数据连接多。Tableau 可连接到几乎任何数据库,即允许连接各种数据源,包括数据库、Excel、Web 数据等。人们可以在一个地方汇总和分析多个数据源。③可嵌入性。Tableau 可以嵌入网站和应用程序中,以便与其他应用程序集成,并与用户共享可视化。④社区支持。Tableau 社区庞大活跃,可以在社区中找到大量的教程、示例和支持。⑤具有高级功能。Tableau 提供高级分析、预测和地理信息系统功能,适用于复杂的数据分析需求。

(2) 缺点:①Tableau 的条件格式功能有限,且只提供 16 个条件列表。②对于需要在多个字段中实现相同格式的情况,用户无法直接对所有字段执行此操作,而必须为每个字段单独设置,非常耗时。

12.3.3 ECharts

ECharts 是一个由百度开发的开源可视化库,专门用于创建交互式的图表和数据可视化。

(1) 优点:①ECharts 支持丰富的图表类型,如折线图、柱状图、饼图、散点图、雷达图等,并提供了灵活的配置项和强大的交互功能,使得用户能够轻松地将数据转化为直观的图形表示。②ECharts 特别适用于 Web 应用,并且可以无缝集成到各种现代前端框架中,如 React、Vue 和 Angular。

(2) 缺点:①ECharts 虽提供了大量的图表类型和定制选项,但与一些商业 BI 工具相比,它的用户界面和设计工具不够直观。②对于需要快速创建复杂仪表板的用户来说不够友好。

12.3.4　D3

D3(D3.js)是一个基于 Web 标准的 JavaScript 库,专门用于在浏览器中使用 HTML、SVG 和 CSS 创建动态、交互式的数据可视化效果。

(1) 优点:①灵活性。D3.js 提供了最大的灵活性,允许用户从头开始创建任何类型的自定义可视化。②互动性。D3.js 提供了丰富的互动功能,可以创建可交互的数据可视化,支持鼠标悬停、缩放、拖动等。③开源社区。D3.js 拥有庞大的开源社区,提供了大量的实例、库和插件,可用于加速可视化开发。④数据驱动。D3.js 以数据为中心,通过绑定数据到文档对象模型(DOM)元素来创建可视化,使数据更新时可自动更新可视化。⑤跨平台。D3.js 可以在现代 Web 浏览器中运行,无需特定的操作系统或设备。

(2) 缺点:所有的代码都得开发者自己编写,增加了开发难度。

12.3.5　Python

Python 是一种广泛使用的高级编程语言,它通过集成如 Matplotlib、Seaborn、Plotly 等强大的数据可视化库,为用户提供了创建丰富图表和数据图形的能力。

(1) 优点:①Python 的可视化功能支持多种输出格式。②适用于数据分析、科学计算和交互式探索。

(2) 缺点:①Python 对于非技术用户来说,需要一定的编程知识才能有效使用。②Python 在用户界面和交互设计方面不够直观和友好。③Python 的可视化库在处理大型数据集时可能会遇到性能瓶颈。④在实时数据处理和流式可视化方面可能不如专业的商业软件。

12.3.6　R

R 是一种专用于探索、展示和理解数据的语言,应用广泛。

(1) 优点:①R 提供了丰富的数据可视化包和函数,如 ggplot2、lattice 和 plot 等,使得用户能够创建高质量的图表和复杂的数据可视化。②R 的可视化功能特别适用于统计分析和科学研究(因为它可以直接与数据分析过程集成,并支持高度定制化的图形输出)。

(2) 缺点:①R 需要一定的编程知识。②R 在用户和交互设计方面不够直观。③R 处理大型数据集有困难等。

12.3.7　其他

1. FineBI

FineBI 是一款功能全面的商业智能可视化工具,它通过直观的用户界面和丰富的图表类型,为用户提供了一个强大的数据分析和报表生成平台。该工具支持从多种数据源中整合和处理数据,提供了交互式的数据探索功能,允许用户通过拖拽等简单操作进行深入分析。FineBI 还强调了报表的共享和协作,使得团队成员能够轻松共享分析结果,并通过移动设备支持,确保了数据的随时随地访问。

2. FineVis

FineVis 是一款专注于数据可视化的工具,旨在通过其强大的可视化功能,将复杂的数据集转换为直观、吸引人的视觉图表。该工具提供了丰富的图表类型选择,包括常见的柱状图、折线图、饼图,以及更为高级的散点图、热力图和 GIS 地图等。FineVis 的用户界面直观易用,使得用户即使没有专业背景也能快速上手,轻松创建和定制各种数据可视化内容。此外,FineVis 还支持交互式可视化,允许用户通过筛选、缩放和其他交互操作来探索数据,从而获得更深层次的业务洞察。

3. 简道云

简道云是一款集成了数据收集、处理和可视化功能的在线工具,它在数据可视化方面表现出色,通过提供丰富的图表和报表设计选项,使用户能够轻松地将数据转化为直观的视觉表现形式。简道云的可视化界面简洁直观,支持拖拽式操作,使得创建动态图表、仪表盘和数据大屏变得简单快捷。用户可以根据需要选择多种图表类型,如柱状图、折线图、饼图等,以及进行个性化的样式调整和布局设置。此外,简道云还允许用户通过交互式元素如筛选器和下钻功能,深入分析数据,实现数据的多维度探索和实时更新,极大地增强了数据的可访问性和分析深度。

4. QlikView

QlikView 是一款综合性的数据可视化和分析工具,它提供了一个直观的拖放界面,使用户能够轻松构建和定制交互式的报表和仪表板。该工具的核心在于其关联数据索引技术,允许用户探索数据集之间的复杂关系,并以丰富的可视化形式展示出来,如动态图表、地图和时间轴等。QlikView 还支持从多个数据源中提取信息,并进行实时数据分析,为用户提供即时的业务洞察。

5. Power BI

Power BI 是由微软开发的一个综合性商业智能和数据可视化平台,它提供了一系列强大的工具和服务,使用户能够轻松地从多种数据源中提取、转换和可视化数据。Power BI 的特色在于其与微软 Office 套件的紧密集成,尤其是 Excel,这使得用户可以无缝地导入和分析数据,并利用熟悉的工作流程。该工具支持创建交互式的仪表板和报表,提供了丰富的可视化选项以及高级分析功能。

6. Looker

Looker 作为一款数据可视化工具,提供了一种强大且用户友好的方式来将数据转换为直观的图表、图形和仪表盘。它允许用户通过拖放界面轻松创建复杂的数据可视化,无须编写代码,同时支持高度定制化的视觉效果和深入的数据分析。Looker 的灵活性和可扩展性使其能够适应各种业务需求,帮助用户以清晰、引人入胜的方式展示和分享数据,从而促进更好的决策和沟通。

7. Datawrapper

Datawrapper 是一款在线数据可视化工具,以其用户友好的界面和无须编程的简便操作而受到广泛欢迎。它允许用户通过简单的拖放操作来创建图表、地图和信息图等可视化内容,适合缺乏编程背景的数据记者、教育工作者和市场分析师。Datawrapper 提供了多种预设的图表模板和定制选项,支持从 Excel 或其他数据源导入数据,并能够将完成的可视化作品导出为静态图像或嵌入代码,方便在网站和社交媒体上分享。但它的用户界面不够精美。

8. Sisense

Sisense 是一款端到端的商业智能和数据可视化平台,它以强大的数据处理能力和直观的用户界面而著称,允许用户轻松地从多种数据源中提取和分析数据,并创建丰富的交互式可视化。Sisense 的单堆栈架构简化了数据分析流程,使得即使是非技术用户也能快速构建和分享仪表板。但它在特定数据源集成和功能复杂性方面可能存在的限制,要求用户投入时间学习以充分利用其提供的所有功能。

9. Plotly

Plotly 是一款多平台的图表库,支持 Python、R、MATLAB 等多种编程语言,它提供了丰富的图表类型和高度交互式的可视化功能。Plotly 的界面直观,易于使用,能够快速生成高质量的图表,如折线图、散点图、柱状图、热力图、3D 图表等,并支持导出为静态图像或嵌入 Web 应用中。

10. Visme

Visme 是一款在线数据可视化工具,它提供了一个直观的界面,允许用户创建图表、图形、报告和信息图表。Visme 特别适合那些希望制作具有专业外观的数据可视化的用户,因为它提供了大量的模板和设计元素,可以帮助用户快速生成视觉上吸引人的内容。但对于复杂的数据分析和可视化需求,它可能不如专业的数据可视化工具那样强大和灵活。

11. RAWGraphs

RAWGraphs 是一个开源的 Web 应用程序,专注于为数据记者和设计师提供简单而强大的数据可视化工具。它允许用户导入数据,选择图表类型,自定义设计,并将最终的可视化导出为 SVG、PNG 或其他格式,以便在网站或印刷品上使用。RAWGraphs 支持多种数据源,包括 CSV、谷歌 Sheets 和 Excel 文件,并且提供了一系列的图表类型,如柱状图、折线图、饼图、散点图等,以适应不同的数据展示需求。RAWGraphs 的协作功能较为基础,可能不支持团队成员之间的实时协作和共享,这对于需要团队合作的项目是一个缺点。

12. Highcharts

Highcharts 是一款流行的 JavaScript 图表库,用于构建交互式的图表和数据可视化。它提供了丰富的图表类型,包括线图、柱状图、饼图、散点图、热力图等,以及高级图表如甘特图和瀑布图。Highcharts 的图表可以轻松嵌入网页中,支持响应式设计,确保在不同设备和屏幕尺寸上都能良好显示。此外,Highcharts 提供了详细的配置选项,允许开发者高度定制图表的外观和行为,如工具提示、数据标签和导出功能,但这些选项的复杂性可能会使得新手难以快速上手。

13. Google Charts

Google Charts 是一个由谷歌提供的免费图表库,它允许用户在网页上创建交互式和可嵌入的图表。该工具支持多种图表类型,包括线图、柱状图、饼图、散点图、面积图、瀑布图、雷达图等,以及仪表板和地图可视化。Google Charts 易于使用,用户可以通过简单的 HTML 和 JavaScript 代码将图表嵌入网页中,它还提供了丰富的配置选项和交互功能,如工具提示、数据过滤和缩放等。由于 Google Charts 依赖于谷歌的服务,因此在使用时需要考虑到网络连接和谷歌服务的可用性。

　　总之,选择合适的数据可视化工具取决于用户的具体情况和目标。无论选择哪个工具,都应该根据具体的需求和团队的技能来制定策略,以便最大限度地利用数据可视化手段来支持决策和分析。

12.4　实验项目 12：数据可视化编程基础

实验项目 12

12.4.1　准备工作

打开命令行,激活 conda 的 bigdata 环境,命令如下:

```
> conda activate bigdata
```

执行后将进入 bigdata 环境,如图 12-6 所示。

```
D:\miniconda3\condabin>conda activate bigdata
(bigdata) D:\miniconda3\condabin>_
```

图 12-6　激活 conda 的 bigdata 环境

12.4.2　安装库

安装 seaborn,但下属依赖另行安装,代码如下:

```
> pip install seaborn == 0.11.2 -- no - deps
```

再分别安装下属的 pandas 库和 scipy 库,代码如下:

```
> pip install pandas == 1.1.5
> pip install scipy == 1.5.4
```

12.4.3　打开项目

启动 PyCharm,打开前置实验创建的 bigdata 项目,如图 12-7 所示。

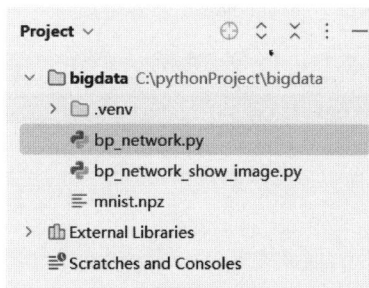

```
Project ∨                    ⊕ ⌃ ⤬ ⋮ —
∨ ⌹ bigdata  C:\pythonProject\bigdata
  > ⌹ .venv
    🐍 bp_network.py
    🐍 bp_network_show_image.py
    ☰ mnist.npz
> ⽥ External Libraries
  ⌸ Scratches and Consoles
```

图 12-7　打开 bigdata 项目

12.4.4　编写数据可视化程序

参考案例,新建并编写名为 data_vision.py 的程序,具体内容如下:

```
#!/usr/bin/env python3
# - * - coding: utf - 8 - * -

import numpy as np
import matplotlib.pyplot as plt
import seaborn as sns

# 加载 Seaborn 内置的 mpg 数据集
df = sns.load_dataset('mpg')

# 数据预处理: 去除缺失值
df = df.dropna()

# 添加一个新的列: 马力与重量比
df['power_to_weight'] = df['horsepower'] / df['weight']

# 设置绘图样式
sns.set(style = "whitegrid")

# 创建一个 2×2 的图形布局
fig, axs = plt.subplots(2, 2, figsize = (14, 10))

# 图 1: 散点图 - 重量与油耗的关系
sns.scatterplot(data = df, x = 'weight', y = 'mpg', hue = 'origin', ax = axs[0, 0])
axs[0, 0].set_title('Weight vs MPG')

# 图 2: 直方图 - 油耗分布
sns.histplot(df['mpg'], kde = True, ax = axs[0, 1])
axs[0, 1].set_title('Distribution of MPG')

# 图 3: 箱线图 - 不同产地的马力分布
sns.boxplot(data = df, x = 'origin', y = 'horsepower', ax = axs[1, 0])
axs[1, 0].set_title('Horsepower by Origin')

# 图 4: 回归线图 - 马力与重量比与油耗的关系
sns.regplot(data = df, x = 'power_to_weight', y = 'mpg', ax = axs[1, 1])
axs[1, 1].set_title('Power - to - Weight Ratio vs MPG')

# 调整图形布局
plt.tight_layout()

# 显示图形
plt.show()
```

12.4.5 运行程序

在 PyCharm 左侧项目树中选中 data_vision.py 程序,右击,从弹出的菜单中选择 Run 'data_vision' 运行程序,如图 12-8 所示。

程序运行后将显示如图 12-9~图 12-12 所示的几个可视化图像。

≡ Reformat Code	Ctrl+Alt+L
Optimize Imports	Ctrl+Alt+O
Delete...	Delete
Override File Type	
▷ Run 'data_vision'(1)	Ctrl+Shift+F10

图 12-8 运行 data_vision 程序

散点图：重量与油耗的关系，如图 12-9 所示。

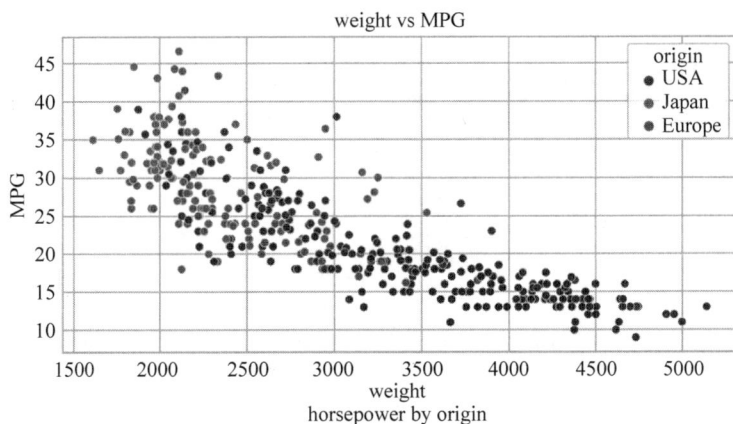

图 12-9　散点图效果

直方图：油耗分布，如图 12-10 所示。

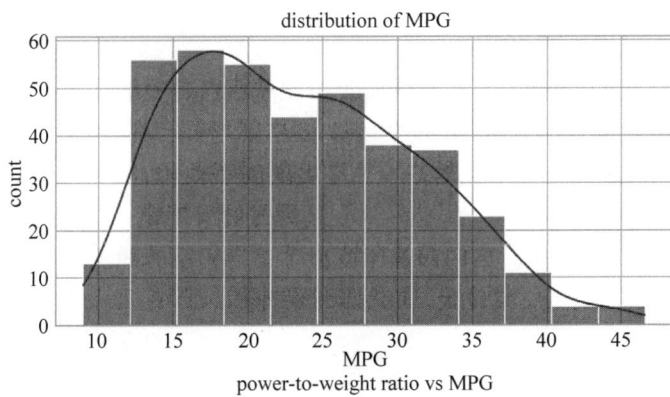

图 12-10　直方图效果

箱线图：不同产地的马力分布，如图 12-11 所示。

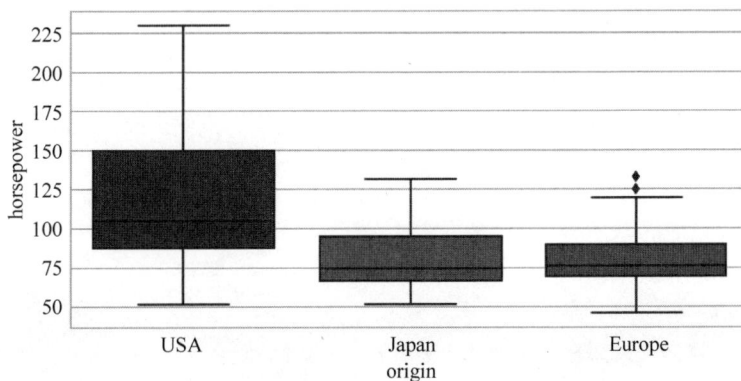

图 12-11　箱线图效果

回归线图：马力与重量比与油耗的关系，如图 12-12 所示。

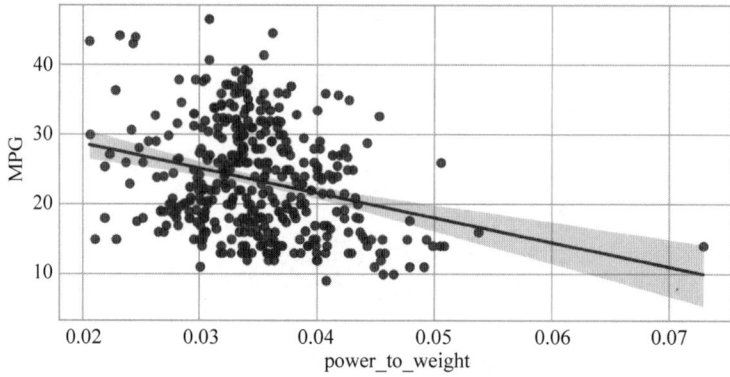

图 12-12　回归线图效果

思考题

1. 常见的数据可视化形式有哪些？
2. 根据大数据类型，大数据可视化的常见方法有哪些？试简要说明。
3. 目前数据可视化工具较多，常见的有哪些？试简要说明。

第13章

大数据安全与治理

当今作为数字经济和信息社会的核心资源——数据,被认为是继土地、劳动力、资本、技术之后的又一个重要生活生产要素,在企业数字化转型中发挥重要作用,并对国家治理能力、经济运行机制、社会生活方式等产生深刻的影响,但是大数据的广泛应用,安全是前提。当然,数据治理也成为人们新的关注点。本章首先介绍大数据安全的相关内容,其次介绍大数据安全的关键技术,最后介绍数据治理的目标及实现。

13.1 大数据安全概述

13.1.1 认识数据安全

大数据时代,正深刻地改变着人类社会的生产和生活方式。人工智能、云计算、区块链等新技术、新模式、新应用无一不是以海量数据为基础。大数据的重要性及潜在的价值日益突显,与之相关的数据分析、挖掘、处理与可视化等技术,成为各行业资本、效益、利润等追逐的焦点。但由此引发的数据和个人隐私泄露等数据安全问题,不仅严重影响了大数据产业的健康发展,甚至对国家安全构成了严重威胁,数据安全也因此成为大数据时代信息安全领域最为紧迫的问题之一。

1. 理解数据安全

一般来说,安全可以分为三层,自下而上分别为物理安全、系统安全、数据安全。

(1)物理安全:指的是包括电磁泄露等在内的物理环境的安全。

(2)系统安全:指的是从操作系统到上次开机应用在内实现各种功能的软件系统的正常运行与否。

(3)数据安全:是和以上内容不同的相对独立的一块,是指信息系统中产生、存储、处理的数据本身的安全。这些数据要么和一个组织的客户相关,要么和组织自己相关。

上述这几个不同层次的安全既有区别,又有关联。例如,物理安全层面的电磁泄露、系统安全层面的网络入侵等,也会导致数据被窃取。数据安全则是企业单位生存和发展的根基。数据安全中不仅包括静态的、存储层面的数据,也包括流动的、使用中的数据。因此,人们不仅需要在使用数据的过程中保护数据,更需要在数据的全生命周期中保护数据。

2. 数据安全问题

大数据时代的数据安全问题主要包括数据被滥用、误用和被窃取这几种情况。

（1）数据滥用：指的是对数据的使用超出了其预先约定的场景或目的。

（2）数据误用：指的是在正常范围内对数据进行处理过程中泄露个人敏感信息。这是在大数据时代变得突出的典型问题。

（3）数据窃取：数据被窃取在本质上和系统安全相关。外部或者内部的网络攻击者，通过各种技术手段非法入侵系统，目的可能是偷取数据，或攻击系统（黑客），这就变成数据安全问题。

3. 数据安全法律法规

大数据应用与计算机网络使用密切相关，要充分保障大数据应用的安全和可靠，就要有一定的法律法规手段。目前大数据的安全问题越来越引起人们的重视，包括美国、欧盟和中国在内的很多国家、地区和组织都制定了与大数据安全相关的法律法规和政策，以推动大数据应用和数据保护。

13.1.2 大数据安全的挑战

大数据除了面临传统的网络威胁，在个人隐私以及大数据平台安全使用等方面都面临新的挑战。

1. 网络安全威胁

随着移动互联网的快速发展，人们使用互联网的方式正发生着深刻的变化，从传统的PC到现在的智能手机、平板电脑等移动终端，接入网络的设备、时间和方式等越来越多样化，这些变化对网络的安全防护产生重大影响。大数据的应用和计算机网络是紧密联系的，要充分保障大数据应用的安全和可靠就离不开安全的网络环境。

现阶段的网络安全防护手段对于大数据环境下的网络安全保护还存在诸多不足，网络安全问题对大数据的应用已造成安全的威胁，如计算机网络黑客就可以使用技术手段盗窃数据、篡改数据、损坏数据，甚至侵入系统造成破坏。

2. 个人隐私安全威胁

个人隐私指的是人们生活中不愿意被公开或者让其他人知道的个人信息，如人们的手机号码、个人健康情况等相关内容，个人数据的非法获取和滥用会给人们的生活和工作带来许多烦恼和威胁。个人隐私所面临的威胁有个人智能终端设备数据被窃取，社交软件（如微信、QQ、微博等）的使用暴露隐私，网络购物及网页浏览所留下的痕迹等几个方面。

数据是否可用以及运用的限度问题，则是大数据安全保障的核心问题，对于大数据应用的开发与使用方，大数据应用中包含的隐私数据收集变得无处不在，对这些收集行为的告知义务是否履行难以得到有效监管；对公民个人而言，其个人隐私在互联网的提交呈现失控状态，这种情况下，无论是公民个人还是这些隐私数据的使用者都难以控制这些数据的应用情景。例如，网络购物行为，在人们完成网络购物交易的过程中会将自己的家庭住址和电话号码告知交易方，同时快递公司也会获取相应信息，如果任何一个环节出现信息泄露并且被恶意人士获取，都有可能给消费者自身的生活造成困扰甚至威胁。

3. 大数据平台下的安全问题

目前，Hadoop已经成为应用最广泛的大数据应用软件平台，其技术发展与开源模式结合。但开源发展模式也给Hadoop带来了潜在的安全隐患。此外，开源Hadoop生态系统的认证、权限管理、加密、审计等功能均通过对相关组件的配置来完成，缺乏配置检查和效果评价机制。同时，大规模的分布式存储和计算架构也增加了安全配置工作的难度，对安全运维人员的技术要求较高，一旦出错，会影响整个系统的正常运行。

13.1.3 大数据安全的关键技术

大数据安全面临的诸多威胁使得人们为了应对这些问题，需要开发相应的防范技术。大数据安全关键技术介绍如下。

1. 数据加密技术

数据加密技术是保障数据安全的有效手段之一。数据加密技术是指一条消息通过加密密钥和加密函数转换成无意义的密文，接收者通过解密函数和解密密钥将密文还原成明文。人们利用数据加密技术对信息进行加密，从而来实现信息的隐蔽，保护信息/数据的安全。

数据加密由**明文**、**密文**、**加解密设备或算法**、**加解密密钥**四部分组成。加密方法有多种，主要有对称加密算法、非对称加密算法和不可逆加密算法。随着计算机技术的发展，数据加密技术也在不断地进步。采用数据加密技术，可以延迟数据破译的时间，为计算机安全提供技术保障。

2. 身份认证技术

身份认证技术是保证大数据安全的一个重要技术。通过身份的认证，可以确定访问者的权限，明确其能够获取的数据信息类别和数量，确保数据信息不被非法用户获取、篡改或者破坏。同时身份认证技术还要对用户身份的真实性进行验证，避免恶意人士通过身份伪装绕过防范措施。

在计算机信息世界中，人员的身份是由一些特定的数字/数据来表示的，这就是使用者在数字世界的数字身份，所有权力都是赋予这个数字身份的。而现实世界里，用户是一个个物理生物的存在实体，如何将数字身份与物理身份这两者的关系正确对应，确保用户的使用权限，保证大数据信息安全，这就是身份认证技术要解决的问题。

在现实世界中，验证一个人的身份主要通过三种方式：

一是根据你所知道的信息来证明身份，假设某些信息只有某个人知道，如暗号等，通过询问这个信息就可以确认这个人的身份。

二是根据你所拥有的东西来证明身份，假设某一个东西只有某个人有，如印章等，通过出示这个东西也可以确认这个人的身份。

三是直接根据独一无二的身体特征来证明身份，如指纹、人脸识别等。

在信息世界（如信息系统）中，对用户的身份认证手段也大体可以分为三类：

一是仅通过一个条件的符合来证明一个人的身份，称为单因子认证。

二是可以通过组合两种不同条件来证明一个人的身份，称为双因子认证（例如，用户名/密码就是最简单也是最常用的身份认证方法）。

三是基于 USB key(是一种 USB 接口的硬件设备,它内置单片机或智能卡芯片,可以存储用户的密钥或数字证书)的身份认证方式是采用软硬件相结合一次一密的强双因子认证模式,它是一种方便、安全、经济的身份认证方式,能很好地解决安全性与易用性之间的矛盾。

3. 访问控制技术

访问控制是在鉴别用户的合法身份后,通过某种途径显式地准许或限制用户对数据信息的访问能力及范围,从而控制对关键资源的访问,防止非法用户的侵入或者合法用户的不慎操作造成破坏。**访问控制包括三大要素,即主体、客体和控制策略。**

访问控制技术是建立在身份认证的基础上的,是指通过某种途径和方法准许或者限制用户的访问能力,从而控制系统关键资源的访问,防止非法用户侵入或者是合法用户误操作造成的破坏,保证关键数据资源被合法地、受控制地使用。

访问控制技术作用主要有以下几点:①防止非法的用户访问受保护的系统信息资源;②允许合法用户访问受保护的系统信息资源;③防止合法的用户对受保护的系统信息资源进行非授权的访问。

访问控制技术的实现以访问控制策略的表达、分析和实施为主。其中访问控制策略定义了系统安全保护的目标,访问控制模型对访问控制策略的应用和实施进行了抽象和描述,访问控制框架描述了访问控制系统的具体实现、组成架构和部件之间的交互流程。

访问控制技术作为实现安全操作系统的核心技术,是系统安全的一个解决方案,是保证信息机密性和完整性的关键技术,对访问控制的研究已成为计算机科学的研究热点之一。

4. 安全审计

安全审计是指在信息系统的运行过程中,对正常流程、异常状态和安全事件等进行记录和监管的安全控制手段,防止违反信息安全策略的情况发生,也可用于责任认证、性能调优和安全评估等目的。安全审计的载体和对象一般是系统中各类组件产生的日志,格式多样化的日志数据经规范化、清洗和分析后形成有意义的审计信息,辅助管理者形成对系统运行的有效认知。

安全审计主要记录和审查对系统资源进行操作的活动,如数据库审计就是数据库安全技术之一,据统计 80% 以上的安全问题都是源自内部,因此数据库审计最主要的目的和价值就是对内部进行审核监控。数据库审计能够实时记录网络上的数据库活动,对数据库操作进行细粒度审计的合规性管理,对数据库遭受到的风险行为进行警告,对攻击行为进行阻断。它通过对用户访问数据库行为的记录、分析和汇报,用来帮助用户事后生成合规报告、事故追根溯源,同时加强内外部数据库网络行为记录,提高数据资产安全。

5. 数据脱敏技术

敏感数据一般指不当使用或未经授权被人接触或修改,会不利于国家利益或不利于个人依法享有的个人隐私权的所有信息。

数据脱敏(又称数据漂白、数据去隐私化、数据变形)一般是指对某些敏感信息通过脱敏规则进行数据的变形,实现敏感隐私数据的可靠保护。数据脱敏一般是在涉及客户安全数据或商业性敏感数据的情况下,在不违反系统规则条件下,对真实数据进行改造并提出测试使用。目前常见的敏感数据有姓名、身份证号、地址、电话号码、银行账号、邮箱地址、所属城市、邮编、密码类(如账户查询密码、取款密码、登录密码等)、组织机构名称、营业执照号码等。

此外,数据脱敏不仅要执行数据漂白,抹去数据中的敏感内容,同时也需要保持原有数据的特征、业务规则和数据关联性,保证开发、测试、培训以及大数据类业务不会受到脱敏的影响,达成脱敏前后的数据一致性和有效性。对于数据脱敏的程度,一般来说只要处理到无法推断原有的信息,不会造成信息泄露即可。

6. 数据溯源技术

数据溯源基本出发点是帮助人们确定数据仓库中各项数据的来源,例如,了解它们是由哪些表中的哪些数据项运算而成,据此可以方便地验证结果的正确性,或者以极小的代价进行数据更新。

数据溯源定义为记录原始数据在整个生命周期内的演变信息和演变处理内容,它强调的是一种追本溯源的技术,根据追踪路径重现数据的历史状态和演变过程,实现数据历史档案的追溯。在实际应用中,数据溯源可以通过各个处理过程的记录日志(或其他方式)的方式来记录一条数据的处理流程。例如,最终数据保存在 B 数据库的一条内容,最初从 A 数据库中取出,用服务器 S 脱敏、最终存到数据库 B 中。

数据溯源技术可对大数据记录来源、传播和计算的过程等进行追根溯源,从而保障数据的准确性和精确性,为后期的数据分析和使用提供有效的支持和帮助。

在数据溯源过程中常用的方法包括**标注法**和**反向查询法**两种。标注法是对原始数据的重要信息进行标注并使其随着原始数据的传播而传播的过程,反向查询法是用户通过设置函数和相对应的验证函数来进行逆向推理的过程。

总之,数据溯源技术的应用广泛,在大数据安全与用户隐私保护中起到重要的作用。

7. 数据分类分级

由于不同类型的数据,其级别和价值不同,不能等同视之,应根据数据的重要性、价值指数予以区别,为了安全使用数据,数据分类分级是十分必要的。

数据分类是为了规范化关联,数据分级是安全防护的基础,不同安全级别的数据在不同的活动场景下,安全防护的手段和措施也不同。分类分级是数据全流程、动态保护的基本前提,只有做好了数据分类分级工作,才能继续后续数据安全建设。数据分级分类既是数据安全过程的重要环节,也是数据精细化管控的依据。

数据分级分类的主要目的是确保敏感数据、关键数据和受法律保护的数据得到保护、降低发生数据泄露或其他类型网络攻击的可能性,包括促进风险管理、合规流程和满足法律条款。对于数据来说,不同业务涉及的数据不同,分类就不同,表 13-1 显示了数据分类分级参考标准。在具体实施中,企业可根据实际情况,规划出数据分类分级方法。

表 13-1　数据分类分级参考标准

级别名称	级别程度	详细说明
L1	绝密	极度敏感的信息,如果受到破坏或泄露,可能会使组织面临严重的财务或法律风险
L2	机密	高度敏感的信息,如果受到破坏或泄露,可能会使组织面临财务或法律风险
L3	私密	敏感信息,如果受到破坏或泄露,可能会对运营产生负面影响
L4	内部公开	非公共披露的信息
L5	外部公开	可以自由公开披露的数据

8. 基于大数据平台的安全技术

目前在大数据平台 Hadoop 中通常通过部署 Apache Atlas、Apache Ranger 以及 Apache Sentry 等相关组件来保护平台的安全。

Atlas 是一个可伸缩和可扩展的核心功能治理服务。企业可以利用它高效地管理 Hadoop 以及整个企业数据生态的集成。

Ranger 是一个用在 Hadoop 平台上并提供操作、监控、管理综合数据安全的框架。它能够对 Hadoop 生态的组件如 HDFS、Yarn、Hive、HBase 等进行细粒度的数据访问控制。

Sentry 是一个开源的监控系统,可以收集项目中的异常信息,便于开发人员第一时间发现问题、定位问题、解决问题。

大数据时代,数据安全面临的威胁因素较多,需要借助相关技术,加强管理并建立和完善法律法规。

13.2 数据治理

前面已谈及数据为人类社会带来机遇的同时也带来了风险,围绕数据产权、数据安全和隐私保护的问题也日益突出,目前数据治理也成为人们新的关注点。

13.2.1 数据治理概述

数据治理的概念具有两种含义,分别是对数据的治理和利用数据进行治理。一种是以数据为治理对象的治理活动,如通用数据保护条例、数据隐私保护条例等;另一种是利用数据进行治理的活动,如电子政务服务、一站式政府服务。

数据治理是指从使用零散数据变为使用统一数据、从具有很少或没有组织流程到企业范围内的综合数据管控,从数据混乱状态到数据井井有条的一个过程。数据治理就是要对数据的获取、处理和使用进行监督管理。从范围来讲,数据治理涵盖了从前端业务系统、后端业务数据库再到业务终端的数据分析,从源头到终端再回到源头,形成了一个闭环反馈系统。从目的来讲,数据治理就是要对数据的获取、处理和使用进行监督管理。

随着大数据在各个行业领域应用的不断深入,数据作为基础性战略资源的地位日益凸显,数据标准化、数据确权、数据安全、隐私保护、数据流通管控、数据共享开放等问题越来越受到国家、行业、企业各个层面的高度关注,这些内容都属于数据治理的范畴,也成为目前大数据产业生态系统中的新热点。

数据治理不仅需要完善的保障机制,还需要理解具体的治理内容。目前常见的数据治理涉及的领域主要包括数据资产、数据模型、元数据与元数据管理、数据标准、数据质量管理、数据存储、数据交换、数据集成、数据安全、数据服务、数据价值、数据开发和数据仓库等,在数据治理时,各领域需要有机结合。

在实施数据治理时,可能面临一些问题要考虑,即①跨组织的沟通协调问题;②投资决策问题;③工作的持续推进问题;④技术选型问题。

企业实施数据治理的工作内容包含顶层设计、数据治理环境、数据治理域、数据治理过程等。

13.2.2 数据治理目标及实现

数据治理的目标是提高数据的质量(准确性和完整性),保证数据的安全性(保密性、完整性及可用性),实现数据资源在各组织机构的共享,推进信息资源的整合、对接和共享,从而提升集团公司或政务单位信息化水平,充分发挥信息化作用。

在进行数据治理时,常常包含以下几个步骤:数据采集、数据标准管理、主数据管理、元数据管理、数据仓库建模、数据集成、数据清洗以及架构治理等。数据治理贯穿数据应用的整个过程。数据治理步骤简单介绍如下。

1. 数据采集

在第9章曾介绍大数据采集和预处理,如今无论智能制造发展到何种程度,数据采集都是生产中最实际、最高频的需求,也是数据治理的先决条件。值得注意的是,不管是个人,还是企业在进行数据采集时一定要遵循相关的法律和道德。

2. 数据标准管理

数据标准是进行数据标准化、消除数据业务歧义的主要参考依据。随着大数据行业的兴起,尽管其带来巨大的经济效益,但也带来不少问题(如数据共享等)。因此,数据标准化管理以及数据标准化建设是刻不容缓的。

3. 主数据管理

主数据用来描述企业核心业务实体数据,它是具有高业务价值的、可以在企业内跨越各个业务部门、被重复使用的数据,并且存在于多个异构的应用系统中。主数据通常需要在整个企业范围保持一致性、完整性、可控性,为了达成这一目标,就需要进行主数据管理(MDM)。

一般主数据管理包括集成、共享、数据质量、数据治理四大要素。在开始进行主数据管理之前,主数据管理策略构建应围绕建立组织体系,做好主数据梳理和调研,建立主数据标准体系、评估与管理体系、制度与流程体系以及技术体系。在主数据管理工具中,IBM Infosphere MDM 是当今市场上功能最强大的产品。

4. 元数据管理

元数据是描述企业数据的相关数据(包括对数据的业务、结构、定义、存储、安全等各方面的描述),一般是指在 IT 系统建设过程中所产生的有关数据定义、目标定义、转换规则等相关的关键数据,在数据治理中具有重要的地位。

元数据管理是数据治理的基础和核心,是构建企业信息单一视图的重要组成部分,元数据管理能够增强数据理解,并在企业业务与 IT 部门之间建立关联,元数据管理不会创建新的数据或新的数据纵向结构,而是提供一种企业能够有效地管理分布在整个信息供应链中的各种主数据。由于缺乏统一的标准,各公司的元数据管理解决方案各不相同,元数据管理难度还是较大的。

5. 数据仓库建模

数据仓库建模的目标是通过建模的方法更好地组织、存储数据,以便在性能、成本、效率和数据质量之间找到最佳平衡点。数据仓库的建模方法有范式建模法、维度建模法(星形模型、雪花模型和星座模型)和实体建模法。

6. 数据集成

数据集成是把一组分布性、自治性、异构性数据源中的数据进行逻辑或物理上的集中，并对外提供统一的访问接口，从而实现全面的数据共享。数据集成虽有一定难度，但数据集成是企业数据管理的基础，是伴随企业信息化建设而形成的。数据集成常见的方式有点对点数据集成、总线式数据集成、离线批量数据集成以及流式数据集成（详细内容参见第10章）。

7. 数据清洗

由于大数据中有更大可能包含各种类型的数据质量问题，这些数据质量问题为大数据的应用带来了影响。在数据治理中，数据清洗是最重要的步骤之一。

在大数据时代，数据清洗通常是指把"脏数据"洗掉，所谓脏数据是指不完整、不规范、不准确的数据，只有通过数据清洗才能从根本上提高数据质量。

在数据治理中数据清洗的主要步骤：首先，制订数据质量计划；然后，在源端更正数据；最后，应当对数据进行持续管理。

数据清洗的结果是对各种信息复杂数据进行对应方式的处理，得到标准的、干净的、连续的数据，提供各数据统计、数据挖掘等使用。

8. 架构治理

架构是针对某种特定目标系统的具体体系性的、普遍性的问题而提供的通用的解决方案，是对复杂形态的一种共性的体系抽象。架构是系统的基本组织形式，体现在架构系统的组件、组件之间的关系、组件与环境之间的关系以及用于系统设计和演进的治理原则上。架构治理的主要内容包括架构治理框架、方针管理与采纳、合规性评估、审查、监控等（关于这部分详细内容可参阅网络技术及管理方面的书籍）。

思考题

1. 大数据时代的数据安全问题主要有哪些？
2. 大数据安全关键技术有哪些？试简述。
3. 数据治理涉及的领域主要包括哪些？在实施数据治理时，可能面临的问题是什么？
4. 在进行数据治理时，常常包含哪些步骤？试简要说明。

第14章

大数据应用案例

在大数据时代,大数据技术与数据挖掘已被广泛重视和研究应用。大数据的应用场景包括各行各业对大数据的处理和分析。例如,大数据在交通、农业、工业、零售行业、金融行业、医疗行业、教育行业、体育娱乐行业等领域都得到广泛应用并凸显效益。近年来,国内外也涌现出大批大数据相关企业,且大数据应用层出不穷,展示了大数据技术和产业快速发展的态势和蓬勃的生命力。本章重点介绍天文大数据及其应用和地理大数据及其应用。

14.1 天文大数据及其应用

随着科技的进步,数据收集和存储能力不断提升,特别是在天文学领域,由于天文望远镜设备的不断升级和完善,以及大规模巡天项目的开展,天文学是最早迎接大数据挑战的领域。随着天文观测技术的发展,天文数据正在以 TB 级甚至 PB 量级的速度不断增长。目前,已有多个国家进行了大规模的巡天项目(如我国的 LAMOST 望远镜、美国的 LSST 望远镜等),每天都在生产着海量的天文数据。如何有效地处理这些庞大的数据集(图 14-1),从中提取有价值的信息,成为天文研究领域的重要挑战。这就是天文大数据分析的崛起。

Sky Survey Projects	Data Volume
SDSS (The Sloan Digital Sky Survey)	~ 40 TB, > 3 m objs
Euclid (The Euclid dark Universe mission)	~ 50 PB expected
CSST (The China Survey Space Telescope)	~ 60 PB expected
LSST (The Legacy Survey of Space and Time)	~ 200 PB expected
SKA (The Square Kilometer Array)	~ 4.6 EB expected

图 14-1 天文大数据集

宇宙间所有物质和能量被统称为天体。包括恒星(如太阳)、行星(如地球)、卫星(如月亮)、彗星、流星体、陨星、小行星、星团、星系、星际物质以及暗物质和暗能量等。天文学研究的对象就是天体,天文望远镜是研究获取天体信息的主要手段。从人类观测宇宙的三个里程碑(即光学天文学时代、射电天文学时代和空间天文学时代)来看,海量数据的涌现不仅给天文专业研究人员提供机会,也给天文爱好者开拓了一片崭新的空间。21世纪是信息时代,也是数字天文时代。利用先进的计算机和网络技术将各种天文研究资源(观测数据、天文文献、计算资源等)甚至天文观测设备,以标准的服务模式无缝地汇集在同一系统中(虚拟天文台),构建天文大数据库,以便对天文大数据进行分析。

天文大数据分析指的是利用先进的数据处理和分析技术,对大量的天文数据进行处理、分析和挖掘,既包括了对数据的预处理(如格式转换、噪声去除等),也包括了高级的数据分析技术(如机器学习、深度学习等)。通过这些技术,人们可以更有效地发现和验证天文学中的各种假设和理论。

著名的行星运动三定律,就是开普勒在第谷观测的大量天文数据的基础上通过分析建模计算的最早的天文大数据应用案例。

如今利用大数据分析技术在天文领域的应用已成为发展趋势。研究者可以对大量的星系图像进行分析,以了解星系的形态、结构、运动等特性。也可以对射电、X射线等不同波段(如多波段下太阳图像,见图14-2)的天文数据进行深入研究,以揭示暗物质、暗能量等宇宙的神秘成分。此外,大数据分析还可以帮助人们寻找可能存在的外星生命迹象,或者进一步研究恒星、行星的形成和演化过程。

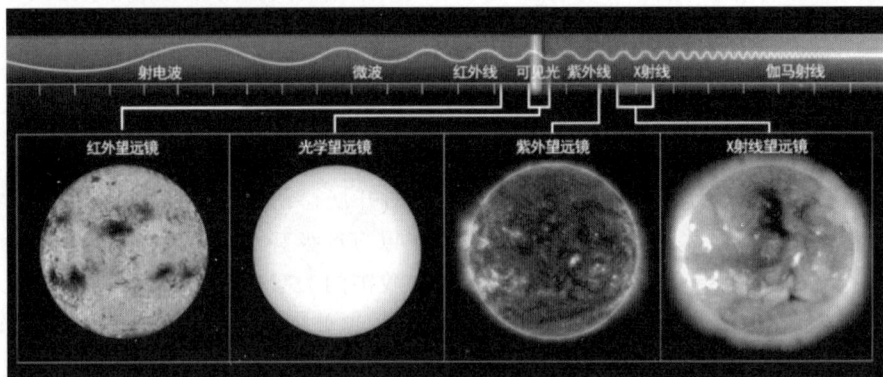

图 14-2　多波段太阳图像

据《天体物理学通讯》报道的最新科研进展:近期,研究人员基于LAMOST数据发现一颗迄今铕元素含量最高的恒星,约是太阳中铕元素含量的6倍。随后经高分辨率光谱观测发现,这颗铕元素含量最高的恒星还是一颗快中子俘获过程增丰的薄盘恒星,令人兴奋的是,这是天文学家首次在银河系薄盘中发现此类特殊天体。这一发现不仅为人类了解银河系形成和演化提供了新的视角,而且也是对天文大数据分析方法应用的重要尝试。

根据大数据分析和挖掘的原理,以及大数据处理的基本流程,天文大数据分析主要步骤如下。

(1) 天文大数据的采集:基于科研数据采集设备采集,如LAMOST、FAST、SKA望远镜等获取海量数据(如图像、光谱、时间序列等多种类型)。

(2) 天文大数据的处理、分析和可视化:库和软件,如AstroML、AstroPY等专门为天文学研究设计的处理工具,AstroML提供了一系列工具用于数据挖掘、统计分析和机器学习等,帮助研究人员处理和分析天文数据,揭示宇宙中的模式和规律。AstroPY为天文研究者提供基础工具的Python库,用于处理分析和可视化天文数据,它包括了大量的模块和函数,涵盖了坐标转换、时间处理、光度计算、单位转换等,AstroPY 的强大之处在于为研究者提供了一个一致且可扩展的框架,便于共享和重复使用代码、天文图像处理、光谱分析、天文数据可视化示例等。

(3)天文大数据研究:利用 AstroML、AstroPY 等工具,不仅让研究者更轻松地处理和分析数据,还能帮助他们进行各种研究。通过这些工具,研究者可以进行图像处理(包括图像校准、背景减法和星表匹配,以获得清晰、准确的图像)。此外,他们还可以进行光谱分析,研究天体的组成、化学成分和物理性质,而天文数据可视化工具则帮助研究者呈现他们的研究成果,促进科学交流和对数据的更好理解。

(4)天文大数据应用案例:已有研究者成功地利用"机器学习"对天体进行分类、建模、仿真等研究。例如:图 14-3 应用监督学习进行星系分类和辨识;通过机器学习的算法建立起图 14-4(a)和图中宇宙学参数的对应关系,这样在将来有新的物质分布的数据时,只要输入训练好的模型中,就可以快速地返回对应的宇宙学参数,也就是天体物理现象的快速自动化建模的案例(图 14-4);图 14-5 为机器学习算法生成的仿真星系图像与真实图像的对比,其中图 14-5(a)为机器学习(条件变分自编码器 CVAE 处理实例)生成的无噪声旋涡星系,图 14-5(b)基于 CVAE 生成为添加噪声之后的旋涡星系的仿真图像,图 14-5(c)为哈勃望远镜所观测到的宇宙图像。生成尽可能真实的数值模拟的图像有助于研究者测试和校正数据处理软件和科学建模。

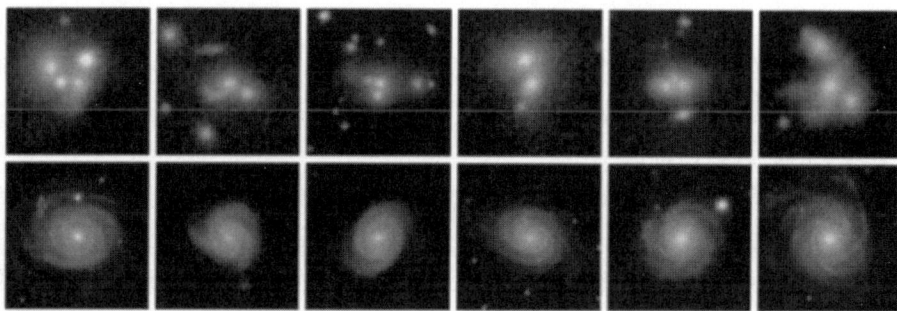

图 14-3 应用监督学习的星系形状分类

(图片来源:http://adsabs.harvard.edu/abs/2015MNRAS.450.1441D)

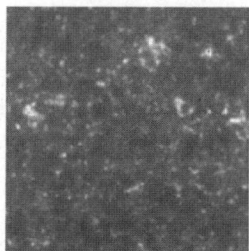

(a)宇宙中的投影物质分布 (b)机器学习方法应用

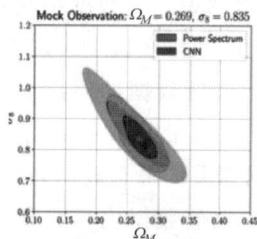

图 14-4 应用机器学习解决回归问题的实例

(图片来源:https://astrostatistics.psu.edu/scma4/Bernstein.pdf)

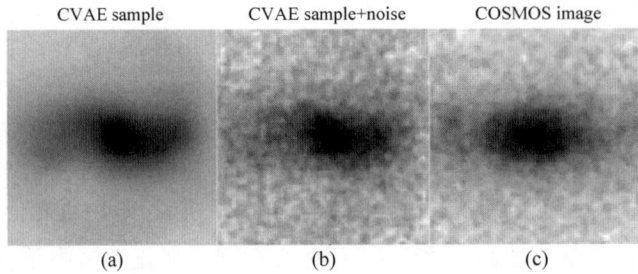

图 14-5　机器学习算法生成的仿真星系图像与真实图像的对比

（图片来源：http://adsabs.harvard.edu/abs/2016arXiv160905796R）

14.2　地理大数据及其应用

　　地理大数据是国家大数据战略实施的重要组成部分，与国家安全、社会经济、智慧城市建设乃至国民日常生活密切相关。在大数据快速发展的时代背景下，地理大数据已成为地理学、测绘科学和信息科学等多个学科交叉的新领域，为地理科学研究带来了新的方法论，也为从地理科学视角解决社会需求问题提供了一种新的思路和模式。

　　根据相关资料显示，人们生活中所产生的数据有 80% 和空间位置有关，可以说大部分的大数据都与空间位置有关。时空大数据极大地丰富了 GIS 的内容，大数据空间分析是增加位置信息能力的有效途径，如今给地理信息技术和产业带来了前所未有的机遇和挑战。GIS 已经进入大数据时代，大数据 GIS 将改写全球 GIS 发展格局。

1. 地理（空间）大数据特征

　　地理大数据除具有一般大数据的特征（如速度快、体积大、价值性、多样性和准确性）外，更强调空间相关性、空间地域性、空间层次性以及空间多样性。

　　（1）空间相关性：任何地理事物都是相关的，并且在空间上相距越近则相关性越大，空间距离越远则相关性越小，同时地理数据的相关性具有区域性特点（这就是有名的地理第一定律）。

　　（2）空间地域性：这是地理数据区别于其他类型数据的最显著的标志——地域性，即空间分布特性。其位置的识别与数据相联系，它的这种定位特征是通过公共的地理基础来体现的。先定位后定性，并在区域上表现出分布特点。

　　（3）空间层次性：地理数据的层次性首先体现在同一区域上的地理对象具有多重属性，其属性表现为多层次海量的数据。由于地理环境非常复杂，数据组织需要专门的数据结构和模型、空间数据库系统来有效地处理。

　　（4）空间多样性：地理数据内容丰富，形式复杂多样，具有二维、三维、多维结构的特征；具有动态和时序变化的特点。

　　地理空间数据本身就是空间大数据。曾普遍应用的地理空间数据库，也可以被认为是空间大数据的最早实践，这些来自测绘、遥感获取的矢量数据、栅格数据、地图瓦片数据和遥感影像数据，以及来自自然资源、环境、水利、土地、气象等部门的业务数据，数据规模巨大，结构复杂。

地理(空间)大数据的特征(图14-6)：一是具有或者隐含空间位置信息,二是具有一般大数据的特点。因此可以用 Location+5V 或 L+5V 来表示地理(空间)大数据的特征。

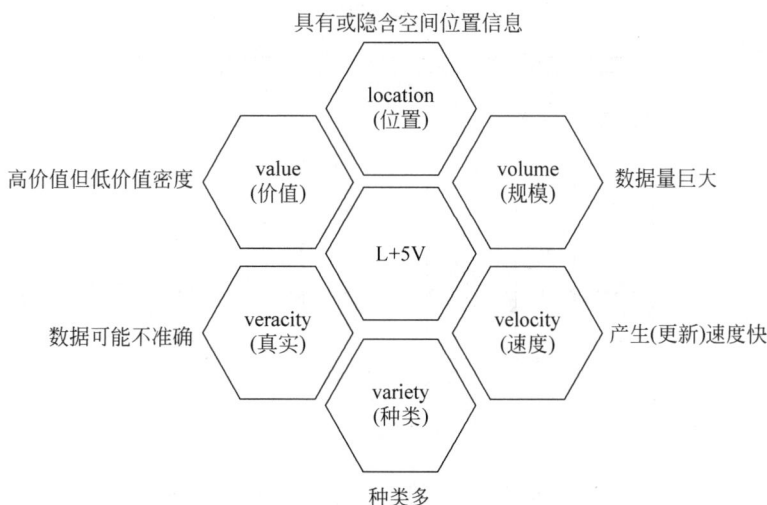

图 14-6　空间大数据的特征(L+5V)

地理(空间)大数据类型包括互联网大数据、移动互联网大数据、物联网大数据和新型测绘大数据。对于地理(空间)大数据,分析和利用其价值是关键问题。

2. 大数据时代 GIS 面临的挑战

由于空间大数据的海量异构和实时等特征,传统 GIS 在处理、存储、管理、分析与可视化等方面将面临新的挑战。例如:传统的 GIS 数据存储与管理方式能力不足;GIS 计算能力有限;管理数据单一,流数据处理能力缺乏;空间大数据挖掘分析方法缺乏等。所以,在大数据时代,需要发展新一代的 GIS 技术体系和软件产品,为空间大数据与各行各业的业务流程和应用需求的深度融合提供解决方案,实现对空间大数据的深度加工和深度应用,将原始数据变为可持续盈利的数据资产,从而服务于国民经济和信息化建设的各个方面。大数据 GIS 技术就是在这样需求的背景下发展起来的。

3. 大数据 GIS 技术体系

有专家提出:大数据 GIS 技术体系主要包括空间大数据技术和经典空间数据技术的分布式重构两大部分,如图14-7所示。其一,空间大数据技术,专门针对空间大数据的处理、分析与可视化;其二,经典空间数据技术的分布式重构,专门针对经典空间数据的管理、处理和技术性能进行提升。当前,主流 GIS 基础软件已开始重视大数据 GIS 技术体系。大数据 GIS 支撑技术包括 IT 大数据技术、跨平台 GIS 技术以及云-边-端一体化 GIS 技术。

1) 大数据 GIS 支撑技术

(1) IT 大数据技术。

大数据 GIS 既需要应对大数据庞大的数据量,也需要应对其多源异构的数据特征。这些大数据无论来自传统数据库、数据采集终端,还是来自互联网、移动互联网和物联网;无论是静态数据,还是动态流数据,都可以通过数据汇聚技术集聚成一个庞大且多维度的数据集合。

传统数据库大多基于关系数据库技术,但关系数据库难以满足存储管理要求,利用分

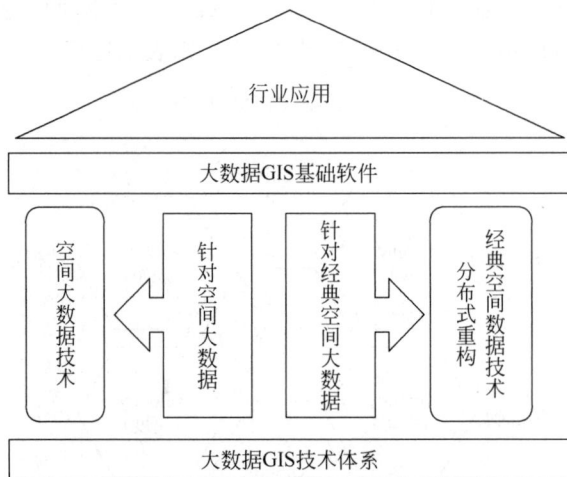

图 14-7　大数据 GIS 技术体系

布式存储技术,可以突破大数据存储管理的性能瓶颈(如 HDFS、HBase 等)。为满足超大规模数据的处理与分析,需要利用 Spark 和 MapReduce 等分布式计算框架作为技术支撑,来构建分布式的处理与分析算法(详见第 4 章和第 7 章)。

　　大数据 GIS 还需要提供应对流数据的高性能处理能力。各种实时采集、实时获取的流数据,对系统实时处理的计算性能要求高,若以 Spark Streaming 和 Storm 等分布式流数据处理框架为手段,扩展实时框架数据处理能力,是极具可行性的技术路线。

　　空间大数据的可视化需要更加丰富的表现形式,要求可视化效果直观生动、动态、多维。传统的电子地图表现方式难以满足其需求。这就需要利用大数据可视化技术来解决(详见第 12 章)。

　　基于云计算的分布式存储技术、分布式计算框架以及对分布式数据和计算资源进行有效组织和管理技术,是 IT 大数据技术充分发挥能力的关键。IT 大数据技术是打造大数据 GIS 的主要手段,它使大数据 GIS 具备了分布式存储、分布式计算、流数据处理、大数据可视化等多方位的能力。

　　(2) 跨平台 GIS 技术。

　　传统 GIS 多依赖于 Windows 操作系统,主要为桌面 GIS 提供便利的可视化交互体验。随着 WebGIS 的广泛应用,以及基于浏览器并发访问的低延迟要求,越来越多的应用倾向于选择高安全、高性能、高可用的 Linux 作为服务器的系统支撑,这就要求大数据 GIS 具备跨平台能力。跨越多种操作系统和 CPU 的 GIS 技术,称为"跨平台 GIS 技术"。在重心及操作系统方面,传统 GIS 向大数据 GIS 转变,如表 14-1 所示。

表 14-1　传统 GIS 与大数据 GIS 比较

比 较 内 容	传统 GIS	大数据 GIS
GIS 功能重心变迁	重心在客户端	重心在服务端
操作系统	Windows	Linux UNIX Windows

　　跨平台 GIS 技术从 GIS 内核支持高性能的地理信息分析与运算,支持多种操作系统和软硬件环境,适用于建立各种空间大数据平台解决方案,常见的三类跨平台技术方案对比如表 14-2 所示。关于方案 1、方案 2 和方案 3 的介绍如下。

表 14-2　三类跨平台技术方案对比

技 术 方 案	性　　能	跨平台能力	前端开发环境
方案 1:虚拟化	★	★★	.NET、Java、Python、C++等
方案 2:ava 内核	★★	★★★★★	Java
方案 3:标准 C++内核	★★★★★	★★★★★	.NET、Java、Python、C++、Objective-C 等

注:"★"数量越多,表示在某方面的能力等级越强,反之亦然。

　　方案 1:提供第三方软件模拟 Windows 环境,如在 Linux 系统上虚拟出 Windows 环境,GIS 软件不做任何工作就能直接运行。这种方式局限性大,性能也由于虚拟层的存在而受到严重影响。

　　方案 2:选择 Java 语言开发 GIS 内核,能运行多种硬件环境和操作系统。采用 Java 语言开发 GIS 内核,可实现跨操作系统的 GIS 应用。但 Java 语言在处理数据密集和计算密集的场景时,性能与 C++语言相比有很大的差异,而 GIS 应用中的空间计算、空间查询、空间分析等算法,大多涉及数据密集与计算密集的场景,Java 的性能难以满足要求。

　　方案 3:利用标准 C++开发 GIS 内核。具有广泛的硬件环境和操作系统支持能力,既支持 Windows、Linux 等桌面软件运行环境,也支持 Linux、UNIX 内核的服务器运行环境,还支持以 Android 和 iOS 为主的轻量级移动终端运行环境。在数据密集与计算密集场景中,C++具有显著的性能优势,能够提升大数据的计算性能。

　　跨平台 GIS 技术保证了大数据 GIS 核心算法和引擎在各种软硬件环境下的可用性,也使大数据 GIS 能够在各种环境中高效运行,从而适应各种各样的大数据应用需求。

　　(3) 云-边-端一体化 GIS 技术。

　　云-边-端一体化 GIS 技术是建立在云计算技术之上的 GIS 技术,是云 GIS 技术不断发展的具体技术形态。云-边-端一体化 GIS 技术将为大数据 GIS 的存储能力、计算能力和服务能力提供充分的支持。云 GIS 结合丰富多样的客户端技术和边缘计算技术,最终形成了云-边-端一体化 GIS 技术。如图 14-8 显示了云-边-端一体化 GIS 技术体系。

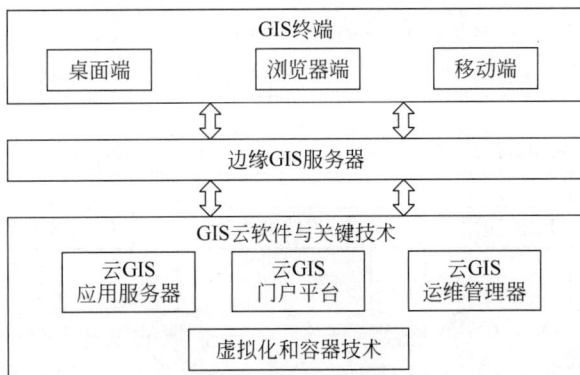

图 14-8　云-边-端一体化 GIS 技术体系

云-边-端一体化 GIS 技术保证了在动态伸缩的分布式基础设施中搭建大数据 GIS 能力,通过充分利用整个分布式系统所建立的资源,根据分析处理的数据量动态调配资源,实现计算节点的动态扩展,提升了大数据 GIS 分布式处理能力。

2)空间大数据技术

与常规大数据技术相似,空间大数据技术也包括数据采集、数据清洗、数据存储、数据分析计算和数据可视化等环节,但空间大数据技术更侧重于空间维度(详见第 9～第 11 章)。

(1)在数据采集环节,对于没有显式包含位置信息的空间大数据,需要对其做位置转译,如通过客户端 IP 地址匹配每一条搜索记录对应的大致位置区域等。

(2)在数据处理环节一般需要对空间位置维度做清洗和处理,包括清除处理范围之外的数据,清除坐标异常的数据等,便于后续计算和分析。

(3)在数据存储环节,需要建立特定的空间索引,提升空间查询和空间分析的性能。

(4)在数据计算分析环节,空间大数据技术侧重于空间维度的分析和挖掘,例如,可通过轨迹重建算法,还原移动对象的历史云端轨迹,通过位置分布特征来进行空间聚合等。

(5)在可视化环节,空间大数据可视化以地图为主要载体,并结合统计图来展示,着重展示数据空间、时间上的分布特征与聚合关系,以及空间不同位置的连接关系等。

3)经典空间数据技术的分布式重构

随着数据采集技术的进步和应用需求的变化,经典空间数据技术面临要处理的数据量快速增加,要应对的决策尺度不断加大等问题。首先应解决经典空间数据的分布式存储问题;其次要考虑经典空间数据分布式处理与分析问题;最后应解决经典空间数据的分布式可视化问题。

经典空间数据通常包括矢量数据、栅格数据、地图瓦片数据和三维模型数据等,这些数据的存储通常基于关系数据库或一般文件系统。大数据时代,多种分布式存储技术和软件形态快速发展起来,适用于经典空间数据分布式存储的系统有 PostgreSQL、MongoDB、HDFS 和 HBase 等。由于各种存储系统特点不一,须根据应用需求来灵活选择。

4)大数据 GIS 基础软件

国产软件 SuperMap GIS 是北京超图软件有限公司的核心产品,该公司成立于 1997 年,20 多年来,超图不断创新 GIS 软件技术,已逐步形成了国内领先的 GIS 基础软件技术体系。SuperMap GIS 经历 20 多年的技术迭代(图 14-9)。

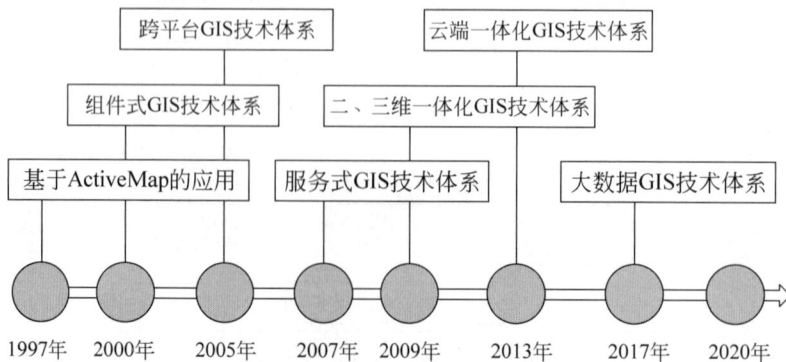

图 14-9 SuperMap GIS 技术发展历程

地理(空间)大数据的 L+5V 特征为 GIS 基础软件提升对空间大数据的支持能力提供了参考。目前业界需考虑的问题:一是要解决大量数据存储访问问题;二是要能对多源异构的数据进行存取、处理以及语义解析;三是要满足时效性,尤其是对于流数据的应用;四是要能够从数据中发现价值,并通过大数据可视化技术实现人机交互,辅助决策;五是解决更适合 WebGIS、移动 GIS 应用场景的服务化能力支持,提升大数据 GIS 的应用面和便携性;等等。

SuperMap GIS 选择标准 C++ 内核跨平台方案,贯穿空间大数据全过程各个环节实现技术创新,将大数据存储管理、大数据分析、流数据处理和大数据可视化等技术与 SuperMap GIS 技术深度融合,全面扩展对大数据的支持能力,大数据 GIS 基础软件的构成、产品技术架构如图 14-10 所示。

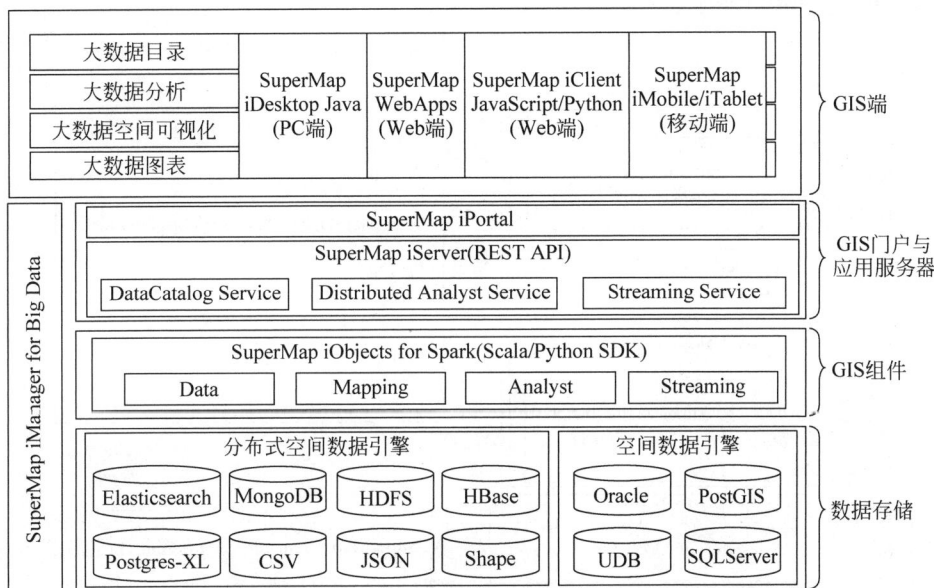

图 14-10 SuperMap GIS 大数据 GIS 基础软件产品技术架构

(1) SuperMap GIS 大数据 GIS 基础软件在数据存储层,通过对分布式文件系统 HDFS、分布式数据库 HBase、Elasticsearch、Postgres-XL 等的支持与空间扩展,实现对空间大数据高效稳定的存储和管理能力。

(2) SuperMap GIS 大数据 GIS 基础软件提供了 SuperMap GIS Objects for Spark 空间大数据组件,从 GIS 内核扩展了 Spark 空间数据模型,不仅实现了全新的空间大数据分析算子,也实现了针对经典空间数据的空间分析算子的分布式重构。SuperMap GIS Objects for Spark 空间大数据组件可以直接嵌入 Spark 内运行,能够充分利用后者的分布式计算能力,既解决了空间大数据分析和应用难题,又突破了经典空间数据处理与分析的性能瓶颈。

(3) 云 GIS 服务器 SuperMap GIS Server 提供了面向大数据的数据目录服务、分布式分析服务、流数据服务等,并且内置了 Spark 运行库,降低了大数据环境的部署门槛。云 GIS 门户 SuperMap GIS Portal 提供了大数据服务资源的整合、查找、管理和共享能力。

(4) SuperMap 大数据 GIS 基础软件也提供了非常丰富的终端产品,包括跨平台桌面 SuperMap Desktop Java、零代码可配置 Web 应用 SuperMap WebApps、浏览器端产品

SuperMap Client JavaScript/Python、移动端 SuperMap Mobile/Tablet 等,提供了丰富多样的聚合图、密度图、关系图、热力图等空间大数据可视化技术,突破了海量动态目标的二维和三维可视化技术。

(5) SuperMap Manager 通过资源智能调配,任务自动化调度编排、资源监控与预警和大数据运行环境一键构建,为空间大数据的运维与管理提供支持。

SuperMap 大数据 GIS 基础软件各个产品之间的逻辑调用关系,如图 14-11 所示。为了实现更适合 WebGIS 的大数据行业应用,SuperMap 大数据 GIS 基础软件将 SuperMap Objects for Spark 空间大数据组件封装成 Web 服务,通过 SuperMap GIS Server 实现基于 Spark 的任务调度、服务调用和分析结果输出;借助桌面端、移动端、Web 端的 Apps 或者 SDKs 实现空间大数据可视化,通过 SuperMap Manager 实现基于云和大数据基础软件环境的资源调度、运维和管理支持。

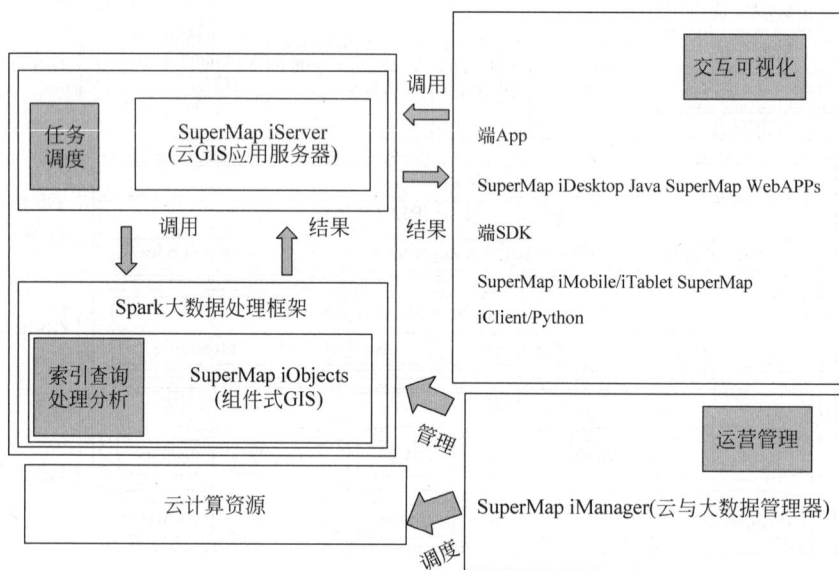

图 14-11 SuperMap 大数据 GIS 基础软件调用关系

4. 大数据分析在地理学中的广泛应用前景

大数据分析在地理学研究中具有广泛的应用,主要体现在以下几个方面。

(1) GIS:是一种利用数字地图和地理位置信息进行空间分析的系统。GIS 可以帮助研究者更好地理解和解决地理问题,如土地利用规划、气候变化、生态保护等。

(2) GPS:是一种利用卫星定位技术定位地理位置的服务。GPS 可以帮助研究者收集地理位置数据,并进行地理空间分析。

(3) 地球观测:是一种利用卫星和遥感技术观测地球表面和大气的方法。地球观测可以帮助研究者了解地球的变化,如气候变化、地貌变化、生态变化等。

(4) 案例。

具体案例 1:大数据与 GIS 融合应用。

大数据为 GIS 提供了丰富的空间数据来源,支持地理空间分析、地图制图和决策支持等工作。GIS 利用大数据可以进行空间数据的处理、分析和可视化,为城市规划、资源管理等领域提供支持。

大数据为 GIS 注入了强大的数据能量。过去,GIS 的收集和存储曾是一项艰巨的任务,然而随着大数据技术的兴起,海量的空间数据可以被高效地获取、存储和管理。从卫星遥感数据到传感器数据,从地图数据到地理数据库,大数据的应用让 GIS 可以处理更为复杂和多样的地理数据,为决策者提供更全面、准确的数据支持和信息服务。

大数据为 GIS 的空间数据分析提供了强大的能力。在以往,地理空间数据的分析可能因为数据量庞大而显得烦琐,但借助大数据分析技术,GIS 可以更快速、更精准地识别空间模式、趋势和关联。无论是环境监测、城市规划还是资源管理,大数据赋予了 GIS 更深入的分析深度,帮助人们更好地理解和应对复杂的地理问题。

实时地理信息也是大数据在 GIS 中的亮点之一。借助大数据技术,GIS 可以实时地获取和更新地理信息,如实时交通数据、天气数据等。这使得实时导航、位置搜索等地理信息服务能够更准确地为用户提供信息,帮助人们更高效地进行出行规划和决策。

大数据为 GIS 的空间数据可视化带来了新的可能性。通过大数据处理,GIS 可以创建更具交互性和动态性的地图可视化,将复杂的地理信息转化为直观的图表和图形,使数据更易于理解和传达。这不仅有助于专业人士进行深入分析,也让公众更容易理解和参与到地理信息的应用中来。

大数据为 GIS 提供了更多的应用场景。无论是环境监测、资源管理、城市规划、应急响应还是决策支持,大数据都在不同领域中为 GIS 注入了活力和创新。例如,大数据分析可以预测自然灾害的发生,提前采取措施减少损失;在城市规划中,大数据可以分析人口流动、交通拥堵等信息,优化城市布局和发展。

大数据在 GIS 方面的表现不仅丰富了地理信息的内容和深度,更揭示了地理信息科学的新局面。大数据赋予 GIS 更强大的数据处理能力、分析能力和应用能力,让地理信息更贴近生活、更有价值。未来,随着大数据技术的不断发展,人们有理由相信,GIS 将在大数据的助力下不断创新,为人类带来更智慧、更可持续的地理信息应用。

具体案例 2:根据大数据分析和挖掘的原理,以及大数据处理的基本流程,大数据 GIS 在城市规划中的应用。

城市规划是非常典型的 GIS 应用领域。大数据时代,更多源的大数据顺势而生,结合大数据 GIS 与相关大数据可以进行很多与城市规划有关的研究。如可以统计研究在居民小区、街道等不同空间尺度下的人口、岗位分布情况;对主城区及市域进行人群移动分析,可为城市交通规划提供数据参考和决策支持,以评估城市规划成效,提升城市规划的定量化、科学化水平。

① 数据源的获取:包括区域自然、人文基础数据,手机信令数据和车载 GNSS 数据等。

② 大数据 GIS 分析:利用某区域 24h 手机信令数据的空间变化情况,可以看出,人口重心逐渐由中心城区沿道路向周边区域扩散。通过对比每月、每周、每天的手机信令数据的空间分布情况,可以分析出市中心城区及各区县人口居住地和办公地的活动区间。对比不同时刻数据的变化情况,综合城市建设布局,可以为城市道路规划建设以及公交路线规划提供基于大数据分析的依据。

基于手机信令数据的人口聚集度分析,可分析出夜间和白天人口流入量最大的区域,分析出城市各个时间状态下人口聚集情况,从而了解城市人口准实时动态变化情况,为城市管理者提供可靠、有效的人口大数据,为城市应急、城市建设以及城市规划提供大数据参考。

针对手机移动的实时位置信息,设置接收频次,实现数据的采集入库,同时综合每年的数据进行空间分析挖掘,再结合机主详细的个人信息和城市交通布局,可以分析出人口流入与流出的分布规律。结合每年手机信令等大数据的变化规律,可以为城市规划提供决策支持。在规划阶段,根据城市历年人口变化,结合城市实时流动人口分析,可以预测未来人口增长布局,以便为城市总体规划及各项单元专题规划提供参考,同时也为后续评估规划的合理性和实施过程提供重要依据。

思考题

1. 简述大数据在各行各业应用成功的案例。
2. 根据自己的亲身经历撰写一篇题为《我与大数据》的小论文(1000 字)。

参 考 文 献

[1] 安俊秀,靳宇倡,等.大数据导论[M].北京:人民邮电出版社,2020.
[2] 陈建平,陈志德,席进爱,等.大数据技术和应用[M].北京:清华大学出版社,2020.
[3] 杜小勇.数据科学与大数据技术导论[M].北京:人民邮电出版社,2021.
[4] 郭旦怀.大数据存储(NoSQL)[M].北京:清华大学出版社,2023.
[5] 康开锋,赵克宝,刘斌.Hadoop 大数据处理实战[M].上海:上海交通大学出版社,2020.
[6] 林子雨.大数据技术原理和应用[M].3 版.北京:人民邮电出版社,2021.
[7] 林子雨.数据采集与预处理[M].北京:人民邮电出版社,2022.
[8] 刘庆生,陈位妮,孙家泽,等.大数据平台搭建与运维[M].北京:机械工业出版社,2021.
[9] 罗南超.大数据分析与挖掘[M].长春:吉林大学出版社,2018.
[10] 李春芳,石卓奇,沈寓实.数据可视化原理与实例[M].2 版.北京:中国传媒大学出版社,2024.
[11] 刘旭辉,大数据平台基础架构指南[M].北京:电子工业出版社,2018.
[12] 黄寿孟,尤新华,黄家琴.大数据应用基础[M].西安:西北工业大学出版社,2021.
[13] 何煌,张良均.Hive 大数据存储与处理[M].北京:人民邮电出版社,2024.
[14] 翟世臣,张良均.Python 数据分析与挖掘实战[M].北京:人民邮电出版社,2022.
[15] 余明,艾廷华.地理信息系统导论[M].3 版.北京:清华大学出版社,2021.
[16] 余明.地理信息系统导论实验指导[M].3 版.北京:清华大学出版社,2023.
[17] 余明,陈大卫.简明天文学教程[M].4 版.北京:科学出版社,2020.
[18] 余明.地球概论[M].3 版.北京:科学出版社,2022.
[19] 余战秋,蔡政策,钱春阳.大数据导论[M].北京:电子工业出版社,2019.
[20] 杨俊.实战大数据(Hadoop+Spark+Flink):从平台构建到交互式数据分析(离线/实时)[M].
      北京:机械工业出版社,2021.
[21] 钟耳顺,宋关福,汤国安.大数据地理信息系统原理、技术与应用[M].北京:清华大学出版社,2021.
[22] 郑浩森,张荣.Spark 大数据分析实务[M].北京:人民邮电出版社,2024.